Deepen Your Mind

前言
·····

2019 年 3 月 3 日，Linux 核心創始人 Linus Torvalds 在社區正式宣佈了 Linux 5.0 核心的發佈。Linus Torvalds 在郵寄清單裡提到 Linux 5.0 並不是一個大幅修改和具有很多新特性的版本。然而，因為 Linux 4.20 核心的次版本編號太大了，所以才發佈了 Linux 5.x 核心。但是 Linux 核心的開發速度並沒有因此而變慢，依然每隔兩個多月會發佈一個新版本，新的版本支援更多的硬體和特性。從 Linux 4.0 核心到 Linux 5.0 核心經歷了 20 個版本，Linux 5.0 核心中新增了很多特性並且很多核心的實現已經發生了很大的變化。

最近兩年，作業系統和開放原始碼軟體的研究氣氛越來越濃厚，很多大公司開始基於 Linux 核心打造自己的作業系統，包括手機作業系統、伺服器作業系統、IoT（物聯網）嵌入式系統等。另外，很多公司開始探索使用 ARM64 架構來建構自己的硬體生態系統，包括手機晶片、伺服器晶片等

✤ 本書特色

本書特色如下。

- 基於 Linux 5.0 和 ARM64/x86_64 架構。

  完全基於 Linux 5.0 核心來講解。Linux 5.0 核心中，不少重要模組（如綠色排程器、迴旋栓鎖等）的實現相對於 Linux 4.0 已經發生了天翻地覆的變化。同時，Linux 5.0 核心中修復了 Linux 4.0 核心中的很多故障，比如 KSM 導致的虛擬機器當機故障等。由於 ARM64 架構和 x86_64 架構是目前主流的處理器架構，因此本書主要基於 ARM64/x86_64 架構來講解 Linux 5.0 核心的實現。很多核心模組的實現與架構的相關性很低，因此本書也適合使用其他架構的讀者閱讀。在目前伺服器領域，大部分廠商依然使用 x86_64 架構加上 Red Hat 或 Ubuntu Linux 企業發行版本的方案，第 4 章會介紹 x86_64 架構伺服器的當機修復案例。

- 實戰案例分析。

  本書充滿了實戰案例，舉例來說，在記憶體管理方面新增了 4 個實戰案例，這些案例都是從實際專案中抽出來的，對讀者提升實戰能力有非常大的幫助。另外也新增了解決當機難題的實戰案例。在實際專案中，我們常常會遇到系統當機（如手機當機、伺服器當機等），因此本書複習了多個當機案例，利用 Kdump+Crash 工具來詳細分析如何解決當機難題。考慮到部分讀者使用 ARM64 處理器做產品開發，部分讀者在 x86_64 架構的伺服器上做運行維護和性能最佳化等工作，因此本書分別介紹了針對這兩個架構的處理器如何快速解決當機問題。

  2019 年出現的 CPU 熔斷和 CPU「幽靈」漏洞牽動了全球開發人員的心，了解這兩個漏洞對讀者熟悉電腦架構和 Linux 核心的相關實現非常有幫助，因此第 6 章會詳細分析這兩個漏洞的攻擊原理和 Linux 核心修復方案。

- 核心偵錯和最佳化技巧。

  本書函蓋了很多核心偵錯和最佳化技巧。Linux 核心透過 proc 和 sysfs 提供了很多有用的記錄檔資訊。在記憶體管理、最佳化過程中，可以透過核心提供的記錄檔資訊（如 meminfo、zone 等）快速了解和分析系統記憶體並進行核心偵錯與最佳化。第 3 章裡新增了性能最佳化的內容，如使用 perf 工具以及 eBPF/BCC 來進行性能分析等。

- 充滿大量插圖和表格。

  為了分析 Linux 核心的原理，本書充滿了很多插圖和表格。

- ARM64 架構方面的內容。

  詳細介紹了 ARM64 架構，這部分內容包括 ARM64 指令集、ARM64 暫存器、頁表、記憶體管理、TLB、記憶體屏障等。

❖ 本書精華內容

精華內容如下。

- perf、eBPF、BCC 工具，詳見第 3 章。
- 使用 Kdump+Crash 來解決 x86_64 伺服器當機難題的方法，詳見第 4 章。
- 使用 Kdump+Crash 來解決 ARM 當機難題的方法，詳見第 5 章。
- CPU 熔斷和 CPU「幽靈」漏洞分析，詳見第 6 章。

✤ 本書主要內容

本書主要介紹 Linux 核心中的併發和同步、中斷管理、核心偵錯與性能最佳化、當機難題的解決方案以及安全性漏洞的攻擊原理和修復方案等內容。本書的側重點是實踐以及案例分析。

本書共 6 章。每一章的主要內容如下。

第 1 章介紹併發與同步，包括原子操作、記憶體屏障、經典迴旋栓鎖、MCS 鎖、排隊迴旋栓鎖、號誌、互斥鎖、讀寫入鎖、讀寫訊號量、RCU 等。

第 2 章介紹中斷管理，包括中斷控制器、硬體中斷號和 Linux 中斷號的映射、註冊中斷、ARM64 底層中斷處理、ARM64 高層中斷處理、軟體中斷、tasklet、工作佇列等。

第 3 章介紹核心偵錯與性能最佳化，包括 ARM64 實驗平台的打造、ftrace 工具、記憶體檢測、鎖死檢測、核心偵錯方法、perf 工具、SystemTap 工具、eBPF 與 BCC 等內容。

第 4 章說明 Kdump 工具、Crash 工具、crash 命令、鎖死檢查機制等，並展示 6 個基於 x86-64 的當機案例。

第 5 章介紹 Kdump 實驗環境的架設，並展示 4 個基於 ARM64 的當機案例。

第 6 章分析安全性漏洞，包括側通道攻擊的原理、CPU 熔斷漏洞、CPU「幽靈」漏洞的攻擊原理和修復方案等內容。

由於作者知識水準有限，書中難免存在紕漏，敬請各位讀者批評指正。作者的電子郵件是 runninglinuxkernel@126.com。

笨叔

目錄

01 併發與同步

1.1　原子操作 1-5

　　1.1.1　原子操作 1-5

　　1.1.2　atomic_add() 函數分析 ..1-10

　　1.1.3　比較並交換指令 1-12

1.2　記憶體屏障 1-18

　　1.2.1　經典記憶體屏障介面
　　　　　函數 1-18

　　1.2.2　記憶體屏障擴充介面
　　　　　函數 1-21

1.3　經典迴旋栓鎖 1-22

　　1.3.1　迴旋栓鎖的實現 1-23

　　1.3.2　迴旋栓鎖的變形 1-28

　　1.3.3　spin_lock() 和 raw_
　　　　　spin_lock() 函數 1-30

1.4　MCS 鎖 1-31

　　1.4.1　快速申請通道 1-33

　　1.4.2　中速申請通道 1-34

　　1.4.3　慢速申請通道 1-36

　　1.4.4　釋放鎖 1-40

1.5　排隊迴旋栓鎖 1-41

　　1.5.1　快速申請通道 1-43

　　1.5.2　中速申請通道 1-45

　　1.5.3　慢速申請通道 1-48

　　1.5.4　釋放鎖 1-54

　　1.5.5　案例分析：為什麼這裡
　　　　　pending 域要歸零 1-54

　　1.5.6　小結 1-57

1.6　號誌 1-58

　　1.6.1　號誌簡介 1-59

　　1.6.2　小結 1-63

1.7　互斥鎖 1-64

　　1.7.1　mutex 資料結構 1-64

　　1.7.2　互斥鎖的快速通道 1-66

　　1.7.3　互斥鎖的慢速通道 1-68

　　1.7.4　樂觀自旋等待機制 1-71

　　1.7.5　mutex_unlock() 函數
　　　　　分析 1-75

　　1.7.6　案例分析 1-76

　　1.7.7　小結 1-77

1.8　讀寫鎖 1-78

1.9　讀寫訊號量 1-80

　　1.9.1　rw_semaphore 資料
　　　　　結構 1-80

　　1.9.2　申請讀者類型號誌 1-82

　　1.9.3　釋放讀者類型號誌 1-86

　　1.9.4　申請寫者類型號誌 1-87

　　1.9.5　釋放寫者類型號誌 1-95

　　1.9.6　小結 1-96

1.10　RCU 1-96

　　1.10.1　關於 RCU 的簡單例子 ..1-98

　　1.10.2　經典 RCU 和 Tree RCU .1-101

1.11　案例分析：記憶體管理中
　　　的鎖 1-103

　　1.11.1　mm->mmap_sem 1-104

　　1.11.2　mm->page_table_lock 1-106

　　1.11.3　PG_Locked 1-108

　　1.11.4　anon_vma->rwsem 1-108

　　1.11.5　zone->lru_lock 1-110

　　1.11.6　RCU 1-111

　　1.11.7　RCU 停滯檢測 1-116

02 中斷管理

2.1 中斷控制器 2-2

    2.1.1 中斷狀態和中斷觸發
        方式................................2-3

    2.1.2 ARM GIC-V2 中斷
        控制器............................2-4

    2.1.3 關於 ARM Vexpress V2P
        開發板的例子 2-8

    2.1.4 關於 QEMU 虛擬機器
        平台的例子 2-10

2.2 硬體中斷號和 Linux 中斷號
    的映射 2-11

2.3 註冊中斷 2-27

2.4 ARM64 底層中斷處理 2-37

    2.4.1 異常向量表 2-38

    2.4.2 IRQ 處理 2-42

    2.4.3 堆疊框 2-43

    2.4.4 保存中斷上下文 2-45

    2.4.5 恢復中斷上下文 2-48

2.5 ARM64 高層中斷處理 2-51

    2.5.1 組合語言跳躍 2-51

    2.5.2 handle_arch_irq 處理 2-53

    2.5.3 小結 2-64

2.6 軟體中斷和 tasklet.................2-69

    2.6.1 軟體中斷 2-70

    2.6.2 tasklet 2-75

    2.6.3 local_bh_disable() 和
        local_bh_enable() 函數
        分析 2-83

    2.6.4 小結 2-85

2.7 工作佇列 2-88

2.7.1 工作佇列的相關資料
      結構..............................2-89

2.7.2 工作佇列初始化............2-94

2.7.3 創建工作佇列 2-98

2.7.4 增加和排程一個 work...2-107

2.7.5 處理一個 work 2-113

2.7.6 取消一個 work 2-119

2.7.7 和排程器的互動...........2-123

2.7.8 小結................................2-126

03 核心偵錯與性能最佳化

3.1 打造 ARM64 實驗平台 3-2

    3.1.1 使用 "O0" 最佳化等級
        編譯核心.......................3-3

    3.1.2 QEMU 虛擬機器 +
        Debian 實驗平台 3-4

    3.1.3 單步偵錯 ARM64 Linux
        核心..............................3-11

    3.1.4 以圖形化方式單步偵錯
        核心..............................3-13

    3.1.5 單步偵錯 head.S 檔案 ...3-18

3.2 ftrace 3-25

    3.2.1 irqs 追蹤器 3-27

    3.2.2 function 追蹤器.............3-30

    3.2.3 動態 ftrace 3-31

    3.2.4 事件追蹤 3-33

    3.2.5 增加追蹤點 3-35

    3.2.6 trace-cmd 和
        kernelshark 3-39

    3.2.7 追蹤標記 3-42

    3.2.8 小結 3-46

3.3 記憶體檢測 3-47

3.3.1　slub_debug 3-48

3.3.2　KASAN 記憶體檢測 3-55

3.4　鎖死檢測 3-58

3.5　核心偵錯方法 3-67

3.5.1　printk 3-67

3.5.2　動態輸出 3-69

3.5.3　oops 分析 3-71

3.5.4　BUG_ON() 和 WARN_
　　　　ON() 巨集分析 3-76

3.6　使用 perf 最佳化性能 3-76

3.6.1　安裝 perf 工具 3-77

3.6.2　perf list 命令 3-79

3.6.3　perf record/report 命令 ...3-79

3.6.4　perf stat 命令 3-81

3.6.5　perf top 命令 3-82

3.7　SystemTap 3-84

3.8　eBPF 和 BCC 3-87

3.8.1　BCC 工具集 3-88

3.8.2　編寫 BCC 指令稿 3-89

04　基於 x86_64 解決當機難題

4.1　Kdump 和 Crash 工具 4-2

4.2　x86_64 架構基礎知識 4-4

4.2.1　通用暫存器 4-4

4.2.2　函數參數呼叫規則 4-5

4.2.3　堆疊的結構 4-5

4.2.4　定址方式 4-6

4.3　在 CentOS 7.6 中安裝和設
　　　定 Kdump 和 Crash 4-8

4.4　crash 命令 4-11

4.5　案例 1：一個簡單的當機
　　　案例 4-24

4.6　案例 2：存取被刪除的鏈結
　　　串列 4-31

4.7　案例 3：一個真實的驅動
　　　崩潰案例 4-37

4.8　鎖死檢查機制 4-44

4.9　案例 4：一個簡單的鎖死
　　　案例 4-47

4.10　案例 5：分析和推導參數
　　　 的值 4-50

4.11　案例 6：一個複雜的當機
　　　 案例 4-61

4.11.1　問題描述 4-61

4.11.2　分析 ps 處理程序 4-67

4.11.3　分析 test 處理程序 4-75

4.11.4　計算一個處理程序被
　　　　　阻塞了的時間 4-77

4.12　關於 Crash 工具的偵錯技巧
　　　 整理 4-79

05　基於 ARM64 解決當機難題

5.1　架設 Kdump 實驗環境 5-2

5.2　案例 1：一個簡單的當機
　　　案例 5-5

5.3　案例 2：恢復函數呼叫堆疊 ..5-6

5.4　案例 3：分析和推導參數
　　　的值 5-10

5.5 案例 4：一個複雜的當機
   案例 5-15
   5.5.1 分析 ps 處理程序 5-17
   5.5.2 分析 test 處理程序 5-22

06 安全性漏洞分析

6.1 側通道攻擊 6-2
6.2 CPU 熔斷漏洞分析....................6-5
   6.2.1 亂數執行、異常處理
         和位址空間....................6-5
   6.2.2 修復方案：KPTI 技術 ..6-8
6.3 CPU「幽靈」漏洞....................6-22
   6.3.1 分支預測 6-23
   6.3.2 攻擊原理.......................6-26
   6.3.3 修復方案 6-29

A 使用 DS-5 偵錯 ARM64 Linux 核心

A.1 DS-5 社區版下載和安裝........A-2
A.2 使用 DS-5 偵錯核心的優勢 ...A-2
   A.2.1 查看系統暫存器的值....A-2
   A.2.2 內建 ARMv8 晶片手冊.A-5
A.3 FVP 模擬器使用 A-6
A.4 單步偵錯核心 A-8
   A.4.1 偵錯設定.......................A-8
   A.4.2 偵錯 EL2 的組合語言
         程式碼...........................A-13
   A.4.3 切換到 EL1 ....A-16
   A.4.4 打開 MMU 以及重定位 A-18
   A.4.5 偵錯 C 語言程式...........A-20

B ARM64 中的獨佔存取指令

C 圖解 MESI 狀態轉換

C.1 初始化狀態為 I C-1
C.2 初始化狀態為 M......................C-5
C.3 初始化狀態為 S C-7
C.4 初始化狀態為 E C-8

D 快取記憶體與記憶體屏障

D.1 儲存緩衝區與寫入記憶體
   屏障 D-1
D.2 無效佇列與讀取記憶體屏障 .D-10
D.3 記憶體屏障指令複習 D-14
D.4 ARM64 的記憶體屏障指令
   的區別 D-16

01 併發與同步

Chapter

本章常見面試題

1. 在 ARM64 處理器中,如何實現獨佔存取記憶體?
2. atomic_cmpxchg() 和 atomic_xchg() 分別表示什麼含義?
3. 在 ARM64 中,CAS 指令包含了載入 - 獲取和儲存 - 釋放指令,它們的作用是什麼?
4. atomic_try_cmpxchg() 函數和 atomic_cmpxchg() 函數有什麼區別?
5. cmpxchg_acquire() 函數、cmpxchg_release() 函數、cmpxchg_relaxed() 函數以及 cmpxchg() 函數的區別是什麼?
6. 請舉例說明核心使用記憶體屏障的場景。
7. smp_cond_load_relaxed() 函數的作用和使用場景是什麼?
8. smp_mb__before_atomic() 函數和 smp_mb__after_atomic() 函數的作用和使用場景是什麼?
9. 為什麼迴旋栓鎖的臨界區不能睡眠(不考慮 RT-Linux 的情況)?
10. Linux 核心中經典迴旋栓鎖的實現有什麼缺點?
11. 為什麼迴旋栓鎖的臨界區不允許發生先佔?
12. 基於排隊的迴旋栓鎖機制是如何實現的?
13. 如果在 spin_lock() 和 spin_unlock() 的臨界區中發生了中斷,並且中斷處理常式也恰巧修改了該臨界區,那麼會發生什麼後果?該如何避免呢?

14. 排隊迴旋栓鎖是如何實現 MCS 鎖的？

15. 排隊迴旋栓鎖把 32 位元的變數劃分成幾個域，每個域的含義和作用是什麼？

16. 假設 CPU0 先持有了迴旋栓鎖，接著 CPU1、CPU2、CPU3 都加入該鎖的爭用中，請說明這幾個 CPU 如何獲取鎖，並畫出它們申請鎖的流程圖。

17. 與迴旋栓鎖相比，號誌有哪些特點？

18. 請簡述號誌是如何實現的。

19. 樂觀自旋等待的判斷條件是什麼？

20. 為什麼在互斥鎖爭用中進入樂觀自旋等待比睡眠等待模式要好？

21. 假設 CPU0 ～ CPU3 同時爭用一個互斥鎖，CPU0 率先申請了互斥鎖，然後 CPU1 也加入鎖的申請。CPU1 在持有鎖期間會進入睡眠狀態。然後 CPU2 和 CPU3 陸續加入該鎖的爭用中。請畫出這幾個 CPU 爭用鎖的時序圖。

22. Linux 核心已經實現了號誌機制，為何要單獨設定一個互斥鎖機制呢？

23. 請簡述 MCS 鎖機制的實現原理。

24. 在編寫核心程式時，該如何選擇號誌和互斥鎖？

25. 什麼時候使用讀者鎖？什麼時候使用寫者鎖？怎麼判斷？

26. 讀寫訊號量使用的自旋等待機制是如何實現的？

27. RCU 相比讀寫鎖有哪些優勢？

28. 請解釋靜止狀態和寬限期。

29. 請簡述 RCU 實現的基本原理。

30. 在大型系統中，經典 RCU 遇到了什麼問題？ Tree RCU 又是如何解決該問題的？

31. 在 RCU 實現中，為什麼要使用 ULONG_CMP_GE() 和 ULONG_CMP_LT() 巨集來比較兩個數的大小，而不直接使用大於號或小於號來比較？

32. 請簡述一個寬限期的生命週期及其狀態機的變化。

33. 請說明原子操作、迴旋栓鎖、號誌、互斥鎖以及 RCU 的特點和使用規則。

34. 在 KSM 中掃描某個 VMA 以尋找有效的匿名頁面時，假設此 VMA 恰巧被其他 CPU 銷毀了，會不會有問題呢？

35. 請簡述 PG_locked 的常見使用方法。

36. 在 mm/rmap.c 檔案中的 page_get_anon_vma() 函數中，為什麼要使用 rcu_read_lock() 函數？什麼時候註冊 RCU 回呼函數呢？

37. 在 mm/oom_kill.c 的 select_bad_process() 函數中，為什麼要使用 rcu_read_lock() 函數？什麼時候註冊 RCU 回呼函數呢？

編寫核心程式或驅動程式時需要留意共用資源的保護，防止共用資源被併發存取。併發存取是指多個核心程式路徑同時存取和操作資料，這可能發生相互覆蓋共用資料的情況，造成被存取資料的不一致。核心程式路徑可以是一個核心執行路徑、中斷處理常式或核心執行緒等。併發存取可能會造成系統不穩定或產生錯誤，且很難追蹤和偵錯。

在早期不支援對稱多處理器（Symmetric Multiprocessor，SMP）的 Linux 核心中，導致併發存取的因素是中斷服務程式。只有中斷發生時，或核心程式路徑顯性地要求重新排程並且執行另外一個處理程序時，才可能發生併發存取。在支持 SMP 的 Linux 核心中，在不同 CPU 中併發執行的核心執行緒完全可能在同一時刻併發存取共用資料，併發存取隨時都可能發生。特別是現在的 Linux 核心早已經支持核心先佔，排程器可以先佔正在執行的處理程序，重新排程其他處理程序。

在電腦術語中，臨界區（critical region）是指存取和操作共用資料的程式碼片段，其中的資源無法同時被多個執行執行緒存取，存取臨界區的執行執行緒或程式路徑稱為併發源。為了避免併發存取臨界區，開發者必須保證存取臨界區的原子性，即在臨界區內不能有多個併發源同時執行，整個臨界區就像一個不可分割的整體。

在核心中產生併發存取的併發源主要有以下 4 種。

- 中斷和異常：中斷發生後，中斷處理常式和被中斷的處理程序之間可能產生併發存取。

- 軟體中斷和 tasklet：軟體中斷和 tasklet 隨時可能會被排程、執行，從而打斷當前正在執行的處理程序上下文。
- 核心先佔：排程器支持可先佔特性，會導致處理程序和處理程序之間的併發存取。
- 多處理器併發執行：多處理器可以同時執行多個處理程序。

上述情況需要針對單核心和多核心系統區別對待。對於單一處理器系統，主要有以下併發源。

- 中斷處理常式可以打斷軟體中斷和 tasklet 的執行。
- 軟體中斷和 tasklet 之間不會併發執行，但是可以打斷處理程序上下文的執行。
- 在支持先佔的核心中，處理程序上下文之間會產生併發。
- 在不支持先佔的核心中，處理程序上下文之間不會產生併發。

對於 SMP 系統，情況會更複雜。

- 同一類型的中斷處理常式不會併發執行，但是不同類型的中斷可能送達不同的 CPU，因此不同類型的中斷處理常式可能會併發執行。
- 同一類型的軟體中斷會在不同的 CPU 上併發執行。
- 同一類型的 tasklet 是串列執行的，不會在多個 CPU 上併發執行。
- 不同 CPU 上的處理程序上下文會併發執行。

如處理程序上下文在操作某個臨界區中的資源時發生了中斷，恰巧在對應中斷處理常式中也存取了這個資源。如果不使用核心同步機制來保護，那麼可能會發生併發存取的 bug。如果處理程序上下文正在存取和修改臨界區中的資源時發生了先佔排程，可能會發生併發存取的 bug。如果在迴旋栓鎖的臨界區中主動睡眠以讓出 CPU，那這也可能是一個併發存取的 bug。如果兩個 CPU 同時修改臨界區中的資源，那這也可能是一個 bug。在實際專案中，真正困難的是如何發現核心程式存在併發存取的可能性並採取有效的保護措施。因此在編寫程式時，應該考慮哪些資源位於臨界區，應該採取哪些保護機制。如果在程式設計完成之後再回溯尋找哪些資源需要保護，會非常困難。

在複雜的核心程式中找出需要保護的資源或資料是一件不容易的事情。任何可能被併發存取的資料都需要保護。那究竟什麼樣的資料需要保護呢？如果從多個核心程式路徑可能存取某些資料，那就應該對這些資料加以保護。記住，**要保護資源或資料，而非保護程式**。保護物件包括靜態區域變數、全域變數、共用的資料結構、快取、鏈結串列、紅黑樹等各種形式所隱含的資料。在實際核心程式和驅動的編寫過程中，關於資料需要做以下一些思考。

- 除了從當前核心程式路徑外，是否還可以從其他核心程式路徑會存取這些資料？如從中斷處理常式、工作執行緒（worker）處理常式、tasklet 處理常式、軟體中斷處理常式等。
- 若從當前核心程式路徑存取該資料時發生被先佔，被排程、執行的處理程序會不會存取該資料？
- 處理程序會不會進入睡眠狀態以等待該資料？

Linux 核心提供了多種併發存取的保護機制，如原子操作、迴旋栓鎖、號誌、互斥鎖、讀寫鎖、RCU 等，本章將詳細分析這些機制的實現。了解 Linux 核心中的各種保護機制只是第一步，重要的是要思考清楚哪些地方是臨界區，該用什麼機制來保護這些臨界區。1.11 節將以記憶體管理為例來探討鎖的運用。

1.1 原子操作

1.1.1 原子操作

原子操作是指保證指令以原子的方式執行，執行過程不會被打斷。在以下程式片段中，假設 thread_A_func 和 thread_B_func 都嘗試進行 i++ 操作，請問 thread_A_func 和 thread_B_func 執行完後，i 的值是多少？

```
static int i =0;

//執行緒A函數
void thread_A_func()
{
    i++;
}

//執行緒B函數
void thread_B_func()
{
    i++;
}
```

有的讀者可能認為是 2，但也可能不是 2，程式的執行過程如下。

```
     CPU0                                 CPU1
-------------------------------------------------------------------
 thread_A_func
   load i= 0
                                    thread_B_func
                                      Load i=0

     i++
                                       i++
   store i (i=1)

                                     store i (i=1)
```

從上面的程式執行過程來看，最終結果可能等於 1。因為變數 i 是臨界區的，CPU0 和 CPU1 可能同時存取，發生併發存取。從 CPU 角度來看，變數 i 是一個靜態全域變數，儲存在資料段中，首先讀取變數的值並儲存到通用暫存器中，然後在通用暫存器裡做 i++ 運算，最後把暫存器的數值寫回變數 i 所在的記憶體中。在多處理器架構中，上述動作可能同時進行。如果 thread_B_func 在某個中斷處理函數中執行，在單一處理器架構上依然可能會發生併發存取。

針對上述例子，有的讀者認為可以使用加鎖的方式，如使用迴旋栓鎖來保證 i++ 操作的原子性，但是加鎖操作會導致比較大的負擔，用在這裡有些浪費。Linux 核心提供了 atomic_t 類型的原子變數，它的實現依賴於不同的架構。atomic_t 類型的具體定義為如下。

```
<include/linux/types.h>

typedef struct {
    int counter;
} atomic_t;
```

atomic_t 類型的原子操作函數可以保證一個操作的原子性和完整性。在核心看來，原子操作函數就像一筆組合語言敘述，保證了操作時不會被打斷，如上述的 i++ 敘述就可能被打斷。要保證操作的完整性和原子性，通常需要「原子地」（不斷）完成「**讀取 - 修改 - 回寫**」**機制**，中間不能被打斷。在下述過程中，如果其他 CPU 同時對該原子變數進行寫入操作，則會影響資料完整性。

（1）讀取原子變數的值。

（2）修改原子變數的值。

（3）把新值寫回記憶體中。

在讀取原子變數的值、修改原子變數的值、把新值寫入記憶體的過程中，處理器必須提供原子操作的組合語言指令來完成上述操作，如 ARM64 處理器提供 cas 指令，x86 處理器提供 cmpxchg 指令。

Linux 核心提供了很多操作原子變數的函數。

1. 基本原子操作函數

Linux 核心提供最基本的原子操作函數包括 atomic_read() 函數和 atomic_set() 函數。

```
<include/asm-generic/atomic.h>

#define ATOMIC_INIT(i)   //原子變數初始化為i
#define atomic_read(v)   //讀取原子變數的值
#define atomic_set(v,i)  //設定變數v的值為i
```

上述兩個函數直接呼叫 READ_ONCE() 巨集或 WRITE_ONCE() 巨集來實現，不包括「讀取 - 修改 - 回寫」機制，直接使用上述函數容易引發併發存取。

2. 不帶返回值的原子操作函數

不帶返回值的原子操作函數如下。

- atomic_inc(v)：原子地給 v 加 1。
- atomic_dec(v)：原子地給 v 減 1。
- atomic_add(i,v)：原子地給 v 加 i。
- atomic_and(i,v)：原子地給 v 和 i 做「與」操作。
- atomic_or(i,v)：原子地給 v 和 i 做「或」操作。
- atomic_xor(i,v)：原子地給 v 和 i 做「互斥」操作。

上述函數會實現「讀取 - 修改 - 回寫」機制，可以避免多處理器併發存取同一個原子變數帶來的併發問題。在不考慮具體架構最佳化問題的條件下，上述函數會呼叫指令 cmpxchg 來實現。以 atomic_{add,sub,inc,dec}() 函數為例，它實現在 include/asm-generic/atomic.h 檔案中。

```
<include/asm-generic/atomic.h>

#define ATOMIC_OP(op, c_op)                    \
static inline void atomic_##op(int i, atomic_t *v)        \
{                                  \
    int c, old;                    \
                                   \
    c = v->counter;                \
    while ((old = cmpxchg(&v->counter, c, c c_op i)) != c)   \
        c = old;                   \
}
```

3. 帶返回值的原子操作函數

Linux 核心提供了兩類帶返回值的原子操作函數，一類返回原子變數的新值，另一類返回原子變數的舊值。

返回原子變數新值的原子操作函數如下。

- atomic_add_return(int i, atomic_t *v)：原子地給 v 加 i 並且返回 v 的新值。
- atomic_sub_return(int i, atomic_t *v)：原子地給 v 減 i 並且返回 v 的新值。

- atomic_inc_return(v)：原子地給 v 加 1 並且返回 v 的新值。
- atomic_dec_return(v)：原子地給 v 減 1 並且返回 v 的新值。

返回原子變數舊值的原子操作函數如下。

- atomic_fetch_add(int i, atomic_t *v)：原子地給 v 加 i 並且返回 v 的舊值。
- atomic_fetch_sub(int i, atomic_t *v)：原子地給 v 減 i 並且返回 v 的舊值。
- atomic_fetch_and(int i, atomic_t *v)：原子地給 v 和 i 做與操作並且返回 v 的舊值。
- atomic_fetch_or(int i, atomic_t *v)：原子地給 v 和 i 做或操作並且返回 v 的舊值。
- atomic_fetch_xor(int i, atomic_t *v)：原子地給 v 和 i 做互斥操作並且返回 v 的舊值。

上述兩類原子操作函數都使用 cmpxchg 指令來實現「讀取 - 修改 - 回寫」機制。

4. 原子交換函數

Linux 核心提供了一類原子交換函數。

- atomic_cmpxchg(ptr, old, new)：原子地比較 ptr 的值是否與 old 的值相等，若相等，則把 new 的值設定到 ptr 位址中，返回 old 的值。
- atomic_xchg(ptr, new)：原子地把 new 的值設定到 ptr 位址中並返回 ptr 的原值。
- atomic_try_cmpxchg(ptr, old, new)：與 atomic_cmpxchg() 函數類似，但是返回值發生變化，返回一個 bool 值，以判斷 cmpxchg() 函數的返回值是否和 old 的值相等。

5. 處理引用計數的原子操作函數

Linux 核心提供了一組處理引用計數原子操作函數。

- atomic_add_unless(atomic_t *v, int a, int u)：比較 v 的值是否等於 u。
- atomic_inc_not_zero(v)：比較 v 的值是否等於 0。

- atomic_inc_and_test(v)：原子地給 v 加 1，然後判斷 v 的新值是否等於 0。
- atomic_dec_and_test(v)：原子地給 v 減 1，然後判斷 v 的新值是否等於 0。

上述原子操作函數在核心程式中很常見，特別是對一些引用計數操作，如 page 的 _refcount 和 _mapcount。

6. 內嵌記憶體屏障基本操作的原子操作函數

Linux 核心提供了一組內嵌記憶體屏障基本操作的原子操作函數。

- {}_relaxed：不內嵌記憶體屏障基本操作。
- {}_acquire：內建了載入 - 獲取記憶體屏障基本操作。
- {}_release：內建了儲存 - 釋放記憶體屏障基本操作。

以 atomic_cmpxchg() 函數為例，內嵌記憶體屏障基本操作的變形包括 atomic_cmpxchg_relaxed(v, old, new)、atomic_cmpxchg_ acquire(v, old, new)、atomic_cmpxchg_release(v, old, new)。

1.1.2 atomic_add() 函數分析

atomic_add() 函數透過呼叫 cmpxchg() 函數來實現「讀取 - 修改 - 回寫」機制，保證原子變數的完整性。這個函數在不同架構中會有對應的特殊最佳化，如有些架構的處理器實現了特殊的原子操作指令。Linux 核心根據是否支援大系統擴充（LSE）有兩種實現方式，一種是使用 ldxr 和 stxr 指令的組合，另外一種是使用原子加法指令 stadd。

我們先看使用 ldxr 和 stxr 指令實現的方式。

```
<arch/arm64/include/asm/atomic_ll_sc.h>
1    void atomic_op(int i, atomic_t *v)
2    {
3        unsigned long tmp;
4        int result;
5
6        asm volatile(
7        "   prfm    pstl1strm, %2\n"
8        "1: ldxr    %w0, %2\n"
9        "   add%w0, %w0, %w3\n"
```

```
10      "   stxr    %w1, %w0, %2\n"
11      "   cbnz    %w1, 1b"
12      : "=&r" (result), "=&r" (tmp), "+Q" (v->counter)
13      : "Ir" (i));
14  }
```

在第 6~13 行中,透過內嵌組合語言的方式來實現 atomic_add 功能。

在第 7 行中,透過 prfm 指令提前預先存取 v->counter。

在第 8 行中,透過 ldxr 獨佔載入指令來載入 v->counter 的值到 result 變數中,該指令會標記 v->counter 的位址為獨佔。

在第 9 行中,透過 add 指令使 v->counter 的值加上變數 i 的值。

在第 10 行中,透過 stxr 獨佔儲存指令來把最新的 v->counter 的值寫入 v->counter 位址處。

在第 11 行中,判斷 tmp 的值。如果 tmp 的值為 0,說明 stxr 指令儲存成功;不然儲存失敗。如果儲存失敗,那只能跳躍到第 8 行重新使用 ldxr 指令。

在第 12 行中,有 3 個輸出的變數,其中,變數 result 和 tmp 具有寫入屬性,v->counter 具有讀寫屬性。

第 13 行表示輸入,其中,變數 i 只有唯讀屬性。

下面來看在支援 LSE 的情況下 atomic_add() 函數是如何實現的。

```
<arch/arm64/include/asm/atomic_lse.h>

1 #define ATOMIC_OP(op, asm_op)                          \
2 static inline void atomic_##op(int i, atomic_t *v)     \
3 {                                                      \
4    register int w0 asm ("w0") = i;                     \
5    register atomic_t *x1 asm ("x1") = v;               \
6                                                        \
7    asm volatile(ARM64_LSE_ATOMIC_INSN(__LL_SC_ATOMIC(op),  \
8 "  " #asm_op "      %w[i], %[v]\n")                     \
9    : [i] "+r" (w0), [v] "+Q" (v->counter)              \
10   : "r" (x1)                                          \
11   : __LL_SC_CLOBBERS);                                \
```

```
12 }
13
14 ATOMIC_OP(add, stadd)
```

在 ARMv8.1 指令集中增加了原子加法指令──stadd[1]。在 Linux 核心中使用 CONFIG_ARM64_ LSE_ATOMICS 巨集來表示系統支援新增的指令。

在第 4 行中，把變數 i 存放到暫存器 w0 中。

在第 5 行中，把 atomic_t 指標 v 存放到暫存器 x1 中。

在第 8 行中，使用 STADD 指令來把變數 i 的值增加到 v->counter 中。

在第 9 行中，輸出運算元清單，描述在指令中可以修改的 C 語言變數以及限制條件。其中，變數 w0 和 v->counter 都具有讀寫屬性。

在第 10 行中，輸入運算元清單，描述在指令中只能讀取的 C 語言變數以及限制條件。其中，x1 指標不能被修改。

在第 11 行中，改變資源列表。即告訴編譯器哪些資源已修改，需要更新。

在第 14 行中，使用 ATOMIC_OP() 巨集來實現 atomic_add() 函數，其中第二個參數 stadd 是新增的指令。

1.1.3　比較並交換指令

比較並交換（Compare and Swap）指令在無鎖實現中造成非常重要的作用。原子比較並交換指令的虛擬程式碼如下。

```
int compare_swap(int *ptr, int expected, int new)
{
    Int actual = *ptr;
    If (actual == expected) {
        *ptr = new;
    }
    Return actual;
}
```

1　詳見《ARM Architecture Reference Manual, for ARMv8-A architecture profile, v8.4》C6.2.235 節。

比較並交換指令的基本想法是檢查 ptr 指向的值與 expected 是否相等。若
相等。則把 new 的值設定值給 ptr；不然什麼也不做。不管是否相等，最
終都會返回 ptr 的舊值，讓呼叫者來判斷該比較和交換指令執行是否成功。

1. cas 指令

ARM64 處理器提供了比較並交換指令──cas 指令[2]。cas 指令根據不同的
記憶體屏障屬性分成 4 類，如表 1.1 所示。

- 隱含了載入 - 獲取記憶體屏障基本操作。
- 隱含了儲存 - 釋放記憶體屏障基本操作。
- 同時隱含了載入 - 獲取和儲存 - 釋放記憶體屏障基本操作。
- 不隱含記憶體屏障基本操作。

⬇ 表 1.1 cas 指令

指令	存取類型	記憶體屏障基本操作
casab	8 位元	載入 - 獲取
casalb	8 位元	載入 - 獲取和儲存 - 釋放
casb	8 位元	──
caslb	8 位元	儲存 - 釋放
casah	16 位元	載入 - 獲取
casalh	16 位元	載入 - 獲取和儲存 - 釋放
cash	16 位元	──
caslh	16 位元	儲存 - 釋放
casa	32 位元或 64 位元	載入 - 獲取
casal	32 位元或 64 位元	載入 - 獲取和儲存 - 釋放
cas	32 位元或 64 位元	──
casl	32 位元或 64 位元	儲存 - 釋放

2. cmpxchg() 函數

Linux 核心中常見的比較並交換函數是 cmpxchg()。由於 Linux 核心最

2　詳見《ARM Architecture Reference Manual, for ARMv8-A architecture profile, v8.4》C6.2.40 節。

早是基於 x86 架構來實現的，x86 指令集中對應的指令是 CMPXCHG 指令，因此 Linux 核心保留了該名字作為函數名稱。

對 於 ARM64 架 構，cmpxchg() 函 數 定 義 在 arch/arm64/include/asm/cmpxchg.h 標頭檔中。

```
<arch/arm64/include/asm/cmpxchg.h>

#define cmpxchg(...)    __cmpxchg_wrapper( _mb, __VA_ARGS__)
```

cmpxchg() 函數會呼叫 __cmpxchg_wrapper() 巨集，這裡第一個參數 _mb 表示同時需要載入 - 獲取和儲存 - 釋放記憶體屏障基本操作。

__cmpxchg_wrapper() 巨集經過多次巨集轉換，它最終會呼叫 __CMPXCHG _CASE() 巨集，實現在 arch/arm64/include/asm/atomic_lse.h 標頭檔中。下面以 64 位元位元寬為例。

```
<arch/arm64/include/asm/atomic_lse.h>

#define __CMPXCHG_CASE(w, sfx, name, sz, mb, cl...)          \
static inline u##sz __cmpxchg_case_##name##sz(volatile void *ptr, \
                    u##sz old,      \
                    u##sz new)      \
{                               \
    register unsigned long x0 asm ("x0") = (unsigned long)ptr;  \
    register u##sz x1 asm ("x1") = old;         \
    register u##sz x2 asm ("x2") = new;         \
                            \
    asm volatile(ARM64_LSE_ATOMIC_INSN(         \
    /* LL/SC */                 \
    __LL_SC_CMPXCHG(name##sz)           \
    __nops(2),                  \
                            \
    "   mov   " #w "30, %" #w "[old]\n"  \
    "   cas" #mb #sfx "\t" #w "30, %" #w "[new], %[v]\n"  \
    "   mov     %" #w "[ret], " #w "30")        \
    : [ret] "+r" (x0), [v] "+Q" (*(unsigned long *)ptr)     \
    : [old] "r" (x1), [new] "r" (x2)        \
    : __LL_SC_CLOBBERS, ##cl);          \
                            \
```

```
    return x0;                           \
}
__CMPXCHG_CASE(x,  ,  mb_, 64, al, "memory")
```

__CMPXCHG_CASE() 巨集包含 6 個參數。

- w：表示位元寬，支持 8 位元、16 位元、32 位元以及 64 位元。
- sfx：cas 指令的位元寬尾碼，8 位元寬使用 b 尾碼，16 位元寬使用 h 尾碼。
- name：表示記憶體屏障類型，如 "acq_" 表示支援載入 - 獲取記憶體屏障基本操作，"rel_" 表示支援儲存 - 釋放記憶體屏障基本操作，"mb_" 表示同時支持載入 - 獲取和儲存 - 釋放記憶體屏障基本操作。
- sz：位元寬大小。
- mb：組成 cas 指令的記憶體屏障尾碼，"a" 表示載入 - 獲取記憶體屏障基本操作，"l" 表示儲存 - 釋放記憶體屏障基本操作，"al" 表示同時支持載入 - 獲取和儲存 - 釋放記憶體屏障基本操作。
- cl：內嵌組合語言的損壞部。

上述巨集最後會變成以下程式，函數變成 __cmpxchg_case_mb_64()。

```
<__CMPXCHG_CASE巨集展開後的程式>

1 static inline u64 __cmpxchg_case_mb_64(volatile void *ptr,
2                         u64 old,
3                         u64 new)
4 {
5    register unsigned long x0 asm ("x0") = (unsigned long)ptr;
6    register u64 x1 asm ("x1") = old;
7    register u64 x2 asm ("x2") = new;
8
9    asm volatile(ARM64_LSE_ATOMIC_INSN(
10   /* LL/SC */
11   __LL_SC_CMPXCHG(mb_64)
12   __nops(2),
13   /* LSE 原子操作 */
14   "    mov    x30, %x[old]\n"
15   "    casal  x30, %x[new], %[v]\n"
16   "    mov    %x[ret], x30")
```

```
17    : [ret] "+r" (x0), [v] "+Q" (*(unsigned long *)ptr)
18    : [old] "r" (x1), [new] "r" (x2)
19    : __LL_SC_CLOBBERS, "memory");
20
21    return x0;
22}
```

在第 5 行中，使用 x0 暫存器來儲存 ptr 參數。

在第 6 行中，使用 x1 暫存器來儲存 old 參數。

在第 7 行中，使用 x2 暫存器來儲存 new 參數。

在第 9 行中，ARM64_LSE_ATOMIC_INSN() 巨集造成一個動態系統更新的作用。若系統組態了 ARM64_HAS_LSE_ATOMICS，則執行大系統擴充（Large System Extension，LSE）的程式。ARM64_HAS_LSE_ATOMICS 表示系統支援 LSE 原子操作的擴充指令，這是在 ARMv8.1 架構中實現的。本場景假設系統支援 LSE 特性，那麼將執行第 13 ～ 16 行的組合語言程式碼。

ARM64_LSE_ATOMIC_INSN() 巨集的程式實現如下，它利用 ALTERNATIVE 巨集來做一個選擇。如果系統定義了 ARM64_HAS_LSE_ATOMICS，那麼將執行第 13 ～ 16 行的組合語言程式碼；如果系統沒有定義 ARM64_HAS_LSE_ATOMICS，那麼將執行第 10 ～ 12 行的組合語言程式碼。

```
<arch/arm64/include/asm/lse.h>

#define ARM64_LSE_ATOMIC_INSN(llsc, lse)                    \
ALTERNATIVE(llsc, lse, ARM64_HAS_LSE_ATOMICS)
```

在第 14 行中，把 old 參數載入到 x30 暫存器中。

在第 15 行中，使用 casal 指令來執行比較並交換操作。比較 ptr 的值是否與 x30 的值相等，若相等，則把 new 的值設定到 ptr 中。注意，這裡 casal 指令隱含了載入 - 獲取和儲存 - 釋放記憶體屏障基本操作。

在第 16 行中，透過 ret 參數返回 x30 暫存器的值。

除了 cmpxchg() 函數，Linux 核心還實現了多個變形，如表 1.2 所示，這些函數在無鎖機制的實現上有著非常重要的作用。

▼ 表 1.2 cmpxchg() 函數的變形

函數	描述
cmpxchg_acquire()	比較並交換操作，隱含了載入 - 獲取記憶體屏障基本操作
cmpxchg_release()	比較並交換操作，隱含了儲存 - 釋放記憶體屏障基本操作
cmpxchg_relaxed()	比較並交換操作，不隱含任何記憶體屏障基本操作
cmpxchg()	比較並交換操作，隱含了載入 - 獲取和儲存 - 釋放記憶體屏障基本操作

在互斥鎖的實現中還廣泛使用了 cmpxchg() 函數的另一個變形──atomic_try_cmpxchg() 函數。如果讀者使用 cmpxchg() 函數的語義去瞭解它，會得到錯誤的結論。atomic_try_cmpxchg() 函數的實現如下。

```
#define __atomic_try_cmpxchg(type, _p, _po, _n)                \
({                                                             \
    typeof(_po) __po = (_po);                     \
    typeof(*(_po)) __r, __o = *__po;               \
    __r = atomic_cmpxchg##type((_p), __o, (_n));             \
    if (unlikely(__r != __o))              \
        *__po = __r;                        \
    likely(__r == __o);                    \
})

#define atomic_try_cmpxchg(_p, _po, _n) ss __atomic_try_cmpxchg(, _p, _po, _n)
```

atomic_try_cmpxchg() 函數的核心還是呼叫 cmpxchg() 函數做比較並交換的操作，但是返回值發生了變化，它返回一個判斷值（類似於 bool 值），即判斷 cmpxchg() 函數的返回值是否和第二個參數的值相等。

3. xchg() 函數

除了 cmpxchg() 函數，還廣泛使用另一個交換函數──xchg(new, v)。它的實現機制是把 new 指定給原子變數 v，返回原子變數 v 的舊值。

1.2 記憶體屏障

ARM 架構中以下 3 行記憶體屏障指令。

- 資料儲存屏障（Data Memory Barrier，DMB）指令。
- 資料同步屏障（Data Synchronization Barrier，DSB）指令。
- 指令同步屏障（Instruction Synchronization Barrier，ISB）指令。

1.2.1 經典記憶體屏障介面函數

下面介紹 Linux 核心中的記憶體屏障介面函數，如表 1.3 所示。

⬇ 表 1.3 Linux 核心中的記憶體屏障介面函數

介面函數	描述
barrier()	編譯最佳化屏障，阻止編譯器為了性能最佳化而進行指令重排
mb()	記憶體屏障（包括讀和寫），用於 SMP 和 UP
rmb()	讀記憶體屏障，用於 SMP 和 UP
wmb()	寫記憶體屏障，用於 SMP 和 UP
smp_mb()	用於 SMP 的記憶體屏障。對於 UP 不存在記憶體一致性的問題（對組合語言指令），在 UP 上就是一個最佳化屏障，確保組合語言程式碼和 C 程式的記憶體一致性
smp_rmb()	用於 SMP 的讀取記憶體屏障
smp_wmb()	用於 SMP 的寫入記憶體屏障
smp_read_barrier_depends()	讀依賴屏障
smp_mb__before_atomic/ smp_mb__after_atomic	用於在原子操作中插入一個通用記憶體屏障

在 ARM64 Linux 核心中實現記憶體屏障函數的程式如下。

```
<arch/arm64/include/asm/barrier.h>

#define mb()        dsb(sy)
#define rmb()       dsb(ld)
#define wmb()       dsb(st)
```

```
#define dma_rmb(      dmb(oshld)
#define dma_wmb()     dmb(oshst)
```

在 Linux 核心中有很多使用記憶體屏障指令的例子，下面舉兩個例子。

例 1.1 在一個網路卡驅動中發送資料封包。把網路資料封包寫入緩衝區後，由 DMA 引擎負責發送，wmb() 函數保證在 DMA 傳輸之前，資料被完全寫入緩衝區中。

```
<drivers\net\ethernet\realtek\8139too.c>

static netdev_tx_t rtl8139_start_xmit (struct sk_buff *skb,
                       struct net_device *dev)
{

    skb_copy_and_csum_dev(skb, tp->tx_buf[entry]);
    /*
     寫入 TxStatus 以觸發 DMA 傳輸，
     * 使用一筆記憶體屏障指令以保證裝置可以看到這些更新後的資料
     */
    wmb();
    RTL_W32_F (TxStatus0 + (entry * sizeof (u32)),
        tp->tx_flag | max(len, (unsigned int)ETH_ZLEN));
    ...
}
```

例 1.2 Linux 核心裡面的睡眠和喚醒介面函數也運用了記憶體屏障指令，通常一個處理程序因為等待某些事件需要睡眠，如呼叫 wait_event() 函數。睡眠者的程式片段如下。

```
for (;;) {
    set_current_state(TASK_UNINTERRUPTIBLE);
    if (event_indicated)
        break;
    schedule();
}
```

其中，set_current_state() 函數在修改處理程序的狀態時隱含插入了記憶體屏障函數 smp_mb()。

```
<include/linux/sched.h>

#define set_current_state(state_value)                          \
    smp_store_mb(current->state, (state_value))

<include/asm-generic/barrier.h>

#define smp_store_mb(var, value)  do { WRITE_ONCE(var, value); __smp_mb(); }
while (0)
```

喚醒者通常會呼叫 wake_up() 函數，它在修改 task 狀態之前也隱含地插入
記憶體屏障函數 smp_wmb()。

```
<wake_up()→autoremove_wake_function()→try_to_wake_up()>

static int
try_to_wake_up(struct task_struct *p, unsigned int state, int wake_flags)
{
    /*
     * 如果要喚醒一個等待 CONDITION 的執行緒，需要確保
     * CONDITION=1
     * p->state 之間的存取順序不能改變

     */
    smp_wmb();

    /* 準備修改 p->state */
    ...
}
```

在 SMP 的情況下來觀察睡眠者和喚醒者之間的關係如下。

```
        CPU 1                             CPU 2
=======================    ===================================
set_current_state();            STORE event_indicate
                                 wake_up();
STORE current->state            <write barrier>
<general barrier>               STORE current->state
LOAD event_indicated
if (event_indicated)
        break;
```

- 睡眠者：CPU1 在更改當前處理程序 current->state 後，插入一行記憶體屏障指令，保證載入喚醒標記 load event_indicated 不會出現在修改 current->state 之前。
- 喚醒者：CPU2 在喚醒標記 store 操作和把處理程序狀態修改成 RUNNING 的 store 操作之間插入寫入屏障，保證喚醒標記 event_indicated 的修改能被其他 CPU 看到。

1.2.2 記憶體屏障擴充介面函數

1. 自旋等待的介面函數

Linux 核心提供了一個自旋等待的介面函數，它在排隊迴旋栓鎖機制的實現中廣泛應用。smp_cond_load_relaxed() 介面函數的定義如下。

```
<include/asm-generic/barrier.h>

#define smp_cond_load_relaxed(ptr, cond_expr) ({      \
    typeof(ptr) __PTR = (ptr);                   \
    typeof(*ptr) VAL;                        \
    for (;;) {                           \
        VAL = READ_ONCE(*__PTR);              \
        if (cond_expr)                      \
            break;                      \
        cpu_relax();                      \
    }                             \
    VAL;                            \
})
```

該函數有兩個參數，第一個參數 ptr 表示要載入的位址，第二個參數是判斷條件，因此該函數會一直原子地載入並判斷條件是否成立。

另外，該函數還有一個變形——smp_cond_load_acquire()。二者的區別是在 smp_cond_load_relaxed() 函數執行完成之後插入一行載入 - 獲取記憶體屏障指令，而 smp_cond_load_relaxed() 函數沒有隱含任何的記憶體屏障指令。

```
#define smp_cond_load_acquire(ptr, cond_expr) ({        \
    typeof(*ptr) _val;                                  \
    _val = smp_cond_load_relaxed(ptr, cond_expr);       \
    smp_acquire__after_ctrl_dep();                      \
    _val;                                               \
})
```

Linux 核心中的排隊迴旋栓鎖機制會使用到 smp_cond_load_relaxed() 函數。

2. 原子變數介面函數

Linux 核心提供了兩個與原子變數相關的介面函數。

```
void smp_mb__before_atomic(void);
void smp_mb__after_atomic(void);
```

這兩個介面函數用在沒有返回值的原子操作函數中，如 atomic_add() 函數、atomic_dec() 函數等，特別適用引用計數遞增或遞減的場景。通常原子操作函數是沒有隱含記憶體屏障的。下面是一個使用 smp_mb__before_atomic() 函數的例子。

```
obj->dead = 1;
smp_mb__before_atomic();
atomic_dec(&obj->ref_count);
```

smp_mb__before_atomic() 函數用於保證所有的記憶體操作在遞減 obj->ref_count 之前都已經完成，確保其他 CPU 觀察到這些變化——在遞減 obj->ref_count 之前已經把 obj->dead 設定為 1 了。

1.3　經典迴旋栓鎖

如果臨界區中只有一個變數，那麼原子變數可以解決問題，但是大多數情況下臨界區有一個資料操作的集合。舉例來說，先從一個資料結構中移出資料，資料解析，然後寫回該資料結構或其他資料結構中，類似於 read-modify-write 操作。另外一個常見的例子是臨界區裡有鏈結串列的相關操作。整個執行過程需要保證原子性，在資料更新完畢前，不能從其他核心程式路徑存取和改寫這些資料。這個過程使用原子變數不合適，需要使用鎖機制來完成，迴旋栓鎖（spinlock）是 Linux 核心中最常見的鎖機制。

迴旋栓鎖在同一時刻只能被一個核心程式路徑持有。如果另外一個核心程式路徑試圖獲取一個已經被持有的迴旋栓鎖，那麼該核心程式路徑需要一直忙等待，直到迴旋栓鎖持有者釋放該鎖。如果該鎖沒有被其他核心程式路徑持有（或稱為鎖爭用），那麼可以立即獲得該鎖。迴旋栓鎖的特性如下。

■ 忙等待的鎖機制。作業系統中鎖的機制分為兩類，一類是忙等待，另一類是睡眠等待。迴旋栓鎖屬於前者，當無法獲取迴旋栓鎖時會不斷嘗試，直到獲取鎖為止。

■ 同一時刻只能有一個核心程式路徑可以獲得該鎖。

■ 要求迴旋栓鎖持有者儘快完成臨界區的執行任務。如果臨界區中的執行時間過長，在鎖外面忙等待的 CPU 比較浪費，特別是迴旋栓鎖臨界區裡不能睡眠。

■ 迴旋栓鎖可以在中斷上下文中使用。

1.3.1 迴旋栓鎖的實現

先看 spinlock 資料結構的定義。

```
<include/linux/spinlock_types.h>

typedef struct spinlock {
    struct raw_spinlock rlock;
} spinlock_t;

typedef struct raw_spinlock {
    arch_spinlock_t raw_lock;
} raw_spinlock_t;

<早期Linux核心中的定義>

typedef struct {
```

```
    union {
        u32 slock;
        struct __raw_tickets {
            u16 owner;
            u16 next;
        } tickets;
    }s;
} arch_spinlock_t;
```

spinlock 資料結構的定義既考慮到了不同處理器架構的支持和即時性核心的要求，還定義了 raw_spinlock 和 arch_spinlock_t 資料結構，其中 arch_spinlock_t 資料結構和架構有關。在 Linux 2.6.25 核心之前，spinlock 資料結構就是一個簡單的無號類型變數。若 slock 值為 1，表示鎖未被持有；若為 0，表示鎖被持有。之前的迴旋栓鎖機制比較簡潔，特別是在沒有鎖爭用的情況下；但也存在很多問題，尤其是在很多 CPU 爭用同一個迴旋栓鎖時，會導致嚴重的不公平性和性能下降。

當該鎖釋放時，事實上，可能剛剛釋放該鎖的 CPU 馬上又獲得了該鎖的使用權，或在同一個 NUMA 節點上的 CPU 都可能搶先獲取了該鎖，而沒有考慮那些已經在鎖外面等待了很久的 CPU。因為剛剛釋放鎖的 CPU 的 L1 快取記憶體中儲存了該鎖，它比別的 CPU 更快獲取鎖，這對於那些已經等待很久的 CPU 是不公平的。在 NUMA 處理器中，鎖爭用會嚴重影響系統的性能。測試表明，在一個雙 CPU 插槽的 8 核心處理器中，迴旋栓鎖爭用情況愈發明顯，有些執行緒甚至需要嘗試 1000000 次才能獲取鎖。因此在 Linux 2.6.25 核心後，迴旋栓鎖實現了「基於佇列的 FIFO」演算法的迴旋栓鎖機制，本書中簡稱為排隊迴旋栓鎖。

基於排隊的迴旋栓鎖仍然使用原來的資料結構，但 slock 域被拆分成兩個部分，如圖 1.1 所示，owner 表示迴旋栓鎖持有者的牌號，next 表示外面排隊的佇列中尾端者的牌號。這類似於排隊吃飯的場景，在用餐高峰時段，各大餐廳人滿為患，顧客來晚了都需要排隊。為了簡化模型，假設某個餐廳只有一張飯桌，剛營業時，next 和 owner 都是 0。

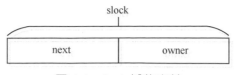

圖 1.1 slock 域的定義

顧客 A 來時，因為 next 和 owner 都是 0，說明鎖未被持有。此時因為餐廳還沒有顧客，所以顧客 A 的牌號是 0，直接用餐，這時 next++。

顧客 B 來時，因為 next 為 1，owner 為 0，說明鎖被人持有；服務生給他 1 號牌，讓他在餐廳門口等待，next++。

顧客 C 來了，因為 next 為 2，owner 為 0，服務生給他 2 號牌，讓他在餐廳門口排隊等待，next++。

這時顧客 A 吃完並買單了，owner++，owner 的值變為 1。服務生會讓牌號和 owner 值相等的顧客用餐，顧客 B 的牌號是 1，所以現在請顧客 B 用餐。有新顧客來時 next++，服務生分配牌號；顧客結帳時，owner++，服務生叫號，owner 值和牌號相等的顧客用餐。

迴旋栓鎖的原型定義在 include/linux/spinlock.h 標頭檔中。

```
<include/linux/spinlock.h>

static inline void spin_lock(spinlock_t *lock)
{
    raw_spin_lock(&lock->rlock);
}

static inline void __raw_spin_lock(raw_spinlock_t *lock)
{
    preempt_disable();
    spin_acquire(&lock->dep_map, 0, 0, _RET_IP_);
    LOCK_CONTENDED(lock, do_raw_spin_trylock, do_raw_spin_lock);
}
```

spin_lock() 函數最終呼叫 __raw_spin_lock() 函數來實現。首先關閉核心先佔，這是迴旋栓鎖實現的關鍵點之一。那麼為什麼迴旋栓鎖臨界區中不允許發生先佔呢？

如果迴旋栓鎖臨界區中允許先佔，假設在臨界區內發生中斷，中斷返回時會檢查先佔排程，這裡將有兩個問題：一是先佔排程會導致持有鎖的處理程序睡眠，這違背了迴旋栓鎖不能睡眠和快速執行完成的設計語義；二是先佔排程處理程序也可能會申請迴旋栓鎖，這樣會導致發生鎖死。

如果系統沒有打開 CONFIG_LOCKDEP 和 CONFIG_LOCK_STAT 選項，spin_acquire() 函數其實是一個空函數，並且 LOCK_CONTENDED() 只是直接呼叫 do_raw_spin_lock() 函數。

```c
static inline void do_raw_spin_lock(raw_spinlock_t *lock) __acquires(lock)
{
    arch_spin_lock(&lock->raw_lock);
}
```

由於 Linux 5.0 核心裡的 spin_lock 已經實現了排隊的迴旋栓鎖機制，該機制的分析會在後面的章節裡介紹。本章介紹 Linux 4.0 核心中 spin_lock 的實現。

下面來看 arch_spin_lock() 函數的實現。

```
<linux4.0/arch/arm64/include/asm/spinlock.h>

1 static inline void arch_spin_lock(arch_spinlock_t *lock)
2 {
3     unsigned int tmp;
4     arch_spinlock_t lockval, newval;
5
6     asm volatile(
7     /* 自動實現下一次排隊 */
8     "prfm     pstl1strm, %3\n"
9     "1: ldaxr      %w0, %3\n"
10    "add     %w1, %w0, %w5\n"
11    "stxr     %w2, %w1, %3\n"
12    "cbnz     %w2, 1b\n"
13    /* 是否獲得了鎖 */
14    "eor     %w1, %w0, %w0, ror #16\n"
15    "cbz     %w1, 3f\n"
16    /*
```

```
17      *  若沒有獲得鎖，自旋，
18      *  發送本地事件，以避免在獨佔載入前忘記解鎖
19      */
20    "sevl\n"
21    "2:    wfe\n"
22    "ldaxrh      %w2, %4\n"
23    "eor         %w1, %w2, %w0, lsr #16\n"
24    "cbnz        %w1, 2b\n"
25     /* 獲得鎖，臨界區從這裡開始 */
26    "3:"
27     : "=&r" (lockval), "=&r" (newval), "=&r" (tmp), "+Q" (*lock)
28     : "Q" (lock->owner), "I" (1 << TICKET_SHIFT)
29     : "memory");
30 }
```

該函數只有一個參數 lock。

在第 3 ～ 4 行中，定義了 3 個臨時變數——tmp、lockval 以及 newval。

在第 9 行中，透過 ldaxr 指令把參數 lock 的值載入到變數 lockval 中。

在第 10 行中，透過 add 指令把 lockval 的值增加 1 << TICKET_SHIFT（其中，TICKET_SHIFT 為 16），這相當於把 lockval 中的 next 域加 1，然後保存到 newval 變數中。

在第 11 行中，使用 stxr 指令把 newval 的值寫入 lock 中。當 stxr 指令原子地儲存完成時，tmp 的值為 0。

在第 12 行中，使用 cbnz 指令來判斷 tmp 值是否為 0。若為零，則說明 stxz 指令執行完成；若不為 0，則跳躍到標籤 1 處。

在第 14 行中，%w0 表示臨時變數 lockval 的值。這裡使用 ror 把 lockval 值右移 16 位元獲得 owner 域，然後和 next 域進行「互斥」。

在第 15 行中，cbz 指令用來判斷 %w1 的值是否為 0。若為 0，說明 ower 域和 next 域相等，即 owner 等於該 CPU 持有的牌號（lockval.next）時，該 CPU 成功獲取了迴旋栓鎖，跳躍到標籤 3 處並返回。若不為 0，則呼叫 wfe 指令讓 CPU 進入等候狀態。

在第 21 ～ 24 行中，讓 CPU 進入等候狀態。當有其他 CPU 喚醒本 CPU 時，說明該迴旋栓鎖的 owner 域發生了變化，即該鎖被釋放。在第 23 ～ 24 行中，若新 owner 域的值和 next 域的值相等，即 owner 等於該 CPU 持有的牌號（lockval.next），說明該 CPU 成功獲取了迴旋栓鎖。若不相等，只能繼續跳躍到標籤 2 處讓 CPU 進入等候狀態。

接下來說明 ARM64 架構中的 wfe 指令。ARM 64 架構中的等待中斷（Wait For Interrupt，WFI）和等待事件（Wait For Event，WFE）指令都可以讓 ARM 核心進入睡眠模式。WFI 直到有 WFI 喚醒事件發生才會喚醒 CPU，WFE 直到有 WFE 喚醒事件發生才會喚醒 CPU。這兩類事件大致相同，唯一的不同在於 WFE 指令可以被其他 CPU 上的 SEV 指令喚醒，SEV 指令是用於修改 Event 暫存器的指令。

下面來看釋放迴旋栓鎖的 arch_spin_unlock() 函數的實現。

```
static inline void arch_spin_unlock(arch_spinlock_t *lock)
{
    asm volatile(
"   stlrh      %w1, %0\n"
    : "=Q" (lock->owner)
    : "r" (lock->owner + 1)
    : "memory");
}
```

arch_spin_unlock() 函數實現比較簡單，使用 stlrh 指令來讓 lock->owner 域加 1。另外，使用 stlrh 指令來釋放鎖，並且讓處理器的獨佔監視器（exclusives monitor）監測到鎖臨界區被清除，即處理器的全域監視器監測到部分記憶體區域從獨佔存取狀態（exclusive access state）變成了開放存取狀態（open access state），從而觸發一個 WFE 喚醒事件。

1.3.2　迴旋栓鎖的變形

在編寫驅動程式的過程中常常會遇到這樣一個問題。假設某個驅動中有一個鏈結串列 a_driver_list，在驅動中很多操作都需要存取和更新該鏈結串列，如 open、ioctl 等，因此操作鏈結串列的地方就是一個臨界區，需要迴旋栓鎖來保護。若在臨界區中發生了外部硬體中斷，系統暫停當前處理程序的執行轉而處理該中斷。假設中斷處理常式恰巧也要操作該鏈結串列，鏈結串列的操作是一個臨界區，所以在操作之前要呼叫 spin_lock() 函數來對該鏈結串列進行保護。中斷處理常式試圖獲取該迴旋栓鎖，但因為它已經被其他 CPU 持有了，於是中斷處理常式進入忙等候狀態或 wfe 睡眠狀態。在中斷上下文中出現忙等待或睡眠狀態是致命的，中斷處理常式要求「短」和「快」，迴旋栓鎖的持有者因為被中斷打斷而不能儘快釋放鎖，而中斷處理常式一直在忙等待該鎖，從而導致鎖死的發生。Linux 核心的迴旋栓鎖的變形 spin_lock_irq() 函數透過在獲取迴旋栓鎖時關閉本地 CPU 中斷，可以解決該問題。

```
<include/linux/spinlock.h>

static inline void spin_lock_irq(spinlock_t *lock)
{
    raw_spin_lock_irq(&lock->rlock);
}

static inline void __raw_spin_lock_irq(raw_spinlock_t *lock)
{
    local_irq_disable();
    preempt_disable();
    do_raw_spin_lock();
}
```

spin_lock_irq() 函數的實現比 spin_lock() 函數多了一個 local_irq_disable() 函數。local_irg_disable() 函數用於關閉本地處理器中斷，這樣在獲取迴旋栓鎖時可以確保不會發生中斷，從而避免發生鎖死問題，即 spin_lock_irq() 函數主要防止本地中斷處理常式和迴旋栓鎖持有者之間產生鎖的爭用。可能有的讀者會有疑問，既然關閉了本地 CPU 的中斷，那麼別的 CPU 依然可以回應外部中斷，這會不會也可能導致鎖死呢？迴旋栓鎖持有者在 CPU0 上，CPU1 回應了外部中斷且中斷處理常式同樣試圖去獲取該鎖，因為 CPU0 上的迴旋栓鎖持有者也在繼續執行，所以它很快會離開臨界區並釋放鎖，這樣 CPU1 上的中斷處理常式可以很快獲得該鎖。

在上述場景中，如果 CPU0 在臨界區中發生了處理程序切換，會是什麼情況？注意，進入迴旋栓鎖之前已經顯性地呼叫 preempt_disable() 函數關閉了先佔，因此核心不會主動發生先佔。但令人擔心的是，驅動編寫者主動呼叫睡眠函數，從而發生了排程。使用迴旋栓鎖的重要原則是**擁有迴旋栓鎖的臨界區程式必須原子地執行，不能休眠和主動排程**。但在實際專案中，驅動程式編寫者常常容易犯錯誤。如呼叫分配記憶體函數 kmalloc() 時，可能因為系統空閒記憶體不足而進入睡眠模式，除非顯性地使用 GFP_ATOMIC 分配隱藏。

spin_lock_irqsave() 函數會保存本地 CPU 當前的 irq 狀態並且關閉本地 CPU 中斷，然後獲取迴旋栓鎖。local_irq_save() 函數在關閉本地 CPU 中斷前把 CPU 當前的中斷狀態保存到 flags 變數中。在呼叫 local_irq_restore() 函數時把 flags 值恢復到相關暫存器中，如 ARM 的 CPSR，這樣做的目的是防止破壞中斷回應的狀態。

迴旋栓鎖還有另外一個常用的變形——spin_lock_bh() 函數，用於處理程序和延遲處理機制導致的併發存取的互斥問題。

1.3.3　spin_lock() 和 raw_spin_lock() 函數

若在一個專案中有的程式中使用 spin_lock() 函數，而有的程式使用 raw_spin_lock() 函數，並且 spin_lock() 函數直接呼叫 raw_spin_lock() 函數，這樣可能會給讀者造成困惑。

這要從 Linux 核心的即時更新（RT-patch）說起。即時更新旨在提升 Linux 核心的即時性，它允許在迴旋栓鎖的臨界區內先佔鎖，且在臨界區內允許處理程序睡眠，這樣會導致迴旋栓鎖語義被修改。當時核心中大約有 10 000 處使用了迴旋栓鎖，直接修改迴旋栓鎖的工作量巨大，但是可以修改那些真正不允許先佔和睡眠的地方，大概有 100 處，因此改為使用 raw_spin_lock() 函數。spin_lock() 和 raw_spin_lock() 函數的區別如下。

在絕對不允許先佔和睡眠的臨界區，應該使用 raw_spin_lock() 函數，否則使用 spin_lock()。

因此對沒有更新即時更新的 Linux 核心來說，spin_lock() 函數可以直接呼叫 raw_spin_ lock()，對更新即時更新的 Linux 核心來說，spin_lock() 會變成可先佔和睡眠的鎖，這一點需要特別注意。

1.4 MCS 鎖

MCS 鎖是迴旋栓鎖的一種最佳化方案，它是以兩個發明者 Mellor-Crummey 和 Scott 的 名 字 來 命 名 的， 論 文 "Algorithms for Scalable Synchronization on Shared-Memory Multiprocessor" 發表在 1991 年的 *ACM Transactions on Computer Systems* 期刊上。迴旋栓鎖是 Linux 核心中使用最廣泛的一種鎖機制。長期以來，核心社區一直關注迴旋栓鎖的高效性和可擴充性。在 Linux 2.6.25 核心中，迴旋栓鎖已經採用排隊自旋演算法進行最佳化，以解決早期迴旋栓鎖爭用的問題。但是在多處理器和 NUMA 系統中，排隊迴旋栓鎖仍然存在一個比較嚴重的問題。假設在一個鎖爭用激烈的系統中，所有等待迴旋栓鎖的執行緒都在同一個共用變數上自旋，申請和釋放鎖都在同一個變數上修改，快取記憶體一致性原理（如 MESI 協定）導致參與自旋的 CPU 中的快取記憶體行變得無效。在鎖爭用的激烈過程中，可能導致嚴重的 CPU 快取記憶體行顛簸現象（CPU cacheline bouncing），即多個 CPU 上的快取記憶體行反覆故障，大大降低系統整體性能。

MCS 演算法可以解決迴旋栓鎖遇到的問題，顯著緩解 CPU 快取記憶體行顛簸問題。MCS 演算法的核心思想是每個鎖的申請者只在本地 CPU 的變數上自旋，而非全域的變數上。雖然 MCS 演算法的設計是針對迴旋栓鎖的，但是早期 MCS 演算法的實現需要比較大的資料結構，而迴旋栓鎖常常嵌入系統中一些比較關鍵的資料結構中，如物理頁面資料結構 page。這類資料結構對大小相當敏感，因此目前 MCS 演算法只用在讀寫訊號量和互斥鎖的自旋等待機制中。Linux 核心版本的 MCS 鎖最早是由社區專家 Waiman Long 在 Linux 3.10 核心中實現的，後來經過其他的社區專家的不斷最佳化成為現在的 osq_lock，OSQ 鎖是 MCS 鎖機制的具體的實現。核心社區並沒有放棄對迴旋栓鎖的持續最佳化，在 Linux 4.2 核心中引進了基於 MCS 演算法的排隊迴旋栓鎖（Queued Spinlock，Qspinlock）。

MCS 鎖本質上是一種基於鏈結串列結構的迴旋栓鎖，OSQ 鎖的實現需要兩個資料結構。

```
<include/linux/osq_lock.h>

struct optimistic_spin_queue {
    atomic_t tail;
};

struct optimistic_spin_node {
    struct optimistic_spin_node *next, *prev;
    int locked;
    int cpu;
};
```

每個 MCS 鎖有一個 optimistic_spin_queue 資料結構，該資料結構只有一個成員 tail，初始化為 0。optimistic_spin_node 資料結構表示本地 CPU 上的節點，它可以組織成一個雙向鏈結串列，包含 next 和 prev 指標，locked 成員用於表示加鎖狀態，cpu 成員用於重新編碼 CPU 編號，表示該節點在哪個 CPU 上。optimistic_spin_node 資料結構會定義成 per-CPU 變數，即每個 CPU 有一個節點結構。

```
<kernel/locking/osq_lock.c>

static DEFINE_PER_CPU_SHARED_ALIGNED(struct optimistic_spin_node, osq_node);
```

MCS 鎖在 osq_lock_init() 函數中初始化。如互斥鎖會初始化為一個 MCS 鎖，因為 __mutex_ init() 函數會呼叫 osq_lock_init() 函數。

```
<kernel/locking/mutex.c>

void
__mutex_init(struct mutex *lock, const char *name, struct lock_class_key *key)
{
...
```

```
#ifdef CONFIG_MUTEX_SPIN_ON_OWNER
    osq_lock_init(&lock->osq);
#endif
...
}

static inline void osq_lock_init(struct optimistic_spin_queue *lock)
{
    atomic_set(&lock->tail, 0);
}
```

1.4.1 快速申請通道

osq_lock() 函數用於申請 MCS 鎖。下面來看該函數如何進入快速申請通道。

```
<kernel/locking/osq_lock.c>

 bool osq_lock(struct optimistic_spin_queue *lock)
 {
    struct optimistic_spin_node *node = this_cpu_ptr(&osq_node);
    struct optimistic_spin_node *prev, *next;
    int curr = encode_cpu(smp_processor_id());
    int old;

    node->locked = 0;
    node->next = NULL;
    node->cpu = curr;

   old = atomic_xchg(&lock->tail, curr);
   if (old == OSQ_UNLOCKED_VAL)
        return true;
```

node 指向當前 CPU 的 optimistic_spin_node。

optimistic_spin_node 資料結構中 cpu 成員用於表示 CPU 編號，這裡的編號方式和 CPU 編號方式不太一樣，0 表示沒有 CPU，1 表示 CPU0，依此類推，見 encode_cpu() 函數。

接著，使用函數 atomic_xchg() 交換全域 lock->tail 和當前 CPU 編號。如果 lock->tail 的舊值等於初始化值 OSQ_UNLOCKED_VAL（值為 0），

說明還沒有 CPU 持有鎖，那麼讓 lock->tail 等於當前 CPU 編號，表示當前 CPU 成功持有鎖，這是最快捷的方式。如果 lock->tail 的舊值不等於 OSQ_UNLOCKED_VAL，獲取鎖失敗，那麼將進入中速申請通道。

1.4.2 中速申請通道

下面看看如果無法成功獲取鎖的情況，即 lock->tail 的值指向其他 CPU 編號，說明有 CPU 已經持有該鎖。

```
<osq_lock()>

  prev = decode_cpu(old);
  node->prev = prev;
  ACCESS_ONCE(prev->next) = node;
```

之前獲取鎖失敗，變數 old 的值（lock->tail 的舊值）指向某個 CPU 編號，因此 decode_cpu() 函數返回的是變數 old 指向的 CPU 所屬的節點。

接著把 curr_node 插入 MCS 鏈結串列中，curr_node->prev 指向前繼節點，而 prev_node->next 指向當前節點。

```
<osq_lock()>

  while (!ACCESS_ONCE(node->locked)) {
      /*
       *檢查是否需要被排程
       */
      if (need_resched())
          goto unqueue;

      cpu_relax_lowlatency();
  }
  return true;
```

while 迴圈一直查詢 curr_node->locked 是否變成了 1，因為 prev_node 釋放鎖時會把它的下一個節點中的 locked 成員設定為 1，然後才能成功釋放鎖。在理想情況下，若前繼節點釋放鎖，那麼當前處理程序也退出自旋，返回 true。

在自旋等待過程中,如果有更高優先順序的處理程序先佔或被排程器排程出去(見 need_resched() 函數),那應該放棄自旋等待,退出 MCS 鏈結串列,跳躍到 unqueue 標籤,處理 MCS 鏈結串列刪除節點的情況。unqueue 標籤用於處理異常情況,正常情況是在 while 迴圈中等待鎖,如圖 1.2 所示。

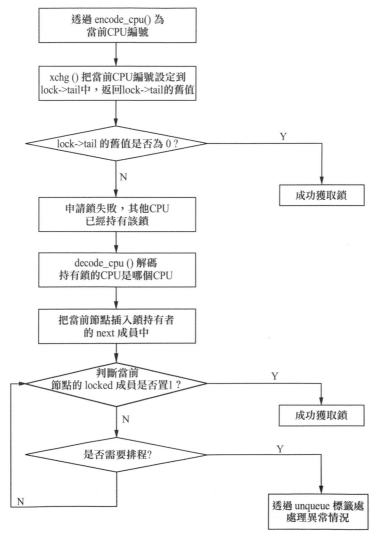

圖 1.2 申請 MCS 鎖的流程圖

1.4.3 慢速申請通道

OSQ 鎖的實現比較複雜的原因在於 OSQ 鎖必須要處理 need_resched() 函數的異常情況，否則可以很簡潔。

unqueue 標籤處實現刪除鏈結串列等操作，這裡僅使用了原子比較並交換指令，並沒有使用其他的鎖，這表現了無鎖併發程式設計的精髓。

刪除 MCS 鏈結串列節點分為以下 3 個步驟。

（1）解除前繼節點（prev_node）的 next 指標的指向。

（2）解除當前節點（curr_node）的 next 指標的指向，並且找出後繼節點（next_node）。

（3）讓前繼節點的 next 指標指向 next_node，next_node 的 prev 指標指向前繼節點。

下面先看步驟（1）的實現。

```
<osq_lock()>

unqueue:
    for (;;) {
        if (prev->next == node &&
        cmpxchg(&prev->next, node, NULL) == node)
            break;

        if (smp_load_acquire(&node->locked))
            return true;

        cpu_relax();

        prev = READ_ONCE(node->prev);
    }
```

如果前繼節點的 next 指標指向當前節點，説明其間鏈結串列還沒有被修改，接著用 cmpxchg() 函數原子地判斷前繼節點的 next 指標是否指向當前節點。如果指向，則把 prev->next 指向 NULL，並且判斷返回的前繼節點的 next 指標是否指向當前節點。如果上述條件都成立，就達到解除前繼節點的 next 指標指向的目的了。

如果上述原子比較並交換指令判斷失敗，説明其間 MCS 鏈結串列被修改了。利用這個間隙，smp_load_acquire() 巨集會再一次判斷當前節點是否持有了鎖。smp_load_acquire() 巨集的定義如下。

```
<arch/arm/include/asm/barrier.h>

#define smp_load_acquire(p)                    \
({                                             \
    typeof(*p) ___p1 = ACCESS_ONCE(*p);        \
    compiletime_assert_atomic_type(*p);        \
    smp_mb();                                  \
    ___p1;                                     \
})
```

ACCESS_ONCE() 巨集使用 volatile 關鍵字強制重新載入 p 的值，smp_mb() 函數保證記憶體屏障之前的讀寫指令都執行完畢。如果這時判斷 curr_node 的 locked 為 1，説明當前節點持有了鎖，返回 true。為什麼當前節點莫名其妙地持有了鎖呢？因為前繼節點釋放了鎖並且把鎖傳遞給當前節點。

如果前繼節點的 next 指標不指向當前節點，就説明當前節點的前繼節點發生了變化，這裡重新載入新的前繼節點，繼續下一次迴圈。

接下來看步驟（2）的實現。

```
<osq_lock()>

    next = osq_wait_next(lock, node, prev);
    if (!next)
        return false;
```

步驟（1）處理前繼節點的 next 指標指向問題，現在輪到處理當前節點的 next 指標指向問題，關鍵實現在 osq_wait_next() 函數中。

```
<osq_lock()->osq_wait_next()>

0   static inline struct optimistic_spin_node *
1   osq_wait_next(struct optimistic_spin_queue *lock,
2        struct optimistic_spin_node *node,
3        struct optimistic_spin_node *prev)
```

```
4  {
5      struct optimistic_spin_node *next = NULL;
6      int curr = encode_cpu(smp_processor_id());
7      int old;
8
9      old = prev ? prev->cpu : OSQ_UNLOCKED_VAL;
10
11     for (;;) {
12         if (atomic_read(&lock->tail) == curr &&
13             atomic_cmpxchg(&lock->tail, curr, old) == curr) {
14             break;
15         }
16
17         if (node->next) {
18             next = xchg(&node->next, NULL);
19             if (next)
20                 break;
21         }
22
23         cpu_relax_lowlatency();
24     }
25
26     return next;
27 }
```

變數 curr 是指當前處理程序所在的 CPU 編號，變數 old 是指前繼節點 prev_node 所在的 CPU 編號。如果前繼節點為空，那麼 old 值為 0。

在第 12 ～ 13 行中，判斷當前節點是否為 MCS 鏈結串列中的最後一個節點。如果是，說明當前節點位於鏈結串列尾端，即沒有後繼節點，直接返回 next（即 NULL）。為什麼透過原子地判斷 lock->tail 值是否等於 curr 即可判斷當前節點是否位於鏈結串列尾端呢？

如圖 1.3 所示，如果當前節點位於 MCS 鏈結串列的尾端，curr 值和 lock->tail 值相等。如果其間有處理程序正在申請鎖，那麼 curr 值為 2，但是 lock->tail 值會變成其他值，因為在快速申請通道中使用 atomic_xchg() 函數修改了 lock->tail 的值。當 CPU2 加入該鎖的爭用時，lock->tail=3。

在第 17 ～ 21 行中，如果當前節點有後繼節點，那麼把當前節點的 next 指標設定為 NULL，解除當前節點的 next 指標的指向，並且返回後繼節

點，這樣就完成了步驟（2）的目標。第 23 行的 cpu_relax_lowlatency()
函數在 ARM 中是一行 BARRIER 指令。

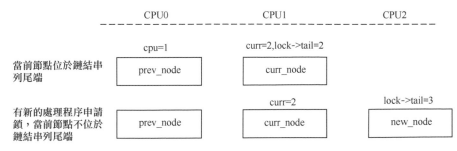

圖 1.3　osq_wait_next() 函數中判斷當前節點是否在鏈結串列尾端的方法

接下來看步驟（3）的實現。

```
<osq_lock()>

    WRITE_ONCE(next->prev, prev);
    WRITE_ONCE(prev->next, next);

    return false;
```

後繼節點的 prev 指標指向前繼節點，前繼節點的 next 指標指向後繼節
點，這樣就完成了當前節點脫離 MCS 鏈結串列的操作。最後返回 false，
因為沒有成功獲取鎖。

MCS 鎖的架構，如圖 1.4 所示。

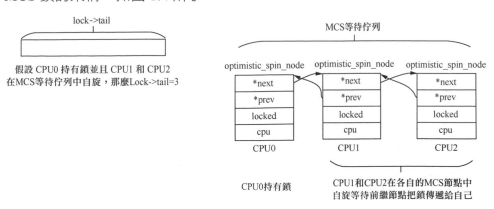

圖 1.4　MCS 鎖的架構

1.4.4 釋放鎖

接下來看 MCS 鎖是如何釋放鎖的。

```
<kernel/locking/osq_lock.c>

void osq_unlock(struct optimistic_spin_queue *lock)
{
    struct optimistic_spin_node *node, *next;
    int curr = encode_cpu(smp_processor_id());
    /*
     * 快速通道
     */
    if (likely(atomic_cmpxchg_release(&lock->tail, curr,
                    OSQ_UNLOCKED_VAL) == curr))
        return;
    /*
     * 慢速通道
     */
    node = this_cpu_ptr(&osq_node);
    next = xchg(&node->next, NULL);
    if (next) {
        WRITE_ONCE(next->locked, 1);
        return;
    }
    next = osq_wait_next(lock, node, NULL);
    if (next)
        WRITE_ONCE(next->locked, 1);
}
```

如果 lock->tail 保存的 CPU 編號正好是當前處理程序的 CPU 編號，說明沒有 CPU 來競爭該鎖，那麼直接把 lock->tail 設定為 0，釋放鎖，這是最理想的情況，程式中把此種情況描述為快速通道（fast path）。注意，此處依然要使用函數 atomic_cmpxchg()。

下面進入慢速通道，首先透過 xchg() 函數使當前節點的指標（node->next）指向 NULL。如果當前節點有後繼節點，並返回後繼節點，那麼把後繼節點的 locked 成員設定為 1，相當於把鎖傳遞給後繼節點。這裡相當於告訴後繼節點鎖已經傳遞給它了。

如果後繼節點為空，說明在執行 osq_unlock() 函數期間有成員擅自離隊，那麼只能呼叫 osq_wait_next() 函數來確定或等待確定的後繼節點，也許當前節點就在鏈結串列尾端。當然，也會有「後繼無人」的情況。

讀者可以在閱讀完 1.5 節之後再來細細體會 MCS 鎖設計的精妙之處。

1.5 排隊迴旋栓鎖

在 Linux 2.6.25 核心中，為了解決迴旋栓鎖在爭用激烈場景下導致的性能低下問題，引入了基於排隊的 FIFO 演算法，但是該演算法依然無法解決快取記憶體行顛簸問題，學術界因此提出了 MCS 鎖。MCS 鎖機制會導致 spinlock 資料結構變大，在核心中很多資料結構內嵌了 spinlock 資料結構，這些資料結構對大小很敏感，這導致了 MCS 鎖機制一直無法在 spinlock 資料結構上應用，只能屈就於互斥鎖和讀寫訊號量。但核心社區的專家 Waiman Long 和 Peter Zijlstra 並沒有放棄對迴旋栓鎖的持續最佳化，他們在 Linux 4.2 核心中引進了排隊迴旋栓鎖（Queued Spinlock，Qspinlock）機制。Waiman Long 在雙 CPU 插槽的電腦上執行一些系統測試專案時發現，排隊迴旋栓鎖機制比排隊機制在性能方面提高了 20%，特別是在鎖爭用激烈的場景下，檔案系統的測試性能會有 116% 的提高。排隊迴旋栓鎖機制非常適合 NUMA 架構的伺服器，特別是有大量的 CPU 核心且鎖爭用激烈的場景。

q_spinlock 資料結構依然採用 spinlock 資料結構。

```
<include/asm-generic/qspinlock_types.h>

typedef struct qspinlock {
    union {
        atomic_t val;
        struct {
            u8      locked;
            u8      pending;
        };
```

```
    struct {
        u16     locked_pending;
        u16     tail;
    };
};
} arch_spinlock_t;
```

qspinlock 資料結構把 val 欄位分成多個域，如表 1.4 所示。

表 1.4 qspinlock 中 val 欄位的含義

位	描述
Bit[0:7]	locked 域，表示成功持有了鎖
Bit[8]	pending 域，表示第一順位繼承者，自旋等待鎖釋放
Bit[9:15]	未使用
Bit[16:17]	tail_idx 域，用來獲取 q_nodes，目前支持 4 種上下文的 mcs_nodes——處理程序上下文 task、軟體中斷上下文 softirq、硬體中斷上下文 hardirq 和不可隱藏中斷上下文 nmi
Bit[18:31]	tail_cpu 域，用來標識等待佇列尾端的 CPU

原來的 spinlock 資料結構中的 val 欄位被分割成 locked、pending、tail_idx 和 tail_cpu 這 4 個域。Linux 核心使用一個 $\{x, y, z\}$ 三元組來表示鎖的狀態，其中 x 表示 tail，即 tail_cpu 和 tail_idx 域，y 表示 pending 域，z 表示 locked 域，如圖 1.5 所示。

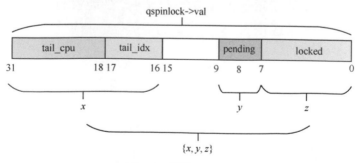

圖 1.5 鎖的三元組

另外，排隊迴旋栓鎖還利用了 MCS 鎖機制，每個 CPU 都定義一個 mcs_spinlock 資料結構。

```
<kernel/locking/mcs_spinlock.h>

struct mcs_spinlock {
    struct mcs_spinlock *next;
    int locked;
    int count;
};

<kernel/locking/qspinlock.c>

struct qnode {
    struct mcs_spinlock mcs;
};

static DEFINE_PER_CPU_ALIGNED(struct qnode, qnodes[4]);
```

這裡為每個 CPU 都定義了 4 個 qnode，用於 4 個上下文，分別為 task、softirq、hardirq 和 nmi。但這裡只是預先規劃，實際程式暫時還沒有用到 4 個 qnode。

1.5.1 快速申請通道

我們以一個實際場景來分析排隊迴旋栓鎖的實現，假設 CPU0、CPU1、CPU2 以及 CPU3 爭用一個迴旋栓鎖，它們都在處理程序上下文中爭用該鎖。

在初始狀態，沒有 CPU 獲取該鎖，那麼鎖的三元組的初值為 {0, 0, 0}，如圖 1.6（a）所示。

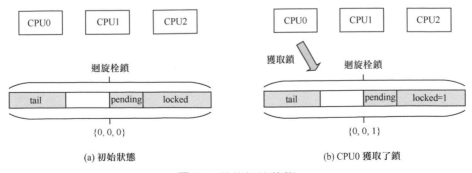

(a) 初始狀態　　　　　　　　　　(b) CPU0 獲取了鎖

圖 1.6　鎖的初始狀態

這時，CPU0 的處理程序呼叫 queued_spin_lock() 函數去申請該鎖，因為沒有其他 CPU 競爭，所以 CPU0 很快獲取了鎖，如圖 1.6（b）所示。lock->val 中，locked=1，pending=0，tail=0，即三元組的值為 {0, 0, 1}。

假設這時 CPU1 也嘗試獲取該鎖，CPU1 上的處理程序呼叫 queued_spin_lock() 函數申請該鎖。queued_spin_lock() 函數的主要程式如下。

```
<include/asm-generic/qspinlock.h>

static __always_inline void queued_spin_lock(struct qspinlock *lock)
{
    u32 val = 0;

    if (likely(atomic_try_cmpxchg_acquire(&lock->val, &val, _Q_LOCKED_VAL)))
        return;

    queued_spin_lock_slowpath(lock, val);
}
```

queued_spin_lock() 函數會區分兩種場景。

- 迴旋栓鎖沒有被持有，即 lock->val 等於 0。atomic_try_cmpxchg_acquire() 函數會返回 true，並且把 lock->val 設定為 _Q_LOCKED_VAL，表示快速持有鎖，這就是快速申請通道。
- 迴旋栓鎖已經被持有，即 lock->val 不等於 0。atomic_try_cmpxchg_acquire() 函數會返回 false，並跳躍到 queued_spin_lock_slowpath() 函數的慢速通道中。

讀者需要注意的是 atomic_try_cmpxchg_acquire() 函數和 cmpxchg() 函數的細微差別。atomic_ try_cmpxchg_acquire() 函數會呼叫 cmpxchg() 函數來做比較並交換操作，比較 lock->val 和 val 的值是否相等。若相等，則設定 lock->val 的值為 _Q_LOCKED_VAL，然後判斷 cmpxchg() 函數的返回值是否和 val 相等。

1.5.2 中速申請通道

當快速申請通道無法獲取鎖時，進入中速申請通道，即 queued_spin_lock_
slowpath() 函數。這個場景下，CPU0 持有鎖，CPU1 嘗試獲取鎖。

```
<kernel/locking/qspinlock.c>
<queued_spin_lock()->queued_spin_lock_slowpath()>

void queued_spin_lock_slowpath(struct qspinlock *lock, u32 val)
{
    struct mcs_spinlock *prev, *next, *node;
    u32 old, tail;
    int idx;

    if (val == _Q_PENDING_VAL) {
        int cnt = _Q_PENDING_LOOPS;
        val = atomic_cond_read_relaxed(&lock->val,
                          (VAL != _Q_PENDING_VAL) || !cnt--);
```

首先，判斷 val 的值是否設定了 pending 域。如果設定了 pending 域，説
明此時處於一個臨時狀態，即鎖持有者正在釋放鎖的過程中，這個過程會
把鎖傳遞給第一順位繼承者。此時，需要等待 pending 域釋放。這裡使用
atomic_cond_read_relaxed() 函數來自旋等待。

```
<queued_spin_lock_slowpath()>

    /*
     * 如果我們發現了鎖爭用，那麼跳躍到queue標籤處
     */
    if (val & ~_Q_LOCKED_MASK)
        goto queue;
```

然後，判斷 pending 域和 tail 域是否有值，其中 _Q_LOCKED_MASK 為
0xFF。如果有值，如 tail_cpu 域有值，即有 CPU 在等待佇列中等候，説
明已經有 CPU 在等待這個鎖，那麼只好跳躍到 queue 標籤處去排隊。

```
<queued_spin_lock_slowpath()>

    /*
     * trylock || pending
```

```
 *
 * 0,0,* -> 0,1,* -> 0,0,1 pending, trylock
 */
val = queued_fetch_set_pending_acquire(lock);
```

設定 pending 域。這裡設定 pending 域的含義是表明 CPU1 為第一順位繼承者，那麼自旋等待是最合適的。現在 lock->val 的狀態變為 locked=1，pending=1，tail=0，如圖 1.7（a）所示。注意，queued_fetch_set_pending_acquire() 函數返回的是 lock->val 的舊值。

在本場景中，CPU1 會執行到這裡並透過 queued_fetch_set_pending_acquire() 函數來設定 pending 域。然而，若 CPU2 也加入該鎖的爭用，則在前面的判斷中就發現鎖的 pending 域被 CPU1 置 1 了，直接跳躍到 queue 標籤處，加入 MCS 佇列中。

```
<queued_spin_lock_slowpath()>

    /*
     * 如果我們發現了鎖的爭用，那是一個併發的鎖
     *
     */
    if (unlikely(val & ~_Q_LOCKED_MASK)) {
        if (!(val & _Q_PENDING_MASK))
            clear_pending(lock);

        goto queue;
    }
```

我們繼續做一些檢查，這裡使用 lock->val 的舊值來判斷 pending 域和 tail 域是否有值。如果有值，則說明已經有 CPU 在等待這個鎖，那麼只好跳躍到 queue 標籤處去排隊。在之前已經判斷了 pending 域和 tail 域，為什麼這裡還需要判斷呢？什麼場景下會執行到這裡呢？這裡有一個比較複雜並且特殊的場景需要考慮，詳細分析請看 1.5.5 節。

```
<queued_spin_lock_slowpath()>

    /*
     * 自旋等待鎖持有者釋放鎖
```

```
    *
    * 0,1,1 -> 0,1,0
    *
    */
   if (val & _Q_LOCKED_MASK)
       atomic_cond_read_acquire(&lock->val, !(VAL & _Q_LOCKED_MASK));
```

由於剛才不僅設定了 pending 域而且做了必要的檢查，因此就自旋等待。
atomic_cond_read_ acquire() 函數內建了自旋等待的機制，一直原子地載
入和判斷條件是否成立。這裡判斷條件為 val 欄位的 locked 域是否為 0，
也就是鎖持有者是否釋放了鎖。當鎖持有者釋放鎖時，lock->val 中的
locked 域會被歸零，atomic_cond_read_acquire() 函數會退出 for 迴圈。

```
<queued_spin_lock_slowpath()>

   /*
    * 成功持有鎖，pending域歸零
    *
    * 0,1,0 -> 0,0,1
    */
   clear_pending_set_locked(lock);
   qstat_inc(qstat_lock_pending, true);
   return;
```

接下來，clear_pending_set_locked() 函數把 pending 域的值歸零並且設定
locked 域為 1，表示 CPU1 已經成功持有了該鎖並返回，如圖 1.7（b）所
示。

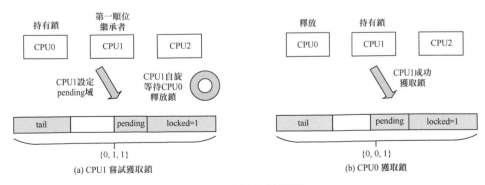

圖 1.7　中速申請通道

```
static __always_inline void clear_pending_set_locked(struct qspinlock *lock)
{
    struct __qspinlock *l = (void *)lock;

    WRITE_ONCE(l->locked_pending, _Q_LOCKED_VAL);
}
```

上述內容是比較理想的狀況，也就是中速獲取鎖的情況。

1.5.3 慢速申請通道

慢速申請通道的場景是 CPU0 持有鎖，CPU1 設定 pending 域並且在自旋等待，CPU2 也加入鎖的爭用行列。在此場景下，CPU2 會跳躍到 queue 標籤處。

```
<queued_spin_lock_slowpath()>

    /*
     * 如果我們發現了鎖爭用，那麼跳躍到queue標籤處
     */
    if (val & ~_Q_LOCKED_MASK)
        goto queue;
```

接下來看 queue 的程式。

```
<queued_spin_lock_slowpath()>

queue:
    node = this_cpu_ptr(&qnodes[0].mcs);
    idx = node->count++;
    tail = encode_tail(smp_processor_id(), idx);

    node = grab_mcs_node(node, idx);

    node->locked = 0;
    node->next = NULL;

    if (queued_spin_trylock(lock))
        goto release;
```

前面提到排隊迴旋栓鎖會利用 MCS 鎖機制來進行排隊。首先，獲取當前 CPU 對應的 mcs_spinlock 節點，通常使用 mcs_spinlock[0] 節點[3]。

encode_tail() 函數把 lock->val 中的 tail 域再進行細分，其中 Bit[16：17] 存放 tail_idx，Bit[18：31] 存放 tail_cpu（CPU 編號）。encode_tail() 函數的實現如下。

```
static inline __pure u32 encode_tail(int cpu, int idx)
{
    u32 tail;
    tail  = (cpu + 1) <<_Q_TAIL_CPU_OFFSET;
    tail |= idx << _Q_TAIL_IDX_OFFSET;
    return tail;
}
```

假設 CPU0 持有鎖，CPU1 為第一順位繼承者，CPU2 為當前鎖申請者，那 麼 lock->val 中 locked=1，pending=1，tail_idx=0，tail_cpu=0。node->locked 設定為 0，表示當前 CPU2 的 mcs_spinlock 節點並沒有持有鎖。

queued_spin_trylock() 函數表示嘗試獲取鎖。這時可能存取快取記憶體中 pre-cpu 的 mcs_spinlock 節點，因此可能在這個時間點成功獲取鎖。

```
<queued_spin_lock_slowpath()>

    old = xchg_tail(lock, tail);
    next = NULL;
```

xchg_tail() 函數把新的 tail 值原子地設定到 lock->tail 中。新的 lock->val 中，locked=1，pending=1，tail_idx=0，tail_cpu=3。 舊 的 lock->val 中，locked=1，pending=1，tail_idx=0，tail_cpu=0，如圖 1.8 所示。

3　假設處理程序 A 獲取一個自旋鎖時使用 mcs_spinlock[0] 節點，在臨界區中發生了中斷，中斷處常式也申請了該自旋鎖，那麼會使用 mcs_spinlock[1] 節點。

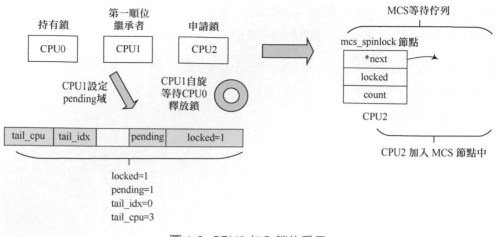

圖 1.8　CPU2 加入鎖的爭用

```
<queued_spin_lock_slowpath()>

    /*
     * 若有前繼節點，那麼掛入該鏈結串列後並等待，直到成為等待佇列的鏈結串列頭
     */
    if (old & _Q_TAIL_MASK) {
        prev = decode_tail(old);
        WRITE_ONCE(prev->next, node);
        arch_mcs_spin_lock_contended(&node->locked);

        next = READ_ONCE(node->next);
        if (next)
            prefetchw(next);
    }
```

前面已經把新 tail 域的值設定到 lock->val 變數中，變數 old 是交換之前的舊值。

如果舊的 lock->val 中的 tail 域有值，說明之前已經有別的 CPU 在 MCS 等待佇列中。我們需要把自己的節點增加到 MCS 等待佇列尾端，然後等待前繼節點釋放鎖，並且把鎖傳遞給自己，這是 MCS 演算法的特點。

decode_tail() 函數取出前繼節點。

透過設定 prev->next 域中指標的指向來把當前節點加入 MCS 等待佇列中。

在 arch_mcs_spin_lock_contended() 函數中，當前節點會在自己的 MCS 節點中自旋並等待 node->locked 被設定為 1。注意，這是 MCS 演算法的優點，每個等待的執行緒都在本地的 MCS 節點上自旋，而非在全域的迴旋栓鎖中自旋，這樣能夠有效地緩解 CPU 快取記憶體行顛簸現象。

arch_mcs_spin_lock_contended() 函數的定義如下。

```
<kernel/locking/mcs_spinlock.h>

#define arch_mcs_spin_lock_contended(l)                 \
do {                                                    \
    smp_cond_load_acquire(l, VAL);                      \
} while (0)
#endif
```

當前繼節點把鎖傳遞給當前節點時，當前 CPU 會從睡眠狀態喚醒，然後退出 arch_mcs_spin_lock_contended() 函數中的 while 迴圈。

假設這時 CPU3 也加入該鎖的爭用中，CPU3 對應的 MCS 節點有前繼節點，那麼 CPU3 會在 MCS 節點中自旋，等待 node->locked 被設定為 1，如圖 1.9 所示。4 個 CPU 的狀態如下。

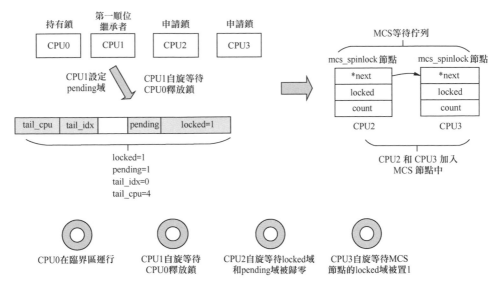

圖 1.9　CPU3 加入鎖的爭用中

- CPU0：持有鎖。
- CPU1：設定了 pending 域，自旋等待 CPU0 釋放鎖。
- CPU2：加入了 MCS 等待佇列，自旋等待鎖的 locked 域和 pending 域被歸零。
- CPU3：加入了 MSC 等待佇列，在自己的 MCS 節點中自旋等待 locked 域被置 1。

我們接著往下看程式。

```
<queued_spin_lock_slowpath()>

    val = atomic_cond_read_acquire(&lock->val, !(VAL & _Q_LOCKED_PENDING_MASK));
```

atomic_cond_read_acquire() 函數讀取 lock->val 的值。因為 CPU2 沒有前繼節點，所以它能直接呼叫 atomic_cond_read_acquire() 函數來讀取 lock->val 的值。若 CPU3 也直接讀取 lock->val 的值，那麼說明 CPU3 對應的 mcs_spinlock 節點已經在 MCS 等待佇列頭了，並且獲取了 MCS 鎖（node->locked），但獲取了 MCS 鎖不代表可以獲取迴旋栓鎖。因此，還要等待鎖持有者釋放鎖，即鎖持有者把 lock->val 中的 locked 域和 pending 域歸零。

```
<queued_spin_lock_slowpath()>

locked:
    if ((val & _Q_TAIL_MASK) == tail) {
        if (atomic_try_cmpxchg_relaxed(&lock->val, &val, _Q_LOCKED_VAL))
            goto release;
    }

    set_locked(lock);

    if (!next)
        next = smp_cond_load_relaxed(&node->next, (VAL));

    arch_mcs_spin_unlock_contended(&next->locked);

release:

    __this_cpu_dec(qnodes[0].mcs.count);
}
```

CPU2 執行到標籤處 locked 處，說明 CPU0 已經釋放了該鎖，lock->val 中的 locked 域和 pending 域的值都被歸零。

接下來，判斷當前節點是否為 MCS 等待佇列的唯一的節點。為什麼當前 lock->tail 的值和當前 CPU 獲取的 tail 值相等，即表示 MCS 等待佇列中只有一個節點呢？

假設這時 CPU3 加入了該鎖的爭用中，那麼 CPU3 在執行 queued_spin_lock_slowpath() 函數時，在 tail 域中，tail_idx=0，tail_cpu=4，並且會把 tail 值原子地設定到 lock->val 中。這裡判斷出 lock->tail 和 CPU2 的 tail 值不一樣，因為 CPU3 已加入 MCS 等待佇列中。

既然 MCS 等待佇列中已經沒有其他等待者了，那麼透過 atomic_cmpxchg_relaxed() 函數來原子地比較並設定 lock->val 為 1。這種情況下，在 lock->val 中，locked=1，pending=0，tail_idx=0，tail_cpu=0。

如果 MCS 等待佇列中還有其他等待者，那麼直接設定 lock->locked 域為 _Q_LOCKED_VAL，表示成功持有鎖。這種情況下，在 lock->val 中，locked=1，pending=0，tail_idx=0，tail_cpu=3。

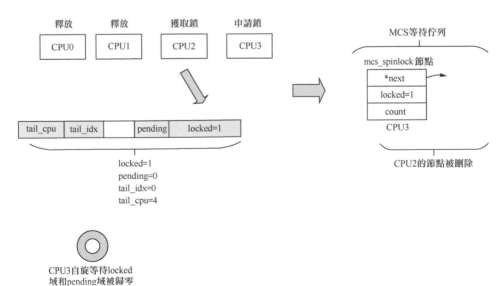

圖 1.10 CPU2 獲取迴旋栓鎖的過程

smp_cond_load_relaxed() 函數處理後繼節點被刪除的情況。
arch_mcs_spin_unlock_contended() 會把鎖傳遞給後繼節點。

最後，CPU2 成功獲取迴旋栓鎖並釋放 mcs_spinlock 節點，具體過程如圖 1.10 所示。

1.5.4 釋放鎖

要釋放排隊迴旋栓鎖，只要原子地把 lock->val 值減 _Q_LOCKED_VAL 即可。注意，這時 lock 中的其他域（如 pending 域或 tail_cpu 域）可能還有值。

```
static __always_inline void queued_spin_unlock(struct qspinlock *lock)
{
    (void)atomic_sub_return_release(_Q_LOCKED_VAL, &lock->val);
}
```

1.5.5 案例分析：為什麼這裡 pending 域要歸零

在中速申請通道的程式裡有以下程式清單，為了方便敘述將其分成程式碼片段 A、B、C 和 D。

```
<kernel/locking/qspinlock.c>

void queued_spin_lock_slowpath(struct qspinlock *lock, u32 val)
{
    ...
    if (val & ~_Q_LOCKED_MASK)        //程式碼片段A
        goto queue;

    val = queued_fetch_set_pending_acquire(lock);    //程式碼片段B

    if (unlikely(val & ~_Q_LOCKED_MASK)) {            //程式碼片段C
        if (!(val & _Q_PENDING_MASK))                 //程式碼片段D
            clear_pending(lock);
        goto queue;
    }
    ...
queue:
    ...
}
```

讀者可能對上述程式邏輯有疑問。

■ 在程式碼片段 A 中,判斷鎖的 pending 域和 tail 域是否有值,如果有值說明鎖已經被持有,則跳躍到 queue 標籤處中。這時鎖的三元組的值為 {0, 0, 1}。

■ 在程式碼片段 B 中,設定 pending 域為 1。這時鎖的三元組的值為 {0, 1, 1},而 queued_fetch_ set_pending_acquire() 函數返回鎖的舊值,即 val={0, 0, 1}。

■ 在程式碼片段 C 和程式碼片段 D 中,當鎖的舊值 val 中的 tail 域有值並且 pending 域為 0 時,呼叫 clear_pending() 函數來歸零 pending 域並且跳躍到 queue 標籤處。

■ 既然在前面已跳躍到 queue 標籤處,那什麼場景下會跳躍到程式碼片段 D 裡的 clear_pending() 函數呢?

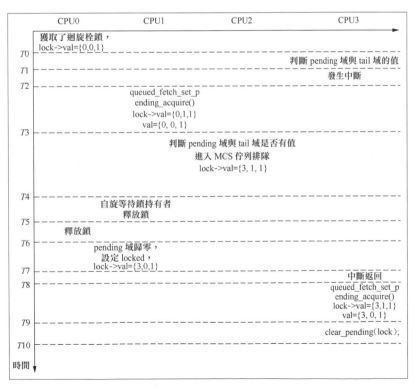

圖 1.11 迴旋栓鎖爭用問題

這裡有一個比較複雜且特殊的場景需要考慮。假設 CPU0 ～ CPU3 同時爭用這個迴旋栓鎖，如圖 1.11 所示。

在 T0 時刻，CPU0 率先獲取鎖，此時鎖的三元組的值為 {0, 0, 1}。

在 T1 時刻，CPU3 來申請該鎖，執行到程式碼片段 A 時發現鎖中的 pending 域和 tail 域都為 0。

在 T2 時刻，CPU3 發生中斷，跳躍到中斷處理常式。

在 T3 時刻，CPU1 來申請該鎖，執行到程式碼片段 B 時，設定了該鎖的 pending 域，CPU1 變成了第一順位繼承者。此時，鎖的三元組的值為 {0, 1, 1}，鎖的舊值為 {0, 0, 1}。

在 T4 時刻，CPU2 也來申請該鎖，執行到程式碼片段 A 時發現 pending 域置 1 了，因此跳躍到 queue 標籤處，加入 MCS 的等待佇列。這時，鎖的三元組的值為 {3, 1, 1}。

在 T5 時刻，CPU1 在中速申請通道裡自旋等待 CPU0 釋放鎖。

在 T6 時刻，CPU0 釋放鎖，即 locked 域歸零，此時，鎖的三元組的值 {3, 1, 0}。

在 T7 時刻，CPU1 把 pending 域歸零並且設定 locked 域，成功獲取鎖。此時，鎖的三元組的值為 {3, 0, 1}。

在 T8 時刻，CPU3 中斷返回，繼續執行申請鎖的程式。

在 T9 時刻，CPU3 執行到程式碼片段 B 處，設定 pending 域。此時，鎖的三元組的值為 {3, 1, 1}，鎖的舊值為 {3, 0, 1}。

在 T10 時刻，CPU3 執行到程式碼片段 C 和程式碼片段 D 處，發現此時的 val 滿足判斷條件，因此呼叫 clear_pending() 函數來使 pending 域歸零並且跳躍到 queue 標籤處。

1.5.6 小結

綜上所述，排隊迴旋栓鎖實現的邏輯如圖 1.12 所示，在本節描述的場景中，CPU0 是鎖持有者，CPU1 為第一順位繼承者，CPU2 和 CPU3 也是鎖的申請者，CPU2 和 CPU3 會在 MCS 等待佇列中等待，而鎖的三元組的值如圖 1.12 所示。也許有讀者會問：從巨觀來看，系統中有成千上萬個迴旋栓鎖，但是每個 CPU 只有唯一的 mcs_spinlock 節點，那麼這些迴旋栓鎖怎麼和這個唯一的 mcs_spinlock 節點[4]映射呢？其實從微觀角度來看，同一時刻一個 CPU 只能持有一個迴旋栓鎖，其他 CPU 只是在自旋等待這個被持有的迴旋栓鎖，因此每個 CPU 上有一個 mcs_spinlock 節點就足夠了。

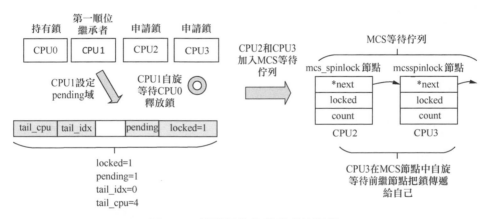

圖 1.12　排隊迴旋栓鎖實現的邏輯

排隊迴旋栓鎖的特點如下。

- 整合 MCS 演算法到迴旋栓鎖中，繼承了 MCS 演算法的所有優點，有效解決了 CPU 快取記憶體行顛簸問題。
- 沒有增加 spinlock 資料結構的大小，把 val 細分成多個域，完美實現了 MCS 演算法。

4　程式提前規劃定義了 4 個 mcs_spinlock 節點，用於不同的上下文—處理程序上下文 task、軟中斷上下文 softirq、硬中斷上下文 hardirq 和不可遮罩中斷上下文 nmi。

■ 從經典迴旋栓鎖到基於排隊的迴旋栓鎖，再到現在的排隊迴旋栓鎖，
可以看到社區專家們對性能最佳化孜孜不倦的追求。

■ 當只有兩個 CPU 試圖獲取迴旋栓鎖時，使用 pending 域就可以完美解
決問題，第 2 個 CPU 只需要設定 pending 域，然後自旋等待鎖釋放。
當有第 3 個或更多 CPU 來爭用時，則需要使用額外的 MCS 節點。第
3 個 CPU 會自旋等待鎖被釋放，即 pending 域和 locked 域被歸零，而
第 4 個 CPU 和後面的 CPU 只能在 MCS 節點中自旋等待 locked 域被置
1，直到前繼節點把 locked 控制器過繼給自己才能有機會自旋等待迴旋
栓鎖的釋放，從而完美解決激烈鎖爭用帶來的快取記憶體行顛簸問題。

1.6 號誌

號誌（semaphore）是作業系統中最常用的同步基本操作之一。迴旋栓鎖
是一種實現忙等待的鎖，而號誌則允許處理程序進入睡眠狀態。簡單來
說，號誌是一個計數器，它支持兩個操作基本操作，即 P 和 V 操作。P 和
V 原指荷蘭語中的兩個單字，分別表示減少和增加，後來美國人把它改成
down 和 up，現在 Linux 核心中也叫這兩個名字。

號誌中經典的例子莫過於生產者和消費者問題，它是作業系統發展歷史上
經典的處理程序同步問題，最早由 Dijkstra 提出。假設生產者生產商品，
消費者購買商品，通常消費者需要到實體商店或線上購物購買商品。用電
腦來模擬這個場景，一個執行緒代表生產者，另外一個執行緒代表消費
者，緩衝區代表商店。生產者生產的商品被放置到緩衝區中以供應給消費
者執行緒消費，消費者執行緒從緩衝區中獲取物品，然後釋放緩衝區。若
生產者執行緒生產商品時發現沒有空閒緩衝區可用，那麼生產者必須等待
消費者執行緒釋放出一個空閒緩衝區。若消費者執行緒購買商品時發現商
店沒貨了，那麼消費者必須等待，直到新的商品生產出來。如果採用迴旋
栓鎖機制，那麼當消費者發現商品沒貨時，他就搬個凳子坐在商店門口一
直等送貨員送貨過來；如果採用號誌機制，那麼商店待者會記錄消費者的

電話，等到貨了通知消費者來購買。顯然，在現實生活中，如果是麵包這類很快可以做好的商品，大家願意在商店裡等；如果是家電等商品，大家肯定不會在商店裡等。

1.6.1 號誌簡介

semaphore 資料結構的定義如下。

```
<include/linux/semaphore.h>

struct semaphore {
    raw_spinlock_t     lock;
    unsigned int       count;
    struct list_head   wait_list;
};
```

- lock 是迴旋栓鎖變數，用於保護 semaphore 資料結構裡的 count 和 wait_list 成員。
- count 用於表示允許進入臨界區的核心執行路徑個數。
- wait_list 鏈結串列用於管理所有在該號誌上睡眠的處理程序，沒有成功獲取鎖的處理程序會在這個鏈結串列上睡眠。

通常透過 sema_init() 函數進行號誌的初始化，其中 __SEMAPHORE_INITIALIZER() 巨集會完成對 semaphore 資料結構的填充，val 值通常設為 1。

```
<include/linux/semaphore.h>

0 static inline void sema_init(struct semaphore *sem, int val)
1 {
2    static struct lock_class_key __key;
3    *sem = (struct semaphore) __SEMAPHORE_INITIALIZER(*sem, val);
4 }
5
6 #define __SEMAPHORE_INITIALIZER(name, n)                    \
7 {                                                  \
8    .lock    = __RAW_SPIN_LOCK_UNLOCKED((name).lock),  \
9    .count   = n,                          \
```

```
10    .wait_list = LIST_HEAD_INIT((name).wait_list),    \
11}
```

下面來看 down() 函數。down() 函數有以下一些變形。其中 down() 函數和
down_interruptible() 函數的區別在於，down_interruptible() 函數在爭用號
誌失敗時進入可中斷的睡眠狀態，而 down() 函數進入不可中斷的睡眠狀
態。若 down_trylock() 函數返回 0，表示成功獲取鎖；若返回 1，表示獲
取鎖失敗。

```
void down(struct semaphore *sem);
int down_interruptible(struct semaphore *sem);
int down_killable(struct semaphore *sem);
int down_trylock(struct semaphore *sem);
int down_timeout(struct semaphore *sem, long jiffies);
```

接下來看 down_interruptible() 函數的實現。

```
<kernel/locking/semaphore.c>

0 int down_interruptible(struct semaphore *sem)
1 {
2    unsigned long flags;
3    int result = 0;
4
5    raw_spin_lock_irqsave(&sem->lock, flags);
6    if (likely(sem->count > 0))
7          sem->count--;
8    else
9          result = __down_interruptible(sem);
10   raw_spin_unlock_irqrestore(&sem->lock, flags);
11
12   return result;
13}
```

首先，第 6 ～ 9 行程式判斷是否進入迴旋栓鎖的臨界區。注意，後面的操
作會臨時打開迴旋栓鎖，若涉及對號誌中最重要的 count 的操作，需要迴
旋栓鎖來保護，並且在某些中斷處理函數中也可能會操作該號誌。由於需
要關閉本地 CPU 中斷，因此這裡採用 raw_spin_lock_irqsave() 函數。當
成功進入迴旋栓鎖的臨界區之後，首先判斷 sem->count 是否大於 0。如果

大於 0，則表明當前處理程序可以成功地獲得號誌，並將 sem->count 值減
1，然後退出。如果 sem->count 小於或等於 0，表明當前處理程序無法獲
得該號誌，則呼叫 __down_interruptible() 函數來執行睡眠操作。

```
static noinline int __sched __down_interruptible(struct semaphore *sem)
{
    return __down_common(sem, TASK_INTERRUPTIBLE, MAX_SCHEDULE_TIMEOUT);
}
```

__down_interruptible() 函數內部呼叫 __down_common() 函數來實現。state
參 數 為 TASK_ INTERRUPTIBLE。timeout 參 數 為 MAX_SCHEDULE_
TIMEOUT，是一個很大的 LONG_MAX 值。

```
<down_interruptible()->__down_interruptible()->__down_common()>

0   static inline int __sched __down_common(struct semaphore *sem, long state,
1   long timeout)
2   {
3       struct task_struct *task = current;
4       struct semaphore_waiter waiter;
5
6       list_add_tail(&waiter.list, &sem->wait_list);
7       waiter.task = task;
8       waiter.up = false;
9
10      for (;;) {
11          if (signal_pending_state(state, task))
12              goto interrupted;
13          if (unlikely(timeout <= 0))
14              goto timed_out;
15          __set_task_state(task, state);
16          raw_spin_unlock_irq(&sem->lock);
17          timeout = schedule_timeout(timeout);
18          raw_spin_lock_irq(&sem->lock);
19          if (waiter.up)
20              return 0;
21      }
22
23  timed_out:
24      list_del(&waiter.list);
25      return -ETIME;
```

```
26  interrupted:
27    list_del(&waiter.list);
28    return -EINTR;
29  }
```

在第 4 行中，semaphore_waiter 資料結構用於描述獲取號誌失敗的處理程序，每個處理程序會有一個 semaphore_waiter 資料結構，並且把當前處理程序放到號誌 sem 的成員變數 wait_list 鏈結串列中。接下來的 for 迴圈將當前處理程序的 task_struct 狀態設定成 TASK_INTERRUPTIBLE，然後呼叫 schedule_timeout() 函數主動讓出 CPU，相當於當前處理程序睡眠。注意 schedule_timeout() 函數的參數是 MAX_SCHEDULE_TIMEOUT，它並沒有實際等待 MAX_SCHEDULE_TIMEOUT 的時間。當處理程序再次被排程回來即時執行，schedule_timeout() 函數返回並判斷再次被排程的原因。當 waiter.up 為 true 時，説明睡眠在 wait_list 佇列中的處理程序被該號誌的 UP 操作喚醒，處理程序可以獲得該號誌。如果處理程序被其他 CPU 發送的訊號（Signal）或由於逾時等而喚醒，則跳躍到 timed_out 或 interrupted 標籤處，並返回錯誤程式。

down_interruptible() 函數中，在呼叫 __down_interruptible() 函數時加入 sem->lock 的迴旋栓鎖，這是迴旋栓鎖的臨界區。前面提到，迴旋栓鎖臨界區中絕對不能睡眠，難道這是例外？仔細閱讀 __down_common() 函數，會發現 for 迴圈在呼叫 schedule_timeout() 函數主動讓出 CPU 時，先呼叫 raw_spin_unlock_irq() 函數釋放了該鎖，即呼叫 schedule_timeout() 函數時已經沒有迴旋栓鎖了，可以讓處理程序先睡眠，「醒來時」再補加一個鎖，這是核心程式設計的常用技巧。

下面來看與 down() 函數對應的 up() 函數。

```
<kernel/locking/semaphore.c>

0 void up(struct semaphore *sem)
1 {
2    unsigned long flags;
3
```

```
4    raw_spin_lock_irqsave(&sem->lock, flags);
5    if (likely(list_empty(&sem->wait_list)))
6          sem->count++;
7    else
8          __up(sem);
9    raw_spin_unlock_irqrestore(&sem->lock, flags);
10 }
```

如果號誌上的等待佇列（sem->wait_list）為空，則說明沒有處理程序在等待該號誌，直接把 sem->count 加 1 即可。如果不為空，則說明有處理程序在等待佇列裡睡眠，需要呼叫 __up() 函數喚醒它們。

```
0 static noinline void __sched __up(struct semaphore *sem)
1 {
2    struct semaphore_waiter *waiter = list_first_entry(&sem->wait_list,
3                            struct semaphore_waiter, list);
4    list_del(&waiter->list);
5    waiter->up = true;
6    wake_up_process(waiter->task);
7 }
```

首先來看 sem->wait_list 中第一個成員 waiter，這個等待佇列是先進先出佇列，在 down() 函數中透過 list_add_tail() 函數增加到等待佇列尾部。把 waiter->up 設定為 true，把然後呼叫 wake_up_process() 函數喚醒 waiter->task 處理程序。在 down() 函數中，waiter->task 處理程序醒來後會判斷 waiter->up 變數是否為 true，如果為 true，則直接返回 0，表示該處理程序成功獲取號誌。

1.6.2 小結

號誌有一個有趣的特點，它可以同時允許任意數量的鎖持有者。號誌初始化函數為 sema_init(struct semaphore *sem, int count)，其中 count 的值可以大於或等於 1。當 count 大於 1 時，表示允許在同一時刻至多有 count 個鎖持有者，這種號誌叫作計數號誌（counting semaphore）；當 count 等於 1 時，同一時刻僅允許一個 CPU 持有鎖，這種號誌叫作互斥號誌或二進位號誌（binary semaphore）。在 Linux 核心中，大多使用 count 值為 1

的號誌。相比迴旋栓鎖，號誌是一個允許睡眠的鎖。號誌適用於一些情況複雜、加鎖時間比較長的應用場景，如核心與使用者空間複雜的互動行為等。

1.7 互斥鎖

在 Linux 核心中，除號誌以外，還有一個類似的實現叫作互斥鎖（mutex）。號誌是在平行處理環境中對多個處理器存取某個公共資源進行保護的機制，互斥鎖用於互斥操作。

號誌根據初始 count 的大小，可以分為計數號誌和互斥號誌。根據著名的洗手間理論，號誌相當於一個可以同時容納 N 個人的洗手間，只要洗手間人不滿，其他人就可以進去，如果人滿了，其他人就要在外面等待。互斥鎖類似於街邊的移動洗手間，每次只能進去一個人，裡面的人出來後才能讓排隊中的下一個人進去。既然互斥鎖類似於 count 值等於 1 的號誌，為什麼核心社區要重新開發互斥鎖，而非重複使用號誌的機制呢？

互斥鎖最早是在 Linux 2.6.16 核心中由 Red Hat Enterprise Linux 的資深核心專家 Ingo Molnar 設計和實現的。號誌的 count 成員可以初始化為 1，並且 down() 和 up() 函數也可以實現類似於互斥鎖的功能，那為什麼要單獨實現互斥鎖機制呢？ Ingo Molnar 認為，在設計之初，號誌在 Linux 核心中的實現沒有任何問題，但是互斥鎖相對於號誌要簡單輕便一些。在鎖爭用激烈的測試場景下，互斥鎖比號誌執行速度更快，可擴充性更好。另外，mutex 資料結構的定義比號誌小。這些都是在互斥鎖設計之初 Ingo Molnar 提到的優點。互斥鎖上的一些最佳化方案（如自旋等待）已經移植到了讀寫訊號量中。

1.7.1 mutex 資料結構

下面來看 mutex 資料結構的定義。

```
<include/linux/mutex.h>

struct mutex {
    atomic_long_t          owner;
    spinlock_t           wait_lock;
#ifdef CONFIG_MUTEX_SPIN_ON_OWNER
    struct optimistic_spin_queue osq;
#endif
    struct list_head      wait_list;
};
```

- wait_lock：迴旋栓鎖，用於保護 wait_list 睡眠等待佇列。
- wait_list：用於管理所有在互斥鎖上睡眠的處理程序，沒有成功獲取鎖的處理程序會在此鏈結串列上睡眠。
- owner：Linux 4.10 核心把原來的 count 成員和 owner 成員合併成一個。原來的 count 是一個原子值，1 表示鎖沒有被持有，0 表示鎖被持有，負數表示鎖被持有且有等待者在排隊。現在新版本的 owner 中，0 表示鎖沒有未被持有，非零值則表示鎖持有者的 task_struct 指標的值。另外，最低 3 位元有特殊的含義。

```
#define MUTEX_FLAG_WAITERS     0x01
#define MUTEX_FLAG_HANDOFF     0x02
#define MUTEX_FLAG_PICKUP      0x04

#define MUTEX_FLAGS            0x07
```

- osq：用於實現 MCS 鎖機制。
  - MUTEX_FLAG_WAITERS：表示互斥鎖的等待佇列裡有等待者，解鎖的時候必須喚醒這些等候的處理程序。
  - MUTEX_FLAG_HANDOFF   ：對互斥鎖的等待佇列中的第一個等待者會設定這個標示位元，鎖持有者在解鎖的時候把鎖直接傳遞給第一個等待者。
  - MUTEX_FLAG_PICKUP：表示鎖的傳遞已經完成。

互斥鎖實現了樂觀自旋（optimistic spinning）等待機制。準確地說，互斥鎖比讀寫訊號量更早地實現了自旋等待機制。自旋等待機制的核心原理是當發現鎖持有者正在臨界區執行並且沒有其他優先順序高的處理程序要排程時，當前處理程序堅信鎖持有者會很快離開臨界區並釋放鎖，因此與其睡眠等待，不如樂觀地自旋等待，以減少睡眠喚醒的負擔。在實現自旋等待機制時，核心實現了一套 MCS 鎖機制來保證只有一個等待者自旋等待鎖持有者釋放鎖。

1.7.2 互斥鎖的快速通道

互斥鎖的初始化有兩種方式，一種是靜態使用 DEFINE_MUTEX() 巨集，另一種是在核心程式中動態使用 mutex_init() 函數。

```
<include/linux/mutex.h>

#define DEFINE_MUTEX(mutexname) \
    struct mutex mutexname = __MUTEX_INITIALIZER(mutexname)

#define __MUTEX_INITIALIZER(lockname) \
        { .owner = ATOMIC_LONG_INIT(0) \
        , .wait_lock = __SPIN_LOCK_UNLOCKED(lockname.wait_lock) \
        , .wait_list = LIST_HEAD_INIT(lockname.wait_list)   }
```

下面來看 mutex_lock() 函數是如何實現的。

```
<kernel/locking/mutex.c>

void __sched mutex_lock(struct mutex *lock)
{
    might_sleep();

    if (!__mutex_trylock_fast(lock))
        __mutex_lock_slowpath(lock);
}
```

__mutex_trylock_fast() 函數判斷是否可以快速獲取鎖。若不能透過快速通道獲取鎖，那麼要進入慢速通道——mutex_lock_slowpath()。

```
<kernel/locking/mutex.c>

static __always_inline bool __mutex_trylock_fast(struct mutex *lock)
```

```
{
    unsigned long curr = (unsigned long)current;
    unsigned long zero = 0UL;

    if (atomic_long_try_cmpxchg_acquire(&lock->owner, &zero, curr))
        return true;

    return false;
}
```

__mutex_trylock_fast() 函 數 實 現 的 重 點 是 atomic_long_try_cmpxchg_
acquire() 函數。如果以 cmpxchg() 函數的語義來瞭解，會得出錯誤的結
論。比如，當 lock->owner 和 zero 相等時，説明 lock 這個鎖沒有被持有，
那麼可以成功獲取鎖，把當前處理程序的 task_struct->curr 的值指定給
lock->owner，然後函數返回 lock->owner 的舊值，也就是 0。這時 if 判斷
敘述應該判斷 atomic_long_try_cmpxchg_acquire () 函數是否返回 0 才對。
但是在 Linux 5.0 核心的程式裡和我們想的完全相反，那是怎麼回事呢？

細心的讀者可以透過翻閱 Linux 核心的 git 記錄檔資訊找到答案。在 Linux
4.18 核心中有一個最佳化的更新。鎖的子系統維護者 Peter Zijlstra 透過比
較反組譯程式發現在 x86_64 架構下使用 try_cmpxchg() 來代替 cmpxchg()
函數可以少執行一次 test 指令。try_cmpxchg() 的函數實現如下。

```
<include/linux/atomic.h>

#define __atomic_try_cmpxchg(type, _p, _po, _n)         \
({                                                      \
    typeof(_po) __po = (_po);                      \
    typeof(*(_po)) __r, __o = *__po;                   \
    __r = atomic_cmpxchg##type((_p), __o, (_n));         \
    if (unlikely(__r != __o))                      \
        *__po = __r;                           \
    likely(__r == __o);                        \
})
```

try_cmpxchg() 函數的核心還是呼叫 cmpxchg() 函數，但是返回值發生了
變化，它返回一個判布林值，表示 cmpxchg() 函數的返回值是否和第二個
參數的值相等。

因此，當原子地判斷出 lock->owner 欄位為 0 時，說明鎖沒有被處理程序持有，那麼可以進入快速通道以迅速獲取鎖，把當前處理程序的 task_struct 指標的值原子設定到 lock->owner 欄位中。若 lock->owner 欄位不為 0，則說明該鎖已經被處理程序持有，那麼要進入慢速通道——mutex_lock_slowpath()。

1.7.3 互斥鎖的慢速通道

__mutex_lock_slowpath() 函數呼叫 __mutex_lock_common() 函數來實現，它實現在 kernel/locking/ mutex.c 檔案中。

```
<kernel/locking/mutex.c>

static int
__mutex_lock_common(struct mutex *lock, long state,
            unsigned int subclass,
            struct lockdep_map *nest_lock, unsigned long ip,
            struct ww_acquire_ctx *ww_ctx, const bool use_ww_ctx)
```

__mutex_lock_common() 函數中的主要操作如下。

在第 903 行中，mutex_waiter 資料結構用於描述一個申請互斥鎖失敗的等待者。

在第 924 行中，關閉核心先佔。

在第 927 ～ 935 行中，__mutex_trylock() 函數嘗試獲取互斥鎖。mutex_optimistic_spin() 函數實現樂觀自旋等待機制。稍後會詳細分析 mutex_optimistic_spin() 函數的實現。

在第 937 行中，申請 lock->wait_lock 迴旋栓鎖。

在第 941 行中，第二次嘗試申請互斥鎖。互斥鎖的實現有一個特點——不斷地嘗試申請鎖。

在第 954 行中，為描述每一個失敗的鎖申請，申請者準備了一個資料結構，即 mutex_waiter。__mutex_add_waiter() 函數把 waiter 增加到鎖的等待佇列裡。

在第 972 行中，waiter 資料結構中的 task 成員指向當前處理程序的處理程序描述符號。

在第 974 行中，設定當前處理程序的執行狀態，這個 state 是傳遞進來的參數。使用 mutex_lock() 介面函數時，state 為 TASK_UNINTERRUPTIBLE；使用 mutex_lock_interruptible() 介面函數時，state 為 TASK_INTERRUPTIBLE。

在第 975 ～ 1025 行中，在這個 for 迴圈裡，申請鎖的處理程序會不斷地嘗試獲取鎖，然後不斷讓出 CPU 進入睡眠狀態，然後不斷被排程喚醒，直到能獲取鎖為止。具體步驟如下。

（1）嘗試獲取鎖。

（2）釋放 lock->wait_lock 迴旋栓鎖。

（3）schedule_preempt_disabled() 函數的當前處理程序讓出 CPU，進入睡眠狀態。

（4）處理程序再次被排程執行，也就是處理程序被喚醒。

（5）判斷當前處理程序是否在互斥鎖的等待佇列中排在第一位。如果排在第一位，主動給鎖持有者設定一個標記位元（MUTEX_FLAG_HANDOFF），讓它在釋放鎖的時候把鎖的控制權傳遞給當前處理程序。

（6）__mutex_trylock() 函數再一次嘗試獲取鎖。

（7）若當前處理程序在等待佇列裡是第一個處理程序，那麼會呼叫 mutex_optimistic_spin() 樂觀自旋等待機制。

在第 1026 行中，成功獲取鎖。

在第 1027 行中，在 acquired 標籤處，設定當前處理程序的處理程序狀態為 TASK_RUNNING。

在第 1040 行中，mutex_remove_waiter() 函數把 waiter 從等待佇列中刪除。

在第 1053 行中，釋放 lock->wait_lock 迴旋栓鎖。

在第 1054 行中，打開核心先佔。

在第 1055 行中，成功返回。

從上述分析可以知道申請互斥鎖的流程，如圖 1.13 所示，其中最複雜和最有意思的地方就是樂觀自旋等待機制。

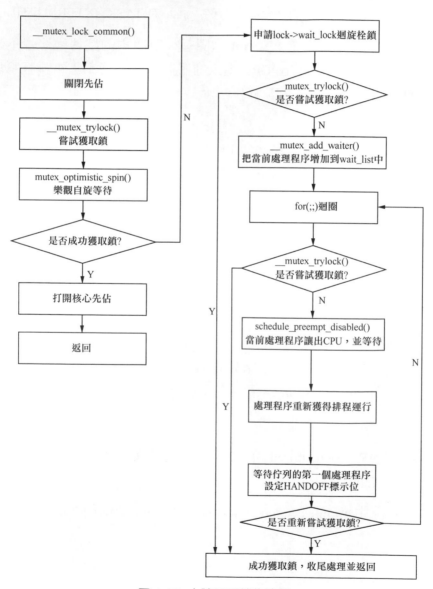

圖 1.13　申請互斥鎖的流程

1.7.4 樂觀自旋等待機制

樂觀自旋等待機制是互斥鎖的新特性。樂觀自旋等待機制其實就是判斷鎖持有者正在臨界區即時執行，可以斷定鎖持有者會很快退出臨界區並且釋放鎖，與其進入睡眠佇列，不如像迴旋栓鎖一樣自旋等待，因為睡眠與喚醒的代價可能更高。樂觀自旋等待機制主要實現在 mutex_optimistic_spin() 函數中。

```
<kernel/locking/mutex.c>

static __always_inline bool
mutex_optimistic_spin(struct mutex *lock, struct ww_acquire_ctx *ww_ctx,
              const bool use_ww_ctx, struct mutex_waiter *waiter)
```

第 1 個參數 lock 是要申請的互斥鎖，第 4 個參數 waiter 是等待者描述符號。mutex_ optimistic_spin() 函數中主要實現了以下操作。

在第 614 ～ 632 行中，處理當等待者描述符號 waiter 為空時的情況。因為 mutex_optimistic_ spin() 函數在 __mutex_lock_common() 函數裡呼叫了兩次，一次是在 __mutex_lock_common() 函數入口，另外一次是在 for 迴圈裡（這時當前處理程序已經在互斥鎖的等待佇列裡）。

在第 622 行中，mutex_can_spin_on_owner() 函數用來判斷是否需要進行樂觀自旋等待。怎麼判斷呢？我們稍後會單獨分析這個函數。

在第 630 行中，osq_lock() 函數申請一個 MCS 鎖。這裡為了防止許多處理程序同時申請同一個互斥鎖並且同時自旋的情況，凡是想樂觀自旋等待的處理程序都要先申請一個 MCS 鎖。在迴旋栓鎖還沒有實現 MCS 演算法之前，最早把 MCS 演算法應用到 Linux 核心的就是互斥鎖機制了。在 Linux 5.0 核心中，大部分架構的迴旋栓鎖機制已經實現了 MCS 演算法，因此以後這裡可以使用迴旋栓鎖來替代。

在第 634 ～ 656 行中，實現了一個 for 迴圈。其中的操作如下。

（1）__mutex_trylock_or_owner() 函數嘗試獲取鎖。大部分的情況下，鎖持有者和當前處理程序（curr）不是同一個處理程序。在無法獲取鎖的情況下，會返回鎖持有者的處理程序描述符號 owner。

（2）mutex_spin_on_owner() 函數一直自旋等待鎖持有者儘快釋放鎖。該函數中也有一個 for 迴圈，一直在不斷地判斷鎖持有者是否發生了變化，直到鎖持有者釋放了該鎖才會退出 for 迴圈。

（3）若鎖持有者發生了變化，那麼說明鎖持有者釋放鎖，mutex_spin_on_owner() 函數返回 true。這時會執行第（1）步。

（4）__mutex_trylock_or_owner() 函數會再一次嘗試獲取鎖，這次的情況和第（1）步不一樣了。這時，鎖持有者已經釋放了鎖，也就是 lock->owner 欄位為 0，那麼很容易透過 CMPXCHG 指令來獲取鎖，並且把當前處理程序的處理程序描述符號指標的值設定值給 lock->owner 欄位。

完成一次樂觀自旋等待機制。

樂觀自旋等待機制如圖 1.14 所示。樂觀自旋等待機制涉及幾個關鍵技術。一是如何判斷當前處理程序是否應該進行樂觀自旋等待。這是在 mutex_can_spin_on_owner() 函數中實現的。二是如何判斷鎖持有者釋放了鎖。這是在 mutex_spin_on_owner() 函數裡實現的。

接下來，分析重要的函數。

1. mutex_can_spin_on_owner() 函數

判斷當前處理程序是否正在臨界區執行的方法很簡單。當處理程序持有互斥鎖時，透過 lock->owner 可以獲取 task_struct 資料結構。如果 task_struct->on_cpu 為 1，表示鎖持有者正在執行，也就是正在臨界區中執行。鎖持有者釋放該鎖後，lock->owner 為 0。mutex_can_spin_on_owner() 函數的程式片段如下。

```
static inline int mutex_can_spin_on_owner(struct mutex *lock)
{
```

```
    owner = __mutex_owner(lock);
    if (owner)
        retval = owner->on_cpu;
    return retval;
}
```

該函數只需要返回 owner->on_cpu 即可,若返回值為 1,説明鎖持有者正在臨界區執行,當前處理程序適合進行樂觀自旋等待。

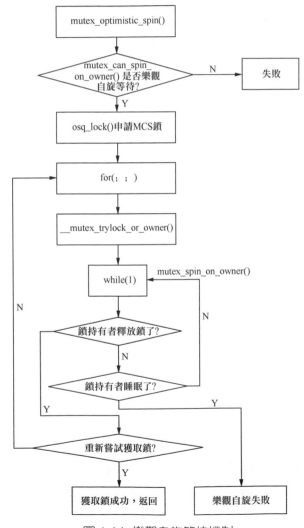

圖 1.14 樂觀自旋等待機制

2. __mutex_trylock_or_owner() 函數

該函數主要嘗試獲取鎖。這裡需要考慮兩種情況。第一種情況是鎖持有者正在臨界區執行，因此當前處理程序（curr）和 lock->owner 指向的處理程序描述符號一定是不一樣的。第二種情況是當鎖持有者離開臨界區並釋放鎖時，就可以透過 CMPXCHG 原子指令嘗試獲取鎖。

3. mutex_spin_on_owner() 函數

該函數的作用是一直判斷鎖持有者是否釋放鎖，判斷條件為 lock->owner 指向的處理程序描述符號是否發生了變化。該函數的程式片段如下。

```
static noinline
bool mutex_spin_on_owner(struct mutex *lock, struct task_struct *owner,
            struct ww_acquire_ctx *ww_ctx, struct mutex_waiter *waiter)
{
    bool ret = true;
    rcu_read_lock();
    while (__mutex_owner(lock) == owner) {
        barrier();
        if (!owner->on_cpu || need_resched()) {
            ret = false;
            break;
        }
        cpu_relax();
    }
    rcu_read_unlock();
    return ret;
}
```

有 3 種情況需要考慮退出該函數。

- 鎖持有者釋放鎖（當 __mutex_owner(lock) != owner）。這種情況是最理想的，也是樂觀自旋等待機制最願意看到的情況。在這種情況下，退出該函數並且呼叫 __mutex_trylock_ or_owner() 函數嘗試獲取鎖。
- 鎖持有者沒有釋放鎖，但是鎖持有者在臨界區即時執行被排程出去了，也就是睡眠了，即 on_cpu=0。這種情況下應該主動退出樂觀自旋等待機制，採用互斥鎖經典睡眠等待機制。
- 當前處理程序需要被排程時，應該主動取消樂觀自旋等待機制，採用互斥鎖經典睡眠等待機制。

1.7.5 mutex_unlock() 函數分析

下面來看 mutex_unlock() 函數是如何解鎖的。

```
<kernel/locking/mutex.c>

void __sched mutex_unlock(struct mutex *lock)
{
    if (__mutex_unlock_fast(lock))
        return;
    __mutex_unlock_slowpath(lock, _RET_IP_);
}
```

解鎖與加鎖一樣有快速通道和慢速通道之分，解鎖的快速通道是使用 __mutex_unlock_fast() 函數。

```
static bool __mutex_unlock_fast(struct mutex *lock)
{
    unsigned long curr = (unsigned long)current;

    if (atomic_long_cmpxchg_release(&lock->owner, curr, 0UL) == curr)
        return true;

    return false;
}
```

解鎖依然使用 CMPXCHG 指令。當 lock->owner 的值和當前處理程序的描述符號 curr 指標的值相等時，可以進行快速解鎖。把 lock->owner 重新指定為 0，返回 lock->owner 的舊值。若 lock->owner 的舊值等於 curr，説明快速解鎖成功；不然只能使用函數 __mutex_unlock_ slowpath()。

__mutex_unlock_slowpath() 函數中的主要操作如下。

在第 1206 行中，atomic_long_read() 函數原子地讀取 lock->owner 值。

在第 1207 ～ 1228 行中，透過 for 迴圈處瞭解鎖的問題。這裡需要考慮 3 種情況。

（1）最理想的情況下，若互斥鎖的等待佇列裡沒有等待者，那直接解鎖即可。

（2）若互斥鎖的等待佇列裡有等待者，則需要喚醒等待佇列中的處理程序。

（3）鎖持有者被等待佇列的第一個處理程序設定一個標示位元（MUTEX_FLAG_HANDOFF），那麼要求鎖持有者優先把鎖傳遞給第一個處理程序。注意，這種情形下，鎖持有者不會先釋放鎖再給第一個處理程序加鎖，而是透過 cmpxchg 指令把鎖傳遞給第一個處理程序。

在第 1232 ～ 1242 行中，把等待佇列中的第一個處理程序增加到喚醒佇列裡。

接下來，處理 MUTEX_FLAG_HANDOFF 的情況。

最後，喚醒處理程序。

1.7.6 案例分析

假設系統有 4 個 CPU（每個 CPU 一個執行緒）同時爭用一個互斥鎖，如圖 1.15 所示。

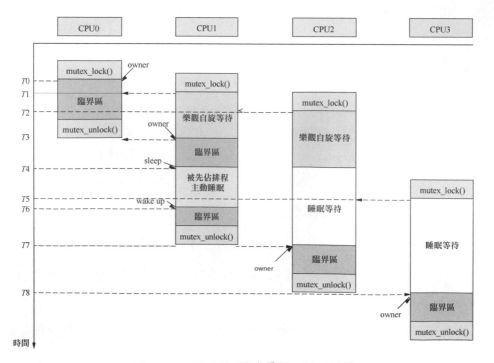

圖 1.15 4 個 CPU 同時爭用一個互斥鎖

$T0$ 時刻，CPU0 率先獲取了互斥鎖，進入臨界區，CPU0 是鎖的持有者。

$T1$ 時刻，CPU1 也開始申請互斥鎖，因為互斥鎖已經被 CPU0 上的執行緒持有，CPU1 發現鎖持有者（即 CPU0）正在臨界區裡執行，所以它採用樂觀自旋等待機制。

$T2$ 時刻，CPU2 也開始申請同一個鎖，同理，CPU2 也採用樂觀自旋等待機制。

$T3$ 時刻，CPU0 退出臨界區，釋放了互斥鎖。CPU1 察覺到鎖持有者已經退出，很快申請到了鎖，這時鎖持有者變成了 CPU1，CPU1 進入了臨界區。

$T4$ 時刻，CPU1 在臨界區裡被先佔排程了或自己主動睡眠了。若在採用樂觀自旋等待機制時發現鎖持有者沒有在臨界區裡執行，那只好取消樂觀自旋等待機制，進入睡眠模式。

$T5$ 時刻，CPU3 也開始申請互斥鎖，它發現鎖持有者沒有在臨界區裡執行，不能採用樂觀自旋等待機制，只好進入睡眠模式。

$T6$ 時刻，CPU1 的執行緒被喚醒，重新進入臨界區。

$T7$ 時刻，CPU1 退出臨界區，釋放了鎖。這時，CPU2 也退出睡眠模式，獲得了鎖。

$T8$ 時刻，CPU2 退出臨界區，釋放了鎖。這時，CPU3 也退出睡眠模式，獲得了鎖。

1.7.7 小結

從互斥鎖實現細節的分析可以知道，互斥鎖比號誌的實現要高效很多。

- 互斥鎖最先實現自旋等待機制。
- 互斥鎖在睡眠之前嘗試獲取鎖。
- 互斥鎖透過實現 MCS 鎖來避免多個 CPU 爭用鎖而導致 CPU 快取記憶體行顛簸現象。

正是因為互斥鎖的簡潔性和高效性，所以互斥鎖的使用場景比號誌要更嚴格，使用互斥鎖需要注意的限制條件如下。

- 同一時刻只有一個執行緒可以持有互斥鎖。
- 只有鎖持有者可以解鎖。不能在一個處理程序中持有互斥鎖，而在另外一個處理程序中釋放它。因此互斥鎖不適合核心與使用者空間複雜的同步場景，號誌和讀寫訊號量比較適合。
- 不允許遞迴地加鎖和解鎖。
- 當處理程序持有互斥鎖時，處理程序不可以退出。
- 互斥鎖必須使用官方介面函數來初始化。
- 互斥鎖可以睡眠，所以不允許在中斷處理常式或中斷下半部（如 tasklet、計時器等）中使用。

在實際專案中，該如何選擇迴旋栓鎖、號誌和互斥鎖呢？

在中斷上下文中可以毫不猶豫地使用迴旋栓鎖，如果臨界區有睡眠、隱含睡眠的動作及核心介面函數，應避免選擇迴旋栓鎖。在號誌和互斥鎖中該如何選擇呢？除非程式場景不符合上述互斥鎖的約束中的某一筆，否則可以優先使用互斥鎖。

1.8　讀寫鎖

上述介紹的號誌有一個明顯的缺點——沒有區分臨界區的讀寫屬性。讀寫鎖通常允許多個執行緒併發地讀取存取臨界區，但是寫入存取只限制於一個執行緒。讀寫鎖能有效地提高併發性，在多處理器系統中允許有多個讀者同時存取共用資源，但寫者是排他性的，讀寫鎖具有以下特性。

- 允許多個讀者同時進入臨界區，但同一時刻寫者不能進入。
- 同一時刻只允許一個寫者進入臨界區。
- 讀者和寫者不能同時進入臨界區。

讀寫鎖有兩種，分別是讀者迴旋栓鎖類型和讀者號誌。迴旋栓鎖類型的讀寫鎖資料結構定義在 include/linux/rwlock_types.h 標頭檔中。

```
<include/linux/rwlock_types.h>

typedef struct {
    arch_rwlock_t raw_lock;
} rwlock_t;

<include/asm-generic/qrwlock_types.h>

typedef struct qrwlock {
    union {
        atomic_t cnts;
        struct {
            u8 wlocked;
            u8 __lstate[3];
        };
    };
    arch_spinlock_t    wait_lock;
} arch_rwlock_t;
```

常用的函數如下。

- rwlock_init()：初始化 rwlock。
- write_lock()：申請寫者鎖。
- write_unlock()：釋放寫者鎖。
- read_lock()：申請讀者鎖。
- read_unlock()：釋放讀者鎖。
- read_lock_irq()：關閉中斷並且申請讀者鎖。
- write_lock_irq()：關閉中斷並且申請寫者鎖。
- write_unlock_irq()：打開中斷並且釋放寫者鎖。

和迴旋栓鎖一樣，讀寫鎖有關閉中斷和下半部的版本。迴旋栓鎖類型的讀寫鎖實現比較簡單，本章特別注意號誌類型讀寫鎖的實現。

讀寫訊號量

1.9.1　rw_semaphore 資料結構

rw_semaphore 資料結構的定義如下。

```
<include/linux/rwsem.h>

struct rw_semaphore {
    long count;
    struct list_head wait_list;
    raw_spinlock_t wait_lock;
#ifdef CONFIG_RWSEM_SPIN_ON_OWNER
    struct optimistic_spin_queue osq;
    struct task_struct *owner;
#endif
};
```

- count 用於表示讀寫訊號量的計數。以前讀寫訊號量的實現用 activity 來表示。若 activity 為 0，表示沒有讀者和寫者；若 activity 為 −1，表示有寫者；若 activity 大於 0，表示有讀者。現在 count 的計數方法已經發生了變化。

- wait_list 鏈結串列用於管理所有在該號誌上睡眠的處理程序，沒有成功獲取鎖的處理程序會睡眠在這個鏈結串列上。

- wait_lock 是一個迴旋栓鎖變數，用於實現對 rw_semaphore 資料結構中 count 成員的原子操作和保護。

- osq：MCS 鎖，參見 1.4 節。

- owner：當寫者成功獲取鎖時，owner 指向鎖持有者的 task_struct 資料結構。

count 成員的語義定義如下。

```
<include/asm-generic/rwsem.h>

#ifdef CONFIG_64BIT
# define RWSEM_ACTIVE_MASK        0xffffffffL
#else
```

```
# define RWSEM_ACTIVE_MASK          0x0000ffffL
#endif


#define RWSEM_UNLOCKED_VALUE         0x00000000L
#define RWSEM_ACTIVE_BIAS            0x00000001L
#define RWSEM_WAITING_BIAS           (-RWSEM_ACTIVE_MASK-1)
#define RWSEM_ACTIVE_READ_BIAS       RWSEM_ACTIVE_BIAS
#define RWSEM_ACTIVE_WRITE_BIAS      (RWSEM_WAITING_BIAS + RWSEM_ACTIVE_BIAS)
```

上述的巨集定義看起來比較複雜，轉換成十進位數字會清晰一些，本章以
32 位元處理器架構為例介紹讀寫訊號量的實現，其實這和 64 位元處理器
的原理是一樣的。

```
# define RWSEM_ACTIVE_MASK          (0xffff或65535)
#define RWSEM_ACTIVE_BIAS            (1)
#define RWSEM_WAITING_BIAS           (0xffff 0000 或 -65536)
#define RWSEM_ACTIVE_READ_BIAS       (1)
#define RWSEM_ACTIVE_WRITE_BIAS      (0xffff 0001 或 -65535)
```

count 值和 activity 值一樣，表示讀者和寫者的關係。

- 若 count 初始化為 0，表示沒有讀者也沒有寫者。
- 若 count 為正數，表示有 count 個讀者。
- 當有寫者申請鎖時，count 值要加上 RWSEM_ACTIVE_WRITE_BIAS，
  count 變成 0xFFFF 0001 或 –65535。
- 當有讀者申請鎖時，若 count 值要加上 RWSEM_ACTIVE_READ_BIAS，
  即 count 值要加 1。
- 當有多個寫者申請鎖時，判斷 count 值是否等於 RWSEM_ACTIVE_
  WRITE_BIAS（–65535），若不相等，說明已經有寫者搶先持有鎖，要
  自旋等待或睡眠。
- 當讀者申請鎖時，若 count 值加上 RWSEM_ACTIVE_READ_BIAS（1）
  後還小於 0，說明已經有一個寫者已經成功申請鎖，只能等待寫者釋放
  鎖。

把 count 值當作十六進位或十進位數字不是開發人員的原本設計意圖，其
實應該把 count 值分成兩個欄位：Bit[0:31] 為低欄位，表示正在持有鎖的

讀者或寫者的個數；Bit[32:63] 為高欄位，通常為負數，表示有一個正在持有或處於 pending 狀態的寫者，以及等待佇列中有讀寫者在等待。因此 count 值可以看作一個二元數，含義如下。

- RWSEM_ACTIVE_READ_BIAS = 0x0000 0001 = [0, 1]，表示有一個讀者。
- RWSEM_ACTIVE_WRITE_BIAS = 0xFFFF 0001 = [−1, 1]，表示當前只有一個活躍的寫者。
- RWSEM_WAITING_BIAS = 0xFFFF 0000 = [−1, 0]，表示睡眠等待佇列中有讀寫者在睡眠等待。

kernel/locking/rwsem-xadd.c 程式中有以下一段關於 count 值含義的比較全面的介紹。

- 0x0000 0000：初始化值，表示沒有讀者和寫者。
- 0x0000 000X：表示有 X 個活躍的讀者或正在申請的讀者，沒有寫者干擾。
- 0xFFFF 000X：或表示可能有 X 個活躍讀者，還有寫者正在等待；或表示有一個寫者持有鎖，還有多個讀者正在等待。
- 0xFFFF 0001：或表示當前只有一個活躍的寫者；或表示一個活躍或申請中的讀者，還有寫者正在睡眠等待。
- 0xFFFF 0000：表示 WAITING_BIAS，有讀者或寫者正在等待，但是它們都還沒成功獲取鎖。

1.9.2 申請讀者類型號誌

本章中把讀者類型的號誌簡稱為讀者鎖。假設這樣一個場景，在呼叫 down_read() 函數申請讀者鎖之前，已經有一個寫者持有該鎖，下面來看 down_read() 函數的實現。

```
<include/asm-generic/rwsem.h>
<down_read()->__down_read()>
```

```
static inline void __down_read(struct rw_semaphore *sem)
{
    if (unlikely(atomic_long_inc_return_acquire(&sem->count) <= 0))
        rwsem_down_read_failed(sem);
}
```

本場景中假設一個寫者率先成功持有鎖，那麼 count 值被加上了 RWSEM_ ACTIVE_WRITE_ BIAS，即二元數 [-1, 1]。

首先，如果 sem->count 原子地加 1 後大於 0，則成功地獲取這個讀者鎖；不然說明在這之前已經有一個寫者持有該鎖。count 值加 1 後變成 -65534（二元數 [-1, 2]），因此要跳躍到 rwsem_down_read_failed() 函數中處理獲取讀者鎖失敗的情況。

rwsem_down_read_failed() 函數最終會呼叫 __rwsem_down_read_failed_ common() 函數。

```
<kernel/locking/rwsem-xadd.c>

static inline struct rw_semaphore __sched *
__rwsem_down_read_failed_common(struct rw_semaphore *sem, int state)
```

該函數有兩個參數。第一個參數 sem 是要申請的讀寫訊號量，第二個參數 state 是處理程序狀態，在本場景裡，它為 TASK_UNINTERRUPTIBLE。該函數實現在 kernel/locking/rwsem-xadd.c 檔案中，其中的主要操作如下。

在第 235 行中，adjustment 值初始化為 -1。

在第 239 ～ 240 行中，rwsem_waiter 資料結構描述一個獲取讀寫鎖失敗的「失意者」。當前情景下獲取讀者鎖失敗，因此 waiter.type 類型設定為 RWSEM_WAITING_FOR_READ，並且在第 256 行中把 waiter 增加到該鎖等待佇列的尾部。

在第 243 行中，如果該等待佇列裡沒有處理程序，即 sem->wait_list 鏈結串列為空，adjustment 值要加上 RWSEM_WAITING_BIAS（即 -65536 或二元數 [-1, 0]），為什麼等待佇列中的第一個處理程序要加上 RWSEM_

WAITING_BIAS 呢？ RWSEM_WAITING_BIAS 通常用於表示等待佇列中還有正在排隊的處理程序。持有鎖和釋放鎖時對 count 的操作是成對出現的，當 count 值等於 RWSEM_WAITING_BIAS 時，表示當前已經沒有活躍的鎖，即沒有處理程序持有鎖，但有處理程序在等待佇列中。假設等待佇列為空，那麼當前處理程序就是該等待佇列上第一個處理程序，這裡 count 值要加上 RWSEM_WAITING_BIAS（−65536 或二元數 [−1, 0]），表示等待佇列中還有等待的處理程序。adjustment 值等於 −65537。

在 第 259 行 中，count 值 將 變 成 RWSEM_ACTIVE_WRITE_BIAS+ RWSEM_WAITING_BIAS。用十進位來表示就是 −131071（sem->count+ adjustment, −65534−65537）。

在第 267 ～ 269 行中，根據兩種情況呼叫 __rwsem_mark_wake() 函數去喚醒等待佇列中的處理程序。

- 當前沒有活躍的鎖但是等待佇列中有處理程序在等待，即 count 等於 RWSEM_WAITING_BIAS。
- 當前沒有活躍寫者，並且當前處理程序為等待佇列中的第一個處理程序。

假設在第 256 行之後持有寫者鎖的處理程序釋放了鎖，那麼 sem->count 的值會變成多少呢？ sem->count 的值將變成 RWSEM_WAITING_BIAS，第 267 行程式中的判斷敘述（count == RWSEM_WAITING_BIAS）恰巧可以捕捉到這個變化，呼叫 __rwsem_mark_wake() 函數去喚醒在等待佇列中睡眠的處理程序。

剛才推導 count 值的變化情況的前提條件是當前處理程序為等待佇列上第一個讀者，若等待佇列上已經有讀者呢？大家可以自行推導。

在第 276 ～ 288 行中，當前處理程序會在 while 迴圈中讓出 CPU，直到 waiter.task 被設定為 NULL。在 __rwsem_mark_wake() 函數中被喚醒的讀者會設定 waiter.task 為空，因此被喚醒的讀者就可以成功獲取讀者鎖。

接下來看 __rwsem_mark_wake() 函數。

```
<kernel/locking/rwsem-xadd.c>

static void __rwsem_mark_wake(struct rw_semaphore *sem,
                enum rwsem_wake_type wake_type,
                struct wake_q_head *wake_q)
```

呼叫 __rwsem_mark_wake() 函數時傳遞的第二個參數是 RWSEM_WAKE_ANY。__rwsem_mark_ wake() 函數實現在 kernel/locking/rwsem-xadd.c 檔案中，它的主要操作如下。

在第 138 行中，首先從 sem->wait_list 等待佇列中取出第一個排隊的 waiter，等待佇列是先進先出佇列。

在第 140 ～ 153 行中，如果第一個等待者是寫者，那麼直接喚醒它即可，因為只能一個寫者獨佔臨界區，這具有排他性。在本場景中，第一個等待者是讀者類型的 RWSEM_WAITING_ FOR_READ。

在第 160 ～ 184 行中，當前處理程序由於申請讀者鎖失敗才進入了 rwsem_down_read_failed() 函數，恰巧有一個寫者釋放了鎖。這裡有一個關鍵點，如果另外一個寫者開始來申請鎖，那麼會比較麻煩，在程式中把這個寫者稱為「小偷」。

（1）atomic_long_fetch_add() 函數先下手為強，假裝先申請一個讀者鎖，oldcount 反映了 sem->count 的真實值。

（2）如果 sem->count 的真實值小於 RWSEM_WAITING_BIAS（-65536），說明在這個間隙中有一個「小偷」偷走了寫者鎖。因為在呼叫 __rwsem_mark_wake() 函數時，sem->count 的值為 -65536，現在小於 -65536，說明存在「小偷」。既然已經被寫者搶先佔有鎖，那麼無法再繼續喚醒睡眠在等待佇列中的讀者。

在第 192 ～ 217 行中，遍歷等待佇列（sem->wait_list）中所有處理程序。

（1）如果等待佇列中有讀者也有寫者，那麼遇到寫者就退出迴圈。

（2）統計排在等待佇列最前面的讀者個數 woken。

（3）wake_q_add() 函數把這些讀者增加到等待佇列裡。

（4）把這些喚醒者的 waiter->task 欄位設定為 NULL。

全是讀者或既有讀者也有寫者的情況下，等待佇列如圖 1.16 所示。如果讀者 3 後面還有一個寫者 1，那麼只能喚醒讀者 1～讀者 3。

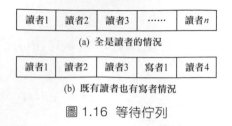

(a) 全是讀者的情況

(b) 既有讀者也有寫者情況

圖 1.16　等待佇列

綜上所述，申請讀者鎖的流程如圖 1.17 所示。

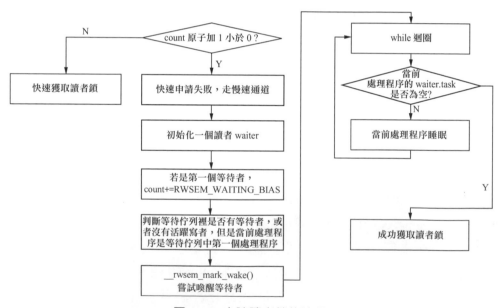

圖 1.17　申請讀者鎖的流程

1.9.3　釋放讀者類型號誌

下面來看釋放讀者鎖的情況。

```
<kernel/locking/rwsem.c>
<up_read()->__up_read()>
```

```
static inline void __up_read(struct rw_semaphore *sem)
{
    long tmp;

    tmp = atomic_long_dec_return_release &sem->count);
    if (unlikely(tmp < -1 && (tmp & RWSEM_ACTIVE_MASK) == 0))
        rwsem_wake(sem);
}
```

獲取讀者鎖時 count 加 1，釋放時自然就減 1，它們是成對出現的。如果整個過程沒有寫者來干擾，那麼所有讀者鎖釋放完畢後 count 值應該是 0。count 變成負數，說明其間有寫者出現，並且「悄悄地」處於等待佇列中。下面呼叫 rwsem_wake() 函數以喚醒這些「不速之客」。

```
<kernel/locking/rwsem-xadd.c>

struct rw_semaphore *rwsem_wake(struct rw_semaphore *sem)
{
    if (!list_empty(&sem->wait_list))
        __rwsem_mark_wake(sem, RWSEM_WAKE_ANY, &wake_q);

    wake_up_q(&wake_q);
    return sem;
}
```

這裡呼叫 __rwsem_mark_wake() 函數以喚醒等待佇列中的寫者。

1.9.4 申請寫者類型號誌

寫者通常呼叫 down_write() 函數獲取寫者類型的號誌，本書簡稱寫者鎖。

```
<kernel/locking/rwsem.c>

void __sched down_write(struct rw_semaphore *sem)
{
    might_sleep();
    __down_write();
    rwsem_set_owner(sem);
}
```

down_write() 函數在成功獲取寫者鎖後會呼叫 rwsem_set_owner() 函數，使 sem->owner 成員指向 task_struct 資料結構，這個特性需要在設定核心時打開 CONFIG_RWSEM_ SPIN_ON_OWNER 選項。假設處理程序 A 首先持有 sem 寫者鎖，處理程序 B 也想獲取該鎖，那麼處理程序 B 理應在等待佇列中等待，但是打開 RWSEM_SPIN_ON_OWNER 選項可以讓處理程序 B 一直在門外自旋，等待處理程序 A 把鎖釋放，這樣可以避免處理程序在等待佇列中睡眠與喚醒等一系列負擔。

比較常見的例子是記憶體管理的資料結構 mm_struct，其中有一個全域的讀取 / 寫入鎖 mmap_sem，它用於保護處理程序位址空間中的讀寫訊號量，很多與記憶體相關的系統呼叫需要這個鎖來保護，如 sys_mprotect、sys_madvise、sys_brk、sys_mmap 和缺頁中斷處理常式 do_page_fault 等。如果處理程序 A 有兩個執行緒，執行緒 1 呼叫 mprotect 系統呼叫時，在核心空間透過 down_write() 函數成功獲取了 mm_struct-> mmap_ sem 寫者鎖，那麼執行緒 2 呼叫 brk 系統呼叫時，也會呼叫 down_write() 函數，嘗試獲取 mm_struct->mmap_sem 鎖，由於執行緒 1 還沒釋放該鎖，因此執行緒 2 會自旋等待。執行緒 2 堅信執行緒 1 會很快釋放 mm_ struct->mmap_sem 鎖，執行緒 2 沒必要先睡眠後被叫醒，因為這個過程存在一定的負擔。該過程如圖 1.18 所示。

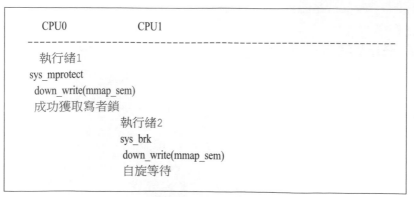

圖 1.18　執行緒 2 先睡眠後被喚醒的過程

回到 down_write() 函數。

```
<down_write()->__down_write()>

static inline void __down_write(struct rw_semaphore *sem)
{
    long tmp;

    tmp = atomic_long_add_return_acquire(RWSEM_ACTIVE_WRITE_BIAS,
                    &sem->count);
    if (unlikely(tmp != RWSEM_ACTIVE_WRITE_BIAS))
        rwsem_down_write_failed(sem);
}
```

首先 sem->count 要加上 RWSEM_ACTIVE_WRITE_BIAS（-65535）。以上述的執行緒 2 為例，增加完 RWSEM_ACTIVE_WRITE_BIAS 後，count 的值變為 -101070，明顯不符合成功獲取寫者鎖的條件，跳躍到 rwsem_down_write_failed() 函數中繼續處理。

```
<kernel/locking/rwsem-xadd.c>

static inline struct rw_semaphore *
__rwsem_down_write_failed_common(struct rw_semaphore *sem, int state)
```

該函數有兩個參數，第一個參數 sem 是要申請的讀 / 寫訊號量，第二個參數 state 是處理程序狀態（在本場景裡，它為 TASK_UNINTERRUPTIBLE）。該函數實現在 kernel/locking/rwsem-xadd.c 檔案中，其中的主要操作如下。

在第 517 行中，rwsem_waiter 資料結構描述一個獲取讀寫鎖失敗的「失意者」。當前情景下，獲取寫者鎖失敗，因此把 waiter.type 類型設定為 RWSEM_WAITING_FOR_WRITE，並且把 waiter 增加到該鎖的等待佇列的尾部。

在第 522 行中，因為 atomic_long_sub_return() 函數沒有成功獲取鎖，所以這裡減小剛才增加的 RWSEM_ACTIVE_WRITE_BIAS 值。

在第 525 行中，rwsem_optimistic_spin() 函數表示樂觀自旋等待機制在讀寫訊號量中的應用。rwsem_optimistic_spin() 函數一直在門外自旋，有機會就獲取鎖。若成功獲取鎖，則直接返回。我們稍後會分析該函數。

在第 528 行中，假設沒有成功獲取鎖，只能透過 down_write() 函數走慢速通道。和 down_read() 函數類似，都需要把當前處理程序放入號誌的等待佇列中，此時 waiter 的類型是 RWSEM_WAITING_ FOR_WRITE。

在第 544 行中，waiting 說明等待佇列中有其他等待者。若等待佇列為空，說明該 waiter 就是等待佇列中第一個等待者，要加上 RWSEM_WAITING_BIAS。

在第 552 行中，如果 count 大於 RWSEM_WAITING_BIAS（-65536），說明現在沒有活躍的寫者鎖，即寫者已經釋放了鎖，但是有讀者已經成功搶先獲取鎖，因此呼叫 __rwsem_mark_wake() 函數喚醒排在等待佇列前面的讀者鎖。這個判斷條件是怎麼推導出來的呢？

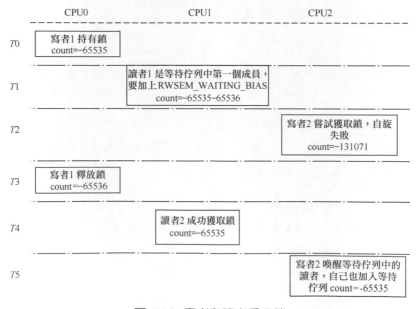

圖 1.19 寫者和讀者爭用鎖

如圖 1.19 所示，系統初始化時 count=0，在 T0 時刻，寫者 1 成功持有鎖，count= -65535（加上 RWSEM_ACTIVE_WRITE_BIAS）。在 T1 時刻，讀者 1 申請鎖失敗，它將被增加到等待佇列中，由於它是等待佇列中第一個成員，因此 count 要加上 RWSEM_WAITING_ BIAS，count=

–65535–65536= –131071。在 *T*2 時刻，寫者 2 申請鎖，自旋失敗。在 *T*3 時刻，寫者 1 釋放鎖，count 變成 –65536。在 *T*4 時刻，讀者 2 搶先獲取鎖，count 要加上 RWSEM_ACTIVE_BIAS，count 變成 –65535。在 *T*5 時刻，寫者 2 執行到 rwsem_down_ write_failed() 函數的第 23 行程式處，判斷出 count 大於 RWSEM_WAITING_BIAS（–65536），並喚醒排在等待佇列前面的讀者，這是該判斷條件的推導過程。

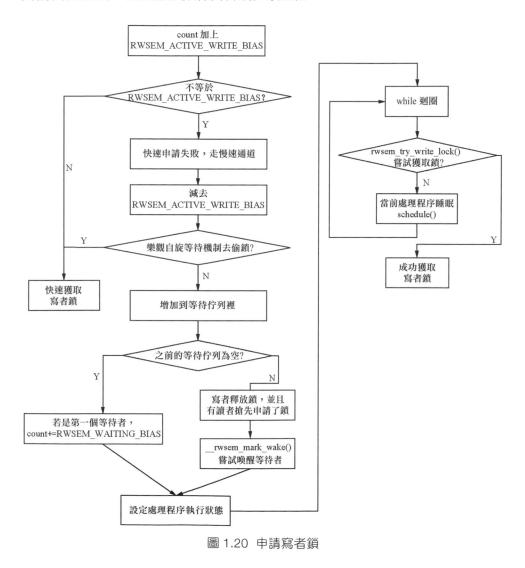

圖 1.20　申請寫者鎖

當前處理程序會呼叫 schedule() 函數讓出 CPU。當重新排程當前處理程序時，會判斷讀者是否釋放了鎖。如果所有的讀者都釋放了鎖，那麼 count 的值應該為 RWSEM_WAITING_BIAS（-65536），rwsem_try_write_lock() 函數依此來判斷並且嘗試獲取寫者鎖。

綜上所述，申請寫者鎖的流程如圖 1.20 所示。

1. rwsem_optimistic_spin() 函數

樂觀自旋等待機制不僅應用在互斥鎖實現中，還應用在寫者鎖中。rwsem_optimistic_spin() 函數實現在 kernel/locking/rwsem-xadd.c 檔案中。

```
<kernel/locking/rwsem-xadd.c>

static bool rwsem_optimistic_spin(struct rw_semaphore *sem)
```

rwsem_optimistic_spin() 函數中的主要操作如下。

（1）preempt_disable() 函數關閉先佔。

（2）rwsem_can_spin_on_owner() 函數判斷當前狀態是否適合做樂觀自旋等待。如果鎖持有者是寫者鎖，並且鎖持有者正在臨界區裡執行，那麼此時是做樂觀自旋等待的最佳時機。

（3）osq_lock() 函數獲取 OSQ 鎖，這和互斥鎖機制相同。

（4）while 迴圈實現一個自旋的動作。自旋的前提是另外一個寫者鎖搶先獲取了鎖（sem-> owner 指向寫者的 task_struct 資料結構），並且該寫者執行緒正在臨界區中執行，因此期待寫者可以儘快釋放鎖，從而避免處理程序切換的負擔。

rwsem_spin_on_owner() 函數會一直等待寫者釋放鎖，寫者釋放鎖時會呼叫 rwsem_clear_owner() 函數把 sem->owner 設定為 NULL。

rwsem_try_write_lock_unqueued() 函數嘗試獲取鎖。如果成功獲取鎖，將退出 while 迴圈，並且返回 true。

一些條件下會退出樂觀自旋機制，比如，若 owner 為空，說明鎖持有者可

能在持有鎖和設定 onwer 期間發生了核心先佔。need_resched() 函數說明
當前處理程序有排程的需求。

2. rwsem_can_spin_on_owner() 函數

rwsem_can_spin_on_owner() 函數的主要程式片段如下。

```
<kernel/locking/rwsem-xadd.c>

static inline bool rwsem_can_spin_on_owner(struct rw_semaphore *sem)
{
    struct task_struct *owner;
    bool ret = true;

    owner = READ_ONCE(sem->owner);
    if (owner) {
        ret = is_rwsem_owner_spinnable(owner) &&
            owner_on_cpu(owner);
    }
    return ret;
}
```

這裡能做樂觀自旋等待的條件有兩個。

- 鎖持有者為寫者。判斷條件是 owner 域沒有設定 RWSEM_ANONYMOUSLY_WNED。
- 設定了 sem->owner 成員，這說明在之前一個執行緒持有寫者鎖，因此返回該執行緒的 on_cpu 值。如果 on_cpu 為 1，說明該執行緒正在臨界區執行中，正是自旋等待的好時機。

3. is_rwsem_owner_spinnable() 函數

is_rwsem_owner_spinnable() 函數的主要程式片段如下。

```
<kernel/locking/rwsem.h>

static inline bool is_rwsem_owner_spinnable(struct task_struct *owner)
{
    return !((unsigned long)owner & RWSEM_ANONYMOUSLY_OWNED);
}
```

owner 欄位的最低兩位元分別是 RWSEM_READER_OWNED 和 RWSEM_
ANONYMOUSLY_ OWNED。其中 RWSEM_READER_OWNED 表示鎖
被讀者類型的號誌持有。RWSEM_ ANONYMOUSLY_ WNED 表示這個
鎖可能被匿名者持有。對於讀者類型的號誌，當處理程序成功申請了這個
鎖時，我們會設定鎖持有者的處理程序描述符號到 owner 欄位並且設定這
兩位元。當我們釋放這個讀者類型的號誌時，我們會對 owner 欄位進行清
除，但是這兩位元不會清除。因此，對於一個已經釋放的或正在持有的讀
者類型的號誌，owner 欄位的這兩位元都是已設定的。這樣是做的目的是
方便系統偵錯。

因此，當我們知道 owner 欄位不為空並且沒有設定 RWSEM_
ANONYMOUSLY_OWNED 時，説明一個寫者正在持有這個鎖。

4. rwsem_spin_on_owner() 函數

rwsem_spin_on_owner() 函數的程式片段如下。

```
<kernel/locking/rwsem-xadd.c>

static noinline bool rwsem_spin_on_owner(struct rw_semaphore *sem)
```

rwsem_spin_on_owner() 函數中的 while 迴圈一直在自旋等待，並且監
控 sem->owner 值是否有修改。兩種情況下會退出 while 迴圈：一是 sem-
>owner 值被修改，通常寫者釋放了鎖；二是 need_resched() 函數判斷當前
處理程序是否需要排程出去。如果當前處理程序有排程出去的需求，那麼
一直自旋等待會很浪費 CPU。另外，為了縮短系統的延遲時間，會退出迴
圈。owner_on_cpu() 函數透過處理程序描述符號的 on_cpu 欄位來判斷持
有者是否正在執行，若持有者沒有正在執行，也沒有必要自旋等待了。

5. rwsem_try_write_lock_unqueued() 函數

rwsem_try_write_lock_unqueued() 函數是樂觀自旋等待機制中最重要的一
環，它不斷嘗試獲取鎖，該函數的程式片段如下。

```
<kernel/locking/rwsem-xadd.c>
```

```
static inline bool rwsem_try_write_lock_unqueued(struct rw_semaphore *sem)
{
    long old, count = atomic_long_read(&sem->count);

    while (true) {
        if (!(count == 0 || count == RWSEM_WAITING_BIAS))
            return false;

        old = atomic_long_cmpxchg_acquire(&sem->count, count,
                    count + RWSEM_ACTIVE_WRITE_BIAS);
        if (old == count) {
            rwsem_set_owner(sem);
            return true;
        }

        count = old;
    }
}
```

如果寫者釋放了鎖，那麼該鎖的 sem->count 的值應該是 0 或 RWSEM_
WAITING_BIAS。然後使用 CMPXCHG 指令獲取鎖。為什麼要使用
cmpxchg() 函數獲取鎖，而不直接使用設定值的方式呢？這是因為在當
前處理程序成功獲取鎖之前其他處理程序可能已獲取了鎖，好比「螳螂
捕蟬，黃雀在後」。CMPXCHG 是原子操作的，如果 sem->count 的值和
count 值相等，說明其間沒有「黃雀在後」，這才放心獲取鎖。

1.9.5 釋放寫者類型號誌

釋放寫者鎖和釋放讀者鎖類似。

```
<kernel/locking/rwsem.c>

void up_write(struct rw_semaphore *sem)
{
    rwsem_clear_owner(sem);
    __up_write(sem);
}
```

釋放寫者鎖時有一個很重要的動作是呼叫 rwsem_clear_owner() 函數清除
sem->owner，也就是使 owner 欄位指向 NULL。

```
static inline void __up_write(struct rw_semaphore *sem)
{
    if (unlikely(atomic_long_sub_return(RWSEM_ACTIVE_WRITE_BIAS,
                 (atomic_long_t *)&sem->count) < 0))
        rwsem_wake(sem);
}
```

釋放鎖需要 count 減去 RWSEM_ACTIVE_WRITE_BIAS，相當於在數值上加 65535。如果 count 值仍然是負數，説明等待佇列裡有處理程序在睡眠，那麼呼叫 rwsem_wake() 函數去喚醒它們。

1.9.6 小結

讀寫訊號量在核心中應用廣泛，特別是在記憶體管理中，除了前面介紹的 mm->mmap_sem 外，還有 RMAP 系統中的 anon_vma->rwsem、address_space 資料結構中的 i_mmap_rwsem 等。

再次複習讀寫訊號量的重要特性。

- down_read()：如果一個處理程序持有讀者鎖，那麼允許繼續申請多個讀者鎖，申請寫者鎖則要等待。
- down_write()：如果一個處理程序持有寫者鎖，那麼第二個處理程序申請該寫者鎖要自旋等待，申請讀者鎖則要等待。
- up_write()/up_read()：如果等待佇列中第一個成員是寫者，那麼喚醒該寫者；不然喚醒排在等待佇列中最前面連續的幾個讀者。

1.10 RCU

RCU 的全稱 Read-Copy-Update，它是 Linux 核心中一種重要的同步機制。Linux 核心中已經有了原子操作、迴旋栓鎖、讀寫迴旋栓鎖、讀寫訊號量、互斥鎖等鎖機制，為什麼要單獨設計一個比它們複雜得多的新機制呢？回憶迴旋栓鎖、讀寫訊號量和互斥鎖的實現，它們都使用了原子操作指令，即原子地存取記憶體，多 CPU 爭用共用的變數會讓快取記憶體一致性變得很糟，使得性能下降。以讀寫訊號量為例，除了上述缺點外，讀寫訊號量還有一個致命弱點，它允許多個讀者同時存在，但是讀者和寫者不能同時存在。因此 RCU 機制要實現的目標是，讀者執行緒沒有同步負擔，或説同步負擔變得很小，甚至可以忽略不計，不需要額外的鎖，不需要使用原子操作指令和記憶體屏障指令，即可暢通無阻地存取；而把需要同步的任務交給寫者執行緒，寫者執行緒等待所有讀者執行緒完成後才會把舊資料銷毀。在 RCU 中，如果有多個寫者同時存在，那麼需要額外的保護機制。RCU 機制的原理可以概括為 RCU 記錄了所有指向共用資料的指標的使用者，當要修改共用資料時，首先創建一個備份，在備份中修改。所有讀者執行緒離開讀者臨界區之後，指標指向修改後的備份，並且刪除舊資料。

RCU 的重要的應用場景是鏈結串列，鏈結串列可以有效地提高遍歷讀取資料的效率。讀取鏈結串列成員資料時通常只需要 rcu_read_lock() 函數，允許多個執行緒同時讀取該鏈結串列，並且允許一個執行緒同時修改鏈結串列。那為什麼這個過程能保證鏈結串列存取的正確性呢？

在讀者遍歷鏈結串列時，假設另外一個執行緒刪除了一個節點。刪除執行緒會把這個節點從鏈結串列中移出，但不會直接銷毀它。RCU 會等到所有讀取執行緒讀取完成後，才銷毀這個節點。

RCU 提供的介面如下。

- rcu_read_lock()/rcu_read_unlock()：組成一個 RCU 讀者臨界區。
- rcu_dereference()：用於獲取被 RCU 保護的指標，讀者執行緒要存取 RCU 保護的共用資料，需要使用該函數創建一個新指標，並且指向被 RCU 保護的指標。
- rcu_assign_pointer()：通常用於寫者執行緒。在寫者執行緒完成新資料的修改後，呼叫該介面可以讓被 RCU 保護的指標指向新創建的資料，用 RCU 的術語是發佈了更新後的資料。
- synchronize_rcu()：同步等待所有現存的讀取存取完成。

■ call_rcu()：註冊一個回呼函數，當所有現存的讀取存取完成後，呼叫
  這個回呼函數銷毀舊資料。

1.10.1 關於 RCU 的簡單例子

下面透過關於 RCU 的 簡單例子來瞭解上述介面的含義，該例子來自核心
原始程式碼中的 Documents/RCU/whatisRCU.txt，並且省略了一些異常處
理情況。

```
<關於RCU的簡單例子>

0 #include <linux/kernel.h>
1 #include <linux/module.h>
2 #include <linux/init.h>
3 #include <linux/slab.h>
4 #include <linux/spinlock.h>
5 #include <linux/rcupdate.h>
6 #include <linux/kthread.h>
7 #include <linux/delay.h>
8
9 struct foo {
10   int a;
11   struct rcu_head rcu;
12 };
13
14 static struct foo *g_ptr;
15 static void myrcu_reader_thread(void *data) //讀者執行緒
16 {
17   struct foo *p = NULL;
18
19   while (1) {
20     msleep(200);
21     rcu_read_lock();
22     p = rcu_dereference(g_ptr);
23     if (p)
24       printk("%s: read a=%d\n", __func__, p->a);
25     rcu_read_unlock();
26   }
27 }
28
29 static void myrcu_del(struct rcu_head *rh)
```

```
30 {
31    struct foo *p = container_of(rh, struct foo, rcu);
32    printk("%s: a=%d\n", __func__, p->a);
33    kfree(p);
34 }
35
36 static void myrcu_writer_thread(void *p) //寫者執行緒
37 {
38    struct foo *new;
39    struct foo *old;
40    int value = (unsigned long)p;
41
42    while (1) {
43        msleep(400);
44        struct foo *new_ptr = kmalloc(sizeof (struct foo), GFP_KERNEL);
45        old = g_ptr;
46        printk("%s: write to new %d\n", __func__, value);
47        *new_ptr = *old;
48        new_ptr->a = value;
49        rcu_assign_pointer(g_ptr, new_ptr);
50        call_rcu(&old->rcu, myrcu_del);
51        value++;
52    }
53 }
54
55 static int __init my_test_init(void)
56 {
57    struct task_struct *reader_thread;
58    struct task_struct *writer_thread;
59    int value = 5;
60
61    printk("BEN: my module init\n");
62    g_ptr = kzalloc(sizeof (struct foo), GFP_KERNEL);
63
64    reader_thread = kthread_run(myrcu_reader_thread, NULL, "rcu_reader");
65    writer_thread = kthread_run(myrcu_writer_thread, (void *)(unsigned long)
   value, "rcu_writer");
66
67    return 0;
68 }
69 static void __exit my_test_exit(void)
70 {
71    printk("goodbye\n");
72    if (g_ptr)
```

```
73        kfree(g_ptr);
74 }
75 MODULE_LICENSE("GPL");
76 module_init(my_test_init);
```

該例子的目的是透過 RCU 機制保護 my_test_init() 函數分配的共用資料結構 g_ptr，並創建一個讀者執行緒和一個寫者執行緒來模擬同步場景。

對於 myrcu_reader_thread，注意以下幾點。

- 透過 rcu_read_lock() 函數和 rcu_read_unlock() 函數來建構一個讀者臨界區。
- 呼叫 rcu_dereference() 函數獲取被保護資料的備份，即指標 p，這時 p 和 g_ptr 都指向舊的被保護資料。
- 讀者執行緒每隔 200ms 讀取一次被保護資料。

對於 myrcu_writer_thread，注意以下幾點。

- 分配新的保護資料，並修改對應資料。
- rcu_assign_pointer() 函數讓 g_ptr 指向新資料。
- call_rcu() 函數註冊一個回呼函數，確保所有對舊資料的引用都執行完成之後，才呼叫回呼函數來刪除舊資料（old_data）。
- 寫者執行緒每隔 400ms 修改被保護資料。

上述過程如圖 1.21 所示。

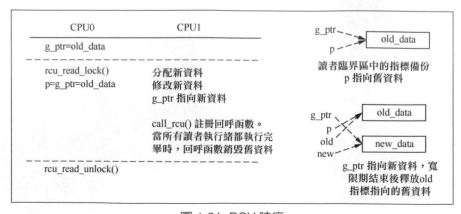

圖 1.21 RCU 時序

在所有的讀取存取完成之後，核心可以釋放舊資料，關於何時釋放舊資料，核心提供了兩個介面函數——synchronize_rcu() 和 call_rcu()。

1.10.2 經典 RCU 和 Tree RCU

本節重點介紹經典 RCU 和 Tree RCU 的實現，可睡眠 RCU 和可先佔 RCU 留給讀者自行學習。RCU 裡有兩個很重要的概念，分別是寬限期（Grace Period，GP）和靜止狀態（Quiescent State，QS）。

- 寬限期。GP 有生命週期，有開始和結束之分。從 GP 開始算起，如果所有處於讀者臨界區的 CPU 都離開了臨界區，也就是都至少經歷了一次 QS，那麼認為一個 GP 可以結束了。GP 結束後，RCU 會呼叫註冊的回呼函數，如銷毀舊資料等。

- 靜止狀態。在 RCU 設計中，如果一個 CPU 處於 RCU 讀者臨界區中，說明它的狀態是活躍的；如果在時鐘滴答中檢測到該 CPU 處於使用者模式或空閒狀態，說明該 CPU 已經離開了讀者臨界區，那麼它是 QS。在不支持先佔的 RCU 實現中，只要檢測到 CPU 有上下文切換，就可以知道離開了讀者臨界區。

RCU 在開發 Linux 2.5 核心時已經被增加到 Linux 核心中，但是在 Linux 2.6.29 核心之前的 RCU 通常稱為經典 RCU（Classic RCU）。經典 RCU 在大型系統中遇到了性能問題，後來在 Linux 2.6.29 核心中 IBM 的核心專家 Paul E. McKenney 提出了 Tree RCU 的實現，Tree RCU 也稱為 Hierarchical RCU[5]。

經典 RCU 的實現在超級大系統中遇到了問題，特別是有些系統的 CPU 核心超過了 1024 個，甚至達到 4096 個。經典 RCU 在判斷是否完成一次 GP 時採用全域的 cpumask 點陣圖。如果每位元表示一個 CPU，那麼在 1024 個 CPU 核心的系統中，cpumask 點陣圖就有 1024 位元。每個 CPU 在 GP

5　Linux-2.6.29 patch, commit 64db4cfff, ""Tree RCU": scalable classic RCU implementation", by Paul E. McKenney.

開始時要設定點陣圖中對應的位元，GP 結束時要清除對應的位元。全域的 cpumask 點陣圖會導致很多 CPU 競爭使用，因此需要迴旋栓鎖來保護點陣圖。這樣導致鎖爭用變得很激烈，激烈程度隨著 CPU 的個數線性遞增。以 4 核心 CPU 為例，經典 RCU 的實現如圖 1.22 所示。

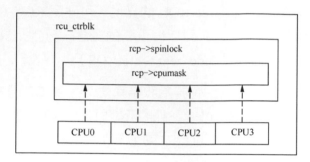

圖 1.22 4 核心 CPU 的經典 RCU 實現

而 Tree RCU 的實現巧妙地解決了 cpumask 點陣圖競爭鎖的問題。以上述的 4 核心 CPU 為例，假設 Tree RCU 以兩個 CPU 為 1 個 rcu_node，這樣 4 個 CPU 被分配到兩個 rcu_node 上，使用另外 1 個 rcu_node 來管理這兩個 rcu_node。如圖 1.23 所示，節點 1 管理 cpu0 和 cpu1，節點 2 管理 cpu2 和 cpu3，而節點 0 是根節點，管理節點 1 和節點 2。每個節點只需要兩位元的點陣圖就可以管理各自的 CPU 或節點，每個節點都透過各自的迴旋栓鎖來保護對應的點陣圖。

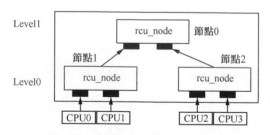

圖 1.23 4 核 CPU 的 Tree RCU

假設 4 個 CPU 都經歷過一個 QS，那麼 4 個 CPU 首先在 Level0 的節點 1 和節點 2 上修改點陣圖。對節點 1 或節點 2 來說，只有兩個 CPU 競爭鎖，這比經典 RCU 上的鎖爭用要減少一半。當 Level0 中節點 1 和節點 2

上的點陣圖都被清除乾淨後，才會清除上一級節點的點陣圖，並且只有最後清除節點的 CPU 才有機會嘗試清除上一級節點的點陣圖。因此對節點 0 來說，還是兩個 CPU 爭用鎖。整個過程中只有兩個 CPU 爭用一個鎖。這類似於足球比賽，進入四強的 4 支球隊被分成上下半區，每個半區有兩支球隊，只有半決賽獲勝的球隊才能進入決賽。

1.11 案例分析：記憶體管理中的鎖

前面介紹了 Linux 核心中常用的鎖機制，如原子操作、迴旋栓鎖、號誌、讀寫訊號量、互斥鎖以及 RCU 等。這些鎖的機制都有自己的優勢、劣勢以及各自的應用範圍。

Linux 核心中鎖機制的特點和使用規則如表 1.5 所示。

⬇ 表 1.5　Linux 核心中鎖機制的特點和使用規則

鎖機制	特點	使用規則
原子操作	使用處理器的原子指令，負擔小	臨界區中的資料是變數、位元等簡單的資料結構
記憶體屏障	使用處理器記憶體屏障指令或 GCC 的屏障指令	讀寫指令時序的調整
迴旋栓鎖	自旋等待	中斷上下文，短期持有鎖，不可遞迴，臨界區不可睡眠
號誌	可睡眠的鎖	可長時間持有鎖
讀寫訊號量	可睡眠的鎖，多個讀者可以同時持有鎖，同一時刻只能有一個寫者，讀者和寫者不能同時存在	程式設計師界定出臨界區後讀 / 寫屬性才有用
互斥鎖	可睡眠的互斥鎖，比號誌快速和簡潔，實現自旋等待機制	同一時刻只有一個執行緒可以持有互斥鎖，由鎖持有者負責解鎖，即在同一個上下文中解鎖，不能遞迴持有鎖，不適合核心和使用者空間複雜的同步場景
RCU	讀者持有鎖沒有負擔，多個讀者和寫者可以同時共存，寫者必須等待所有讀者離開臨界區後才能銷毀相關資料	受保護資源必須透過指標存取，如鏈結串列等

前面介紹記憶體管理時基本上忽略了鎖的討論，其實鎖在記憶體管理中具有很重要的作用，下面以記憶體管理為例介紹鎖的使用。在 rmap.c 檔案的開始，列舉了記憶體管理模組中鎖的呼叫關係圖。

```
<mm/rmap.c>

/*
 * Lock ordering in mm:
 *
 * inode->i_mutex   (while writing or truncating, not reading or faulting)
 *   mm->mmap_sem
 *     page->flags PG_locked (lock_page)
 *       mapping->i_mmap_rwsem
 *         anon_vma->rwsem
 *           mm->page_table_lock or pte_lock
 *             zone->lru_lock (in mark_page_accessed, isolate_lru_page)
 *               swap_lock (in swap_duplicate, swap_info_get)
 *                 mmlist_lock (in mmput, drain_mmlist and others)
 *                 mapping->private_lock (in __set_page_dirty_buffers)
 *                 inode->i_lock (in set_page_dirty's __mark_inode_dirty)
 *                 bdi.wb->list_lock (in set_page_dirty's __mark_inode_dirty)
 *                   sb_lock (within inode_lock in fs/fs-writeback.c)
 *                   mapping->tree_lock (widely used, in set_page_dirty,
 *                             in arch-dependent flush_dcache_mmap_lock,
 *                             within bdi.wb->list_lock in __sync_single_inode)
 *
 * anon_vma->rwsem,mapping->i_mutex   (memory_failure, collect_procs_anon)
 *   ->tasklist_lock
 *     pte map lock
 */
```

1.11.1 mm->mmap_sem

mmap_sem 是 mm_struct 資料結構中一個讀寫訊號量成員，用於保護處理程序位址空間。在 brk、mmap、mprotect、mremap、msync 等系統呼叫中都採用 down_write(&mm->mmap_sem) 來保護 VMA，防止多個處理程序同時修改處理程序位址空間。

下面舉記憶體管理中 KSM 的例子。在記憶體管理中描述處理程序位址空間的資料結構是 VMA，新創建的 VMA 會加入紅黑樹中，處理程序在退出時，exit_mmap() 函數或 unmmap() 函數都可能會銷毀 VMA，因此新建和銷毀 VMA 是非同步的。如圖 1.24 所示，在 KSM 中，ksmd 核心執行緒會定期掃描處理程序中的 VMA，然後從 VMA 中找出可用的匿名頁面。假設 CPU0 在掃描某個 VMA 時，另外一個處理程序在 CPU1 上恰巧釋放了這個 VMA，那麼 KSM 是否有問題，follow_page() 函數會觸發 oops 錯誤嗎？

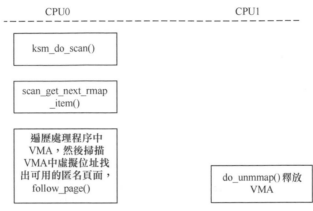

圖 1.24　KSM 和 do_unmmap 對 VMA 的爭用

事實上，Linux 核心執行得很好，並沒有出現上述問題。原來每個處理程序的資料結構 mm_struct 中有一個讀寫鎖 mmap_sem，這個鎖對處理程序本身來説相當於一個全域的讀寫鎖，核心中通常利用該鎖來保護處理程序位址空間。大家可以仔細閱讀核心程式，凡是涉及 VMA 的掃描、插入、刪除等操作，都會使用 mmap_sem 鎖來進行保護。

回到剛才的例子，KSM 在掃描處理程序中的 VMA 時呼叫 down_read(&mm->mmap_sem) 函數來申請讀者鎖以進行保護，為什麼申請讀者鎖呢？因為 KSM 掃描處理程序中的 VMA 時不會修改 VMA 的內容，所以使用讀者鎖就足夠了。另外，銷毀 VMA 的函數都需要申請 down_write (&mm->mmap_sem) 寫者鎖來保護，所以它們之間不會產生衝突。

如圖 1.25 所示，在 T0 時刻，KSM 核心執行緒已經成功持有 mmap_sem 讀者鎖。在 T1 時刻，處理程序在 CPU1 上執行 do_unmmap() 函數以銷毀

KSM 正在操作的 VMA，它必須先申請 mmap_sem 寫者鎖，但由於 KSM 核心執行緒已經率先持有讀者鎖，因此執行 do_unmmap() 函數的處理程序只能在佇列中等待。

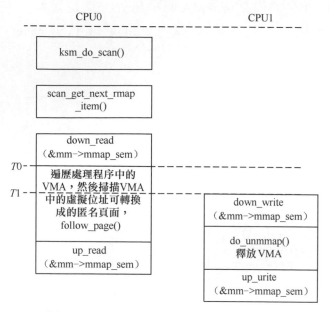

圖 1.25 KSM 和 do_unmmap 之間的爭用

那麼何時該用讀者鎖，何時該用寫者鎖呢？這需要程式設計師來判斷被保護的臨界區的內容是唯讀的還是寫入的，鎖不能代替程式設計師考慮這些問題。

1.11.2 mm->page_table_lock

page_table_lock 是 mm_struct 資料結構中一個迴旋栓鎖類型的成員，主要用於保護處理程序的頁表。在記憶體管理程式中，每當需要修改處理程序的頁表時，都需要 page_table_lock 鎖。以 do_anonymous_page() 函數為例。

```
<mm/memory.c>

static vm_fault
```

```
do_anonymous_page(struct vm_fault*vmf)
 {
    spinlock_t *ptl;
    ...
    page_table = pte_offset_map_lock(mm, pmd, address, &ptl);
 setpte:
    set_pte_at(mm, address, page_table, entry);
    ...
unlock:
    pte_unmap_unlock(page_table, ptl);
    return 0;
}
```

在呼叫 set_pte_at() 設定處理程序頁表時，需要使用 pte_offset_map_lock()
巨集來獲取 page_table_lock 迴旋栓鎖，防止其他 CPU 同時修改處理程序
的頁表。

```
<include/linux/mm.h>

#define pte_offset_map_lock(mm, pmd, address, ptlp)  \
({                                  \
    spinlock_t *__ptl = pte_lockptr(mm, pmd);  \
    pte_t *__pte = pte_offset_map(pmd, address);      \
    *(ptlp) = __ptl;              \
    spin_lock(__ptl);             \
    __pte;                        \
})
```

pte_offset_map_lock() 巨集最終仍然呼叫 pte_lockptr() 函數來獲取鎖。

```
static inline spinlock_t *pte_lockptr(struct mm_struct *mm, pmd_t *pmd)
{
    return &mm->page_table_lock;
}
```

另外，如果定義了 USE_SPLIT_PTE_PTLOCKS 巨集，那麼 page 資料結
構中也有一個類似的鎖 ptl。巨集的判斷條件如下。

```
<include/linux/mm_types.h>

#define USE_SPLIT_PTE_PTLOCKS  (NR_CPUS >= CONFIG_SPLIT_PTLOCK_CPUS)
```

1.11.3 PG_Locked

page 資料結構中的 flags 成員是一些標示位元的集合，其中 PG_locked 標示位元用作頁面鎖。常用的函數有 lock_page() 和 trylock_page()，二者用於給某個頁面加鎖。此外，還可以讓處理程序在該鎖中等待，wait_on_page_locked() 函數可以讓處理程序等待該頁面的鎖釋放。

1.11.4 anon_vma->rwsem

在 RMAP 系統中，anon_vma（AV）資料結構中維護了一棵紅黑樹，對應的 VMA 資料結構中維護了一個 anon_vma_chain（AVC）鏈結串列。AV 資料結構中定義了 rwsem 成員，該成員是一個讀寫訊號量。既然是讀寫訊號量，那麼開發者就必須區分哪些臨界區是唯讀的，哪些是寫入的。

當父處理程序透過 fork 系統呼叫創建子處理程序時，子處理程序會複製父處理程序的 VMA 資料結構的內容作為自己的處理程序位址空間，並將父處理程序的 PTE 複製到子處理程序的頁表中，使父處理程序和子處理程序共用頁表。多個不同處理程序的 VMA 裡的虛擬頁面會同時映射到同一個物理頁面，RMAP 系統會創建 AVC 鏈結串列來連接父、子處理程序的 VMA，子處理程序也會使用 AVC 作為連接 VMA 與 AV 的橋樑。建立連接橋樑的函數是 anon_vma_chain_link()，連接的動作會修改原來 AV 中紅黑樹的資料和 VMA 中的 AVC 鏈結串列，因此該過程是一個寫入的臨界區。

下面以 anon_vma_fork() 函數為例。

```
<mm/rmap.c>

0   int anon_vma_fork(struct vm_area_struct *vma, struct vm_area_struct *pvma)
1   {
2     ...
3     vma->anon_vma = anon_vma;
4     anon_vma_lock_write(anon_vma);
5     anon_vma_chain_link(vma, avc, anon_vma);
6     anon_vma->parent->degree++;
```

```
7    anon_vma_unlock_write(anon_vma);
8    ...
9    return 0;
10 }
```

在上述程式中，anon_vma 指子處理程序的 AV 資料結構，AVC 用於連接子處理程序的 VMA 和 AV，第 5 行程式中的 anon_vma_chain_link() 函數使用 AVC 把 VMA 和 AV 連接到一起，並且把 AVC 加入子處理程序的 AV 中的紅黑樹中和子處理程序的 VMA 中的 AVC 鏈結串列。在這個過程中，其他處理程序可能會存取 AV 的紅黑樹或 AVC 鏈結串列，如核心執行緒 Kswapd 呼叫 rmap_walk_anon() 函數時也恰巧存取 AV 的紅黑樹或 AVC，那麼會導致鏈結串列和紅黑樹的存取衝突，因此這裡需要增加一個寫者號誌，見第 4 行程式中的 anon_vma_lock_write() 函數。

下面來看讀者的情況。RMAP 系統中一個很重要的功能是從 page 資料結構找出所有映射到該頁的 VMA，這個過程需要遍歷前面提到的 AV 中的紅黑樹和 VMA 中的 AVC 鏈結串列，這是一個唯讀的過程，因此需要一個讀者號誌來保護遍歷的過程。

```
<mm/rmap.c>

0   int try_to_unmap(struct page *page, enum ttu_flags flags)
1   {
2     int ret;
3     struct rmap_walk_control rwc = {
4         .rmap_one = try_to_unmap_one,
5         .arg = (void *)flags,
6         .done = page_not_mapped,
7         .anon_lock = page_lock_anon_vma_read,
8     };
9     ret = rmap_walk(page, &rwc);
10    return ret;
11 }
```

try_to_unmap() 函數是遍歷 RMAP 的例子，具體的遍歷過程在 rmap_walk() 函數中，其中 rmap_walk_control 資料結構中的 anon_lock() 函數指標可以用來指定如何為 AV 申請讀寫鎖。如第 7 行中，透過 page_lock_ anon_vma_read() 函數來實現，該函數的主要程式片段如下。

```
0   struct anon_vma *page_lock_anon_vma_read(struct page *page)
1   {
2       struct anon_vma *anon_vma = NULL;
3       struct anon_vma *root_anon_vma;
4       unsigned long anon_mapping;
5
6       rcu_read_lock();
7       anon_mapping = (unsigned long) ACCESS_ONCE(page->mapping);
8       if ((anon_mapping & PAGE_MAPPING_FLAGS) != PAGE_MAPPING_ANON)
9           goto out;
10
11      anon_vma = (struct anon_vma *) (anon_mapping - PAGE_MAPPING_ANON);
12      root_anon_vma = ACCESS_ONCE(anon_vma->root);
13      if (down_read_trylock(&root_anon_vma->rwsem)) {
14          ...
15          goto out;
16      }
17
18      ...
19      /* 如果鎖定 anon_vma, 就可以放心地休眠了 */
20      rcu_read_unlock();
21      anon_vma_lock_read(anon_vma);
22      return anon_vma;
23  }
```

第 7 ～ 11 行中，從 page 資料結構中的 mapping 成員中獲取 AV 指標，然後嘗試獲取 AV 中的讀者鎖。這裡首先用 down_read_trylock() 函數去嘗試快速獲取鎖，如果失敗，才會呼叫 anon_vma_lock_read() 函數去睡眠等待鎖。

1.11.5 zone->lru_lock

zone 資料結構中有一個迴旋栓鎖用於保護 zone 的 LRU 鏈結串列，以 shrink_active_list() 函數為例。

```
<mm/vmscan.c>

0   static void shrink_active_list(unsigned long nr_to_scan,
```

```
1                    struct lruvec *lruvec,
2                    struct scan_control *sc,
3                    enum lru_list lru)
4  {
5    ...
6    spin_lock_irq(&zone->lru_lock);
7
8    nr_taken = isolate_lru_pages(nr_to_scan, lruvec, &l_hold,
9                        &nr_scanned, sc, isolate_mode, lru);
10   spin_unlock_irq(&zone->lru_lock);
11   ...
12   /*
13    * Move pages back to the lru list.
14    */
15   spin_lock_irq(&zone->lru_lock);
16   __mod_zone_page_state(zone, NR_ISOLATED_ANON + file, -nr_taken);
17   spin_unlock_irq(&zone->lru_lock);
18   ...
19 }
```

1.11.6 RCU

在介紹 RCU 時提到，RCU 的優勢是對多個讀者沒有任何負擔，所有的負擔都在寫者中，因此對讀者來說這相當於無鎖（lockless）程式設計。記憶體管理中很多程式使用 RCU 來提高系統性能，特別是讀者多於寫者的場景。

下面以 RMAP 系統中的程式為例。

```
<mm/rmap.c>

0  struct anon_vma *page_get_anon_vma(struct page *page)
1  {
2      struct anon_vma *anon_vma = NULL;
3      unsigned long anon_mapping;
4
5      rcu_read_lock();
6      anon_mapping = (unsigned long) ACCESS_ONCE(page->mapping);
7      if ((anon_mapping & PAGE_MAPPING_FLAGS) != PAGE_MAPPING_ANON)
8          goto out;
9      if (!page_mapped(page))
```

```
10          goto out;
11
12     anon_vma = (struct anon_vma *) (anon_mapping - PAGE_MAPPING_ANON);
13     if (!atomic_inc_not_zero(&anon_vma->refcount)) {
14          anon_vma = NULL;
15          goto out;
16     }
17     if (!page_mapped(page)) {
18          rcu_read_unlock();
19          put_anon_vma(anon_vma);
20          return NULL;
21     }
22 out:
23     rcu_read_unlock();
24     return anon_vma;
25 }
```

page_get_anon_vma() 函數實現的功能比較簡單，由 page 資料結構來獲取對應的 AV 指標。第 5 行與第 23 行程式使用 rcu_read_lock() 函數和 rcu_read_unlock() 函數來建構一個 RCU 讀者臨界區，這裡為什麼要使用 RCU 讀者鎖呢？這段程式需要保護的物件是 AV 指標指向的資料結構，並且臨界區內沒有寫入資料。如果執行緒正在此臨界區即時執行另一個執行緒把 AV 指向的資料刪除了，那麼會出現問題，因此需要一種同步的機制來做保護，這裡使用 RCU 機制。

對應的寫者又在哪裡呢？這裡的寫者指非同步刪除 AV 的執行緒，刪除匿名頁面，如執行緒呼叫 do_unmmap 操作後最終會呼叫 unlink_anon_vmas() 函數刪除 AV。另外，頁遷移時也會刪除匿名頁面，詳見 __unmap_and_move() 函數。

函數呼叫路徑為 unlink_anon_vmas() → put_anon_vma() → __put_anon_vma() → anon_vma_free()。依然沒有看到 RCU 在何時註冊了回呼函數並刪除被保護的物件。

在分配每個 AV 資料結構時，採用 kmem_cache_create() 函數創建一個特殊的 slab 快取物件。注意，創建的標示位元中有 SLAB_DESTROY_BY_RCU。

```
void __init anon_vma_init(void)
{
    anon_vma_cachep = kmem_cache_create("anon_vma", sizeof(struct anon_vma),
            0, SLAB_DESTROY_BY_RCU|SLAB_PANIC, anon_vma_ctor);
    anon_vma_chain_cachep = KMEM_CACHE(anon_vma_chain, SLAB_PANIC);
}
```

SLAB_DESTROY_BY_RCU 是 slab 分配器中一個重要的分配標示位元，
它會延遲釋放 slab 快取物件所分配的頁面，而非延遲釋放物件。所以如果
使用 kmem_cache_free() 函數釋放了這個物件，那麼對應的記憶體區域也
就被釋放了。這個標示位元僅保證這個位址所在的記憶體是有效的，但是
不能保證記憶體中的內容是開發者所需要的，因此需要額外的驗證機制來
保證物件的正確性。

```
<include/linux/slab.h>

rcu_read_lock()
 again:
 obj = lockless_lookup(key);   //透過key來尋找物件
 if (obj) {
     if (!try_get_ref(obj))   //釋放物件可能會出錯
         goto again;

     if (obj->key != key) {   //驗證可能不是想要的物件
         put_ref(obj);
         goto again;
     }
 }
rcu_read_unlock();
```

這個用法適用於透過位址間接地獲取一個核心資料結構，並且不需要額外的
鎖保護，表現了無鎖程式設計思想。我們可以先鎖定這個資料結構，然後檢
查它是否還在一個指定的位址上，只要保證記憶體沒有被重複使用即可。

回到 page_get_anon_vma() 函數中，SLAB_DESTROY_BY_RCU 只保證
anon_vma_cachep 這個 slab 物件快取所有的頁面不會被釋放，但是物理頁
面對應的 AV 物件可能已經被釋放了，因此需要額外的判斷。這裡有兩種
情況：一是 AV 被釋放，沒有 PTE 引用該頁，即 page_mapped() 函數返回

false，所以程式中 page_mapped() 函數可以避免這種情況；二是 AV 被其他的 AV 所替換，新的 AV 應該是舊 AV 的子集，因此返回一個子 AV 也是正確的。

另一個使用 RCU 的例子是鏈結串列，如 mm/vmalloc.c 中的 vmap_area 資料結構就內嵌了 rcu_head。

```
struct vmap_area {
    unsigned long va_start;
    unsigned long va_end;
    unsigned long flags;
    struct rb_node rb_node;
    struct list_head list;
    struct list_head purge_list;
    struct vm_struct *vm;
    struct rcu_head rcu_head;
};
```

這些 vmap_area 會被增加到 vmap_area_list 鏈結串列中。遍歷鏈結串列的過程也組成了 RCU 讀者臨界區，因此下面的 get_vmalloc_info() 函數使用 rcu_read_lock() 函數保護鏈結串列。

```
<mm/vmalloc.c>

void get_vmalloc_info(struct vmalloc_info *vmi)
{
    ...
    rcu_read_lock();
    if (list_empty(&vmap_area_list)) {
            vmi->largest_chunk = VMALLOC_TOTAL;
            goto out;
    }

    list_for_each_entry_rcu(va, &vmap_area_list, list) {
            ...
    }

out:
    rcu_read_unlock();
}
```

刪除 vmap_area_list 鏈結串列中成員的執行緒可以被視為寫者，透過呼叫 __free_vmap_area() 函數來刪除。

```
<mm/vmalloc.c>

static void __free_vmap_area(struct vmap_area *va)
{
    ...
    list_del_rcu(&va->list);
    kfree_rcu(va, rcu_head);
}
```

透過 list_del_rcu() 函數來刪除鏈結串列中的成員，kfree_rcu() 函數最終會呼叫 __call_rcu() 函數來註冊回呼函數，並且等待所有 CPU 都處於靜止狀態後才會真正刪除這個成員。

類似的 RCU 鏈結串列在記憶體管理程式中有很多，如在 oom_kill.c 檔案中常常會看到遍歷系統所有處理程序時會使用 rcu_read_lock() 函數來建構臨界區。

```
<mm/oom_kill.c>

static struct task_struct *select_bad_process(unsigned int *ppoints,
        unsigned long totalpages, const nodemask_t *nodemask,
        bool force_kill)
{
    ...
    rcu_read_lock();
    for_each_process_thread(g, p) {
        ...
    }
    rcu_read_unlock();
    return chosen;
}
```

讀者可以嘗試研究、體會其中的奧秘。

1.11.7 RCU 停滯檢測

在 RCU 中有一個 CPU 停滯檢測機制，用來檢測 RCU 在 GP 內是否長時間沒有執行完。當 RCU 檢測到此情況發生時會輸出一些警告資訊以及函數呼叫堆疊等資訊，用來幫助開發者定位問題。以 1.10 節的 RCU 為例，透過以下程式在 myrcu_reader_thread1() 函數的 RCU 讀取臨界區中增加一個長時間等待函數 mdelay()。

```
static int myrcu_reader_thread1(void *data) //讀者執行緒1
{
    struct foo *p1 = NULL;

    while (1) {
        if(kthread_should_stop())
            break;
        msleep(10);
        rcu_read_lock();
        p1 = rcu_dereference(g_ptr);
        mdelay(100000000); //新增延遲
        rcu_read_unlock();
    }
    return 0;
}
```

下面是上述核心模組執行後得到的 RCU 警告資訊。

```
<RCU警告資訊片段一>

[  398.315712] rcu: INFO: rcu_sched self-detected stall on CPU
[  398.316904] rcu:  0-....: (5173 ticks this GP) idle=d3e/1/0x4000000000000002
softirq=7673/7673 fqs=2247
[  398.317423] rcu:    (t=5250 jiffies g=20197 q=711)
```

rcu_sched 模組檢測到本地 CPU 有發生停滯的情況。發生停滯的 CPU 是 CPU0。其中，"(5173 ticks this GP)" 表示在當前的 GP 內已經持續了 5173 個時鐘中斷，說明當前的 GP 被長時間停滯了。有些情況下，如果顯示 "（3 GPs behind）"，則表示過去 3 個 GP 內沒有和 RCU 核心進行互動。

idle 值表示 tick-idle 模組的資訊。softirq 值表示 RCU 軟體中斷處理的數量。

接下來，輸出發生 RCU 停滯時的函數呼叫堆疊資訊。

```
[  398.318138] Task dump for CPU 0:
[  398.318727] rcu_reader1     R  running task    0   885    2 0x0000002a
[  398.319615] Call trace:
//觸發RCU停滯檢查的路徑
[  398.320620]  dump_backtrace+0x0/0x52c
[  398.321098]  show_stack+0x28/0x34
[  398.321355]  sched_show_task+0x6f8/0x734
[  398.321734]  dump_cpu_task+0x58/0x64
[  398.322033]  rcu_dump_cpu_stacks+0x330/0x414
[  398.322297]  print_cpu_stall+0x51c/0xaf8
[  398.322542]  check_cpu_stall+0x754/0x96c
[  398.322831]  rcu_pending+0x64/0x38c
[  398.323317]  rcu_check_callbacks+0x550/0x8e8
[  398.324392]  update_process_times+0x54/0x18c
[  398.324973]  tick_sched_timer+0xa8/0x10c
[  398.325688]  __hrtimer_run_queues+0xb0/0x128
[  398.325967]  hrtimer_interrupt+0x468/0x9dc
[  398.326658]  handle_percpu_devid_irq+0x4e8/0xa18
[  398.326969]  generic_handle_irq+0x50/0x60
[  398.327706]  __handle_domain_irq+0x184/0x238
[  398.328121]  gic_handle_irq+0x1e8/0x594
[  398.328331]  el1_irq+0xb0/0x140

//發生停滯的函數呼叫堆疊
[  398.328549]  arch_counter_get_cntvct+0x200/0x20c
[  398.328775]  __delay+0x94/0xf8
[  398.328952]  __const_udelay+0x48/0x54
[  398.330126]  myrcu_reader_thread1+0x160/0x1b8 [rcu_test]
[  398.330348]  kthread+0x3c4/0x3d0
[  398.330493]  ret_from_fork+0x10/0x18
```

讀者需要從上述函數呼叫堆疊分析發生 RCU 停滯的原因。

發生 RCU 停滯的通常有以下幾種情況。

在 RCU 讀取臨界區裡發生了無窮迴圈（CPU looping）。

- 在關中斷下發生了無窮迴圈或關中斷的時間很長。
- 在關閉核心先佔情況下發生了無窮迴圈。
- 在中斷下半部中發生死迴圈。
- 在非先佔核心中，在核心態裡發生了無窮迴圈，並且無窮迴圈中沒有呼叫 schedule() 或 cond_resched() 等函數。
- 在即時 Linux 核心中，一個 CPU 密集型的即時處理程序的優先順序比 RCU 的核心執行緒還高，有可能導致 RCU 的回呼函數不能給執行。
- 在即時 Linux 核心中，一個 CPU 密集型的即時處理程序總是先佔正在 RCU 讀取臨界區中的低優先順序處理程序。
- 硬體故障。

02

Chapter

中斷管理

本章常見面試題

1. 發生硬體中斷後，ARM64 處理器做了哪些事情？
2. 硬體中斷號和 Linux 核心的 IRQ 號是如何映射的？
3. 一個硬體中斷發生後，Linux 核心如何回應並處理該中斷？
4. 為什麼說中斷上下文不能執行睡眠操作？
5. 軟體中斷的回呼函數執行過程中是否允許回應本地中斷？
6. 同一類型的軟體中斷是否允許多個 CPU 並存執行？
7. 軟體中斷上下文包括哪幾種情況？
8. 軟體中斷上下文還是處理程序上下文的優先順序高？為什麼？
9. 是否允許同一個 tasklet 在多個 CPU 上並存執行？
10. 工作佇列是執行在中斷上下文，還是處理程序上下文？它回呼函數允許睡眠嗎？
11. 舊版本（Linux 2.6.25）的工作佇列機制在實際應用中遇到了哪些問題和挑戰？
12. CMWQ 機制如何動態管理工作執行緒池的執行緒呢？
13. 如果多個 work 掛入一個工作執行緒中執行，當某個 work 的回呼函數執行了阻塞操作時，那麼剩下的 work 該怎麼辦？
14. 什麼是中斷現場？中斷現場中需要保存哪些內容？
15. 中斷現場保存在什麼地方？

除前面介紹的記憶體管理、處理程序管理、併發與同步之外，作業系統的另一個很重要的功能就是管理許多的外接裝置，如鍵盤、滑鼠、顯示器、無線網路卡、音效卡等。處理器與外接裝置的運算能力和處理速度通常不在一個數量級上。假設現在處理器需要獲取一個鍵盤的事件，如果處理器發出一個請求訊號之後一直在輪詢（polling）鍵盤的回應，由於鍵盤回應速度比處理器慢得多並且等待使用者輸入，那麼處理器是很浪費 CPU 資源的。與其這樣，不如鍵盤有事件發生時發送一個訊號給處理器，讓處理器暫停當前的工作來處理這個回應，比處理器一直在輪詢效率要高，這就是中斷機制產生的背景。

凡事都不是絕對的，輪詢機制也不完全比中斷機制差。在網路吞吐量大的應用場景下，網路卡驅動採用輪詢機制比中斷機制效率要高，如使用開放原始碼元件資料平面開發套件（Data Plane Development Kit，DPDK）。

本章介紹 ARM 架構下中斷是如何管理的，Linux 核心的中斷管理機制是如何設計與實現的，以及常用的下半部機制，如軟體中斷、tasklet、工作佇列等。

2.1 中斷控制器

Linux 核心支援許多的處理器架構，因此從系統角度來看，Linux 核心的中斷管理可以分成以下 4 層。

- 硬體層，如 CPU 和中斷控制器的連接。
- 處理器架構管理層，如 CPU 中斷異常處理。
- 中斷控制器管理層，如 IRQ 號的映射。
- Linux 核心通用中斷處理器層，如中斷註冊和中斷處理。

不同的架構對中斷控制器具有不同的設計理念，如 ARM 公司提供了一個通用中斷控制器（Generic Interrupt Controller，GIC），x86 架構則採用進階可程式中斷控制卡（Advanced Programmable Interrupt Controller，

APIC）。目前最新版的 GIC 技術規範是 version 3/4，version 2 通常在 ARM v7 架構處理器中使用，如 Cortex-A7 和 Cortex-A9 等，它最多可以支援 8 核心；Version 3 和 version 4 則支持 ARM v8 架構，如 Cortex-A53 等。本節以 ARM Vexpress V2P-CAIS-CA7 平台[1]為例來介紹中斷管理的實現，它支持 GIC Version 2（GIC-V2）。

2.1.1 中斷狀態和中斷觸發方式

下面介紹與中斷相關的一些背景知識。

1. 中斷狀態

對每一個中斷來說，它支援的狀態有不活躍狀態、等候狀態、活躍狀態以及活躍並等候狀態[2]。

- 不活躍（inactive）狀態：中斷處於無效狀態。
- 等待（pending）狀態：中斷處於有效狀態，但是等待 CPU 回應該中斷。
- 活躍（active）狀態：CPU 已經回應中斷。
- 活躍並等待（active and pending）狀態：CPU 正在響應中斷，但是該中斷來源又發送中斷過來。

2. 中斷觸發方式

外接裝置中斷可以支援兩種中斷觸發方式。

- 邊沿觸發（edge-triggered）：當中斷來源產生一個上昇緣或下降緣時，觸發一個中斷。
- 電位觸發（level-sensitive）：當中斷訊號線產生一個高電位或低電位時，觸發一個中斷。

---

1 ARM Vexpress V2P-CA15_CA7 平台詳見《ARM CoreTile Express A15×2 A7×3 Technical Reference Manual》。

2 關於 GIC 的中斷狀態機可以閱讀《Generic Interrupt Controller,Architecture Version,2.0》手冊中 3.2.4 節的內容。

3. 硬體中斷號

對 GIC 來説，為每一個硬體中斷來源分配一個中斷號，這就是硬體中斷號。GIC 會為支援的中斷類型分配中斷號範圍，如表 2.1 所示。

⬇ 表 2.1　GIC 分配的中斷號範圍

中斷類型	中斷號範圍
軟體觸發中斷（SGI）	0 ～ 15
私有外接裝置中斷（PPI）	16 ～ 31
共用外接裝置中斷（SPI）	32 ～ 1019

讀者可以查詢每一款 SoC 的硬體設計文件，裡面會有詳細的硬體中斷來源的分配圖。

2.1.2 ARM GIC-V2 中斷控制器

1. GIC-V2 中斷控制器概要

ARM Vexpress V2P-CA15_CA7 平 台 支 援 Cortex- A15 和 Cortex-A7 兩個 CPU 簇，中斷控制器採用 GIC-400，支援 GIC-V2，如圖 2.1 所示，GIC-V2 支援以下中斷類型。

- SGI 通常用於多核心之間的通訊。GIC-V2 最多支援 16 個 SGI，硬體中斷號範圍為 0 ～ 15。SGI 通常在 Linux 核心中被用作處理器之間的中斷（Inter-Processor Interrupt，IPI），並會送達到系統指定的 CPU 上。

- PPI 是每個處理器核心私有的中斷。GIC-V2 最多支援 16 個 PPI 中斷，硬體中斷號範圍為 16 ～ 31。PPI 通常會送達到指定的 CPU 上，應用場景有 CPU 本地計時器（local timer）。

- SPI 是公用的外接裝置中斷。GIC-V2 最多可以支援 988 個外接裝置中斷，硬體中斷號範圍為 32 ～ 1019[3]。

3　GIC-400 只支持 480 個 SPI。

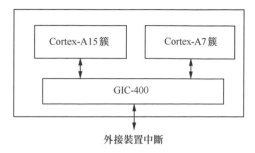

圖 2.1 ARM Vexpress V2P-CA15_CA7 平台中斷管理

SGI 和 PPI 是每個 CPU 私有的中斷,而 SPI 是所有 CPU 核心共用的。

GIC 主要由兩部分組成,分別是仲裁單元(distributor)和 CPU 介面模組。仲裁單元為每一個中斷來源維護一個狀態機,支援的狀態有 inactive、pending、active 和 active and pending[4]。

2. 中斷流程

GIC 檢測中斷的流程如下。

(1)當 GIC 檢測到一個中斷發生時,會將該中斷標記為 pending 狀態。

(2)對於處於 pending 狀態的中斷,仲裁單元會確定目標 CPU,將插斷要求發送到這個 CPU。

(3)對於每個 CPU,仲裁單元會從許多處於 pending 狀態的中斷中選擇一個優先順序最高的中斷,發送到目標 CPU 的 CPU 介面模組上。

(4)CPU 介面模組會決定這個中斷是否可以發送給 CPU。如果該中斷的優先順序滿足要求,GIC 會發送一個插斷要求訊號給該 CPU。

(5)當一個 CPU 進入中斷異常後,會讀取 GICC_IAR 來回應該中斷(一般由 Linux 核心的中斷處理常式來讀取暫存器)。暫存器會返回硬體中斷號(hardware interrupt ID),對 SGI 來說,返回來源 CPU 的 ID(source processor ID)。當 GIC 感知到軟體讀取了該暫存器後,又分為以下情況。

4　關於 GIC 的中斷狀態機可以閱讀《Generic Interrupt Controller ,Architecture version 2.0》手冊中 3.2.4 節的內容。

- 如果該中斷處於 pending 狀態,那麼狀態將變成 active。
- 如果該中斷又重新產生,那麼 pending 將狀態變成 active and pending 狀態。
- 如果該中斷處於 active 狀態,將變成 active and pending 狀態。

(6) 當處理器完成中斷服務,必須發送一個完成訊號結束中斷(End Of Interrupt,EOI)給 GIC。

GIC 支援中斷優先順序先佔功能。一個高優先順序中斷可以先佔一個處於 active 狀態的低優先順序中斷,即 GIC 的仲裁單元會記錄和比較出當前優先順序最高的且處於 pending 狀態的中斷,然後先佔當前中斷,並且發送這個最高優先順序的插斷要求給 CPU,CPU 回應了高優先順序中斷,暫停低優先順序中斷服務,轉而去處理高優先順序中斷,上述內容是從 GIC 角度來分析的 [5]。總之,GIC 的仲裁單元總會把 pending 狀態中優先順序最高的插斷要求發送給 CPU。

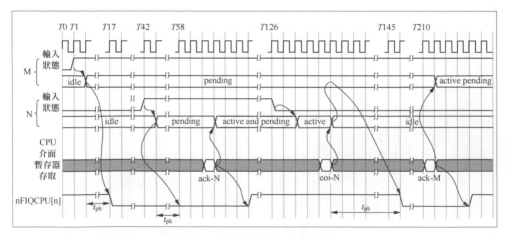

圖 2.2　中斷時序圖 [6]

5　從 Linux 核心角度來看,如果在低優先順序的中斷處理常式中發生了 GIC 先佔,雖然 GIC 會發送高優先順序插斷要求給 CPU,可是 CPU 處於關中斷的狀態,需要等到 CPU 開中斷時才會回應該高優先順序中斷,後文中會有所介紹。

6　該圖來自《CoreLink GIC-400 Generic Interrupt Controller Technical Reference Manual》。

圖 2.2 所示為 GIC-400 晶片手冊中的中斷時序圖，它能夠幫助讀者瞭解 GIC 的內部工作原理。

假設中斷 N 和 M 都是 SPI 類型的外接裝置中斷且透過快速插斷要求（Fast Interrupt Request，FIR）來處理，高電位觸發，N 的優先順序比 M 高，它們的目標 CPU 相同。

- $T1$ 時刻：GIC 的仲裁單元檢測到中斷 M 的電位變化。

- $T2$ 時刻：仲裁單元設定中斷 M 的狀態為 pending。

- $T17$ 時刻：CPU Interface 模組會拉低 nFIQCPU[n] 訊號。在中斷 M 的狀態變成 pending 後，大概在 15 個時鐘週期後會拉低 nFIQCPU[n] 訊號來向 CPU 報告插斷要求。仲裁單元需要這些時間來計算哪個是 pending 狀態下優先順序最高的中斷。

- $T42$ 時刻：仲裁單元檢測到另外一個優先順序更高的中斷 N。

- $T43$ 時刻：仲裁單元用中斷 N 替換中斷 M 為當前 pending 狀態下優先順序最高的中斷，並設定中斷 N 處於 pending 狀態。

- $T58$ 時刻：經過 t_{ph} 個時鐘週期後，CPU 介面模組拉低 nFIQCPU[n] 訊號來通知 CPU。nFIQCPU[n] 訊號在 $T17$ 時已經被拉低。CPU 介面模組會更新 GICC_IAR 的中斷 ID 域，該域的值變成中斷 N 的硬體中斷號。

- $T61$ 時刻：CPU（Linux 核心的中斷服務程式）讀取 GICC_IAR，即軟體回應了中斷 N。這時仲裁單元把中斷 N 的狀態從 pending 變成 active and pending。

- $T61 \sim T131$ 時刻：Linux 核心處理中斷 N 的中斷服務程式。
  - $T64$ 時刻在中斷 N 被 Linux 核心回應後的 3 個時鐘週期內，CPU 介面模組完成對 nFIQCPU[n] 訊號的重置，即拉高 nFIQCPU[n] 訊號。
  - $T126$ 時刻外接裝置也重置了中斷 N。
  - $T128$ 時刻退出了中斷 N 的 pending。

- • *T*131 時刻處理器（Linux 核心中斷服務程式）把中斷 N 的硬體 ID 寫入 GICC_EOIR 來完成中斷 N 的全部處理過程。

■ *T*146 時刻：在向 GICC_EOIR 寫入中斷 N 硬體 ID 後的 t_{ph} 個時鐘週期後，仲裁單元會選擇下一個最高優先順序的中斷，即中斷 M，發送插斷要求給 CPU 介面模組。CPU 介面模組拉低 nFIQCPU[*n*] 訊號來向 CPU 報告中斷 M 的請求。

■ *T*211 時刻：CPU（Linux 核心中斷服務程式）讀取 GICC_IAR 來回應該中斷，仲裁單元設定中斷 M 的狀態為 active and pending。

■ *T*214 時刻：在 CPU 回應中斷後的 3 個時鐘週期內，CPU 介面模組拉高 nFIQCPU[*n*] 訊號來完成重置動作。

更多關於 GIC 的介紹可以參考《ARM Generic Interrupt Controller Architecture Specification version 2》和《CoreLink GIC-400 Generic Interrupt Controller Technical Reference Manual》。

2.1.3 關於 ARM Vexpress V2P 開發板的例子

每一款 ARM SoC 在晶片設計階段時，各種中斷和外接裝置的分配情況就要固定下來，因此對底層開發者來說，需要查詢 SoC 的晶片手冊來確定外接裝置的硬體中斷號。本案例所用晶片是 ARM Vexpress V2P 開發板中的 Cortex-A15_A7 MPCore 測試晶片，該晶片支援 32 個內部中斷和 160 個外部中斷。

32 個內部中斷用於連接 CPU 核心和 GIC。

外部中斷的概況如下。

■ 30 個外部中斷連接到主機板的 IOFPGA。
■ Cortex-A15 簇連接 8 個外部中斷。
■ Cortex-A7 簇連接 12 個外部中斷。
■ 晶片外部連接 21 個外接裝置中斷。
■ 還有一些保留未使用的中斷。

表 2.2 簡 單 列 舉 了 ARM Vexpress V2P-CA15_CA7 平台的中斷分配，具
體 情 況 請 看《ARM CoreTile Express A15×2 A7×3 Technical Reference
Manual》。

▼ 表 2.2 ARM Vexpress V2P-CA15_CA7 平台的中斷分配

GIC 中斷號	主機板中斷序號	中斷來源	訊號	描述
0 ～ 31		MPCore 簇		CPU 核心和 GIC 的內部私有中斷
32	0	IOFPGA	WDOG0INT	看門狗計時器
33	1	IOFPGA	SWINT	軟體插斷
34	2	IOFPGA	TIM01INT	計時器 0/1 中斷
35	3	IOFPGA	TIM23INT	計時器 2/3 中斷
36	4	IOFPGA	RTCINTR	即時鐘中斷
37	5	IOFPGA	UART0INTR	序列埠 0 中斷
38	6	IOFPGA	UART1INTR	序列埠 1 中斷
39	7	IOFPGA	UART2INTR	序列埠 2 中斷
40	8	IOFPGA	UART3INTR	序列埠 3 中斷
41 ～ 42	10	IOFPGA	MCI_INTR[1：0]	多媒體卡中斷 [1:0]
47	15	IOFPGA	ETH_INTR	乙太網中斷

透過 QEMU 虛擬機器執行該平台後，在 /proc/interrupts 可以看到系統支
援的外接裝置中斷資訊。

```
$ qemu-system-arm -nographic -M vexpress-a15  -m 1024M -kernel arch/arm/boot/
zImage  -append "rdinit=/linuxrc console=ttyAMA0 loglevel=8" -dtb arch/arm/
boot/dts/vexpress-v2p-ca15_a7.dtb
...
/ # cat /proc/interrupts
         CPU0
 18:     6205308     GIC  27  arch_timer
 20:           0     GIC  34  timer
 21:           0     GIC 127  vexpress-spc
 38:           0     GIC  47  eth0
 41:           0     GIC  41  mmci-pl18x (cmd)
 42:           0     GIC  42  mmci-pl18x (pio)
 43:           8     GIC  44  kmi-pl050
 44:         100     GIC  45  kmi-pl050
```

```
   45:        76         GIC  37  uart-pl011
   51:         0          GIC  36  rtc-pl031
IPI0:          0  CPU wakeup interrupts
IPI1:          0  Timer broadcast interrupts
IPI2:          0  Rescheduling interrupts
IPI3:          0  Function call interrupts
IPI4:          0  Single function call interrupts
IPI5:          0  CPU stop interrupts
IPI6:          0  IRQ work interrupts
IPI7:          0  completion interrupts
```

以序列埠 0 為例，裝置名稱為 "uart-pl011"，該裝置的硬體中斷是 GIC-37，硬體中斷號為 37，Linux 核心分配的 IRQ 號是 45，76 表示已經發生了 76 次中斷。

2.1.4　關於 QEMU 虛擬機器平台的例子

QEMU 除了支援多款的 ARM 硬體開發板外，還支援一款虛擬開發板——QEMU 虛擬機器。QEMU 虛擬機器模擬的是一款通用的 ARM 開發板，包括記憶體分配、中斷分配、CPU 設定、時鐘設定等資訊，這些資訊目前都在 QEMU 的原始程式碼中設定，具體檔案在 hw/arm/virt.c。QEMU 虛擬機器的中斷分配如表 2.3 所示。

⬇ 表 2.3　QEMU 虛擬機器的中斷分配

GIC 中斷號	主機板中斷序號	訊號	描述
0:31			CPU 核心和 GIC 的內部私有中斷
32	0		
33	1	VIRT_UART	序列埠
34	2	VIRT_RTC	RTC
35	3	VIRT_PCIE	PCIE
39	7	VIRT_GPIO	GPIO
40	8	VIRT_SECURE_UART	安全模式的序列埠
48	16	VIRT_MMIO	MMIO
80	48	VIRT_SMMU	SMMU
106	74	VIRT_PLATFROM_BUS	平台匯流排

執行 Linux 5.0 核心的 QEMU 虛擬機器後，可以透過 /proc/interrupt 來查看中斷分配情況。

```
root@benshushu:~# cat /proc/interrupts
          CPU0
   3:     24588      GIC-0  27 Level      arch_timer
  35:         6      GIC-0  78 Edge       virtio0
  36:      2712      GIC-0  79 Edge       virtio1
  38:         0      GIC-0  34 Level      rtc-pl031
  39:        44      GIC-0  33 Level      uart-pl011
  40:         0      GIC-0  23 Level      arm-pmu
  42:         0        MSI 16384 Edge        virtio2-config
  43:         8        MSI 16385 Edge        virtio2-input.0
  44:         1        MSI 16386 Edge        virtio2-output.0
IPI0:         0      Rescheduling interrupts
IPI1:         0      Function call interrupts
IPI2:         0      CPU stop interrupts
IPI3:         0      CPU stop (for crash dump) interrupts
IPI4:         0      Timer broadcast interrupts
IPI5:         0      IRQ work interrupts
IPI6:         0      CPU wake-up interrupts
Err:          0
```

以序列埠 0 裝置為例，裝置名稱為 "uart-pl011"，該裝置的硬體中斷是 GIC-33，硬體中斷號為 33，Linux 核心分配的 IRQ 號是 39，44 表示已經發生了 44 次中斷。

2.2 硬體中斷號和 Linux 中斷號的映射

開發過 Linux 驅動的讀者應該知道，註冊中斷介面函數 request_irq()、request_threaded_irq() 使用 Linux 核心軟體插斷號（俗稱軟體插斷號或 IRQ 號），而非硬體中斷號。

```
<kenrel/irq/manage.c>

int request_threaded_irq(unsigned int irq, irq_handler_t handler,
            irq_handler_t thread_fn, unsigned long irqflags,
            const char *devname, void *dev_id)
```

其中，參數 irq 在 Linux 核心中稱為 IRQ 號或中斷線，這是一個 Linux 核心管理的虛擬中斷號，並不是指硬體的中斷號。核心中使用一個巨集 NR_IRQS 表示系統支援中斷數量的最大值，NR_IRQS 和平台相關，如 ARM Vexpress V2P-CA15_CA7 平台的定義。

```
<arch/arm/mach-versatile/include/mach/irqs.h>

#define IRQ_SIC_END            95
#define NR_IRQS                (IRQ_GPIO3_END + 1)
```

此外，Linux 核心定義了一個點陣圖來管理這些中斷號。

```
<kernel/irq/internals.h>

#ifdef CONFIG_SPARSE_IRQ
# define IRQ_BITMAP_BITS       (NR_IRQS + 8196)
#else
# define IRQ_BITMAP_BITS       NR_IRQS
#endif


<kernel/irq/irqdesc.c>

static DECLARE_BITMAP(allocated_irqs, IRQ_BITMAP_BITS);
```

點陣圖變數 allocated_irqs 分配 NR_IRQS 位元（假設系統沒設定 CONFIG_SPARSE_IRQ 選項），每位元表示一個中斷號。

另外，還有一個硬體中斷號的概念，如 QEMU 虛擬機器中的序列埠 0 裝置，它的硬體中斷號是 33。因為 GIC 把 0 ～ 31 的硬體中斷號預留給了 SGI 和 PPI，所以外接裝置中斷號從 32 號開始計算。序列埠 0 在主機板上的序號是 1，因此該裝置的硬體中斷號為 33。

接下來，以 QEMU 虛擬機器的序列埠 0 為例，介紹硬體中斷號是如何和 Linux 核心的 IRQ 號映射的。

ARM64 平台的裝置描述基本上採用裝置樹（Device Tree）模式來描述硬體裝置。QEMU 虛擬機器的裝置樹的描述指令稿並沒有實現在核心程式中，而實現在 QEMU 程式裡。因此，可以透過 DTC 命令反編譯出裝置樹指令稿（Device Tree Script，DTS）。

```
$ ./run_debian_arm64.sh run  //執行QEMU虛擬機器

#在QEMU虛擬機器裡執行dtc命令來反編譯裝置樹
root@benshushu:~# dtc -O dts -I dtb /sys/firmware/fdt
```

反編譯 DTS 時，與序列埠中斷相關的描述如下。

```
        pl011@9000000 {
                clock-names = "uartclk\0apb_pclk";
                clocks = < 0x8000 0x8000 >;
interrupts = < 0x00 0x01 0x04 >;
                reg = < 0x00 0x9000000 0x00 0x1000 >;
compatible = "arm,pl011\0arm,primecell";
        };
```

arm,pl011 和 arm,primecell 是該外接裝置的相容字串，用於和驅動程式進行匹配工作。

interrupts 域描述相關的屬性。這裡分別使用 3 個屬性來表示。

- 中斷類型。對於 GIC，它主要分成兩種類型的中斷，分別如下。
  - GIC_SPI：共用外接裝置中斷。該值在裝置樹中用 0 來表示。
  - GIC_PPI：私有外接裝置中斷。該值在裝置樹中用 1 來表示。
- 中斷 ID。
- 觸發類型。

Linux 核心中支持多種觸發類型，包括 IRQ_TYPE_EDGE_RISING、IRQ_TYPE_EDGE_ FALLING 等，這些實現在 include/linux/irq.h 檔案中。

```
<include/linux/irq.h>

enum {
    IRQ_TYPE_NONE        = 0x00000000,
    IRQ_TYPE_EDGE_RISING  = 0x00000001,
    IRQ_TYPE_EDGE_FALLING = 0x00000002,
    IRQ_TYPE_EDGE_BOTH    = (IRQ_TYPE_EDGE_FALLING | IRQ_TYPE_EDGE_RISING),
    IRQ_TYPE_LEVEL_HIGH   = 0x00000004,
    IRQ_TYPE_LEVEL_LOW    = 0x00000008,
```

```
    IRQ_TYPE_LEVEL_MASK    = (IRQ_TYPE_LEVEL_LOW | IRQ_TYPE_LEVEL_HIGH),
    IRQ_TYPE_SENSE_MASK    = 0x0000000f,
    IRQ_TYPE_DEFAULT       = IRQ_TYPE_SENSE_MASK,
}
```

因此，透過上述分析就可以知道這個序列埠裝置的中斷屬性了，它屬於
GIC_SPI 類型，中斷 ID 為 1，中斷觸發類型為高電位觸發（IRQ_TYPE_
LEVEL_HIGH）。

系統初始化時，do_initcalls() 函數會呼叫系統中所有的 initcall 回呼函數
進行初始化，其中 of_platform_default_populate_init() 函數定義為 arch_
initcall_sync 類型的初始化函數。

```
<drivers/of/platform.c>

static int __init of_platform_default_populate_init(void)
{
    of_platform_default_populate(NULL, NULL, NULL);

    return 0;
}
arch_initcall_sync(of_platform_default_populate_init);
```

of_platform_default_populate () 函數會枚舉並初始化 "arm,amba-bus" 和
"simple-bus" 上的裝置，最終解析 DTS 中的相關資訊，把相關資訊增加到
device 資料結構中，向 Linux 核心註冊一個新的外接裝置。我們只關注中
斷相關資訊的枚舉過程。

```
<do_one_initcall()->of_platform_default_populate_init()->of_platform_default_
populate()->of_platform_bus_create()->of_amba_device_create()>

static struct amba_device *of_amba_device_create(struct device_node *node,
                          onst char *bus_id,
                          void *platform_data,
                          struct device *parent) {

...
for (i = 0; i < AMBA_NR_IRQS; i++)
    dev->irq[i] = irq_of_parse_and_map(node, i);
```

```
    ...
}
```

上述程式會呼叫 irq_of_parse_and_map() 函數解析 DTS，尋找序列埠 0 的硬體中斷號，返回 Linux 核心的 IRQ 號，並保存到 amba_device 資料結構的 irq[] 陣列中。序列埠驅動程式在 pl011_probe() 函數中直接從 dev->irq[0] 中獲取 IRQ 號。

```
<drivers/tty/serial/amba-pl011.c>

static int pl011_probe(struct amba_device *dev, const struct amba_id *id)
{
    ...
    uap->port.irq = dev->irq[0];
    ...
}
```

接下來探討硬體中斷號是如何映射到 Linux 核心的 IRQ 號的。開發過 ARM7/ARM9 的 SoC 的讀者應該知道，那時的 SoC 內部中斷管理比較簡單，通常有一個全域的中斷狀態暫存器，每位元管理一個外接裝置中斷，直接映射硬體中斷號到 Linux 核心的 IRQ 號即可。隨著晶片技術的發展，通常一個 SoC 內部有多個中斷控制器，並且每個中斷控制器管理的中斷來源的數量變得越來越多，如包含一個傳統的中斷控制器（如 GIC），另外還有一個 GPIO 類型的中斷控制器。在一些複雜的 SoC 中，多個中斷控制器還可以串聯成一個樹狀結構。面對如此複雜的硬體，原來 Linux 核心的中斷管理機制「捉襟見肘」，因此 Linux 3.1 引入了 irq_domain 的管理框架[7]。irq_domain 框架可以支持多個中斷控制器，並且完美地支持裝置樹機制，解決硬體中斷號映射到 Linux 核心的 IRQ 號的問題。

一個中斷控制器用一個 irq_domain 資料結構來抽象描述，irq_domain 資料結構的定義如下。

---

7   Linux 3.1 patch, commit 08a543ad, "irq: add irq_domain translation infrastructure", by Grant Likely.

```
<include/linux/irqdomain.h>

struct irq_domain {
    struct list_head link;
    const char *name;
    const struct irq_domain_ops *ops;
    void *host_data;
    unsigned int flags;

    struct irq_domain_chip_generic *gc;

    irq_hw_number_t hwirq_max;
    unsigned int revmap_direct_max_irq;
    unsigned int revmap_size;
    struct radix_tree_root revmap_tree;
    unsigned int linear_revmap[];
};
```

- link：用於將 irq_domain 連接到全域鏈結串列 irq_domain_list 中。
- name：irq_domain 的名稱。
- ops：irq_domain 映射操作使用的方法集合。
- hwirq_max：該 irq_domain 支持中斷數量的最大值。
- revmap_size：線性映射的大小。
- revmap_tree：基數樹映射的根節點。
- linear_revmap：線性映射用到的查閱資料表。

GIC 在初始化解析 DTS 資訊中定義了幾個 GIC，每個 GIC 註冊一個 irq_domain 資料結構。中斷控制器的驅動程式在 drivers/irqchip 目錄下，其中，irq-gic.c 檔案是符合 GIC-V2 的驅動，irq-gic-v3.c 檔案是符合 GIC-V3 的驅動程式。在 QEMU 虛擬機器上可以支援 GIC-V2 和 GIC-V3。

```
<反編譯出來的DTS檔案>

        intc@8000000 {
                phandle = < 0x8001 >;
                reg = < 0x00 0x8000000 0x00 0x10000 0x00 0x8010000 0x00 0x10000 >;
                compatible = "arm,cortex-a15-gic";
                ranges;
                #size-cells = < 0x02 >;
```

```
            #address-cells = < 0x02 >;
            interrupt-controller;
            #interrupt-cells = < 0x03 >;

            v2m@8020000 {
                    phandle = < 0x8002 >;
                    reg = < 0x00 0x8020000 0x00 0x1000 >;
                    msi-controller;
                    compatible = "arm,gic-v2m-frame";
            };
    };
```

系統初始化時會尋找 DTS 中定義的中斷控制器，定義 interrupt-controller
屬性的裝置表示一個中斷控制器，如 GIC 的識別符號是 arm,cortex-a15-
gic 或 arm,cortex-a9-gic。

```
<drivers/irqchip/irq-gic.c>

IRQCHIP_DECLARE(cortex_a15_gic, "arm,cortex-a15-gic", gic_of_init);

<gic_of_init()->__gic_init_bases()->gic_init_bases()>

static int gic_init_bases(struct gic_chip_data *gic, int irq_start,
            struct fwnode_handle *handle)
{

    gic_irqs = readl_relaxed(gic_data_dist_base(gic) + GIC_DIST_CTR) & 0x1f;
    gic_irqs = (gic_irqs + 1) * 32;
    if (gic_irqs > 1020)
        gic_irqs = 1020;
    gic->gic_irqs = gic_irqs;

    if (handle) {
        gic->domain = irq_domain_create_linear(handle, gic_irqs,
                    &gic_irq_domain_hierarchy_ops,
                        gic);
    } else {

    }
    ...

}
```

首先，計算 GIC 最多支持的中斷來源的個數，GIC-V2 規定最多支持 1020
個中斷來源。在 SoC 設計階段就確定 ARM SoC 可以支援多少個中斷來源
了，如 ARM Vexpress V2P-CA15_CA7 平台支援 160 個中斷來源。然後，
呼叫 irq_domain_create_linear() 函數註冊一個 irq_domain 資料結構。

```
<kernel\irq\irqdomain.c>
<gic_init_bases()->irq_domain_create_linear()->__irq_domain_add()>

struct irq_domain *__irq_domain_add(struct fwnode_handle *fwnode,
                    int size,
                    irq_hw_number_t hwirq_max, int direct_max,
                    const struct irq_domain_ops *ops,
                    void *host_data)
```

irq_domain_create_linear() 函數內部呼叫 __irq_domain_add() 函數來初始
化一個 irq_domain 資料結構。注意，domain 中除指向的 irq_domain 資
料結構外，還多了 sizeof(unsigned int) * size 大小的記憶體空間，用於
linear_revmap[] 成員。最後，irq_domain 資料結構加入全域的鏈結串列
irq_domain_list 中。

回到系統枚舉階段的中斷號映射過程，在 of_amba_device_create () 函數
中，irq_of_parse_and_ map() 函數負責把硬體中斷號映射到 Linux 核心的
IRQ 號，該函數的定義如下。

```
<do_one_initcall()->of_platform_default_populate_init()->of_platform_populate()
->of_platform_bus_create()->of_amba_device_create()->irq_of_parse_and_map()>

unsigned int irq_of_parse_and_map(struct device_node *dev, int index)
{
    of_irq_parse_one(dev, index, &oirq);
    return irq_create_of_mapping(&oirq);
}
```

of_irq_parse_one() 函數主要用於解析 DTS 檔案中裝置定義的屬性，如
reg、interrupts 等，最後把 DTS 中的 interrupts 的值存放在 oirq->args[ ] 陣
列中。

```
struct of_phandle_args {
    struct device_node *np;
    int args_count;
    uint32_t args[16];
};
```

舉例來說，序列埠 0 的 DTS 中定義 interrupts 為 **< 0x00 0x01 0x04 >**，
因此 oirq->args[0] 的值為 0，表示 GIC_SPI 外接裝置中斷；oirq->args[1]
的值為 1，表示硬體中斷號為 1；oirq->args[2] 的值為 4，表示中斷觸發類
型為 IRQ_TYPE_LEVEL_HIGH。

irq_create_of_mapping() 函數的程式片段如下。

```
<kernel\irq\irqdomain.c>
<of_amba_device_create()->irq_of_parse_and_map()->irq_create_of_mapping()>

unsigned int irq_create_of_mapping(struct of_phandle_args *irq_data)
{
    return irq_create_fwspec_mapping(&fwspec);
}
```

irq_create_fwspec_mapping() 函數實現的主要操作如下。

第 752 ～ 758 行中，尋找外接裝置所屬的中斷控制器的 irq_domain。每個
irq_domain 都定義了大量與映射相關的方法集合，GIC-V2 定義的方法集
合如下。

```
<drivers/irqchip/irq-gic.c>

static const struct irq_domain_ops gic_irq_domain_hierarchy_ops = {
    .translate = gic_irq_domain_translate,
    .alloc = gic_irq_domain_alloc,
    .free = irq_domain_free_irqs_top,
};
```

其中，translate 是指翻譯或轉換，透過裝置樹節點和 DTS 中的中斷資訊解
碼出硬體的中斷號與中斷觸發類型，這些中斷資訊包括 DTS 中描述的外
接裝置的 interrupts 域等。

在第 766 行中，呼叫 GIC-V2 中的 translate 方法進行硬體中斷號的轉換。
對 GIC-V2 來說，因為第 0 ～ 31 號硬體中斷是預留給 SGI 和 PPI 使用
的，外接裝置中斷不能使用這些中斷號，所以 gic_irq_domain_translate()
函數會把外接裝置硬體中斷號加上 32。對序列埠 0 裝置來說，它的硬體
中斷號應該是 32+1 = 33。hwirq 儲存著這個硬體中斷號，type 儲存該外接
裝置的中斷類型。

在第 780 行中，如果這個硬體中斷號已經映射過了，那麼 irq_find_
mapping() 函數可以找到映射後的軟體插斷號，在此情景下，該硬體中斷
號還沒有映射。

在第 809 行中，irq_domain_alloc_irqs() 函數是映射的核心函數，內部呼
叫 __irq_domain_alloc_ irqs() 函數來實現。

__irq_domain_alloc_irqs() 函數也實現在 irqdomain.c 檔案中。

```
<kernel\irq\irqdomain.c>
<irq_create_of_mapping()->irq_domain_alloc_irqs()->__irq_domain_alloc_irqs()>

 int __irq_domain_alloc_irqs(struct irq_domain *domain, int irq_base,
               unsigned int nr_irqs, int node, void *arg,
               bool realloc, const struct irq_affinity_desc *affinity)
```

在 __irq_domain_alloc_irqs() 函數中，從第 1302 行程式開始，irq_domain_
alloc_descs() 函數要從 allocated_irqs 點陣圖中尋找第一個空閒的位元，最
終呼叫 __irq_alloc_descs() 函數。

```
<kernel\irq\irqdomain.c>

int
__irq_alloc_descs(int irq, unsigned int from, unsigned int cnt, int node,
        struct module *owner, const struct irq_affinity_desc *affinity)
{
    mutex_lock(&sparse_irq_lock);

    start = bitmap_find_next_zero_area(allocated_irqs, IRQ_BITMAP_BITS,
                    from, cnt, 0);
```

```
    ret = alloc_descs(start, cnt, node, affinity, owner);
    return ret;
}
```

bitmap_find_next_zero_area() 函數在 allocated_irqs 點陣圖中尋找第一個包含連續 cnt 個 0 的位元區域。bitmap_set() 函數設定這些位元，表示這些位元已經被佔用。

alloc_descs() 函數用於分配 irq_desc 資料結構，該資料結構用於描述中斷描述符號，後文會詳細介紹。核心中以兩種方式來儲存 irq_desc 資料結構：一種方式是基數樹，若核心設定了 CONFIG_SPARSE_IRQ 選項，那麼會採用這種方式儲存這些資料結構；另一種方式是採用陣列，這是核心在早期採用的方式，即定義一個全域的陣列，每個中斷對應一個 irq_desc。下面以陣列的方式舉例。

```
<kernel/irq/irqdesc.c>

struct irq_desc irq_desc[NR_IRQS] __cacheline_aligned_in_smp = {
    [0 ... NR_IRQS-1] = {
        .handle_irq = handle_bad_irq,
        .depth      = 1,
        .lock       = __RAW_SPIN_LOCK_UNLOCKED(irq_desc->lock),
    }
};
```

irq_desc[] 陣列定義了 NR_IRQS 個中斷描述符號，陣列索引表示 IRQ 號，透過 IRQ 號可以找到對應的中斷描述符號。irq_desc 資料結構定義了很多有用的成員，先來看和映射相關的。

```
<include/linux/irqdesc.h>
struct irq_desc {
    struct irq_data      irq_data;
    const char           *name;
    irq_flow_handler_t   handle_irq;
    ...
}

<include/linux/irq.h>
struct irq_data {
```

```
    unsigned int          irq;
    unsigned long         hwirq;
    struct irq_chip       *chip;
    struct irq_domain     *domain;
    ...
};
```

irq_desc 資料結構內建了 irq_data 資料結構，irq_data 資料結構中的成員 irq 指軟體插斷號，hwirq 指硬體中斷號。如果把這兩個成員填寫完成，即完成了硬體中斷號到軟體插斷號的映射。

irq_domain_alloc_descs() 函數返回 allocated_irqs 點陣圖中第一個空閒的位元，這是軟體插斷號。

回 到 __irq_domain_alloc_irqs() 函 數。 第 1318 行 中，irq_domain_alloc_irqs_hierarchy() 函數呼叫 gic_irq_domain_alloc() 回呼函數進行硬體中斷號和軟體插斷號的映射。

```
<driver/irqchip/irq-gic.c>
<irq_create_of_mapping()->irq_domain_alloc_irqs()->__irq_domain_alloc_irqs()
->irq_domain_alloc_irqs_hierarchy()->gic_irq_domain_alloc()>

static int gic_irq_domain_alloc(struct irq_domain *domain, unsigned int virq,
unsigned int nr_irqs, void *arg)
{
    gic_irq_domain_translate(domain, fwspec, &hwirq, &type);

    for (i = 0; i < nr_irqs; i++)
        ret = gic_irq_domain_map(domain, virq + i, hwirq + i);

    return 0;
}
```

gic_irq_domain_translate() 函數已在前面介紹過，最後解析出硬體中斷號並存放在 hwirq 中。gic_irq_domain_map() 函數做映射工作。

```
<driver/irqchip/irq-gic.c>

static int gic_irq_domain_map(struct irq_domain *d, unsigned int irq,
              irq_hw_number_t hw)
```

```
{
    struct gic_chip_data *gic = d->host_data;

    if (hw < 32) {
        irq_set_percpu_devid(irq);
        irq_domain_set_info(d, irq, hw, &gic->chip, d->host_data,
                    handle_percpu_devid_irq, NULL, NULL);
        irq_set_status_flags(irq, IRQ_NOAUTOEN);
    } else {
        irq_domain_set_info(d, irq, hw, &gic->chip, d->host_data,
                    handle_fasteoi_irq, NULL, NULL);
        irq_set_probe(irq);
        irqd_set_single_target(irq_desc_get_irq_data(irq_to_desc(irq)));
    }
    return 0;
}
```

參數 hw 指硬體中斷號，小於 32 的中斷號是處理系統預留給 SGI 和 PPI 類型的，剩餘的留給 SPI 類型的外接裝置中斷。irq_domain_set_info() 函數會設定一些很重要的參數到中斷描述符號中。

```
void irq_domain_set_info(struct irq_domain *domain, unsigned int virq,
            irq_hw_number_t hwirq, struct irq_chip *chip,
            void *chip_data, irq_flow_handler_t handler,
            void *handler_data, const char *handler_name)
{
    irq_domain_set_hwirq_and_chip(domain, virq, hwirq, chip, chip_data);
    __irq_set_handler(virq, handler, 0, handler_name);
    irq_set_handler_data(virq, handler_data);
}
```

先看 irq_domain_set_hwirq_and_chip() 函數。

```
int irq_domain_set_hwirq_and_chip(struct irq_domain *domain, unsigned int virq,
            irq_hw_number_t hwirq, struct irq_chip *chip,
            void *chip_data)
{
    struct irq_data *irq_data = irq_domain_get_irq_data(domain, virq);

    irq_data->hwirq = hwirq;
    irq_data->chip = chip ? chip : &no_irq_chip;
    irq_data->chip_data = chip_data;
```

```
    return 0;
}
```

透過 IRQ 號獲取 irq_data 資料結構，並把硬體中斷號 hwirq 設定到 irq_
data 資料結構中的 hwirq 成員中，就完成了硬體中斷號到軟體插斷號的映
射。參數 chip 指硬體中斷控制器的 irq_chip 中定義的與中斷控制器底層操
作相關的方法集合。

```
<include/linux/irq.h>

struct irq_chip {
    const char    *name;
    unsigned int (*irq_startup)(struct irq_data *data);
    void        (*irq_shutdown)(struct irq_data *data);
    void        (*irq_enable)(struct irq_data *data);
    void        (*irq_disable)(struct irq_data *data);

    void        (*irq_ack)(struct irq_data *data);
    void        (*irq_mask)(struct irq_data *data);
    void        (*irq_mask_ack)(struct irq_data *data);
    void        (*irq_unmask)(struct irq_data *data);
    void        (*irq_eoi)(struct irq_data *data);
    int         (*irq_set_affinity)(struct irq_data *data, const struct
cpumask*dest, bool force);
    int         (*irq_retrigger)(struct irq_data *data);
    int         (*irq_set_type)(struct irq_data *data, unsigned int flow_type);
    int         (*irq_set_wake)(struct irq_data *data, unsigned int on);
    void        (*irq_bus_lock)(struct irq_data *data);
    void        (*irq_bus_sync_unlock)(struct irq_data *data);
    void        (*irq_cpu_online)(struct irq_data *data);
    void        (*irq_cpu_offline)(struct irq_data *data);
    void        (*irq_suspend)(struct irq_data *data);
    void        (*irq_resume)(struct irq_data *data);
    void        (*irq_pm_shutdown)(struct irq_data *data);
    void        (*irq_calc_mask)(struct irq_data *data);
    void        (*irq_print_chip)(struct irq_data *data, struct seq_file *p);
    int         (*irq_request_resources)(struct irq_data *data);
    void        (*irq_release_resources)(struct irq_data *data);
    void        (*irq_compose_msi_msg)(struct irq_data *data, struct msi_msg *msg);
    void        (*irq_write_msi_msg)(struct irq_data *data, struct msi_msg *msg);
```

```
    unsigned long          flags;
};
```

其中，比較常用的方法如下。

- irq_startup()：初始化一個中斷。
- irq_shutdown()：結束一個中斷。
- irq_enable()：啟動一個中斷。
- irq_disable()：關閉一個中斷。
- irq_ack()：回應一個中斷。
- irq_mask()：隱藏一個中斷來源。
- irq_mask_ack()：回應並隱藏該中斷來源。
- irq_unmask()：解除一個中斷來源的隱藏操作。
- irq_eoi()：發送 EOI 訊號給中斷控制器，表示硬體中斷處理已經完成。
- irq_set_affinity()：綁定一個中斷到某個 CPU 上。
- irq_retrigger()：重新發送中斷到 CPU 上。
- irq_set_type()：設定中斷觸發類型。
- irq_set_wake()：啟動 / 關閉該中斷在電源管理中的喚醒功能。
- irq_bus_lock()：函數指標，用於實現保護存取慢速裝置的鎖。

並不是每個中斷控制器都需要實現 irq_chip 中定義的所有的方法集合。對
GIC-V2 中斷控制器來說，實現的方法集合如下。

```
<drivers/irqchip/irq-gic.c>

static const struct irq_chip gic_chip = {
    .irq_mask              = gic_mask_irq,
    .irq_unmask            = gic_unmask_irq,
    .irq_eoi               = gic_eoi_irq,
    .irq_set_type          = gic_set_type,
    .irq_get_irqchip_state = gic_irq_get_irqchip_state,
    .irq_set_irqchip_state = gic_irq_set_irqchip_state,
    .flags                 = IRQCHIP_SET_TYPE_MASKED |
                    IRQCHIP_SKIP_SET_WAKE |
                    IRQCHIP_MASK_ON_SUSPEND,
};
```

回到 irq_domain_set_info() 函數，其中 __irq_set_handler() 是用於設定中斷描述符號 desc->handle_irq 的回呼函數，對 SPI 類型的外接裝置中斷來說，回呼函數是 handle_fasteoi_irq()。

硬體中斷號和軟體插斷號的映射過程如圖 2.3 所示。

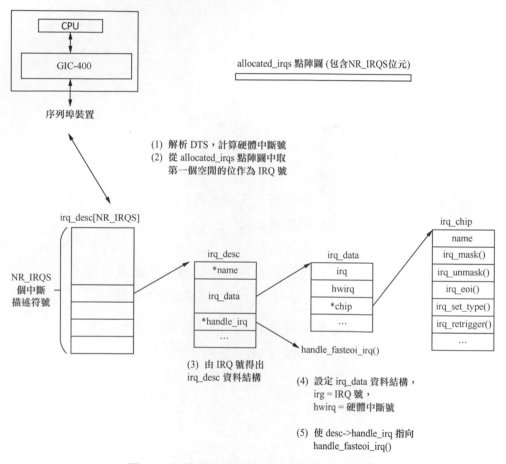

圖 2.3 硬體中斷號和軟體插斷號的映射過程

2.3 註冊中斷

當一個外接裝置中斷發生後，核心會執行一個函數來回應該中斷，這個函數通常稱為中斷處理常式（interrupt handler）或插斷服務常式。中斷處理常式是核心用於回應中斷的[8]，並且執行在中斷上下文中（和處理程序上下文不同）。中斷處理常式最基本的工作是通知硬體裝置中斷已經被接收，不同的硬體裝置的中斷處理常式是不同的，有的常常需要做很多的處理工作，這也是 Linux 核心把中斷處理常式分成上半部和下半部的原因。中斷處理常式要求快速完成並且退出中斷，但是如果中斷處理常式需要完成的任務比較繁重，這兩個需求就會有衝突，因此上下半部機制就誕生了。

在編寫外接裝置驅動時通常需要註冊中斷，註冊中斷的介面函數如下。

```
<include/linux/interrupt.h>

static inline int
request_irq(unsigned int irq, irq_handler_t handler, unsigned long flags,
            const char *name, void *dev)
```

request_irq() 函數是比較舊的介面函數，在 Linux 2.6.30 核心中新增了執行緒化的中斷註冊函數 request_threaded_irq()[9]。中斷執行緒化是即時 Linux 專案開發的新特性，目的是降低中斷處理對系統即時延遲的影響。Linux 核心已經把中斷處理分成了上半部和下半部，為什麼還需要引入中斷執行緒化機制呢？

在 Linux 核心裡，中斷具有最高的優先順序，只要有中斷發生，核心會暫停手頭的工作，轉向中斷處理，等到所有等待的中斷和軟體中斷處理完畢後才會執行處理程序排程，因此這個過程會導致即時任務得不到及時處

8　中斷處理常式包括硬體中斷處理常式及其下半部處理機制，包括中斷執行緒化、軟中斷、tasklet 以及工作隊列等，這裡特指硬體中斷處理常式。

9　Linux 2.6.30 patch, commit 3aa551c9b, "genirq: add threaded interrupt handler support", by Thomas Gleixner.

理。中斷上下文總是先佔處理程序上下文，中斷上下文不僅包括中斷處理常式，還包括 Softirq、tasklet 等，中斷上下文成了最佳化 Linux 即時性的最大挑戰之一。假設一個高優先順序任務和一個中斷同時觸發，那麼核心首先執行中斷處理常式，中斷處理常式完成之後可能觸發軟體中斷，也可能有一些 tasklet 要執行或有新的中斷發生，這樣高優先順序任務的延遲變得不可預測。中斷執行緒化的目的是把中斷處理中一些繁重的任務作為核心執行緒來執行，即時處理程序可以比中斷執行緒有更高的優先順序。這樣高優先順序的即時處理程序可以得到優先處理，即時處理程序的延遲粒度小得多。當然，並不是所有的中斷都可以執行緒化，如時鐘中斷。

```
request_threaded_irq()的定義如下。
<include/linux/interrupt.h>

int request_threaded_irq(unsigned int irq, irq_handler_t handler,
            irq_handler_t thread_fn, unsigned long irqflags,
            const char *devname, void *dev_id)
```

- irq：IRQ 號，注意，這裡使用的是軟體插斷號，而非硬體中斷號。
- handler：指主處理常式，有點類似於舊版本介面函數 request_irq() 的中斷處理常式。中斷發生時會優先執行主處理常式。如果主處理常式為 NULL 且 thread_fn 不為 NULL，那麼會執行系統預設的主處理常式——irq_default_primary_handler() 函數。
- thread_fn：中斷執行緒化的處理常式。如果 thread_fn 不為 NULL，那麼會創建一個核心執行緒。primary handler 和 thread_fn 不能同時為 NULL。
- irqflags：中斷標示位元，常用的中斷標示位元如表 2.4 所示。
- devname：中斷名稱。
- dev_id：傳遞給中斷處理常式的參數。

⬇ 表 2.4　常用的中斷標示位

中斷標示位	描述
IRQF_TRIGGER_*	中斷觸發的類型，有上昇緣觸發、下降緣觸發、高電位觸發以及低電位觸發
IRQF_SHARED	多個裝置共用一個中斷號。需要外接裝置硬體支援，因為在中斷處理常式中查詢哪個外接裝置發生了中斷，會給中斷處理帶來一定的延遲，不推薦使用[10]
IRQF_PROBE_SHARED	中斷處理常式允許出現共用中斷不匹配的情況
IRQF_TIMER	標記一個時鐘中斷
IRQF_PERCPU	屬於特定某個 CPU 的中斷
IRQF_NOBALANCING	禁止多 CPU 之間的中斷均衡
IRQF_IRQPOLL	中斷被用作輪詢
IRQF_ONESHOT	表示一次性觸發的中斷，不能巢狀結構 （1）在硬體中斷處理完成之後才能打開中斷 （2）在中斷執行緒化中保持中斷關閉狀態，直到該中斷來源上所有的 thread_fn 完成之後才能打開中斷 （3）如果執行 request_threaded_irq() 時主處理常式為 NULL 且中斷控制器不支援硬體 ONESHOT 功能，那應該顯性地設定該標示位
IRQF_NO_SUSPEND	在系統睡眠過程中不要關閉該中斷
IRQF_FORCE_RESUME	在系統喚醒過程中必須強制打開該中斷
IRQF_NO_THREAD	表示該中斷不會被執行緒化

上述字首為 IRQF_ 的中斷標示位元用於申請中斷時描述該中斷的特性。而下面字首為 IRQS_ 的中斷標示位元位於 irq_desc 資料結構的 istate 成員中，在 irq_desc 資料結構中定義在 core_internal_ state__do_not_mess_with_it 成員中，透過一個巨集把它改名成 istate。

```
<kernel/irq/internals.h>

enum {
    IRQS_AUTODETECT          = 0x00000001,
```

10　如果中斷控制器可以支援足夠多的中斷來源，那麼不推薦使用共用中斷。共用中斷需要一些額外負擔，如發生中斷時需要遍歷 irqaction 鏈結串列，然後 irqaction 的主處理常式需要判斷是否屬於自己的中斷。大部分的 ARM SoC 能提供足夠多的中斷來源。

```
    IRQS_SPURIOUS_DISABLED   = 0x00000002,
    IRQS_POLL_INPROGRESS     = 0x00000008,
    IRQS_ONESHOT             = 0x00000020,
    IRQS_REPLAY              = 0x00000040,
    IRQS_WAITING             = 0x00000080,
    IRQS_PENDING             = 0x00000200,
    IRQS_SUSPENDED           = 0x00000800,
    IRQS_TIMINGS             = 0x00001000,
};
```

- IRQS_AUTODETECT：表示某個 irq_desc 處於自動偵測狀態。
- IRQS_SPURIOUS_DISABLED：表示某個 irq_desc 被視為「偽中斷」並被禁用。
- IRQS_POLL_INPROGRESS：表示某個 irq_desc 正輪詢呼叫 action。
- IRQS_ONESHOT：表示只執行一次。
- IRQS_REPLAY：重新發一次中斷。
- IRQS_WAITING：表示某個 irq_desc 處於等候狀態。
- IRQS_PENDING：表示該中斷被暫停。
- IRQS_SUSPENDED：表示該中斷被暫停。

本節中常用的兩個標示位元是 IRQS_ONESHOT 和 IRQS_PENDING。

IRQS_ONESHOT 標示位元是在註冊中斷函數 __setup_irq() 時由中斷標示位元 IRQF_ONESHOT 轉換過來的。在中斷執行緒化程式執行完成後需要特別慎重，參照 irq_finalize_oneshot() 函數。

IRQS_PENDING 標示位元在 handle_fasteoi_irq() 函數中，若沒有指定硬體中斷處理常式，或 irq_data->state_use_accessors 中設定了 IRQD_IRQ_DISABLED 標示位元，說明該中斷被禁用了，需要暫停該中斷。

irq_data 資料結構中的 state_use_accessors 成員也有一組中斷標示位元，以 IRQD_ 開頭，通常用於描述底層中斷的狀態，常用的狀態如下。

```
<include/linux/irq.h>

enum {
    IRQD_TRIGGER_MASK        = 0xf,
```

```
    IRQD_IRQ_DISABLED        = (1 << 16),
    IRQD_IRQ_INPROGRESS      = (1 << 18),
    ...
};
```

- IRQD_TRIGGER_MASK：表示中斷觸發的類型，如上昇緣觸發或下降緣觸發等。

- IRQD_IRQ_DISABLED：表示該中斷處於關閉狀態。

- IRQD_IRQ_INPROGRESS：表示該中斷正在處理中。

另外，irqaction 資料結構是每個中斷 irqaction 的描述符號。

```
<include/linux/interrupt.h>

struct irqaction {
    irq_handler_t        handler;
    void                 *dev_id;
    struct irqaction     *next;
    irq_handler_t        thread_fn;
    struct task_struct   *thread;
    unsigned int         irq;
    unsigned int         flags;
    unsigned long        thread_flags;
    unsigned long        thread_mask;
    const char           *name;
    } ____cacheline_internodealigned_in_smp;
```

- handler：主處理常式的指標。
- thread_fn：中斷執行緒程式的函數指標。
- dev_id：傳遞給中斷處理常式的參數。
- next：指向下一個中斷 irqaction 的描述符號。
- thread：中斷執行緒的 task_struct 資料結構。
- irq：軟體插斷號。
- flags：註冊中斷時用的中斷標示位元，以 IRQF_ 開頭。
- thread_flags：與中斷執行緒相關的標示位元。
- thread_mask：用於追蹤中斷執行緒活動的點陣圖。
- name：註冊中斷的名稱。

下面從 request_threaded_irq() 函數來看註冊中斷的實現。

```
<kernel/irq/manage.c>

int request_threaded_irq(unsigned int irq, irq_handler_t handler,
            irq_handler_t thread_fn, unsigned long irqflags,
            const char *devname, void *dev_id)
```

request_threaded_irq() 函數中實現的主要操作如下。

在第 1821 ～ 1824 行中，完成一個例行的檢查，對那些共用中斷的裝置來說，這裡強制要求傳遞一個參數 dev_id。如果沒有額外參數，中斷處理常式無法辨識究竟是哪個外接裝置產生的中斷，通常根據 dev_id 查詢裝置暫存器來確定是哪個共用外接裝置的中斷。

在第 1826 行中，透過 IRQ 號獲取 irq_desc。

在第 1830 ～ 1832 行中，irq_settings_can_request() 函數判斷是否設定了 _IRQ_NOREQUEST 標示位元，它是系統預留的，外接裝置不可以使用這些中斷描述符號。另外，設定了 _IRQ_PER_ CPU_DEVID 標示位元的中斷描述符號預留給 IRQF_PERCPU 類型的中斷，因此應該使用 request_percpu_irq() 函數註冊中斷。

在第 1834 ～ 1838 行中，主處理常式和 thread_fn 不能同時為 NULL。當主處理常式為 NULL 時使用預設的處理常式，irq_default_primary_handler() 函數直接返回 IRQ_WAKE_THREAD，表示要喚醒中斷執行緒。

在第 1840 行中，分配一個 irqaction 資料結構，填充對應的成員。

在第 1850 行中，呼叫 __setup_irq() 函數繼續註冊中斷。我們稍後詳細分析該函數。

在第 1883 行中，返回 retval。

1. __setup_irq() 函數

下面來看 __setup_irq() 函數的實現。

```
<kernel/irq/manage.c>

static int
__setup_irq(unsigned int irq, struct irq_desc *desc,
                    struct irqaction *new)
```

__setup_irq() 函數中實現的主要操作如下。

在第 1197 行中，如果 desc->irq_data.chip 指向 no_irq_chip，說明還沒有正確初始化中斷控制器。對 GIC-V2 中斷控制器來說，它在 gic_irq_domain_alloc() 函數中就指定 chip 指標指向該中斷控制器的 irq_chip *gic_chip 資料結構。

在第 1215 ～ 1233 行中，處理中斷是否巢狀結構的情況。對於設定了 _IRQ_NESTED_THREAD 巢狀類型的中斷描述符號，驅動程式註冊中斷時應該指定中斷執行緒化處理常式 thread_fn。巢狀類型的中斷沒有主處理常式，但是這裡使 handler 指向 irq_nested_primary_ handler() 函數，該函數會輸出一句記錄檔 "Primary handler called for nested irq"。第 1228 行中，irq_settings_can_thread() 函數判斷該中斷是否可以執行緒化。如果該中斷沒有設定 _IRQ_NOTHREAD 標示，那麼說明可以被中斷執行緒化，因此呼叫 irq_setup_forced_threading() 函數。我們稍後會分析 irq_setup_forced_threading() 函數。

在第 1240 ～ 1249 行中，對於沒有巢狀結構的執行緒化中斷則創建一個核心執行緒，這裡呼叫 setup_irq_thread() 函數來創建。我們稍後會詳細分析 setup_irq_thread() 函數。

在第 1260 行中，IRQCHIP_ONESHOT_SAFE 標示位元表示該中斷控制器不支持巢狀結構，即只支援 CNESHOT，如基於 MSI 的中斷。因此 flags 可以刪掉驅動註冊的 IRQF_ONESHOT 標示位元。

在第 1296 行中，old_ptr 是一個二級指標，指在 desc->action 指標本身的位址，old 指在 desc->action 指向的鏈結串列。對於共用中斷，多個中斷

action 描述符號透過 irqaction 中的 next 成員連接成一個鏈結串列。若 old 不為空，説明之前已經有中斷增加到中斷描述符號 irq_desc 中，換句話説，這是一個共用的中斷。

在第 1330 ～ 1339 行中，遍歷到這個鏈結串列尾端，這時 old_ptr 指向鏈結串列最後一個元素的 next 指標本身的位址。shared 變數表示這是一個共用中斷。irqaction 資料結構中也有一個 thread_mask 點陣圖成員，在共用中斷中每一個 action 由一位元來表示。

在第 1348 ～ 1379 行中，對 IRQF_ONESHOT 類型的中斷來説，需要一個點陣圖來管理所有的共用中斷。當所有的共用中斷的執行緒都執行完畢並且 desc->threads_active 等於 0 後，才能算中斷處理完成，該中斷才可以執行 unmask 操作來解除中斷來源的隱藏操作。變數 thread_mask 中每一位元表示一個共用中斷的中斷 action 描述符號。當然，也有 IRQF_ONESHOT 類型的中斷只有一個 irqaction 的情況。

在第 1379 ～ 1400 行中，對不是 IRQF_ONESHOT 類型的中斷且中斷註冊時沒有指定主處理常式的中斷來説，預設會使用 irq_default_primary_handler() 函數，該函數直接返回 IRQ_WAKE_THREAD，讓核心去喚醒中斷執行緒。在一些電位觸發的中斷中可能存在問題，因為主處理常式僅喚醒中斷執行緒，但中斷還處於啟動狀態，即電位沒有改變，如高電位還是高電位，所以導致中斷一直觸發，引發中斷風暴。大部分的情況下，主處理常式會做清中斷的動作。因此對於電位觸發的中斷（IRQF_TRIGGER_HIGH 和 IRQF_TRIGGER_LOW），驅動開發者必須設定主處理常式，否則這裡會顯示出錯。有一種特殊情況——中斷控制器本身支援 ONESHOT 功能，irq_chip 資料結構的 flags 成員會設定 IRQCHIP_ONESHOT_SAFE 標示位元。

這裡要提醒驅動開發者，在使用 request_threaded_irq() 函數註冊執行緒化中斷時，如果沒有指定主處理常式，並且中斷控制器不支援硬體 ONESHOT 功能，那麼必須顯性地指定 IRQF_ONESHOT 標示位元；不然

核心會顯示出錯 [11]。

在第 1402 ～ 1461 行中，處理不是共用中斷的情況。設定中斷類型，清除 IRQD_IRQ_ INPROGRESS 標示位元等。

在第 1471 行中，對於共用中斷，old_ptr 指在 irqaction 鏈結串列尾端最後一個元素的 next 指標本身的位址；對於非共用中斷，old_ptr 指在 desc->action 指標本身的位址。因此，這裡把新的中斷 action 描述符號 new 增加到中斷描述符號 desc 的鏈結串列中。

在第 1498 行中，如果該中斷被執行緒化，就喚醒該核心執行緒。注意，這裡，每個中斷會啟動一個執行緒，而非每個 CPU 核心會啟動一個執行緒。

註冊中斷的流程如圖 2.4 所示。

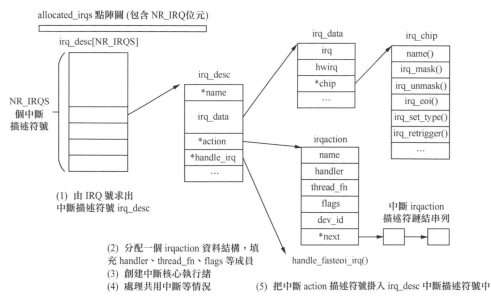

圖 2.4　註冊中斷的流程

11　Linux 3.5 patch, commit 1c6c69525b,"genirq: Reject bogus threaded irq requests", by Thomas Gleixner.

使用 request_threaded_irq() 函數來註冊中斷需要注意的地方如下。

- 使用 IRQ 號，而非硬體中斷號。IRQ 號是映射過的軟體插斷號。
- 主處理常式和 threaded_fn 不能同時為 NULL。
- 當主處理常式為 NULL 且硬體中斷控制器不支援硬體 ONESHOT 功能時，應該顯性地設定 IRQF_ONESHOT 標示位元來確保不會產生中斷風暴。
- 若啟用了中斷執行緒化，那麼 primary handler 應該返回 IRQ_WAKE_THREAD 來喚醒中斷執行緒。

2. irq_setup_forced_threading() 函數

irq_setup_forced_threading() 實現在 manage.c 中。

```
<kernel/irq/manage.c>

static int irq_setup_forced_threading(struct irqaction *new)
```

當系統組態了 CONFIG_IRQ_FORCED_THREADING 選項且核心啟動參數包含 threadirqs 時，全域變數 force_irqthreads 會為 true，表示系統支援強制中斷執行緒化。如果向註冊的中斷傳入 IRQF_NO_THREAD | IRQF_PERCPU | IRQF_ONESHOT 參數，也不符合中斷執行緒化要求。IRQF_PERCPU 是一些特殊的中斷，不是一般意義上的外接裝置中斷，不適合強制中斷執行緒化。

強制中斷執行緒化是一個過渡方案，目前還有很多的驅動使用舊版本的註冊中斷介面函數 request_irq()，這些驅動的中斷處理通常採用上下半部的方式。

在第 1089 行中，上半部通常是在關中斷的狀態下執行的，中斷不會巢狀結構，因此這裡也設定 IRQF_ONESHOT 類型，保證所有執行緒化後的 thread_fn 都執行完成後才打開中斷來源，稍後在中斷執行緒化部分會詳細介紹。

對於那些註冊中斷時沒有指定 thread_fn 的中斷，強制中斷執行緒化會把原來主處理常式處理的函數放到中斷執行緒中執行，原來的主處理常式只執行預設的 irq_default_primary_handler，並且設定 IRQTF_FORCED_THREAD 標示位元，表明該中斷已經被強制中斷執行緒化。

3. setup_irq_thread() 函數

setup_irq_thread() 函數也實現在 manage.c 中。

```
<kernel/irq/manage.c>

static int
setup_irq_thread(struct irqaction *new, unsigned int irq, bool secondary)
```

setup_irq_thread() 函數用來創建一個即時執行緒，排程策略為 SCHED_FIFO，優先順序是 50。該中斷執行緒以 irq、中斷號和中斷名稱聯合命名。get_task_struct() 函數增加該執行緒的 task_struct-> usage 計數，確保即使該核心執行緒異常退出也不會釋放 task_struct，防止中斷執行緒化的處理常式存取了空指標。

2.4 ARM64 底層中斷處理

當外接裝置有事情需要報告 SoC 時，它會透過和 SoC 連接的中斷接腳發送中斷訊號。根據中斷訊號類型，發送不同的波形，如上昇緣觸發、高電位觸發等。SoC 內部的中斷控制器會感知到中斷訊號，中斷控制器裡的仲裁單元（distributor）會在許多 CPU 核心中選擇一個，並把該中斷分發給 CPU 核心。GIC 和 CPU 核心之間透過 nIRQ 訊號線來通知 CPU。

ARM64 的處理器支援多個異常等級（exception level），其中 EL0 是使用者模式，EL1 是核心模式，也稱為特權模式；EL2 是虛擬化監管模式，EL3 則是安全世界的模式。在 ARMv8 架構下，異常分為非同步異常和同步異常，其中 Linux 核心中的異常屬於同步異常，而 IRQ 和 FIQ 都屬於非同步異常。

當一個中斷發生時，CPU 核心感知到異常發生，硬體會自動做以下一些事情 [12]。

- 處理器的狀態保存在對應的異常等級的 SPSR_ELx 中。
- 返回位址保存在對應的異常等級的 ELR_ELx 中。
- PSTATE 暫存器裡的 DAIF 域都設定為 1，相當於把偵錯異常、系統錯誤（SError）、IRQ 以及 FIQ 都關閉了。PSTATE 暫存器是 ARM v8 裡新增的暫存器。
- 如果是同步異常，那麼究竟什麼原因導致的呢？具體要看 ESR_ELx。
- 設定堆疊指標，指向對應異常等級裡的堆疊。
- 遷移處理器等級到對應的異常等級，然後跳躍到異常向量表裡執行。

上述是 ARM 處理器檢測到 IRQ 後自動做的事情，軟體需要做的事情從中斷向量表開始。

2.4.1 異常向量表

ARMv7 架構的異常向量表比較簡單，每個記錄是 4 位元組，每個記錄裡存放了一行跳躍指令。但是 ARMv8 的異常向量表發生了變化，每一個記錄是 128 位元組，這樣可以存放 32 行指令。注意，ARMv8 指令集支援 64 位元指令集，但是每一行指令的位元寬是 32 位元，而非 64 位元。ARMv8 架構的異常向量表如表 2.5 所示。

⬇ 表 2.5 ARMv8 架構的異常向量表

位址（基底位址為 VBAR_ELn）	異常類型	描述
+ 0x000	同步	使用 SP0 暫存器的當前異常等級
+ 0x080	IRQ/vIRQ	
+ 0x100	FIQ/vFIQ	
+ 0x180	SError/vSError	

---

12 見《ARM Architecture Reference Manual, ARMv8, for ARMv8-A architecture profile》v8.4 版本的 D.1.10 節。

2-38

位址（基底位址為 VBAR_ELn）	異常類型	描述
+0x200	同步	使用 SPx 暫存器的當前異常等級
+0x280	IRQ/vIRQ	
+0x300	FIQ/vFIQ	
+0x380	SError/vSError	
+0x400	同步	在 AArch64 執行環境下的低異常等級
+0x480	IRQ/vIRQ	
+0x500	FIQ/vFIQ	
+0x580	SError/vSError	
+0x600	同步	在 AArch32 執行環境下的低異常等級
+0x680	IRQ/vIRQ	
+0x700	FIQ/vFIQ	
+0x780	SError/vSError	

在表 2.5 中，異常向量表存放的基底位址可以透過向量基址暫存器（Vector Base Address Register，VBAR）來設定。VBAR 是異常向量表的基底位址暫存器。

當前異常等級指的是系統中當前最高等級的異常等級。假設當前系統只執行 Linux 核心並且不包含虛擬化和安全特性，那麼當前系統最高異常等級就是 EL1，執行 Linux 核心的核心態程式，而低一級的 EL0 下則執行使用者態程式。

- 使用 SP0 暫存器的當前異常等級：表示當前系統執行在 EL1 時使用 EL0 的堆疊指標（SP），這是一種異常錯誤的類型。
- 使用 SPx 暫存器的當前異常等級：表示當前系統執行在 EL1 時使用 EL1 的 SP，這說明系統在核心態發生了異常，這是很常見的場景。
- 在 AArch64 執行環境下的低異常等級：表示當前系統執行在 EL0 並且執行 ARM64 指令集的程式時發生了異常。
- 在 AArch32 執行環境下的低異常等級：表示當前系統執行在 EL0 並且執行 ARM32 指令集的程式時發生了異常。

Linux 5.0 核心中關於異常向量表的描述在 arch/arm64/kernel/entry.S 組合
語言檔案中。

```
<arch/arm64/kernel/entry.S>

/*
 * 異常向量表
 */
    .pushsection ".entry.text", "ax"

    .align      11
ENTRY(vectors)
    #具備 SP0類型的異常向量表描述的當前EL
    kernel_ventry       1, sync_invalid             // EL1t模式下的同步異常
    kernel_ventry       1, irq_invalid              // EL1t模式下的IRQ
    kernel_ventry       1, fiq_invalid              // EL1t模式下的FIQ
    kernel_ventry       1, error_invalid            // EL1t模式下的系統錯誤

    #具備SPx類型的異常向量表的描述的當前EL
    kernel_ventry       1, sync                     // EL1h模式下的同步異常
    kernel_ventry       1, irq                      // EL1h模式下的IRQ
    kernel_ventry       1, fiq_invalid              // EL1h模式下的FIQ
    kernel_ventry       1, error                    // EL1h模式下的系統錯誤

    #使用AArch64類型的異常向量表的低EL
    kernel_ventry       0, sync                     // 處於64位元EL0下的同步異常
    kernel_ventry       0, irq                      // 處於64位元的EL0下的IRQ
    kernel_ventry       0, fiq_invalid              // 處於64位元的EL0下的FIQ
    kernel_ventry       0, error                    // 處於64位元的EL0下的系統錯誤

    # 使用AArch32類型的異常向量表的低EL
    kernel_ventry       0, sync_compat, 32          // 處於32位元的EL0下的同步異常
    kernel_ventry       0, irq_compat, 32           // 處於32位元的EL0下的IRQ
    kernel_ventry       0, fiq_invalid_compat, 32   // 處於32位元的EL0下的FIQ
    kernel_ventry       0, error_compat, 32         // 處於32位元的EL0下的系統錯誤
END(vectors)
```

上述異常向量表的定義和表 2.5 是一致的。其中，kernel_ventry 是一個巨
集，它實現在同一個檔案中，簡化後的程式片段如下。

```
<arch/arm64/kernel/entry.S>

    .macro kernel_ventry, el, label, regsize = 64
    .align 7
    sub  sp, sp, #S_FRAME_SIZE
    b    el\()\el\()_\label
    .endm
```

其中 align 是一行虛擬指令，align 7 表示按照 2^7 位元組（即 128 位元組）來對齊。

sub 指令用於讓 sp 減去一個 S_FRAME_SIZE，其中 S_FRAME_SIZE 稱為暫存器框架大小，也就是 pt_regs 資料結構的大小。

```
<arch/arm64/kernel/asm-offsets.c>

DEFINE(S_FRAME_SIZE,         sizeof(struct pt_regs));
```

b 指令的敘述比較有意思，這裡出現了兩個 "el" 和 3 個 "\"。其中，第一個 "el" 表示 el 字元，第一個 "\()" 在組合語言巨集實現中可以用來表示巨集引數的結束字元，第二個 "\el" 表示巨集的參數 el，第二個 "\()" 也用來表示結束字元，最後的 "\label" 表示巨集的參數 label。以發生在 EL1 的 IRQ 為例，這行敘述變成了 "b el1_irq"。

在 GNU 組合語言的巨集實現中，"\()" 是有妙用的，如以下組合語言敘述所示。

```
    .macro opcode base length
      \base.\length
    .endm
```

當使用 opcode store 1 來呼叫該巨集時，它並不會產生 store.1 指令，因為編譯器不知道如何解析參數 base，它不知道 base 參數的結束字元在哪裡。這時，可以使用 "\()" 來告訴組合語言器 base 參數的結束字元在哪裡。

```
.macro opcode base length
      \base\().\length
 .endm
```

2.4.2 IRQ 處理

對於 IRQ，通常有以下兩種場景。

- IRQ 發生在核心模式，也就是 CPU 正在 EL1 下即時執行發生了外接裝置中斷。
- IRQ 發生在使用者模式，也就是 CPU 正在 EL0 下即時執行發生了外接裝置中斷。

我們以第一種情況來分析 Linux 核心程式的實現。

當 IRQ 發生在核心態時，CPU 會根據異常向量表跳躍到對應記錄中，它對應的記錄為 kernel_ventry 1, irq，然後跳躍到 el1_irq 標籤中。

```
<arch/arm64/kernel/entry.S>

.align      6
el1_irq:
    kernel_entry 1
    enable_da_f

    irq_handler

#ifdef CONFIG_PREEMPT
    ldr     x24, [tsk, #TSK_TI_PREEMPT]
    cbnz    x24, 1f
    bl      el1_preempt
1:
#endif
    kernel_exit 1
ENDPROC(el1_irq)
```

el1_irq 是處理中斷的核心模組。

- kernel_entry 是一個巨集，用來保存中斷上下文。我們稍後會詳細分析這段組合語言程式碼。
- enable_da_f 也是一個巨集，透過 msr 指令來把 PSTATE 暫存器的偵錯異常（D 域）以及 SError 中斷（A 域）和 FIQ（F 域）的隱藏位元歸零，也就是打開這些異常和中斷功能。但是 IRQ 還是關閉的，因為我們現在正在處理 IRQ，打開 IRQ 會帶來複雜的中斷巢狀結構問題，目前 Linux 核心不支持中斷巢狀結構。

- irq_handler 同樣是一個巨集，處理 irq。
- 如果系統支援核心先佔，那麼在 irq 處理完成之後會檢查當前處理程序的 task_thread_ info 中的 preempt_count 欄位。當 preempt_count 為 0 時，表示當前處理程序可以被安全先佔，跳躍到 el1_preempt 標籤處。
- kernel_exit 巨集和 kernel_entry 巨集是成對出現的，用來恢復中斷上下文。

2.4.3 堆疊框

Linux 核心中定義了一個 pt_regs 資料結構來描述核心堆疊上暫存器的排列資訊。

```
<arch/arm64/include/asm/ptrace.h>

struct pt_regs {
    union {
        struct user_pt_regs user_regs;
        struct {
            u64 regs[31];
            u64 sp;
            u64 pc;
            u64 pstate;
        };
    };
    u64 orig_x0;

    u32 unused2;
    s32 syscallno;

    u64 orig_addr_limit;
    u64 unused;
    u64 stackframe[2];
};
```

pt_regs 資料結構（見圖 2.5）定義了 34 個暫存器，分別代表 x0 ～ x30、SP 暫存器、PC 暫存器以及 PSTATE 暫存器。另外，還包含 orig_x0、syscallno 以及 stackframe 等資訊。

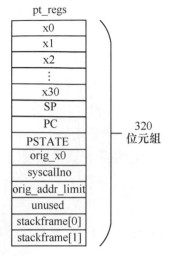

pt_regs

| x0 |
| x1 |
| x2 |
| ⋮ |
| x30 |
| SP |
| PC |
| PSTATE |
| orig_x0 |
| syscallno |
| orig_addr_limit |
| unused |
| stackframe[0] |
| stackframe[1] |

320 位元組

圖 2.5 pt_regs 資料結構

Linux 核心定義了很多巨集來存取 pt_regs 資料結構對應的堆疊框，這些巨集實現在 arch/arm64/kernel/ asm-offsets.c 檔案中。

```
<arch/arm64/kernel/asm-offsets.c>

DEFINE(S_LR,              offsetof(struct pt_regs, regs[30]));
DEFINE(S_SP,              offsetof(struct pt_regs, sp));
DEFINE(S_PSTATE,          offsetof(struct pt_regs, pstate));
DEFINE(S_PC,              offsetof(struct pt_regs, pc));
DEFINE(S_STACKFRAME,      offsetof(struct pt_regs, stackframe));
DEFINE(S_FRAME_SIZE,      sizeof(struct pt_regs));
```

- S_LR：pt_regs 資料結構中 regs[30] 欄位的偏移量。
- S_SP：pt_regs 資料結構中 sp 欄位的偏移量。
- S_PSTATE：pt_regs 資料結構中 pstate 欄位的偏移量。
- S_PC：pt_regs 資料結構中 pc 欄位的偏移量。
- S_STACKFRAME：pt_regs 資料結構中 stackframe 欄位的偏移量。
- S_FRAME_SIZE：堆疊框的大小。

在編譯時會把上述 asm_offset.c 檔案編譯成 asm-offsets.s 檔案，很多組合語言程式碼會直接使用這些巨集，如 S_FRAME_SIZE 巨集。

2.4.4 保存中斷上下文

kernel_entry 巨集用來保存中斷上下文。該巨集有一個參數。若該參數為 1，表示用來保存發生在 EL1 的異常現場；若為 0，表示用來保存發生在 EL0 的異常現場。

```
<arch/arm64/kernel/entry.S>

1    .macro  kernel_entry, el, regsize = 64
2    stp  x0, x1, [sp, #16 * 0]
3    stp  x2, x3, [sp, #16 * 1]
4    stp  x4, x5, [sp, #16 * 2]
5    stp  x6, x7, [sp, #16 * 3]
6    stp  x8, x9, [sp, #16 * 4]
7    stp  x10, x11, [sp, #16 * 5]
8    stp  x12, x13, [sp, #16 * 6]
9    stp  x14, x15, [sp, #16 * 7]
10   stp  x16, x17, [sp, #16 * 8]
11   stp  x18, x19, [sp, #16 * 9]
12   stp  x20, x21, [sp, #16 * 10]
13   stp  x22, x23, [sp, #16 * 11]
14   stp  x24, x25, [sp, #16 * 12]
15   stp  x26, x27, [sp, #16 * 13]
16   stp  x28, x29, [sp, #16 * 14]
17
18   .if  \el == 0
19   clear_gp_regs
20   mrs  x21, sp_el0
21   ldr_this_cpu    tsk, __entry_task, x20
22   ldr  x19, [tsk, #TSK_TI_FLAGS]
23   disable_step_tsk x19, x20
24
25   apply_ssbd 1, x22, x23
26
27   .else
28   add    x21, sp, #S_FRAME_SIZE
29   get_thread_info tsk
30   ldr    x20, [tsk, #TSK_TI_ADDR_LIMIT]
31   str    x20, [sp, #S_ORIG_ADDR_LIMIT]
32   mov    x20, #USER_DS
33   str    x20, [tsk, #TSK_TI_ADDR_LIMIT]
34   .endif /* \el == 0 */
```

```
35   mrs    x22, elr_el1
36   mrs    x23, spsr_el1
37   stp    lr, x21, [sp, #S_LR]
38
39   .if \el == 0
40   stp    xzr, xzr, [sp, #S_STACKFRAME]
41   .else
42   stp    x29, x22, [sp, #S_STACKFRAME]
43   .endif
44   add    x29, sp, #S_STACKFRAME
45
46   stp    x22, x23, [sp, #S_PC]
47
48   .if   \el == 0
49   msr    sp_el0, tsk
50   .endif
51
52   .endm
```

首先，保存 x0 ～ x29 暫存器的值到堆疊中。注意，在之前的異常向量表
中已經把 SP 指向了堆疊框的底部，也就是透過 sub 指令來讓 SP 指向堆疊
框的底部。因此在堆疊框的底部存放了 x0 暫存器的值，接著往上存放了
x1 暫存器的值，依此類推。

然後，處理發生現場在 EL1 或 EL0 的場景。

當異常發生在 EL0 時，執行以下操作。

（1）呼叫 clear_gp_regs 巨集來清除 x0 ～ x29 暫存器的值。

（2）保存 SP_EL0 的值到 x21 暫存器中。

（3）ldr_this_cpu 是一個巨集，實現在 arch/arm64/include/asm/assembler.h
標頭檔中。該巨集有 3 個參數，其中參數 1 是 task_struct 資料結構，
參數 2 是一個 task_struct 的 Per-CPU 變數，用來獲取當前 CPU 的當
前處理程序的資料結構 task_struct，參數 3 是一個臨時使用的通用暫
存器。

（4）把 thread_info.flags 的值載入到 x19 暫存器中，其中 TSK_TI_FLAGS
是 thread_info.flags 在 task_struct 資料結構中的偏移量。

（5）disable_step_tsk 是 一 個 巨 集， 實 現 在 arch/arm64/include/asm/ assembler.h 標頭檔中，如果處理程序允許單步偵錯，那麼關閉 MDSCR_EL1 中的軟體單步控制功能。

當異常發生在 EL1 時，執行以下操作。

（1）x21 暫存器指向這個堆疊最開始的地方。

（2）get_thread_info 巨集實現在 arch/arm64/include/asm/assembler.h 標頭 檔中，透過 sp_el0 暫存器來獲取 task_struct 資料結構中的指標。

（3）獲取 thread_info.addr_limit 的值，然後設定在堆疊框的 orig_addr_ limit 位置上。

（4）設定 USER_DS 到 task_struct 的 thread_info.addr_limit。

接下來，把 ELR_EL1 的值保存到 x22 暫存器中。

接下來，把 SPSR_EL1 的值保存到 x23 暫存器中。

接下來，把 LR 和 x21 暫存器保存到堆疊框的 regs[30] 的位置上。

如果異常發生在 EL0，那麼把堆疊框的 stackframe[ ] 欄位歸零。如果異常 發生在 EL1，那麼把堆疊框的 stackframe[ ] 欄位填入 x29 和 x22 暫存器 中。

接下來，x29 暫存器指向堆疊框的 stackframe 的位置。

接下來，把 ELR_EL1 的值保存到堆疊框的 PC 暫存器，把 SPSR_EL1 的 值保存到 PSTATE 暫存器。

當異常發生在 EL0 時，把當前處理程序的 task_struct 指標保存到 SP_EL0 暫存器裡。

保存中斷上下文的過程如圖 2.6 所示。

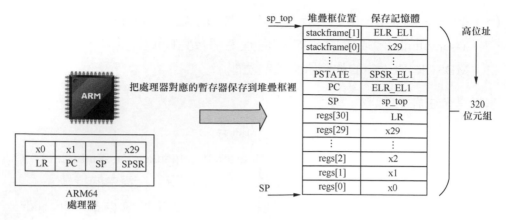

圖 2.6 保存中斷上下文

2.4.5 恢復中斷上下文

kernel_exit 巨集是用來恢復中斷上下文的。該巨集有一個參數。若該參數為 1，表示發生異常的現場是在 EL1；若為 0，表示異常發生在 EL0。kernel_exit 巨集與 kernel_entry 巨集配對使用。

```
<arch/arm64/kernel/entry.S>

1    .macro  kernel_exit, el
2    .if  \el != 0
3    disable_daif
4
5    /* 還原該任務的原始 addr_limit. */
6    ldr   x20, [sp, #S_ORIG_ADDR_LIMIT]
7    str   x20, [tsk, #TSK_TI_ADDR_LIMIT]
8    .endif
9
10   ldp   x21, x22, [sp, #S_PC]
11
12   .if  \el == 0
13   ldr   x23, [sp, #S_SP]
14   msr   sp_el0, x23
15   tst   x22, #PSR_MODE32_BIT
16   b.eq    3f
17 3:
18   apply_ssbd 0, x0, x1
```

```
19   .endif
20
21   msr  elr_el1, x21
22   msr  spsr_el1, x22
23   ldp  x0, x1, [sp, #16 * 0]
24   ldp  x2, x3, [sp, #16 * 1]
25   ldp  x4, x5, [sp, #16 * 2]
26   ldp  x6, x7, [sp, #16 * 3]
27   ldp  x8, x9, [sp, #16 * 4]
28   ldp  x10, x11, [sp, #16 * 5]
29   ldp  x12, x13, [sp, #16 * 6]
30   ldp  x14, x15, [sp, #16 * 7]
31   ldp  x16, x17, [sp, #16 * 8]
32   ldp  x18, x19, [sp, #16 * 9]
33   ldp  x20, x21, [sp, #16 * 10]
34   ldp  x22, x23, [sp, #16 * 11]
35   ldp  x24, x25, [sp, #16 * 12]
36   ldp  x26, x27, [sp, #16 * 13]
37   ldp  x28, x29, [sp, #16 * 14]
38   ldr  lr, [sp, #S_LR]
39   add  sp, sp, #S_FRAME_SIZE
40
41   eret
42   .endm
```

kernel_exit 巨集實現的主要操作如下。

當異常發生在 EL1 時，恢復 task_struct 中的 thread_info.addr_limit 值。然後，從堆疊框的 S_PC 位置載入 ELR 和 SPSR 的值到 x21 和 x22 暫存器中。

如果異常發生在 EL0，執行以下操作。

（1）從堆疊框中的 S_SP 位置載入堆疊框的最高位址（sp_top）到 x23 暫存器，然後設定到 SP_EL0 暫存器中。

（2）處理當前處理程序是 32 位元的應用程式的情況。

接下來，把剛才從堆疊框中讀取的 ELR 值恢復到 ARM64 處理器的 ELR_EL1 中。

接下來，把剛才從堆疊框中讀取的 SPSR 值恢復到 ARM64 處理器的 SPSR_EL1 中。

接下來，從堆疊框中依次恢復 x0 ～ x29 值到 ARM64 暫存器對應的暫存器裡。

接下來，恢復 LR 的位址。

接下來，設定 SP 指向堆疊框的最高位址處。

最後，透過 ERET 指令從異常現場返回。ERET 指令會使用 ELR_EL*x* 和 SPSR_EL*x* 的值來恢復現場。

恢復中斷上下文的過程如圖 2.7 所示。

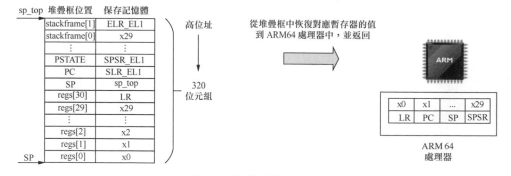

圖 2.7　恢復中斷上下文

在整個 IRQ 處理過程中是關閉中斷的嗎？為什麼在程式裡沒有看到關閉 IRQ 呢？

當有中斷發生時，ARM64 處理器會自動把處理器狀態 PSTATE 保存到 SPSR_EL*x* 裡。另外，ARM64 處理器會自動設定 PSTATE 暫存器裡的 DAIF 域為 1，相當於把偵錯異常、系統錯誤（SError）、IRQ 以及 FIQ 都關閉了。

當中斷處理完成後使用 ERET 指令來恢復中斷現場，把之前保存的 SPSR_EL*x* 的值恢復到 PSTATE 暫存器裡，相當於打開了 IRQ。

2.5 ARM64 高層中斷處理

2.5.1 組合語言跳躍

前一節介紹的是中斷發生後，ARM64 處理器內部回應該中斷，以及軟體做的中斷現場保護工作，接下來開始介紹實際的中斷處理。

```
<arch/arm64/kernel/entry.S>

    .macro  irq_handler
    ldr_l   x1, handle_arch_irq
    mov     x0, sp
    irq_stack_entry
    blr     x1
    irq_stack_exit
    .endm

    .text
```

irq_handler 巨集的主要目的是呼叫 handle_arch_irq 函數。在呼叫之前，需要呼叫 irq_stack_entry 巨集來設定堆疊位址。

```
<arch/arm64/kernel/entry.S>

1   .macro  irq_stack_entry
2   mov  x19, sp
3
4   /*
5    * 比較sp和task_struct指向的堆疊位址
6    * 如果最高的位相等（～(THREAD_SIZE - 1)），說明它們位於同一個堆疊
7    * 需要切換到irq堆疊
8    */
9   ldr  x25, [tsk, TSK_STACK]
10  eor  x25, x25, x19
11  and  x25, x25, #～(THREAD_SIZE - 1)
12  cbnz x25, 9998f
13
14  ldr_this_cpu x25, irq_stack_ptr, x26
15  mov  x26, #IRQ_STACK_SIZE
```

```
16  add  x26, x25, x26
17
18  /* 切換到 irq 堆疊 */
19  mov  sp, x26
20 9998:
21  .endm
```

irq_stack_entry 巨集中的主要操作如下。

（1）保存 SP 到通用暫存器 x19 中。

（2）比較 SP 和 task_struct 指向的堆疊位址，如果最高的位相等（～ (THREAD_SIZE–1)），説明它們在同一個堆疊中，需要切換到 irq 堆疊。

（3）irq_stack_ptr 是一個 Per-CPU 變數。每個 CPU 有一個 irq_stack，它的大小是 THREAD_ SIZE。在 arch/arm64/kernel/irq.c 檔案中定義和初始化 irq_stack。另外，使 SP 指向這個 Per-CPU 變數的中斷堆疊。

注意，中斷發生時，中斷上下文保存在中斷處理程序的核心堆疊裡。然後，在 irq_stack_entry 巨集裡切換到中斷堆疊。當中斷處理完成後，irq_stack_exit 巨集把中斷堆疊切換回中斷處理程序的核心堆疊，然後恢復中斷上下文，並退出中斷。

```
<arch/arm64/kernel/irq.c>

DEFINE_PER_CPU(unsigned long *, irq_stack_ptr);
DEFINE_PER_CPU_ALIGNED(unsigned long [IRQ_STACK_SIZE/sizeof(long)], irq_stack);

static void init_irq_stacks(void)
{
    int cpu;

    for_each_possible_cpu(cpu)
        per_cpu(irq_stack_ptr, cpu) = per_cpu(irq_stack, cpu);
}
```

2.5.2 handle_arch_irq 處理

對 ARM SoC 來説，每一款 SoC 的晶片設計都不一樣，採用的中斷控制器
以及中斷控制器的連接方式也不同，有的 SoC 可能採用 GIC-V2 中斷控制
器，有的則可能採用 GIC-V3 中斷控制器，也有廠商採用自己設計的中斷
控制器。

以 GIC-V2 中斷控制器為例，在 GIC-V2 驅動初始化時使 handle_arch_irq
指向 gic_handle_irq() 函數。

```
<drivers/irqchip/irq-gic.c>

static int __init __gic_init_bases(struct gic_chip_data *gic,
                int irq_start,
                struct fwnode_handle *handle)
{
    ...
    if (gic_nr == 0) {
        set_handle_irq(gic_handle_irq);
    }
    ...
}

<kernel/irq/handle.c>

int __init set_handle_irq(void (*handle_irq)(struct pt_regs *))
{
    handle_arch_irq = handle_irq;
    return 0;
}
```

對 ARM SoC 來説，通常透過 nIRQ 訊號線連接到 CPU 核心，因此 CPU
需要判斷從哪一個硬體中斷發過來的插斷要求。gic_handle_irq() 函數是針
對 GIC-V2 中斷控制器的中斷處理常式，用於硬體中斷號的讀取和繼續處
理中斷。

```
<irq_handle->handle_arch_irq->gic_handle_irq()>

static void  gic_handle_irq(struct pt_regs *regs)
```

```
{
    void __iomem *cpu_base = gic_data_cpu_base(gic);

    do {
        irqstat = readl_relaxed(cpu_base + GIC_CPU_INTACK);
        irqnr = irqstat & GICC_IAR_INT_ID_MASK;

        if (likely(irqnr > 15 && irqnr < 1020)) {
            if (static_branch_likely(&supports_deactivate_key))
                writel_relaxed(irqstat, cpu_base + GIC_CPU_EOI);
            isb();
            handle_domain_irq(gic->domain, irqnr, regs);
            continue;
        }
        if (irqnr < 16) {
            writel_relaxed(irqstat, cpu_base + GIC_CPU_EOI);
            if (static_branch_likely(&supports_deactivate_key))
                writel_relaxed(irqstat, cpu_base + GIC_CPU_DEACTIVATE);
#ifdef CONFIG_SMP
            smp_rmb();
            handle_IPI(irqnr, regs);
#endif
            continue;
        }
        break;
    } while (1);
}
```

CPU 透過讀取 GIC-V2 中斷控制器的 GICC_IAR 中的 Interrupt ID 域（Bit [9:0]），可以知道當前發生中斷的是哪個硬體中斷號，這有著回應該中斷的作用。如果硬體中斷號介於 16 ～ 1019，説明這是一個外接裝置中斷（SPI 或 PPI 類型中斷）；如果硬體中斷號介於 0 ～ 15，説明這是一個 SGI 類型的中斷。

本章重點介紹外接裝置中斷。接下來看 handle_domain_irq() 分支，handle_domain_irq() 函數內部呼叫 __handle_ domain_irq() 函數。

```
<irq_handle-> gic_handle_irq()->handle_domain_irq()>

int __handle_domain_irq(struct irq_domain *domain, unsigned int hwirq,
```

```
            bool lookup, struct pt_regs *regs)
{
    unsigned int irq = hwirq;

    irq_enter();

    if (lookup)
        irq = irq_find_mapping(domain, hwirq);

    generic_handle_irq(irq);

    irq_exit();
    return ret;
}
```

irq_enter() 函數顯性地告訴 Linux 核心現在要進入中斷上下文了。

```
<include/linux/hardirq.h>

#define __irq_enter()                    \
    do {                                 \
        preempt_count_add(HARDIRQ_OFFSET); \
    } while (0)
```

__irq_enter 巨集透過 preempt_count_add() 函數增加當前處理程序的 thread_info 中 preempt_count 成員裡 HARDIRQ 域的值。preempt_count 成員的結構如圖 2.8 所示。

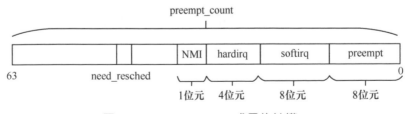

圖 2.8 preempt_count 成員的結構

核心還提供了幾個巨集來幫助判斷當前系統的狀態。其中，in_irq() 巨集判斷當前是否正處於硬體中斷處理過程中，in_softirq() 巨集判斷當前是否處於軟體中斷處理過程中，in_interrupt() 巨集判斷當前是否處於中斷上下

文中。中斷上下文包括硬體中斷處理過程、軟體中斷處理過程和 NMI 中
斷處理過程。在核心程式中經常需要判斷當前狀態是否處於處理程序上下
文中，也就是希望確保當前不在任何中斷上下文中，這種情況很常見，因
為程式需要做一些睡眠之類的事情。若 in_interrupt() 巨集返回 false，則
此時核心處於處理程序上下文中；不然處於中斷上下文中。

```
<include/linux/preempt.h>

#define hardirq_count() (preempt_count() & HARDIRQ_MASK)
#define softirq_count() (preempt_count() & SOFTIRQ_MASK)
#define irq_count()     (preempt_count() & (HARDIRQ_MASK | SOFTIRQ_MASK \
                | NMI_MASK))

#define in_irq()        (hardirq_count())
#define in_softirq()       (softirq_count())
#define in_interrupt()        (irq_count())
```

回到 __handle_domain_irq() 函數中，irq_find_mapping() 函數透過硬體中
斷號 hwirq 尋找 IRQ 號，該中斷號在註冊中斷時已經映射過。最後，跳躍
到 generic_handle_irq() 函數繼續處理中斷。

irq_enter() 函數會顯性地透過增加 preempt_count 中 HARDIRQ 域的計
數來通知 Linux 核心現在處於硬體中斷處理過程中。在硬體中斷處理完
成時，irq_exit() 函數將配對地遞減 preempt_count 中 HARDIRQ 域的計
數，以告訴 Linux 核心已經完成了硬體中斷處理過程。接著要透過 local_
softirq_pending() 判斷是否有等待的軟體中斷需要處理。關於軟體中斷的
處理方式，請參見 2.6.1 節。

irq_exit() 函數的實現方式如下。

```
<kernel/softirq.c>

void irq_exit(void)
{
    ...
    preempt_count_sub(HARDIRQ_OFFSET);
    if (!in_interrupt() && local_softirq_pending())
```

```
        invoke_softirq();

    ...
}
```

1. handle_fasteoi_irq() 函數

接下來看 generic_handle_irq() 函數，內部透過 generic_handle_irq() 函數來呼叫 desc-> handle_irq 指向的回呼函數。對 GIC 的 SPI 類型中斷來說，呼叫 handle_fasteoi_irq() 函數。

```
<irq_handle→gic_handle_irq()→handle_domain_irq()→generic_handle_irq()→
handle_fasteoi_irq()>

void handle_fasteoi_irq(struct irq_desc *desc)
{
    struct irq_chip *chip = desc->irq_data.chip;

    if (unlikely(!desc->action || irqd_irq_disabled(&desc->irq_data))) {
        desc->istate |= IRQS_PENDING;
        mask_irq(desc);
        goto out;
    }

    if (desc->istate & IRQS_ONESHOT)
        mask_irq(desc);

    handle_irq_event(desc);
    return;
}
```

如果該中斷沒有指定 action 描述符號或該中斷關閉了 IRQD_IRQ_DISABLED，那麼設定該中斷狀態為 IRQS_PENDING，然後呼叫中斷控制器中的 irq_chip 中的 irq_mask() 回呼函數隱藏該中斷。

如果該中斷類型是 IRQS_ONESHOT，即不支援中斷巢狀結構，則呼叫 mask_irq() 函數來隱藏該中斷來源。

handle_irq_event() 函數是中斷處理的核心函數。

當中斷處理完成之後，需要呼叫中斷控制器的 irq_chip 資料結構裡的 irq_
eoi () 回呼函數發送一個 EOI 訊號，通知中斷控制器中斷已經處理完畢。
此外，還需要判斷是否呼叫 unmask_irq() 函數操作解除對該中斷來源的隱
藏，見 cond_unmask_eoi_irq() 函數。

```
<handle_fasteoi_irq()->handle_irq_event()>

irqreturn_t handle_irq_event(struct irq_desc *desc)
{
    irqreturn_t ret;

    desc->istate &= ~IRQS_PENDING;
    irqd_set(&desc->irq_data, IRQD_IRQ_INPROGRESS);

    ret = handle_irq_event_percpu(desc);

    irqd_clear(&desc->irq_data, IRQD_IRQ_INPROGRESS);
    return ret;
}
```

handle_irq_event() 函數真正開始處理硬體中斷。首先把 pending 標示位元
歸零，然後設定 IRQD_IRQ_INPROGRESS 標示位元，表示現在正在處理
硬體中斷。

```
<handle_fasteoi_irq()->handle_irq_event()->handle_irq_event_percpu()->
__handle_irq_event_percpu()>

irqreturn_t __handle_irq_event_percpu(struct irq_desc *desc, unsigned int *flags)
{
    for_each_action_of_desc(desc, action) {
        res = action->handler(irq, action->dev_id);
            local_irq_disable();

        switch (res) {
        case IRQ_WAKE_THREAD:
            __irq_wake_thread(desc, action);
        case IRQ_HANDLED:
            *flags |= action->flags;
            break;
        }
```

```
    }
    return retval;
}
```

for 迴圈用於遍歷中斷描述符號中的 action 鏈結串列，依次執行回呼函數 action->handler。如果返回值為 IRQ_WAKE_THREAD，說明需要喚醒中斷的核心執行緒；如果返回值為 IRQ_HANDLED，說明該 action 的中斷處理常式已經處理完畢。之前提到，系統有一個預設的主處理常式 irq_default_primary_handler()，它什麼都沒做，只是返回 IRQ_WAKE_THREAD，其目的是在這裡喚醒中斷的核心執行緒。

2. __irq_wake_thread() 函數

__irq_wake_thread() 函數除喚醒中斷的核心執行緒外，還隱藏著一些玄機。

```
<kernel/irq/handle.c>
<__handle_irq_event_percpu()->__irq_wake_thread()>

void __irq_wake_thread(struct irq_desc *desc, struct irqaction *action)
```

__irq_wake_thread() 函數中實現的主要操作如下。

在第 73 行中，因為硬體中斷處理常式返回 IRQ_WAKE_THREAD，說明需要喚醒該中斷對應的中斷執行緒，所以設定 action->flags 標示位元為 IRQTF_RUNTHREAD。若已經置位，表示中斷執行緒已經被喚醒了，__irq_wake_thread() 函數直接返回。

在第 121 行程式之前，原始檔案裡有一大段的註釋，我們沒有把全部註釋都展示出來。這是表現了 Linux 核心程式設計中無鎖程式設計思想的又一個例子。這裡有兩個核心程式路徑可能同時會修改 threads_oneshot 變數，一個是硬體中斷處理[13]，另一個是中斷執行緒。irq_desc 資料結構中的 threads_oneshot 和 threads_active 其實都是為了處理 ONESHOT 類型的

---

13 這裡是指 handle_fasteoi_irq() → handle_irq_event() → handle_irq_event_percpu() → __irq_wake_thread() 處理硬體中斷的過程。

中斷，在中斷執行緒化中，IRQF_ONESHOT 標示位元保證中斷執行緒的過程中不會有中斷巢狀結構。其中，threads_oneshot 成員是一個點陣圖，每位元代表正在處理的共用 ONESHOT 類型中斷的中斷執行緒；threads_active 成員表示正在執行的中斷執行緒個數。另外，irqaction 資料結構中也有一個 thread_mask 點陣圖成員，在共用中斷中，每一個 action 由一位元來表示。因此第 121 行程式中，設定該中斷 action 在 desc-> threads_oneshot 點陣圖中對應的位元，表示該中斷執行緒將要被喚醒。

在第 132 行中，增加 desc->threads_active 計數。

在第 134 行中，最後 wake_up_process() 函數喚醒該 action 對應的中斷執行緒。

3. irq_thread() 函數

中斷執行緒被喚醒後，我們來看中斷執行緒的執行函數 irq_thread()。

```
<kernel/irq/manager.c>
<handle_irq_event_percpu()→__irq_wake_thread()→喚醒中斷執行緒>

static int irq_thread(void *data)
{
    while (!irq_wait_for_interrupt(action)) {
        action_ret = handler_fn(desc, action);
        wake_threads_waitq(desc);
    }
    task_work_cancel(current, irq_thread_dtor);
    return 0;
}
```

irq_thread() 函數中實現的主要操作如下。

在第 1015 ～ 1019 行中，設定 handler_fn() 回呼函數。

在第 1026 行中，用 irq_wait_for_interrupt() 函數判斷 action->thread_flags 有沒有設定 IRQTF_ RUNTHREAD 標示位元。如果沒有設定，那麼將在這裡等待。之前的 __irq_wake_thread() 函數要喚醒中斷執行緒時，會設定 action->thread_flags 的 IRQTF_RUNTHREAD 標示位元。

```
static int irq_wait_for_interrupt(struct irqaction *action)
{
    for (;;) {
        set_current_state(TASK_INTERRUPTIBLE);

        if (kthread_should_stop()) {
            if (test_and_clear_bit(IRQTF_RUNTHREAD,
                    &action->thread_flags)) {
                __set_current_state(TASK_RUNNING);
                return 0;
            }
            __set_current_state(TASK_RUNNING);
            return -1;
        }

        if (test_and_clear_bit(IRQTF_RUNTHREAD,
                &action->thread_flags)) {
            __set_current_state(TASK_RUNNING);
            return 0;
        }
        schedule();//換出CPU，睡眠等待
    }
}
```

在第 1031 行中，呼叫 irq_thread_fn() 函數執行註冊中斷時的 thread_fn() 函數。

在第 1035 行中，呼叫 wake_threads_waitq() 函數。

```
static void wake_threads_waitq(struct irq_desc *desc)
{
    if (atomic_dec_and_test(&desc->threads_active))
        wake_up(&desc->wait_for_threads);
}
```

每次執行完 action 的 thread_fn() 函數，會遞減 desc->threads_active，該計數值表示被喚醒的中斷執行緒個數。當這些中斷執行緒都執行完畢時，才能喚醒在 desc->wait_for_threads 中睡眠的處理程序。有哪些處理程序會睡眠在此呢？

```
void synchronize_irq(unsigned int irq)
{
    struct irq_desc *desc = irq_to_desc(irq);

    if (desc) {
        __synchronize_hardirq(desc);

        wait_event(desc->wait_for_threads,
                !atomic_read(&desc->threads_active));
    }
}
```

disable_irq() 函數會呼叫 synchronize_irq() 函數等待所有被喚醒的中斷執行緒執行完畢，然後才會真正地關閉中斷。

4. irq_thread_fn() 函數

irq_thread_fn() 函數實現在 manager.c 中。

```
<kernel/irq/manager.c>
<handle_irq_event_percpu()->__irq_wake_thread()->喚醒中斷執行緒->
irq_thread_fn()>

static irqreturn_t irq_thread_fn(struct irq_desc *desc,
        struct irqaction *action)
{
    irqreturn_t ret;

    ret = action->thread_fn(action->irq, action->dev_id);
    irq_finalize_oneshot(desc, action);
    return ret;
}
```

在中斷執行緒中，終於看到了呼叫 thread_fn() 函數。從 request_threaded_irq() 函數呼叫一直追蹤到此很不容易。

thread_fn() 函數執行完成後，呼叫 irq_finalize_oneshot() 函數。

5. irq_finalize_oneshot() 函數

irq_finalize_oneshot() 函數也實現在 manager.c 中。

```
<kernel/irq/manager.c>

static void irq_finalize_oneshot(struct irq_desc *desc,
                    struct irqaction *action)
```

對於不是 IRQS_ONESHOT 類型的中斷處理要簡單很多,直接退出該函數即可。然而,對於 IRQS_ONESHOT 類型的中斷要注意,在語義上,必須保證所有的 thread_fn 執行完成才能重新打開中斷來源(unmask 操作)。在 __irq_wake_thread() 函數中,硬體中斷處理常式 handle_irq_event() 和中斷執行緒之間可能會同時修改一些臨界區資料,因此要格外小心處理。

在第 848 ~ 853 行中,必須等待硬體中斷處理常式清除 IRQD_IRQ_INPROGRESS 標示位元,因為該標示位元表示硬體中斷處理常式正在處理硬體中斷,直到硬體中斷處理完畢才會清除該標示,見 handle_irq_event() 函數的 irqd_clear 動作。假設硬體中斷處理常式執行在 CPU0 上,中斷執行緒執行在 CPU1 上,中斷執行緒比硬體中斷處理常式的處理速度要快。如果 CPU1 接下來呼叫 unmask_threaded_irq() 函數去銷毀該中斷來源的隱藏操作,那麼該中斷來源可能馬上就引發中斷了,但是硬體中斷的主處理常式還沒執行完,導致中斷巢狀結構,違背了 ONESHOT 的語義。

另外,之前在 __irq_wake_thread() 函數中討論的無鎖程式設計的流程如下。

```
      CPU0                                                    CPU1
   -----------------------------------------------------------------
硬體中斷處理handle_irq_event():                          中斷執行緒

spin_lock(desc->lock);
desc->state |= IRQS_INPROGRESS;
spin_unlock(desc->lock);

設定IRQTF_RUNTHREAD
desc->threads_oneshot |= mask;

喚醒中斷執行緒

spin_lock(desc->lock);
```

```
desc->state &= ~IRQS_INPROGRESS;
spin_unlock(desc->lock);


                                    如果IRQTF_RUNTHREAD置位
                                            清除IRQTF_RUNTHREAD
                                            執行thread_fn()
                                    不然等待

                                    again:
                                    spin_lock(desc->lock);
                                    判斷IRQS_INPROGRESS
                                        如果沒清除
                                                則CPU一直等待

                        if (如果清除了IRQTF_RUNTHREAD))
                                desc->threads_oneshot &= ~mask;
                                spin_unlock(desc->lock);
```

兩個核心程式路徑（硬體中斷上下文和中斷執行緒）可能同時修改 desc->threads_oneshot 變數。首先，同一個中斷來源的硬體中斷上下文不可能同時在兩個 CPU 上執行，否則會出現嚴重的問題。對於中斷執行緒，IRQTF_RUNTHREAD 標示位元和 IRQS_INPROGRESS 標示位元的巧妙運用都保證了中斷執行緒的序列化執行，因此這裡可以保證臨界區的正確存取。

在 第 865 行 中， 當 該 中 斷 來 源 的 所 有 action 都 執 行 完 畢 時 ，desc->threads_oneshot 應為 0，這時可以銷毀該中斷來源的中斷隱藏，從而啟動該中斷來源。

2.5.3 小結

要完整地瞭解中斷管理，要了解以下幾個方面。

■ 現代 SoC 中複雜的中斷管理器，如 GIC-V2 或 GIC-V3 中斷控制器。讀者可以閱讀中斷控制器的相關晶片手冊，詳細了解中斷類型、中斷優先順序，以及中斷是如何管理的。

■ 硬體中斷號和 Linux 核心 IRQ 號的映射關係。為了建立映射關係，需要用到資料結構，如 allocated_irq 點陣圖、irq_desc[] 陣列、irq_domain。

- Linux 核心為了管理中斷採用的資料結構（如中斷描述符號 irq_desc、irqaction、irq_data、irq_chip、irq_domain）之間的關係。
- 不同的中斷類型的處理方法。如 IRQF_ONESHOT 類型、IRQF_SHARED 類型等的處理方式不同。程式中有很多為了處理 IRQF_ONESHOT 類型中斷而用到的變數，如 threads_oneshot、threads_active 和 thread_mask 等。
- ARM 處理器對中斷的回應。如 IRQ 模式下處理器做的事情，軟體需要的事情，保存中斷現場需要做的事情等。
- 中斷上下文。
- 中斷執行緒化執行。

讀者可能依然迷惑，何為中斷上下文？為什麼中斷上下文中不能呼叫含有睡眠的函數？

如果 CPU 回應一個外接裝置中斷並正在執行中斷服務程式，那麼核心處於中斷上下文（interrupt context）中。在 ARM64 處理器中，當中斷或異常發生時，ARM64 處理器會自動地保存中斷點的 PSTATE 暫存器的內容到 SPSR_ELx 暫存器，保存 LR 的內容到 ELR_ELx 中，並且關閉本地中斷（包括 PSTATE 暫存器中的偵錯異常、系統異常、IRQ、FIQ），然後跳躍到對應的異常向量表中。在異常向量表中，會使 SP 指向堆疊幀的底部。然後 Linux 核心會保存中斷現場到堆疊幀中。因此我們認為，ARM64 處理器和 Linux 核心合作完成了中斷上下文的保存。中斷上下文在中斷發生後必須把處理器的狀態保存下來，等完成中斷處理後，再恢復到處理器中，完成中斷上下文恢復工作。

中斷現場保存在中斷的處理程序的核心堆疊中，那為什麼中斷上下文不能睡眠呢？睡眠就是呼叫 schedule() 函數讓當前處理程序讓出 CPU，排程器選擇另一個處理程序繼續執行，這個過程涉及處理程序堆疊空間的切換，如使用 switch_to() 函數。

不能睡眠的原因如下。

- 中斷處理常式處於關閉中斷的狀態。以 ARM64 處理器為例，當有異常（中斷）發生時，ARM64 處理器會自動把本地 CPU 的中斷關閉，然後跳躍到異常向量表中。當中斷處理完成之後，呼叫 eret 指令從中斷現場返回時會自動地打開本地 CPU 的中斷。

- 如果在中斷上下文（如時鐘節拍處理函數）中呼叫 schedule()，排程器選擇執行 next 處理程序，next 處理程序從 switch_to() 函數開始返回，最後從 el1_irq 或 el0_irq 組合語言函數中返回中斷現場。中斷返回時會打開本地 CPU 的中斷，在下面的第一個場景中，在序列埠驅動的中斷處理函數中增加 schedule()。

- 所有處理程序的切換點在 switch_to() 函數裡，所有即將執行的處理程序都會從 switch_to() 函數開始，沿著之前保存的堆疊幀一直返回，最終從中斷現場返回，並從中斷現場開始執行 next 處理程序。注意，有讀者認為，如果在關閉中斷的情況下呼叫 schedule()，CPU 會選擇 next 處理程序來執行。如果 next 處理程序一直佔用 CPU 或不主動打開中斷，那麼系統的時鐘中斷將被迫停止工作。造成的後果就是這個 CPU 不能排程處理程序了，永遠執行 next 處理程序。其實，這個說法是不正確的。另外，next 處理程序會執行 finish_task_switch() 函數來幫助 prev 處理程序收拾現場，包括呼叫 raw_spin_unlock_irq() 來釋放鎖和打開本地中斷。

- 未完成的中斷處理可能成為「亡命之徒」，因為 GIC 一直在等待一個 EIO 訊號。只有當該處理程序再次被排程時，才有機會處理未完成的中斷，但也有可能再也等不到了。

- 由於 Linux 5.0 核心在中斷處理時啟用了中斷堆疊，這個中斷堆疊是 Per-CPU 變數，因此每個 CPU 都有一個獨立的中斷堆疊，該 CPU 上所有處理程序共用一個中斷堆疊。如果發生中斷巢狀結構，有可能導致中斷堆疊（irq_stack_ptr）被破壞，見下面的第二個場景。

那麼在中斷上下文裡呼叫 schedule() 等睡眠函數會帶來什麼後果呢？我們分兩種情況來説明。

第一個場景下，讀者可以在序列埠驅動的中斷處理函數（舉例來説，在 drivers/tty/serial/amba-pl011.c 檔案的 pl011_int() 函數）中增加 schedule()。

```
[   83.846765] BUG: scheduling while atomic: swapper/0/0/0x00010000
[   83.847265] Modules linked in:
[   83.847647] CPU: 0 PID: 0 Comm: swapper/0 Kdump: loaded Tainted: G        W
5.0.0+ #28
[   83.848468] Hardware name: linux,dummy-virt (DT)
[   83.848736] Call trace:
[   83.848974]  dump_backtrace+0x0/0x52c
[   83.849205]  show_stack+0x28/0x34
[   83.849466]  __dump_stack+0x20/0x2c
[   83.849686]  dump_stack+0x25c/0x388
[   83.849927]  __schedule_bug+0x1d8/0x218
[   83.850162]  __schedule+0x1d8/0x1a48
[   83.850390]  schedule+0x2f4/0x3a8
[   83.850600]  pl011_int+0x448/0x488
[   83.850824]  __handle_irq_event_percpu+0x3dc/0x90c
[   83.851126]  handle_irq_event_percpu+0x40/0xbc
[   83.851410]  handle_irq_event+0xc0/0x388
[   83.851639]  handle_fasteoi_irq+0x404/0x4e8
[   83.852123]  generic_handle_irq+0x50/0x60
```

為什麼會輸出 "BUG: scheduling while atomic"？上述輸出敘述出現在 __schedule() 下面的 schedule_debug() 函數裡。Linux 核心只輸出上述記錄檔來提醒系統管理員發生了一個錯誤，但是這個錯誤並不是致命的錯誤，核心並沒有觸發崩潰（panic），系統還能正常執行，因為 next 處理程序會呼叫 finish_task_switch() 函數來打開本地中斷。然而，這的確是一個不好的程式設計習慣。在中斷風暴裡，這可能會觸發致命的錯誤，舉例來説，中斷堆疊被破壞等問題。

在 Linux 4.5 核心 [14] 之後，中斷處理常式使用一個單獨的中斷堆疊，而非使用被打斷處理程序的核心堆疊。因此在中斷上下文中既沒法獲取當前

---

14 Linux 4.5 patch, commit 132cd887, "arm64: Modify stack trace and dump for use with irq_stack".

處理程序的堆疊，也沒法獲取 thread_info 資料結構。因此這時如果呼叫 schedule() 函數，那就再也沒有機會回到該中斷上下文了，未完成的中斷處理將成為「亡命之徒」。另外，該中斷來源會一直等待下去，因為 GIC 一直在等待一個 EOI 訊號，但再也等不到了。

第二個場景下，在 handle_fasteoi_irq() 函數結尾處增加 schedule() 函數來做試驗。

```
void handle_fasteoi_irq(struct irq_desc *desc)
{
    ...
    handle_irq_event(desc);
    schedule();   //在中斷處理常式裡睡眠
    ...
}
```

下面是試驗的現象。

```
[    6.879816] BUG: scheduling while atomic: kworker/0:0H/6/0x00010000
[    6.880202] Modules linked in:
[    6.880777] CPU: 0 PID: 6 Comm: kworker/0:0H Not tainted 5.0.0+ #26
[    6.881046] Hardware name: linux,dummy-virt (DT)
[    6.881513] Workqueue: kblockd blk_mq_run_work_fn
[    6.881964] Call trace:
[    6.882144]  dump_backtrace+0x0/0x4d4
[    6.882538]  show_stack+0x28/0x34
[    6.882709]  __dump_stack+0x20/0x2c
[    6.882875]  dump_stack+0x230/0x330
[    6.883040]  __schedule_bug+0x1ac/0x1ec
[    6.883216]  __schedule+0x1b0/0x1804
[    6.883385]  schedule+0x294/0x344
[    6.883547]  handle_fasteoi_irq+0x3c4/0x488
[    6.883732]  generic_handle_irq+0x50/0x5c
[    6.883910]  __handle_domain_irq+0x170/0x214
[    6.884095]  gic_handle_irq+0x1ec/0x36c
[    6.884267]  el1_irq+0xb0/0x140
[    6.884441]  blk_mq_dispatch_rq_list+0x9c8/0x129c
[    6.884653]  blk_mq_do_dispatch_sched+0x28c/0x2dc
[    6.884856]  blk_mq_sched_dispatch_requests+0x84c/0x8c0
[    6.885070]  __blk_mq_run_hw_queue+0x344/0x384
[    6.885262]  blk_mq_run_work_fn+0x84/0x94
```

```
[    6.885440]  process_one_work+0x90c/0x12ec
[    6.885618]  worker_thread+0x71c/0x994
[    6.885790]  kthread+0x39c/0x3a8
[    6.885958]  ret_from_fork+0x10/0x18
```

讀者可以思考一下為什麼會輸出 "BUG: scheduling while atomic"。

2.6 軟體中斷和 tasklet

中斷管理中有一個很重要的設計理念──上下半部（top half and bottom half）機制。前面介紹的硬體中斷處理基本屬於上半部的範圍，中斷執行緒化屬於下半部的範圍。在中斷執行緒化機制合併到 Linux 核心之前，早已有一些其他的下半部機制，如軟插斷要求、tasklet 和工作佇列等。中斷上半部有一個很重要的原則──硬體中斷處理常式應該執行得越快越好，即希望它儘快離開並從硬體中斷返回，這麼做的原因如下。

- 硬體中斷處理常式以非同步方式執行，它會中斷其他重要程式的執行，因此為了避免中斷的程式停止時間太長，硬體中斷處理常式必須儘快執行完。

- 硬體中斷處理常式通常在關中斷的情況下執行。所謂的關中斷是指關閉了本地 CPU 的所有中斷回應。關中斷之後，本地 CPU 不能再回應中斷，因此硬體中斷處理常式必須儘快執行完。以 ARM 處理器為例，中斷發生時，ARM 處理器會自動關閉本地 CPU 的 IRQ/FIQ，直到從中斷處理常式退出時才打開本地中斷，整個過程都處於關中斷狀態。

上半部通常是完成整個中斷處理任務中的一小部分，舉例來說，回應中斷表明中斷已經被軟體接收，然後做一些簡單的資料處理（如 DMA 操作），並且在硬體中斷處理完成時發送 EOI 訊號給中斷控制器等，這些工作對時間比較敏感。此外，中斷處理任務還有一些計算任務，如數據複製、資料封包封裝和轉發、計算時間比較長的資料處理等，這些任務可以放到中斷下半部來執行。Linux 核心並沒有透過嚴格的規則約束究竟什麼樣的任務應該放到下半部來執行，這要驅動開發者來決定。中斷任務的劃分對系統性能會有比較大的影響。

那下半部具體在什麼時候執行呢？這沒有確切的時間點，一般在從硬體中斷返回後的某一個時段內會執行。下半部執行的關鍵點是允許回應所有的中斷，這是一個開中斷的環境。

2.6.1 軟體中斷

軟體中斷是 Linux 核心很早引入的機制，最早可以追溯到 Linux 2.3 核心開發期間。軟體中斷是預留給系統中對時間要求較嚴格和重要的下半部使用的，而且目前驅動中只有區塊裝置和網路子系統使用了軟體中斷。系統靜態定義了許多種軟體中斷類型，並且 Linux 核心開發者不希望使用者再擴充新的軟體中斷類型，如有需要，建議使用 tasklet 機制。已經定義好的軟體中斷類型如下。

```
<include/linux/interrupt.h>

enum
{
    HI_SOFTIRQ=0,
    TIMER_SOFTIRQ,
    NET_TX_SOFTIRQ,
    NET_RX_SOFTIRQ,
    BLOCK_SOFTIRQ,
    BLOCK_IOPOLL_SOFTIRQ,
    TASKLET_SOFTIRQ,
    SCHED_SOFTIRQ,
    HRTIMER_SOFTIRQ,
    RCU_SOFTIRQ,

    NR_SOFTIRQS
};
```

透過枚舉類型來靜態宣告軟體中斷，並且每一種軟體中斷都使用索引來表示一種相對的優先順序，索引號越小，軟體中斷優先順序越高，並在一輪軟體中斷處理中優先執行。

- HI_SOFTIRQ，優先順序為 0，是最高優先順序的軟體中斷類型。
- TIMER_SOFTIRQ，優先順序為 1，計時器的軟體中斷。
- NET_TX_SOFTIRQ，優先順序為 2，發送網路資料封包的軟體中斷。
- NET_RX_SOFTIRQ，優先順序為 3，接收網路資料封包的軟體中斷。
- BLOCK_SOFTIRQ 和 BLOCK_IOPOLL_SOFTIRQ，優先順序分別是 4 和 5，用於區塊裝置的軟體中斷。
- TASKLET_SOFTIRQ，優先順序為 6，專門為 tasklet 機制準備的軟體中斷。
- SCHED_SOFTIRQ，優先順序為 7，用於處理程序排程和負載平衡。
- HRTIMER_SOFTIRQ，優先順序為 8，用於高精度計時器。
- RCU_SOFTIRQ，優先順序為 9，專門為 RCU 服務的軟體中斷。

此外，系統還定義了一個用於描述軟體中斷的資料結構 softirq_action，並且定義了軟體中斷描述符號——陣列 softirq_vec[]，類似於硬體中斷描述符號——資料結構 irq_desc[]。每個軟體中斷類型對應一個描述符號，其中軟體中斷的索引號就是該陣列的索引。

```
<include/linux/interrupt.h>

struct softirq_action
{
    void (*action)(struct softirq_action *);
};

<kernel/softirq.c>
static struct softirq_action softirq_vec[NR_SOFTIRQS] __cacheline_aligned_in_smp;
```

NR_SOFTIRQS 表示軟體中斷枚舉類型中系統最多支援的軟體中斷類型的數量。__cacheline_ aligned_in_smp 用於將 softirq_vec 資料結構和 L1 快取行對齊。

softirq_action 資料結構比較簡單，只有一個 action 的函數指標，如果觸發了該軟體中斷，就會呼叫 action 回呼函數來處理這個軟體中斷。

此外，還透過一個 irq_cpustat_t 資料結構來描述軟體中斷狀態資訊，該資料結構可以視為軟體中斷狀態暫存器，該暫存器其實是一個無號整數變數 __softirq_pending。同時也定義了一個 irq_stat[NR_CPUS] 陣列，相當於每個 CPU 有一個軟體中斷狀態資訊變數，可以視為每個 CPU 有一個軟體中斷狀態暫存器。

```
<include/asm-generic/hardirq.h>

typedef struct {
    unsigned int __softirq_pending;
} ____cacheline_aligned irq_cpustat_t;

<kernel/softirq.c>

DEFINE_PER_CPU_ALIGNED(irq_cpustat_t, irq_stat);
```

透過呼叫 open_softirq() 函數可以註冊一個軟體中斷，其中參數 nr 是軟體中斷的序號。

```
<kernel/softirq.c>

void open_softirq(int nr, void (*action)(struct softirq_action *))
{
    softirq_vec[nr].action = action;
}
```

注意，softirq_vec[ ] 是一個多 CPU 共用的陣列，軟體中斷的初始化通常在系統啟動時完成。系統啟動時是串列執行的，因為它們之間不會產生衝突，所以這裡沒有額外的保護機制。

raise_softirq() 函數是主動觸發一個軟體中斷的介面函數。

```
void raise_softirq(unsigned int nr)
{
    unsigned long flags;

    local_irq_save(flags);
    raise_softirq_irqoff(nr);
    local_irq_restore(flags);
}
```

其實，要觸發軟體中斷，有兩個介面函數，分別是 raise_softirq() 和 raise_softirq_irqoff()，唯一的區別在於是否主動關閉本地中斷，因此 raise_softirq_irqoff() 函數允許在處理程序上下文中呼叫。

```
inline void raise_softirq_irqoff(unsigned int nr)
{
    __raise_softirq_irqoff(nr);

    if (!in_interrupt())
        wakeup_softirqd();
}
```

__raise_softirq_irqoff() 函數的實現如下。

```
#define local_softirq_pending_ref irq_stat.__softirq_pending

#define local_softirq_pending()  (__this_cpu_read(local_softirq_pending_ref))
#define set_softirq_pending(x)  (__this_cpu_write(local_softirq_pending_ref, (x)))
#define or_softirq_pending(x)  (__this_cpu_or(local_softirq_pending_ref, (x)))

void __raise_softirq_irqoff(unsigned int nr)
{
    or_softirq_pending(1UL << nr);
}
```

__raise_softirq_irqoff() 函數會設定本地 CPU 的 irq_stat 資料結構中 __softirq_pending 成員的第 nr 位元，nr 表示軟體中斷的序號。在中斷返回時，該 CPU 會檢查 __softirq_pending 成員的位元，如果 __softirq_pending 不為 0，說明有 pending 的軟體中斷需要處理。

如果觸發點在中斷上下文中，只需要設定軟體中斷在本地 CPU __softirq_pending 中的對應位元即可。如果 in_interrupt() 為 0，那麼說明現在執行在處理程序上下文中，需要呼叫 wakeup_softirqd() 函數喚醒 ksoftirqd 核心執行緒來處理。

注意，raise_softirq() 函數修改的是 Per-CPU 類型的 __softirq_pending 變數，這裡不需要考慮多 CPU 併發的情況，因此不需要考慮使用迴旋栓鎖等機制，只考慮是否需要關閉本地中斷即可。可以根據觸發軟體中斷的場景來考慮是使用 raise_softirq()，還是 _raise_softirq_irqoff()。

中斷退出時，irq_exit() 函數會檢查當前是否有等待的軟體中斷。

```
<中斷發生->irq_handle-> gic_handle_irq()->handle_domain_irq()->irq_exit()>

void irq_exit(void)
{
    ...
    if (!in_interrupt() && local_softirq_pending())
        invoke_softirq();
    ...
}
```

local_softirq_pending() 函數檢查本地 CPU 的 __softirq_pending 變數中是否有等待的軟體中斷。注意，這裡還有一個判斷條件為 !in_interrupt()，即中斷退出時不能處於硬體中斷上下文和軟體中斷上下文中。硬體中斷處理過程一般都是關中斷的，中斷退出時就退出了硬體中斷上下文，因此會被滿足該條件。還有一個場景，如果本次中斷點在一個軟體中斷處理過程中，那麼中斷退出時會返回軟體中斷上下文中，因此這種情況下不允許重新排程軟體中斷（由於軟體中斷在一個 CPU 上總是串列執行的）。

__do_softirq() 函數實現在 kernel/softirq.c 檔案中，程式呼叫路徑為 irq_exit() → invoke_ softirq() → __do_softirq()。

```
<kernel/softirq.c>

asmlinkage __visible void __do_softirq(void)
```

__do_softirq() 函數中主要的操作如下。

第 264 行程式和第 321 行程式是配對使用的。PF_MEMALLOC 目前主要用在兩個地方：一是直接記憶體壓縮（direct compaction）的核心路徑；二是網路子系統在分配 skbuff 失敗時會設定 PF_MEMALLOC 標示位元，這是在 Linux 3.6 核心中社區專家 Mel Gorman 為了解決網路磁碟裝置（Network Block Device，NBD）使用交換分區時出現鎖死的問題而引入的，這已經超出本章的討論範圍。

在第 266 行中，獲取本地 CPU 的軟體中斷暫存器 __softirq_pending 的值並儲存到區域變數 pending 中。

在第 267 行中，增加 preempt_count 中 SOFTIRQ 域的計數，表明現在處於軟體中斷上下文中。

在第 274 行程式，清除軟體中斷暫存器 __softirq_pending。

在第 276 行中，打開本地中斷。這裡先清除 __softirq_pending 點陣圖，然後打開本地中斷。需要注意這裡和第 274 行程式之間的順序，讀者可以思考如果在第 274 行之前打開本地中斷會有什麼後果。

在第 280 ～ 302 行中，while 迴圈依次處理軟體中斷。首先 ffs() 函數會找到 pending 中第一個置位的位元，然後找到對應的軟體中斷描述符號和軟體中斷的序號，最後透過 action() 函數的指標來執行軟體中斷處理，依次迴圈直到所有軟體中斷都處理完成。

在第 306 行中，關閉本地中斷。

在第 308 ～ 315 行中，再次檢查 __softirq_pending 是否又產生了軟體中斷。因為軟體中斷執行過程是開中斷的，可能在這個過程中又發生了中斷或觸發了軟體中斷，即從其他核心程式路徑呼叫了 raise_softirq() 函數。注意，不是檢測到有軟體中斷就立刻跳躍到 restart 標籤處進行軟體中斷處理，這裡需要考慮系統平衡。需要考慮 3 個判斷條件：一是軟體中斷處理時間沒有超過 2ms；二是當前沒有處理程序要求排程，即 !need_resched() 表示沒有排程請求；三是這種迴圈不能多於 10 次，不然應該喚醒 ksoftirqd 核心執行緒來處理軟體中斷，見第 310 行程式。

第 319 行程式和第 269 行程式配對使用，表示現在離開軟體中斷上下文了。

2.6.2 tasklet

tasklet 是利用軟體中斷實現的一種下半部機制，本質上是軟體中斷的變形，執行在軟體中斷上下文中。tasklet 由 tasklet_struct 資料結構來描述。

```
<include/linux/interrupt.h>

struct tasklet_struct
{
    struct tasklet_struct *next;
    unsigned long state;
    atomic_t count;
    void (*func)(unsigned long);
    unsigned long data;
};
```

- next：多個 tasklet 串成一個鏈結串列。

- state：TASKLET_STATE_SCHED 表示 tasklet 已經被排程，正準備執行。TASKLET_ STATE_RUN 表示 tasklet 正在執行中。

- count：若為 0，表示 tasklet 處於啟動狀態；若不為 0，表示該 tasklet 被禁止，不允許執行。

- func：tasklet 處理常式，類似於軟體中斷中的 action 函數指標。

- data：傳遞參數給 tasklet 處理函數。

每個 CPU 維護兩個 tasklet 鏈結串列，一個用於普通優先順序的 tasklet_vec，另一個用於高優先順序的 tasklet_hi_vec，它們都是 Per-CPU 變數。鏈結串列中每個 tasklet_struct 代表一個 tasklet。

```
<kernel/softirq.c>

struct tasklet_head {
    struct tasklet_struct *head;
    struct tasklet_struct **tail;
};

static DEFINE_PER_CPU(struct tasklet_head, tasklet_vec);
static DEFINE_PER_CPU(struct tasklet_head, tasklet_hi_vec);
```

其中，tasklet_vec 使用軟體中斷中的 TASKLET_SOFTIRQ 類型，它的優先順序是 6；而 tasklet_hi_vec 使用軟體中斷中的 HI_SOFTIRQ，優先順序是 0，是所有軟體中斷中優先順序最高的。

在系統啟動時會初始化這兩個鏈結串列，見 softirq_init() 函數。另外，還會註冊 TASKLET_SOFTIRQ 和 HI_SOFTIRQ 這兩個軟體中斷，它們的軟體中斷回呼函數分別為 tasklet_action 和 tasklet_hi_action。高優先順序的 tasklet_hi 在網路驅動中用得比較多，它和普通的 tasklet 實現機制相同，本節以普通 tasklet 為例。

```
<start_kernel()->softirq_init()>

void __init softirq_init(void)
 {
   int cpu;
   for_each_possible_cpu(cpu) {
      per_cpu(tasklet_vec, cpu).tail =
         &per_cpu(tasklet_vec, cpu).head;
      per_cpu(tasklet_hi_vec, cpu).tail =
         &per_cpu(tasklet_hi_vec, cpu).head;
   }
  open_softirq(TASKLET_SOFTIRQ, tasklet_action);
  open_softirq(HI_SOFTIRQ, tasklet_hi_action);
}
```

要在驅動中使用 tasklet，首先需要定義一個 tasklet，可以靜態宣告，也可以動態初始化。

```
<include/linux/interrupt.h>

#define DECLARE_TASKLET(name, func, data)
struct tasklet_struct name = { NULL, 0, ATOMIC_INIT(0), func, data }

#define DECLARE_TASKLET_DISABLED(name, func, data)
struct tasklet_struct name = { NULL, 0, ATOMIC_INIT(1), func, data }
```

上述兩個巨集都靜態地宣告一個 tasklet 資料結構。上述兩個巨集的唯一區別在於 count 成員的初始化值不同，DECLARE_TASKLET 巨集把 count 初始化為 0，表示 tasklet 處於啟動狀態；而 DECLARE_TASKLET_DISABLED 巨集把 count 初始化為 1，表示該 tasklet 處於關閉狀態。

當然，也可以在驅動程式中呼叫 tasklet_init() 函數動態初始化 tasklet。

```
<kernel/softirq.c>

void tasklet_init(struct tasklet_struct *t,
        void (*func)(unsigned long), unsigned long data)
{
    t->next = NULL;
    t->state = 0;
    atomic_set(&t->count, 0);
    t->func = func;
    t->data = data;
}
```

要在驅動中排程 tasklet，可以使用 tasklet_schedule() 函數。

```
<include/linux/interrupt.h>

static inline void tasklet_schedule(struct tasklet_struct *t)
{
    if (!test_and_set_bit(TASKLET_STATE_SCHED, &t->state))
        __tasklet_schedule(t);
}
```

test_and_set_bit() 函數原子地設定 tasklet_struct->state 成員為 TASKLET_
STATE_SCHED 標示位元，然後返回該 state 的舊值。若返回 true，説明
該 tasklet 已經被掛載到 tasklet 鏈結串列中；若返回 false，則需要呼叫 __
tasklet_schedule_common() 函數把該 tasklet 掛入鏈結串列中。

```
void __tasklet_schedule(struct tasklet_struct *t)
{
    __tasklet_schedule_common(t, &tasklet_vec,
            TASKLET_SOFTIRQ);
}

static void __tasklet_schedule_common(struct tasklet_struct *t,
                struct tasklet_head __percpu *headp,
                unsigned int softirq_nr)
{
    struct tasklet_head *head;
    unsigned long flags;

    local_irq_save(flags);
```

```
    head = this_cpu_ptr(headp);
    t->next = NULL;
    *head->tail = t;
    head->tail = &(t->next);
    raise_softirq_irqoff(softirq_nr);
    local_irq_restore(flags);
}
```

__tasklet_schedule_common() 函數比較簡單。在關閉中斷的情況下，首先把 tasklet 掛載到 tasklet_vec 鏈結串列中，然後觸發一個 TASKLET_SOFTIRQ 類型的軟體中斷。

那什麼時候執行 tasklet 呢？是在驅動呼叫了 tasklet_schedule() 函數後立刻執行嗎？

其實不是的，tasklet 是基於軟體中斷機制的，因此 tasklet_schedule() 函數後不會立刻執行，要等到軟體中斷被即時執行才有機會執行 tasklet，tasklet 掛入哪個 CPU 的 tasklet_vec 鏈結串列，就由哪個 CPU 的軟體中斷來執行。在分析 tasklet_schedule() 函數時已經看到，一個 tasklet 掛載到一個 CPU 的 tasklet_vec 鏈結串列後會設定 TASKLET_STATE_SCHED 標示位元，只要該 tasklet 還沒有執行，那麼即使驅動程式多次呼叫 tasklet_schedule() 函數也不起作用。因此，一旦該 tasklet 掛載到某個 CPU 的 tasklet_vec 鏈結串列，它就必須在該 CPU 的軟體中斷上下文中執行，直到執行完畢並清除了 TASKLET_STATE_SCHED 標示位元後，才有機會到其他 CPU 上執行。

軟體中斷即時執行會按照軟體中斷狀態 __softirq_pending 來依次執行 pending 狀態的軟體中斷，當輪到執行 TASKLET_SOFTIRQ 類型軟體中斷時，回呼函數 tasklet_action() 會被呼叫。

```
<軟體中斷執行-> tasklet_action()>

static __latent_entropy void tasklet_action(struct softirq_action *a)
{
    tasklet_action_common(a, this_cpu_ptr(&tasklet_vec), TASKLET_SOFTIRQ);
}
```

tasklet_action() 函 數 會 呼 叫 tasklet_action_common() 函 數 , 它 實 現 在
kernel/softirq.c 檔案中。

```
<kernel/softirq.c>

static void tasklet_action_common(struct softirq_action *a,
                struct tasklet_head *tl_head,
                unsigned int softirq_nr)
```

tasklet_action_common() 函數中主要的操作如下。

在第 507 ～ 511 行中 , 在關中斷的情況下讀取 tasklet_vec 鏈結串列頭到
臨 時 鏈 結 串 列 (list) 中 , 並 重 新 初 始 化 tasklet_vec 鏈 結 串 列 。 注 意 ,
tasklet_vec.tail 指向鏈結串列頭 tasklet_vec.head 指標本身的位址。

在第 513 ～ 528 行中 , 透過 while 迴圈依次執行 tasklet_vec 鏈結串列中所
有的 tasklet 成員。注意第 511 行程式和第 530 行程式中 , 整個 tasklet 的
執行過程是開中斷的。

在第 518 行中 , 把 tasklet_trylock() 函 數 設 計 成 一 個 鎖 。 如 果 tasklet 已
經 處 於 RUNNING 狀 態 , 即 設 定 了 TASKLET_STATE_RUN 標 示 位 元 ,
tasklet_trylock() 函數返回 false , 表示不能成功獲取該鎖 , 因此直接跳躍
到第 530 行程式處 , 這一輪將跳過該 tasklet。這樣做的目的是保證同一個
tasklet 只能在一個 CPU 上執行 , 稍後以 scdrv 驅動為例講解這種特殊的情
況。

```
static inline int tasklet_trylock(struct tasklet_struct *t)
{
return !test_and_set_bit(TASKLET_STATE_RUN, &(t)->state);
}
```

在第 519 行中 , 原子地檢查 count 值是否為 0 , 若為 0 , 則表示這個
tasklet 處於可執行狀態。注意 , tasklet_disable() 函數可能隨時會原子地增
加 count 值 , 若 count 值大於 0 , 表示 tasklet 處於禁止狀態。第 519 行程
式原子地讀完 count 值後可能馬上從其他的核心程式執行路徑呼叫 tasklet_
disable() 函數修改了 count 值 , 但這只會影響 tasklet 的下一次處理。

在第 520 ～ 523 行中，注意，順序是先清除 TASKLET_STATE_SCHED 標示位元，然後執行 t->func()，最後才清除 TASKLET_STATE_RUN 標示位元。為什麼不執行完 func() 函數再清除 TASKLET_STATE_SCHED 標示位元呢？這是為了在執行 func() 函數期間也可以回應新排程的 tasklet，以免遺失。

在第 530 ～ 535 行中，處理該 tasklet 已經在其他 CPU 上執行的情況，若 tasklet_trylock() 函數返回 false，表示獲取鎖失敗。這種情況下會把該 tasklet 重新掛入當前 CPU 的 tasklet_vec 鏈結串列中，等待下一次觸發 TASKLET_SOFTIRQ 類型軟體中斷時才會執行。還有一種情況是在之前呼叫 tasklet_disable() 函數增加了 tasklet_struct->count，那麼本輪的 tasklet 處理也將被忽略。

為什麼會出現第 530 ～ 535 行程式中的情況呢？當將要執行 tasklet 時發現該 tasklet 已經在別的 CPU 上執行。

以常見的裝置驅動為例，在硬體中斷處理常式中呼叫 tasklet_schedule() 函數觸發 tasklet，以完成一些資料處理操作，如數據複製、資料轉換等。以 drivers/char/snsc_event.c 驅動為例，假設該裝置為裝置 A，驅動的內容如下。

```
<drivers/char/snsc_event.c>

static irqreturn_t
scdrv_event_interrupt(int irq, void *subch_data)
{
    struct subch_data_s *sd = subch_data;
    unsigned long flags;
    int status;

    spin_lock_irqsave(&sd->sd_rlock, flags);
    status = ia64_sn_irtr_intr(sd->sd_nasid, sd->sd_subch);

    if ((status > 0) && (status & SAL_IROUTER_INTR_RECV)) {
        tasklet_schedule(&sn_sysctl_event);
    }
```

```
    spin_unlock_irqrestore(&sd->sd_rlock, flags);
    return IRQ_HANDLED;
}
```

硬體中斷處理常式 scdrv_event_interrupt() 函數讀取中斷狀態暫存器中的資料來確認中斷發生，然後呼叫 tasklet_schedule() 函數執行下半部操作，該 tasklet 回呼函數是 scdrv_event() 函數。假設 CPU0 在執行裝置 A 的 tasklet 下半部操作時，裝置 B 產生了中斷，那麼 CPU0 暫停 tasklet 處理，轉去執行裝置 B 的硬體中斷處理。這時裝置 A 又產生了中斷，中斷管理器把該中斷派發給 CPU1。假設 CPU1 很快處理完硬體中斷並開始處理該 tasklet，在 tasklet_schedule() 函數中發現並沒有設定 TASKLET_STATE_SCHED 標示位元，因為 CPU0 在執行 tasklet 回呼函數之前已經把該標示位元清除了，所以該 tasklet 被增加到 CPU1 的 tasklet_vec 鏈結串列中。當執行到 tasklet_action () 函數的 tasklet_trylock(t) 時會發現無法獲取該鎖，因為該 tasklet 已經被 CPU0 設定了 TASKLET_STATE_RUN 標示位元，所以 CPU1 便跳過了這次 tasklet，等到 CPU0 中斷返回後，把 TASKLET_STATE_RUN 標示位元清除，CPU1 在下一輪軟體中斷即時執行才會再繼續執行該 tasklet。具體流程如下。

```
     CPU0                                                        CPU1
  -------------------------------------------------------------------
裝置A硬體中斷發生：

scdrv_event_interrupt()
tasklet_schedule(&sn_sysctl_event);

進入軟體中斷處理
tasklet_action()
設定TASKLET_STATE_RUN標示位元
清除TASKLET_STATE_SCHED標示位元

tasklet回呼函數scdrv_event()即時執行
其他裝置B發生中斷
執行裝置B的中斷處理

                                         裝置A又發生中斷
```

硬體中斷處理
tasklet_schedule()
進入軟體中斷處理
tasklet_trylock沒法獲取鎖
跳過該tasklet
把該tasklet加入CPU1鏈結串列

中斷返回
繼續執行tasklet回呼函數scdrv_event()
清除TASKLET_STATE_RUN標示位元

2.6.3 local_bh_disable() 和 local_bh_enable() 函數分析

local_bh_disable() 函數和 local_bh_enable() 函數是核心中提供的關閉軟體中斷的鎖機制，它們組成的臨界區禁止本地 CPU 在中斷返回前執行軟體中斷，這個臨界區簡稱 BH 臨界區（bottom half critical region）。

```
<include/linux/bottom_half.h>

static inline void local_bh_disable(void)
{
    __local_bh_disable_ip(_THIS_IP_, SOFTIRQ_DISABLE_OFFSET);
}

static __always_inline void __local_bh_disable_ip(unsigned long ip, unsigned
int cnt)
{
    preempt_count_add(cnt);
    barrier();
}

#define SOFTIRQ_OFFSET (1UL << 8)
#define SOFTIRQ_DISABLE_OFFSET(2 * SOFTIRQ_OFFSET)
```

local_bh_disable() 函數的實現比較簡單，就是把當前處理程序的 preempt_count 成員加上 SOFTIRQ_DISABLE_OFFSET，而現在核心狀態則進入了軟體中斷上下文狀態。這裡執行 barrier() 函數操作，以防止編譯器做了最佳化，thread_info->preempt_count 相當於 Per-CPU 變數，因此不需要使用記憶體屏障指令。注意，preempt_count 成員的 Bit[8:15] 位元都是用於表示軟體中斷的，但是一般情況下使用第 8 位元即可，Bit[8:15] 還用於表示軟體中斷巢狀結構的深度，最多表示 255 次巢狀結構，這也是 SOFTIRQ_DISABLE_ OFFSET 會定義為 2 * SOFTIRQ_OFFSET 的原因。

這樣當在 local_bh_disable() 函數和 local_bh_enable() 函數組成的 BH 臨界區內發生了中斷時，中斷返回前 irq_exit() 函數判斷出當前處於軟體中斷上下文，因而不能呼叫和執行等候狀態的軟體中斷，這樣驅動程式構造的 BH 臨界區中就不會有新的軟體中斷來騷擾。

local_bh_enable() 函數實現在 include/linux/bottom_half.h 檔案中，它在內部呼叫 __local_bh_ enable_ip() 函數。

```
<include/linux/bottom_half.h>
static inline void local_bh_enable(void)
 {
   __local_bh_enable_ip(_THIS_IP_, SOFTIRQ_DISABLE_OFFSET);
 }

<kernel/softirq.c>
 void __local_bh_enable_ip(unsigned long ip, unsigned int cnt)
```

__local_bh_enable_ip() 函數中主要的操作如下。

在第 168 行中，有一個警告的條件──WARN_ON_ONCE() 是一個比較弱的警告敘述。若 in_irq() 返回 true，表示現在正在硬體中斷上下文中。有些不規範的驅動可能會在硬體中斷處理常式中呼叫 local_bh_disable() 函數或 local_bh_enable() 函數，其實硬體中斷處理常式是在關中斷環境下執行的，關中斷是比關 BH 更猛烈的一種鎖機制。因此在關中斷情況下，沒有必要再呼叫關 BH 的相關操作。若 irqs_disabled() 函數返回 true，説明現在處於關中斷狀態，也不適合呼叫關 BH 操作，原理和前者一樣。

在第 182 行中，preempt_count 減去（SOFTIRQ_DISABLE_OFFSET −1），這裡並沒有完全減去 SOFTIRQ_DISABLE_OFFSET，為什麼還留了 1 呢？留 1 表示關閉本地 CPU 的先佔，因為接下來呼叫 do_softirq() 函數時不希望其他高優先順序任務先佔 CPU 或當前任務被遷移到其他 CPU 上。

假如當前處理程序 P 執行在 CPU0 上，在第 184 行程式中發生了中斷，中斷返回前 CPU 被高優先順序任務先佔，那麼處理程序 P 再被排程時可能會選擇在其他 CPU（如 CPU1）上喚醒（見 select_task_rq_fair() 函數），__softirq_pending 是 Per-CPU 變數，處理程序 P 在 CPU1 上重新執行到第 184 行程式時發現 __softirq_pending 並沒有觸發軟體中斷，因此之前的軟體中斷會延遲執行。

在第 184 ～ 190 行中，在非中斷上下文環境下執行軟體中斷處理。

在第 192 行中，打開先佔。

在第 196 行中，之前執行軟體中斷處理時可能會漏掉一些高優先順序任務的先佔需求，這裡重新檢查。

總之，local_bh_disable() 函數或 local_bh_enable() 函數是關 BH 的介面函數，執行在處理程序上下文中，核心的網路子系統中有大量使用該介面函數的例子。

2.6.4 小結

軟體中斷是 Linux 核心中最常見的一種下半部機制，適合系統對性能和即時回應要求很高的場合，如網路子系統、區塊裝置、高精度計時器、RCU 等。關於軟體中斷，注意以下幾點。

- 軟體中斷類型是靜態定義的，Linux 核心不希望驅動開發者新增軟體中斷類型。
- 軟體中斷的回呼函數在開中斷環境下執行。
- 同一類型的軟體中斷可以在多個 CPU 上並存執行。以 TASKLET_SOFTIRQ 類型的軟體中斷為例，多個 CPU 可以同時 tasklet_schedule，並且多個 CPU 也可能同時從中斷處理返回，然後同時觸發和執行 TASKLET_SOFTIRQ 類型的軟體中斷。
- 假如有驅動開發者要新增一個軟體中斷類型，那麼軟體中斷的處理常式需要考慮同步問題。

- 軟體中斷的回呼函數不能睡眠。
- 軟體中斷的執行時間點是在中斷返回前，即退出硬體中斷上下文時，首先檢查是否有等待的軟體中斷，然後再檢查是否需要先佔當前處理程序。因此，軟體中斷上下文總是先佔處理程序上下文。

tasklet 是基於軟體中斷的一種下半部機制。

- tasklet 可以靜態定義，也可以動態初始化。
- tasklet 是串列執行的。一個 tasklet 在 tasklet_schedule() 函數即時執行會綁定某個 CPU 的 tasklet_vec 鏈結串列，它必須在該 CPU 上執行完 tasklet 的回呼函數才會和該 CPU 鬆綁。
- TASKLET_STATE_SCHED 和 TASKLET_STATE_RUN 標示位元巧妙地組成了串列執行。

軟體中斷上下文的優先順序高於處理程序上下文，因此軟體中斷包括 tasklet 總是先佔處理程序的執行。當處理程序 A 在即時執行發生中斷，在中斷返回時應先判斷本地 CPU 上有沒有 pending 的軟體中斷。如果有，那麼首先執行軟體中斷包括 tasklet，然後檢查是否有高優先順序任務需要先佔中斷點的處理程序，即處理程序 A。如果在執行軟體中斷和 tasklet 的時間很長，那麼高優先順序任務就長時間得不到執行，勢必會影響系統的即時性，這也是 Red Hat Linux 社區裡有專家一直要求用工作佇列機制來替代 tasklet 機制的原因。具體流程如下。

```
處理程序A執行時期外接裝置中斷發生：
 ->irq_hander
   -> gic_handle_irq()
      ->irq_enter()
           硬體中斷處理
      ->irq_exit()
           檢測是否有等待的軟體中斷並且執行軟體中斷和tasklet

 ->中斷返回前判斷是否有高優先順序處理程序需要先佔中斷點的處理程序
```

目前 Linux 核心有大量的驅動使用 tasklet 機制來實現下半部操作，任何一個 tasklet 回呼函數的執行時間過長,都會影響系統即時性,可以預見在不久的將來,tasklet 機制可能會被 Linux 核心社區捨棄。

中斷上下文包括硬體中斷上下文和軟體中斷上下文。硬體中斷上下文表示硬體中斷處理過程。軟體中斷上下文包括三部分:第一部分是在下半部執行的軟體中斷處理,包括 tasklet,呼叫過程是 irq_exit() → invoke_softirq();第二部分是 ksoftirqd 核心執行緒執行的軟體中斷,如系統啟動了 force_irqthreads(見 invoke_softirq() 函數),還有一種情況是軟體中斷執行時間太長,在 __do_softirq() 函數中喚醒 ksoftirqd 核心執行緒;第三部分是在處理程序上下文中呼叫 local_bh_enable() 函數時執行的軟體中斷處理,呼叫過程是 local_bh_enable() → do_softirq()。第一部分執行在中斷下半部,屬於傳統意義上的中斷上下文,而後兩部分執行在處理程序上下文中,但是 Linux 核心統一把它們歸納到軟體中斷上下文範圍裡。因此 Linux 核心中使用幾個巨集來描述和判斷這些情況。

```
<include/linux/preempt.h>

#define in_irq()            (hardirq_count())
#define in_softirq()          (softirq_count())
#define in_interrupt()           (irq_count())
#define in_serving_softirq()       (softirq_count() & SOFTIRQ_OFFSET)
#define in_nmi()       (preempt_count() & NMI_MASK)
#define in_task()       (!(preempt_count() & \
                    (NMI_MASK | HARDIRQ_MASK | SOFTIRQ_OFFSET)))
```

in_irq() 巨集判斷當前是否在硬體中斷上下文中;in_softirq() 巨集判斷當前是否在軟體中斷上下文中或處於關 BH 臨界區裡;in_serving_softirq() 巨集判斷當前是否正在軟體中斷處理中,包括前面提到的三種情況。in_interrupt() 巨集則包括所有的硬體中斷上下文、軟體中斷上下文和關 BH 臨界區。這些巨集經常出現在核心程式中,並且容易混淆值,值得讀者仔細研究。

2.7 工作佇列

工作佇列（workqueue）機制是除了軟體中斷和 tasklet 以外最常用的一種下半部機制。工作佇列的基本原理是把 work（需要延後執行的函數）交由核心執行緒來執行，它總是在處理程序上下文中執行。工作佇列的優點是利用處理程序上下文來執行中斷下半部操作，因此工作佇列允許重新排程和睡眠，是非同步執行的處理程序上下文。另外，工作佇列還能解決軟體中斷和 tasklet 執行時間過長導致的系統即時性下降等問題。

當驅動或核心子系統在處理程序上下文中有非同步執行的工作任務時，可以使用工作項（work item）來描述工作任務，包括該工作任務執行的回呼函數。把工作項增加到一個佇列中，然後一個核心執行緒會執行這個工作任務的回呼函數。這裡工作項稱為工作，佇列稱為工作佇列（workqueue），核心執行緒稱為工作執行緒（worker）。

工作佇列最早是在 Linux 2.5.x 核心開發期間被引入的機制，早期的工作佇列的設計比較簡單，由多執行緒（每個 CPU 預設有一個工作執行緒）和單執行緒（使用者可以自行創建工作執行緒）組成。在長期測試中發現以下問題。

- 核心執行緒數量太多。雖然系統中有預設的一套工作執行緒（Kevents），但是很多驅動和子系統喜歡自行創建工作執行緒，如呼叫 create_workqueue() 函數，這樣在大型系統（CPU 數量比較多的伺服器）中可能核心啟動結束之後就耗盡了系統 PID 資源。

- 併發性比較差。多執行緒的工作執行緒和 CPU 是一綁定的，如 CPU0 上的某個工作執行緒有 A、B 和 C 三個工作。假設執行工作 A 的回呼函數時發生了睡眠和排程，CPU0 就會被排程出以執行其他的處理程序，對 B 和 C 來說，它們只能等待 CPU0 重新排程、執行該工作執行緒，儘管其他 CPU 比較空閒，也沒有辦法遷移到其他 CPU 上。

- 鎖死問題。系統有一個預設的工作佇列，如果有很多工作執行在預設的工作佇列上，並且它們有一些資料的依賴關係，那麼很有可能會產生鎖死。解決辦法是為每一個可能產生鎖死的工作創建一個專職的工作執行緒，這樣又回到問題 1 了。

為此社區專家 Tejun Heo 在 Linux 2.6.36 中提出了一套解決方案——併發託管工作佇列（Concurrency-Managed Workqueue，CMWQ）。執行工作任務的執行緒稱為工作執行緒。工作執行緒會序列化地執行掛載到佇列中所有的工作。如果佇列中沒有工作，那麼該工作執行緒就會變成空閒狀態。為了管理許多工作執行緒，CMWQ 提出了工作執行緒池（worker-pool）的概念，工作執行緒池有兩種。一種是 BOUND 類型的，可以視為 Per-CPU 類型，每個 CPU 都有工作執行緒池；另一種是 UNBOUND 類型的，即不和具體 CPU 綁定。這兩種工作執行緒池都會定義兩個執行緒池，一個給普通優先順序的工作使用，另一個給高優先順序的工作使用。這些工作執行緒池中的執行緒數量是動態分配和管理的，而非固定的。當工作執行緒睡眠時，會檢查是否需要喚醒更多的工作執行緒，如有需要，會喚醒同一個工作執行緒池中處於空閒狀態的工作執行緒。

2.7.1 工作佇列的相關資料結構

根據工作佇列機制，最小的排程單元是工作項，有的書中稱為工作任務，本章中簡稱為 work，由 work_struct 資料結構來抽象和描述。

```
<include/linux/workqueue.h>

struct work_struct {
    atomic_long_t data;
    struct list_head entry;
    work_func_t func;
};
```

work_struct 資料結構的定義比較簡單。data 成員包括兩部分，低位元部分是 work 的標示位元，剩餘的位元通常用於存放上一次執行的 worker_pool 的 ID 或 pool_workqueue 的指標，存放的內容由 WORK_STRUCT_PWQ

標示位元來決定。func 是 work 的處理函數，entry 用於把 work 掛到其他佇列上。

work 執行在核心執行緒中，這個核心執行緒在程式中稱為 worker，worker 類似於管線中的工人，work 類似於工人的工作。工作執行緒用 worker 資料結構來描述。

```
<kernel/workqueue_internal.h>

struct worker {
    struct work_struct *current_work;
    work_func_t    current_func;
    struct pool_workqueue *current_pwq;
    struct list_head  scheduled;

    struct task_struct *task;
    struct worker_pool  *pool;
    int          id;
    struct list_head     node;
    ...
};
```

- current_work：當前正在處理的 work。
- current_func：當前正在執行的 work 回呼函數。
- current_pwq：當前 work 所屬的 pool_workqueue。
- scheduled：所有被排程並正準備執行的 work 都掛入該鏈結串列中。
- task：該工作執行緒的 task_struct 資料結構。
- pool：該工作執行緒所屬的 worker_pool。
- id：工作執行緒的 ID。
- node：可以把該工作執行緒掛載到 worker_pool->workers 鏈結串列中。

CMWQ 提出了工作執行緒池的概念，程式中使用 worker_pool 資料結構來抽象和描述。簡化後的 worker_pool 資料結構如下。

```
<kernel/workqueue.c>

struct worker_pool {
    spinlock_t    lock;
```

```
    int          cpu;
    int          node;
    int          id;
    unsigned int        flags;
    struct list_head   worklist;
    int          nr_workers;
    int          nr_idle;
    struct list_head   idle_list;
    struct list_head   workers;
    struct workqueue_attrs*attrs;
    atomic_t     nr_running ____cacheline_aligned_in_smp;
    struct rcu_head      rcu;
    ...
} ____cacheline_aligned_in_smp;
```

- lock：用於保護工作執行緒池的迴旋栓鎖。
- cpu：對於 BOUND 類型的工作佇列，cpu 表示綁定的 CPU ID；對於 UNBOUND 類型的工作執行緒池，該值為 –1。
- node：對於 UNBOUND 類型的工作佇列，node 表示該工作執行緒池所屬記憶體節點的 ID。
- id：該工作執行緒池的 ID。
- worklist：處於 pending 狀態的 work 會掛入該鏈結串列中。
- nr_workers：工作執行緒的數量。
- nr_idle：處於 idle 狀態的工作執行緒的數量。
- idle_list：處於 idle 狀態的工作執行緒會掛入該鏈結串列中。
- workers：該工作執行緒池管理的工作執行緒會掛入該鏈結串列中。
- attrs：工作執行緒的屬性。
- nr_running：計數值，用於管理 worker 的創建和銷毀，表示正在執行中的 worker 數量。在處理程序排程器中喚醒處理程序（使用 try_to_wake_up()）時，其他 CPU 可能會同時存取該成員，該成員頻繁在多核心之間讀寫，因此讓該成員獨佔一個緩衝行，避免多核心 CPU 在讀寫該成員時引發其他臨近的成員「顛簸」現象，這也是所謂的「快取行偽共用」的問題。
- rcu：RCU 鎖。

工作執行緒池是 Per-CPU 類型的概念，每個 CPU 都有工作執行緒池。準確地説，每個 CPU 有兩個工作執行緒池，一個用於普通優先順序的工作執行緒，另一個用於高優先順序的工作執行緒。

```
<kernel/workqueue.c>

static DEFINE_PER_CPU_SHARED_ALIGNED(struct worker_pool [NR_STD_WORKER_POOLS],
cpu_worker_pools);
```

CMWQ 還定義了一個 pool_workqueue 資料結構，它是連接工作佇列和工作執行緒池的樞紐。

```
<kernel/workqueue.c>

struct pool_workqueue {
    struct worker_pool    *pool;
    struct workqueue_struct *wq;
    int          nr_active;
    int          max_active;
    struct list_head   delayed_works;
    struct rcu_head      rcu;
    ...
} __aligned(1 << WORK_STRUCT_FLAG_BITS);
```

其中，WORK_STRUCT_FLAG_BITS 為 8，因此 pool_workqueue 資料結構是按照 256 位元組對齊的，這樣方便把該資料結構指標的 Bit [8:31] 位元存放到 work->data 中，work->data 欄位的低 8 位元用於存放一些標示位元，詳見 set_work_pwq() 函數和 get_work_pwq() 函數。

- pool：指向工作執行緒池指標。
- wq：指向所屬的工作佇列。
- nr_active：活躍的 work 數量。
- max_active：活躍的 work 最大數量。
- delayed_works：鏈結串列頭，延遲執行的 work 可以掛入該鏈結串列。
- rcu：RCU 鎖。

系統中所有的工作佇列（包括系統預設的工作佇列，如 system_wq 或

system_highpri_wq 等，以及驅動開發者新創建的工作佇列，共用一組工作執行緒池。對於 BOUND 類型的工作佇列，每個 CPU 只有兩個工作執行緒池，每個工作執行緒池可以和多個工作佇列對應，每個工作佇列也只能對應這幾個工作執行緒池。工作佇列由 workqueue_struct 資料結構來描述。

```
<kernel/workqueue.c>

struct workqueue_struct {
    struct list_head    pwqs;
    struct list_head    list;

    struct list_head    maydays;
    struct worker       *rescuer;

    struct workqueue_attrs*unbound_attrs;
    struct pool_workqueue*dfl_pwq;

    char            name[WQ_NAME_LEN];

    unsigned int     flags ____cacheline_aligned;
    struct pool_workqueue __percpu *cpu_pwqs;
    ...
};
```

- pwqs：所有的 pool-workqueue 資料結構都掛入鏈結串列中。
- list：鏈結串列節點。系統定義一個全域的鏈結串列工作佇列，所有的工作佇列掛入該鏈結串列。
- maydays：所有 rescuer 狀態下的 pool-workqueue 資料結構掛入該鏈結串列。
- rescuer：rescuer 工作執行緒。記憶體緊張時創建新的工作執行緒可能會失敗，如果創建工作佇列時設定了 WQ_MEM_RECLAIM 標示位元，那麼 rescuer 工作執行緒會接管這種情況。
- unbound_attrs：UNBOUND 類型的屬性。
- dfl_pwq：指向 UNBOUND 類型的 pool_workqueue。
- name：該工作佇列的名字。

- flags：標示位元經常被不同 CPU 存取，因此要和快取行對齊。標示位元包括 WQ_ UNBOUND、WQ_HIGHPRI、WQ_FREEZABLE 等。
- cpu_pwqs：指向 Per-CPU 類型的 pool_workqueue。

一個 work 掛入工作佇列中，最終還要透過工作執行緒池中的工作執行緒來處理其回呼函數，工作執行緒池是系統共用的，因此工作佇列需要尋找到一個合適的工作執行緒池，然後從工作執行緒池中排程一個合適的工作執行緒，pool_workqueue 資料結構在其中造成橋樑作用。這有些類似於 IT 公司的人力資源池的概念，具體關係如圖 2.9 所示。

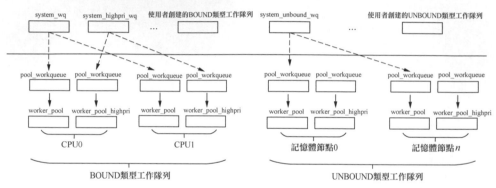

圖 2.9 工作佇列、工作執行緒池和 pool_workqueue 之間的關係

2.7.2 工作佇列初始化

在系統啟動時，會透過 workqueue_init_early () 函數來初始化系統預設的幾個工作佇列。

```
<kernel\workqueue.c>
<start_kernel()→workqueue_init_early()>

int __init workqueue_init_early(void)
```

workqueue_init_early () 函數中主要的操作如下。

在第 5721 行中，創建一個 pool_workqueue 資料結構的 slab 快取物件。

在第 5724 ～ 5740 行中，為系統中所有可用的 CPU（cpu_possible_mask）分別創建 worker_pool 資料結構。

for_each_cpu_worker_pool() 巨集為每個 CPU 創建兩個工作執行緒池，一個是普通優先順序的工作執行緒池，另一個是高優先順序的工作執行緒池。init_worker_pool() 函數用於初始化一個工作執行緒池。第 5728 行程式中的 for_each_cpu_worker_pool() 巨集遍歷CPU中的兩個工作線 程池。

```
#define for_each_cpu_worker_pool(pool, cpu)                 \
    for ((pool) = &per_cpu(cpu_worker_pools, cpu)[0]; \
            (pool) <&per_cpu(cpu_worker_pools, cpu)[NR_STD_WORKER_POOLS]; \
            (pool)++)
```

在第 5743 ～ 5759 行中，創建 UNBOUND 類型和 ordered 類型的工作佇列屬性，ordered 類型的工作佇列表示同一個時刻只能有一個 work 在執行。

第 5761 ～ 5772 行中，創建系統預設的幾個工作佇列，這裡使用創建工作佇列的介面函數 alloc_workqueue()。

- 普通優先順序 BOUND 類型的工作佇列 system_wq，名稱為 "events"，可以視為預設工作佇列。
- 高優先順序 BOUND 類型的工作佇列 system_highpri_wq，名稱為 "events_highpri"。
- UNBOUND 類型的工作佇列 system_unbound_wq，名稱為 "system_unbound_wq"。
- Freezable 類型的工作佇列 system_freezable_wq，名稱為 "events_freezable"。
- 省電類型的工作佇列 system_power_efficient_wq，名稱為 "events_power_efficient"。

系統初始化期間，在初始化 init 處理程序時呼叫 workqueue_init() 函數來創建工作執行緒。

```
<kernel\workqueue.c>
<kernel_init_freeable()->workqueue_init()>

  int __init workqueue_init(void)
```

workqueue_init() 函數中主要的操作如下。

在第 5805 行中，工作佇列考慮了 NUMA 系統下的一些特殊處理。

在第 5815 ～ 5820 行中，為每一個工作佇列創建一個 rescuer 執行緒。記憶體緊張時創建新的工作執行緒可能會失敗，如果創建工作佇列時設定了 WQ_MEM_RECLAIM 標示位元，那麼 rescuer 執行緒會接管這種情況。

在第 5825 ～ 5830 行中，為系統的每一個線上 CPU 中的每個 worker_pool 分別創建一個工作執行緒。

在第 5832 ～ 5833 行中，為 UNBOUND 類型的工作佇列創建工作執行緒。

在第 5836 行中，初始化工作佇列用的看門狗。

下面來看 create_worker() 函數是如何創建工作執行緒的。

```
<kernel\workqueue.c>
<workqueue_init()->create_worker()>

  static struct worker *create_worker(struct worker_pool *pool)
```

create_worker() 函數中主要的操作如下。

在第 1817 行中，透過 IDA 子系統獲取一個 ID。

在第 1821 行中，在 worker_pool 對應的記憶體節點中分配一個 worker 資料結構。

在第 1827 ～ 1831 行中，若 pool->cpu ≥ 0，表示 BOUND 類型的工作執行緒。工作執行緒的名字一般是 "kworker/ + CPU_ID + worker_id"，如果屬於高優先順序類型的工作佇列，即 nice 值小於 0，那麼還要加上 "H"。若 pool->cpu < 0，表示 UNBOUND 類型的工作執行緒，名字為 "kworker/u + pool_id + worker_id"。

在第 1833 行中，透過 kthread_create_on_node() 函數在本地記憶體節點中
創建一個核心執行緒，在這個記憶體節點上分配與該核心執行緒相關的
task_struct 等資料結構。

在第 1839 行中，kthread_bind_mask() 函數設定工作執行緒的 PF_NO_
SETAFFINITY 標示位元，防止使用者程式修改其 CPU 親和性。

在第 1842 行中，worker_attach_to_pool() 函數把剛分配的工作執行緒掛入
worker_pool 中，並且設定這個工作執行緒允許執行的 cpumask。

在第 1846 行中，nr_workers 統計該 worker_pool 中的工作執行緒個數。
注意，這裡 nr_workers 變數需要用迴旋栓鎖來保護，因為為每個 worker_
pool 定義了一個 timer，用於動態刪除過多的空閒的工作執行緒，見 idle_
worker_timeout() 函數。

在第 1847 行中，worker_enter_idle() 函數讓該工作執行緒進入空閒狀態。

在第 1848 行中，wake_up_process() 函數喚醒該工作執行緒。

在第 1851 行中，返回工作執行緒。

下面來看 worker_attach_to_pool() 函數的實現。

```
<create_worker()->worker_attach_to_pool()>

static void worker_attach_to_pool(struct worker *worker,
                 struct worker_pool *pool)
```

worker_attach_to_pool() 函數最主要的工作是將該工作執行緒加入 worker_
pool->workers 鏈結串列中。POOL_DISASSOCIATED 是工作執行緒池
內部使用的標示位元，一個工作執行緒池可以處於 associated 狀態或
disassociated 狀態。associated 狀態的工作執行緒池表示執行緒池綁定到某
個 CPU 上，disassociated 狀態的工作執行緒池表示執行緒池沒有綁定某個
CPU，也可能綁定的 CPU 被離線了，因此可以在任意 CPU 上執行。

綜上所述，工作佇列初始化流程如圖 2.10 所示。

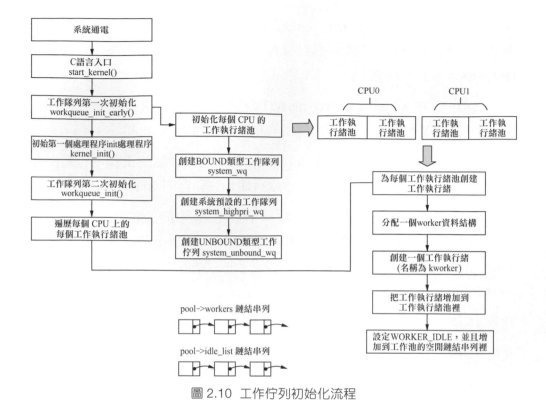

圖 2.10 工作佇列初始化流程

2.7.3 創建工作佇列

創建工作佇列的介面函數有很多，並且基本上和舊版本的工作佇列相容。

```
<include/linux/workqueue.h>

#define alloc_workqueue(fmt, flags, max_active, args...)        \
    __alloc_workqueue_key((fmt), (flags), (max_active),        \
                NULL, NULL, ##args)

#define alloc_ordered_workqueue(fmt, flags, args...)        \
    alloc_workqueue(fmt, WQ_UNBOUND | __WQ_ORDERED | (flags), 1, ##args)

#define create_workqueue(name)                    \
    alloc_workqueue("%s", WQ_MEM_RECLAIM, 1, (name))
#define create_freezable_workqueue(name)            \
    alloc_workqueue("%s", WQ_FREEZABLE | WQ_UNBOUND | WQ_MEM_RECLAIM, \
```

```
            1, (name))
#define create_singlethread_workqueue(name)          \
    alloc_ordered_workqueue("%s", WQ_MEM_RECLAIM, name)
```

最常見的介面函數是 alloc_ 工作佇列 ()，它有 3 個參數，分別是 name、flags 和 max_active。其他的介面函數都和該介面函數類似，只是呼叫的 flags 不相同。

- WQ_UNBOUND：work 會加入 UNBOUND 工作佇列中，UNBOUND 工作佇列的工作執行緒沒有綁定到具體的 CPU 上。UNBOUND 類型的 work 不需要額外的同步管理，UNBOUND 工作執行緒池會嘗試儘快執行它的 work。這類 work 會犧牲一部分性能（局部原理帶來的性能提升），但是比較適用於以下場景。
  - 一些應用會在不同的 CPU 上跳躍，這樣如果創建 BOUND 類型的工作佇列，會創建很多沒用的工作執行緒。
  - 長時間執行的 CPU 消耗類型的應用（標記 WQ_CPU_INTENSIVE 標示位元）通常會創建 UNBOUND 類型的工作佇列，處理程序排程器會管理這類工作執行緒在哪個 CPU 上執行。

- WQ_FREEZABLE：一個標記著 WQ_FREEZABLE 的工作佇列會參與到系統的 suspend 過程中，這會讓工作執行緒完當前所有的 work 才完成處理程序凍結，並且這個過程中不會再新開始一個 work 的執行，直到處理程序被解凍。

- WQ_MEM_RECLAIM：當記憶體緊張時，創建新的工作執行緒可能會失敗，系統還有一個 rescuer 工作執行緒會接管這種情況。

- WQ_HIGHPRI：屬於高優先順序的工作執行緒池，即比較低的 nice 值。

- WQ_CPU_INTENSIVE：屬於特別消耗 CPU 資源的一類 work，這類 work 的執行會得到系統處理程序排程器的監管。排在這類 work 後面的 non-CPU-intensive 類型的 work 可能會延後執行。

- __WQ_ORDERED：表示同一個時間只能執行一個 work。

參數 max_active 也值得關注，它決定對每個 CPU 最多可以把多少個 work 掛入一個工作佇列。舉例來說，max_active=16，說明對於每個 CPU 最多可以把 16 個 work 掛入一個工作佇列中。通常對於 BOUND 類型的工作佇列，max_active 最大可以是 512，如果向 max_active 參數傳入 0，則表示指定為 256。對於 UNBOUND 類型工作佇列，max_active 可以取 512 到 4 num_possible_cpus() 的最大值。通常建議驅動開發者使用 max_active=0 作為參數，有些驅動開發者希望使用一個嚴格串列執行的工作佇列，alloc_ordered_workqueue() 介面函數可以滿足這方面的需求，這裡使用 max_active=1 和 WQ_UNBOUND 的組合，同一時刻只有一個 work 可以執行。

1. alloc_workqueue() 函數

alloc_workqueue() 函數主要呼叫 __alloc_workqueue_key() 函數來實現，它實現在 kernel/workqueue.c 檔案中。

```
<kernel/workqueue.c>

struct workqueue_struct *__alloc_workqueue_key(const char *fmt,
                         unsigned int flags,
                         int max_active,
                         struct lock_class_key *key,
                         const char *lock_name, ...)
```

__alloc_workqueue_key() 函數中重要的操作如下。

在第 4088 行中，對於 UNBOUND 類型工作佇列，若參數 max_active=1，說明有些驅動開發者希望使用一個嚴格串列執行的工作佇列。

在第 4092 行中，WQ_POWER_EFFICIENT 標示位元需要考慮系統的功耗問題。對於 BOUND 類型的工作佇列，它是 Per-CPU 類型的，會利用快取記憶體的局部性原理來提高性能。它不會從這個 CPU 遷移到另外一個 CPU，也不希望處理程序排程器來打擾它們。設定成 UNBOUND 類型的工作佇列後，究竟選擇哪個 CPU 上喚醒由處理程序排程器決定。Per-CPU 類型的工作佇列會讓空閒狀態的 CPU 從空閒狀態喚醒，從而增加了

功耗。如果系統組態了 CONFIG_WQ_POWER_ EFFICIENT_DEFAULT
選項，那麼創建工作佇列會把標記了 WQ_POWER_EFFICIENT 的工作佇
列設定成 UNBOUND 類型，這樣處理程序排程器就可以參與選擇 CPU 來
執行 [15]。

在第 4099 行中，分配一個 workqueue_struct 資料結構。workqueue_struct
資料結構的最後一個成員是一個變長陣列 numa_pwq_tbl[]。

在第 4103 行中，為 WQ_UNBOUND 類型的工作佇列分配 workqueue_
attrs。

在第 4117 ～ 4127 行中，為 workqueue 資料結構初始化必要的成員。

在第 4129 行中，alloc_and_link_pwqs() 分配一個 pool_struct 資料結構並
初始化。我們稍後會詳細分析該函數。

在第 4132 行中，init_rescuer() 為每一個工作佇列初始化一個 rescuer 工作
執行緒。

在第 4150 行中，把初始化好的工作佇列增加到一個全域的鏈結串列裡。

2. alloc_and_link_pwqs() 函數

alloc_and_link_pwqs() 函數的主要目的是分配一個 pool_workqueue 資料結
構並初始化 pool_workqueue 資料結構，它是連接工作佇列和工作執行緒
池的樞紐。

15　在 Viresh Kumar 提交的 Linux 3.11 核心的補丁中，程式註釋 include/linux/workqueue.h 中有這樣一句
　　話："The scheduler considers a CPU idle if it doesn't have any task to execute and tries to keep idle cores
　　idle to conserve power"。意思是當一個 CPU 上沒有任務即時執行，排程器會讓這個 CPU 進入空閒狀
　　態，然後嘗試讓空閒狀態的 CPU 繼續保持空閒狀態來省電。然而，對於被喚醒的 UNBOUND 類型
　　的 work，排程器依然會選擇一個空閒的 CPU 來喚醒和執行，程式路徑是 worker_thread() → process_
　　one_work() → wake_ up_worker() → wake_up_process() → select_task_rq_fair() → select_idle_
　　sibling()。這個註釋容易讓人混淆，經確認，排程器可能會喚醒空閒的 CPU，WQ_POWER_
　　EFFICIENT 標示位元只是不想讓 CPU 固定地睡眠、喚醒、睡眠、喚醒，由排程器來決定選擇哪個
　　CPU 喚醒比較好。

```
<__alloc_workqueue_key()→alloc_and_link_pwqs()>

static int alloc_and_link_pwqs(struct workqueue_struct *wq)
```

alloc_and_link_pwqs() 函數同樣實現在 kernel/workqueue.c 檔案中，其實現的重要操作如下。

第 3997 ～ 4014 行中，處理 BOUND 類型的工作佇列。

在第 3998 行中，cpu_pwqs 是一個 Per-CPU 類型的指標，alloc_percpu() 函數為每一個 CPU 分配一個 pool_workqueue 資料結構。

在第 4005 行中，cpu_worker_pools 是系統靜態定義的 Per-CPU 類型的 worker_pool 資料結構，wq->cpu_pwqs 是動態分配的 Per-CPU 類型的 pool_workqueue 資料結構。

在第 4008 行中，init_pwq() 函數把這兩個資料結構連接起來，即 pool_workqueue->pool 指向 worker_pool 資料結構，pool_workqueue->wq 指向 workqueue_struct 資料結構。

在第 4011 行中，link_pwq() 函數主要把 pool_workqueue 增加到 workqueue_struct->pwqs 鏈結串列中。

在第 4016 行和第 4223 行中，分別處理 ORDERED 類型和 UNBOUND 類型的工作佇列，這些都透過呼叫 apply_workqueue_attrs() 函數來實現。我們稍後分析 apply_workqueue_attrs() 函數。

3. apply_workqueue_attrs() 函數

apply_workqueue_attrs() 函數用來更新屬性（workqueue_attrs）到 UNBOUND 類型的工作佇列中，其間若遇到屬性一樣的 worker_pool，就可以省去創建 worker_pool 的時間了。

```
<apply_workqueue_attrs()->apply_workqueue_attrs_locked()>

static int apply_workqueue_attrs_locked(struct workqueue_struct *wq,
                const struct workqueue_attrs *attrs)
{
```

```
    ctx = apply_wqattrs_prepare(wq, attrs);
    apply_wqattrs_commit(ctx);
    apply_wqattrs_cleanup(ctx);
}
```

apply_workqueue_attrs_locked() 函數中的操作主要集中在 apply_wqattrs_
prepare()、apply_ wqattrs_commit() 和 apply_wqattrs_cleanup() 這三個函數。

4. apply_wqattrs_prepare() 函數

apply_wqattrs_prepare() 函數主要做一些準備工作,它實現在 kernel/
workqueue.c 檔案中。

```
<kernel/workqueue.c>

static struct apply_wqattrs_ctx *
apply_wqattrs_prepare(struct workqueue_struct *wq,
            const struct workqueue_attrs *attrs)
```

apply_wqattrs_prepare() 函數中的重要操作如下。

在第 3755 行中,分配一個 apply_wqattrs_ctx 資料結構。

在第 3757 行和第 3758 行中,分配兩個 workqueue_attrs 資料結構,後續
會使用。

在第 3767 行中,複製屬性到 new_attrs 中。

在第 3784 行中,呼叫 alloc_unbound_pwq() 函數來尋找或新建一個 pool_
workqueue。

上述中最重要的函數就是 alloc_unbound_pwq()。

```
<kernel/workqueue.c>

static struct pool_workqueue *alloc_unbound_pwq(struct workqueue_struct *wq,
const struct workqueue_attrs *attrs)
```

alloc_unbound_pwq() 函數也實現在 kernel/workqueue.c 中,其中的主要操
作如下。

在第 3635 行中,透過 get_unbound_pool() 函數獲取一個 worker_pool。

在第 3644 行中，init_pwq() 函數把 worker_pool 和 workqueue_struct 串聯
起來。

下面看一下 get_unbound_pool() 函數的實現。

```
<kernel/workqueue.c>

static struct worker_pool *get_unbound_pool(const struct workqueue_attrs *attrs)
```

get_unbound_pool() 函數也實現在 kernel/workqueue.c 中，其中的主要操
作如下。

在第 3449 行中，系統定義了一個雜湊表 unbound_pool_hash，用於管理系
統中所有的 UNBOUND 類型的 worker_pool，透過 wqattrs_equal() 函數判
斷系統中是否已經有了類型相關的 worker_pool。wqattrs_equal() 函數首
先會比較 nice 值，然後比較 cpumask 點陣圖是否一致。

在第 3468 行中，如果在系統中沒有找到屬性一致的 worker_pool，那就重
新分配和初始化一個。

把新分配的 worker_pool 增加到雜湊表 unbound_pool_hash。

5. apply_wqattrs_commit()

apply_wqattrs_commit() 函數用來安裝剛才分配好的 pool_workqueue。

```
<kernel/workqueue.c>

static void apply_wqattrs_commit(struct apply_wqattrs_ctx *ctx)
```

apply_wqattrs_commit() 函 數 會 呼 叫 numa_pwq_tbl_install() 函數來安裝
pool_workqueue。

numa_pwq_tbl_install() 函數也是實現在 kernel/workqueue.c 中，其中的主
要操作如下。

在 第 3712 行 中，link_pwq() 函 數 把 找 到 的 pool_workqueue 增 加 到
workqueue_struct->pwqs 鏈結串列中。

為了利用 RCU 鎖機制來保護 pool_workqueue 資料結構，首先 old_pwq
和 pwq_tbl[node] 指向 wq->numa_pwq_tbl[node] 中舊的資料，執行 rcu_
assign_pointer() 之後，wq->numa_pwq_tbl[node] 指標指向新的資料，也就
是剛才分配的 pool_workqueue。

那 RCU 什麼時候會刪除舊資料呢？看 apply_wqattrs_cleanup() 函數中的
put_pwq_unlocked() 函數，其中 ctx->pwq_tbl[node] 指向舊資料。

```
<put_pwq_unlocked()->put_pwq()>

static void put_pwq(struct pool_workqueue *pwq)
{
    if (likely(--pwq->refcnt))
        return;
    schedule_work(&pwq->unbound_release_work);
}
```

當 pool_workqueue->refcnt 成員等於 0 時，會透過 schedule_work() 函數排
程一個系統預設的 work。每個 pool_workqueue 又初始化一個 work，詳見
init_pwq() 函數。

```
static void init_pwq(struct pool_workqueue *pwq, struct workqueue_struct *wq,
            struct worker_pool *pool)
{
    ...
    pwq->pool = pool;
    pwq->wq = wq;
    ...
    INIT_WORK(&pwq->unbound_release_work, pwq_unbound_release_workfn);
}
```

直接看該 work 的回呼函數 pwq_unbound_release_workfn()。

```
<put_pwq_unlocked()→put_pwq()→pwq_unbound_release_workfn()>

static void pwq_unbound_release_workfn(struct work_struct *work)
{
  ...
    call_rcu(&pwq->rcu, rcu_free_pwq);
```

```
    if (is_last)
        call_rcu(&wq->rcu, rcu_free_wq);
}
```

首先從 work 中找到 pool_workqueue 資料結構的指標 pwq。注意，該 work 只對 UNBOUND 類型的工作佇列有效。當有需要釋放 pool_workqueue 資料結構時，會呼叫 call_rcu() 函數來對舊資料進行保護，讓所有存取舊資料的臨界區都經歷過寬限期之後才會釋放舊資料。

綜上所述，創建工作佇列的流程如圖 2.11 所示。

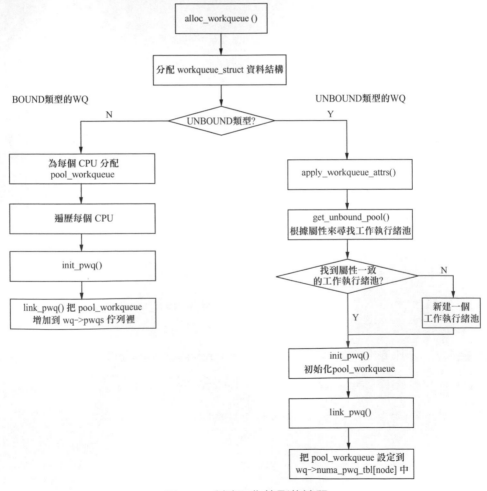

圖 2.11　創建工作佇列的流程

2.7.4 增加和排程一個 work

Linux 核心推薦驅動開發者使用預設的工作佇列，而非新創建工作佇列。
要使用系統預設的工作佇列，首先需要初始化一個 work，核心提供了對
應的巨集 INIT_WORK()。

```
<include/linux/workqueue.h>

#define INIT_WORK(_work, _func)                    \
    __INIT_WORK((_work), (_func), 0)

#define __INIT_WORK(_work, _func, _onstack)            \
    do {                                 \
        __init_work((_work), _onstack);        \
        (_work)->data = (atomic_long_t) WORK_DATA_INIT();  \
        INIT_LIST_HEAD(&(_work)->entry);       \
        (_work)->func = (_func);           \
    } while (0)

#define WORK_DATA_INIT()        ATOMIC_LONG_INIT(WORK_STRUCT_NO_POOL)
```

work_struct 資料結構不複雜，主要是對 data、entry 和回呼函數 func 設定
值。data 成員被劃分成兩個域，低位元域用於存放與 work 相關的 flags，
高位元域用於存放上次執行該 work 的 worker_pool 的 ID 或保存 pool_
workqueue 資料結構上一次的指標。

```
enum {
    WORK_STRUCT_PENDING_BIT  = 0,
    WORK_STRUCT_DELAYED_BIT  = 1,
    WORK_STRUCT_PWQ_BIT  = 2,
    WORK_STRUCT_LINKED_BIT  = 3,
    WORK_STRUCT_COLOR_SHIFT  = 4,
    WORK_STRUCT_COLOR_BITS  = 4,
    ...
    WORK_OFFQ_FLAG_BITS  = 1,
    ...
}
```

以 32 位元的 CPU 來説，當 data 欄位包含 WORK_STRUCT_PWQ_BIT 標
示位元時，表示其高位元用於保存 pool_workqueue 資料結構中上一次的

指標，低 8 位元用於存放一些標示位元。當 data 欄位沒有包含 WORK_
STRUCT_PWQ_BIT 標示位元時，表示其高位元用於存放上一次執行該
work 的 worker_pool 的 ID，低 5 位元用於存放一些標示位元，詳見 get_
work_pool() 函數。

常見的標示位元如下。

- WORK_STRUCT_PENDING_BIT：表示該 work 正在延遲執行。
- WORK_STRUCT_DELAYED_BIT：表示該 work 被延遲執行了。
- WORK_STRUCT_PWQ_BIT：表示 work 的 data 成員指向 pwqs 資料結
  構的指標，其中 pwqs 需要按照 256B 對齊，這樣 pwqs 指標的低 8 位元
  可以忽略，只需要其餘的位元就可以找回 pwqs 指標。pool_workqueue
  資料結構按照 256 位元組對齊。
- WORK_STRUCT_LINKED_BIT：表示下一個 work 連接到該 work 上。

初始化完一個 work 後，就可以呼叫 schedule_work() 函數來把 work 掛入
系統的預設工作佇列中。

```
<include/linux/workqueue.h>

static inline bool schedule_work(struct work_struct *work)
{
    return queue_work(system_wq, work);
}
```

schedule_work() 函數把 work 掛入系統預設 BOUND 類型的工作佇列
system_wq 中，該工作佇列是在呼叫 init_workqueues() 時創建的。

```
<schedule_work()->queue_work()>

static inline bool queue_work(struct workqueue_struct *wq,
                 struct work_struct *work)
{
    return queue_work_on(WORK_CPU_UNBOUND, wq, work);
}
```

queue_work_on() 函數有 3 個參數，其中 WORK_CPU_UNBOUND 表示不綁定到任何 CPU 上，建議使用本地 CPU。WORK_CPU_UNBOUND 巨集容易讓人產生混淆，它定義為 NR_CPUS。wq 指工作佇列，work 指新創建的工作。

```
<schedule_work()->queue_work()->queue_work_on()>

bool queue_work_on(int cpu, struct workqueue_struct *wq,
          struct work_struct *work)
{
    bool ret = false;
    unsigned long flags;

    local_irq_save(flags);

    if (!test_and_set_bit(WORK_STRUCT_PENDING_BIT, work_data_bits(work))) {
        __queue_work(cpu, wq, work);
        ret = true;
    }

    local_irq_restore(flags);
    return ret;
}
```

把 work 加入工作佇列是在關閉本地中斷的情況下進行的。如果開中斷，那麼可能在處理中斷返回時排程其他處理程序，其他處理程序可能呼叫 cancel_delayed_work() 函數獲取了 PENDING 位元，這種情況在稍後介紹 cancel_delayed_work() 函數時再詳細描述。如果該 work 已經設定了 WORK_STRUCT_ PENDING_BIT 標示位元，說明該 work 已經在工作佇列中，不需要重複增加。test_and_set_bit() 函數設定 WORK_STRUCT_ PENDING_BIT 標示位元並返回舊值。

1. __queue_work() 函數

__queue_work() 函數實現在 kernel/workqeueue.c 檔案中，是排程一個 work 的核心實現。

```
static void __queue_work(int cpu, struct workqueue_struct *wq,
          struct work_struct *work)
```

__queue_work() 函數中的主要操作如下。

在第 1403 行中，__WQ_DRAINING 標示位元表示要銷毀工作佇列，因此掛入工作佇列中所有的 work 都要處理完畢才能把這個工作佇列銷毀。在銷毀過程中，一般不允許再有新的 work 加入佇列中。特例是正在清空 work 時又觸發了一個工作加入佇列操作，這種情況稱為鏈式工作（chained work）。

在第 1411 ～ 1414 行中，pool_workqueue 資料結構是橋樑樞紐，為了把 work 增加到工作佇列中，首先需要找到一個合適的 pool_workqueue 樞紐。對於 BOUND 類型的工作佇列，直接使用本地 CPU 對應的 pool_workqueue 樞紐；對於 UNBOUND 類型的工作佇列，呼叫 unbound_pwq_by_node() 函數來尋找本地節點對應的 UNBOUND 類型的 pool_workqueue。

```
static struct pool_workqueue *unbound_pwq_by_node(struct workqueue_struct *wq,
int node)
{
    return rcu_dereference_raw(wq->numa_pwq_tbl[node]);
}
```

對於 UNBOUND 類型的工作佇列，workqueue_struct 資料結構中的 numa_pwq_tbl[] 陣列存放著每個系統節點對應的 UNBOUND 類型的 pool_workqueue 樞紐。

在第 1421 ～ 1438 行中，每個 work_struct 資料結構的 data 成員可以用於記錄 worker_pool 的 ID，get_work_pool() 函數可以用於查詢該 work 上一次是在哪個 worker_pool 中執行的。

```
static struct worker_pool *get_work_pool(struct work_struct *work)
{
    unsigned long data = atomic_long_read(&work->data);
    int pool_id;
```

```
    pool_id = data >> WORK_OFFQ_POOL_SHIFT;
    if (pool_id == WORK_OFFQ_POOL_NONE)
        return NULL;

    return idr_find(&worker_pool_idr, pool_id);
}
```

在第 1421 行中，get_work_pool() 函數返回上一次執行該 work 的 worker_pool。如果發現上一次執行該 work 的 worker_pool 和這一次執行該 work 的 pwq->pool 不一致，如上一次在 CPU0 對應的 worker_pool 上執行，這一次在 CPU1 對應的 worker_pool 上執行，就要考驗 work 是不是正執行在 CPU0 的 worker_pool 中的某個工作執行緒裡。如果是，那麼這次 work 應該繼續增加到 CPU0 的 worker_pool 上。

find_worker_executing_work() 函數判斷一個 work 是否正在某個 worker_pool 上執行，如果是，則返回這個正在執行的工作執行緒，這樣可以利用其快取熱度。

在第 1449 行中，程式執行到這裡，pool_workqueue 應該已確定，不是透過本地 CPU 或節點找到了 pool_workqueue，就是它是上一次的 last pool_workqueue。但是對 UNBOUND 類型的工作佇列來說，對 UNBOUND 類型的 pool_workqueue 的釋放是非同步的，因此這裡有一個 refcnt 成員。當 pool_workqueue->refcnt 減小到 0 時，說明該 pool_workqueue 已經被釋放，因此只能跳躍到 retry 標籤處重新選擇 pool_workqueue。

在第 1470 行中，判斷當前的 pool_workqueue 活躍的 work 數量。如果小於最大值，就加入等待鏈結串列 worker_pool->worklist 中；不然加入 delayed_works 鏈結串列中。

在第 1481 行中，把 work 增加到 worker_pool 裡。

上述過程完成了增加一個 work 到工作佇列的動作，如圖 2.12 所示。

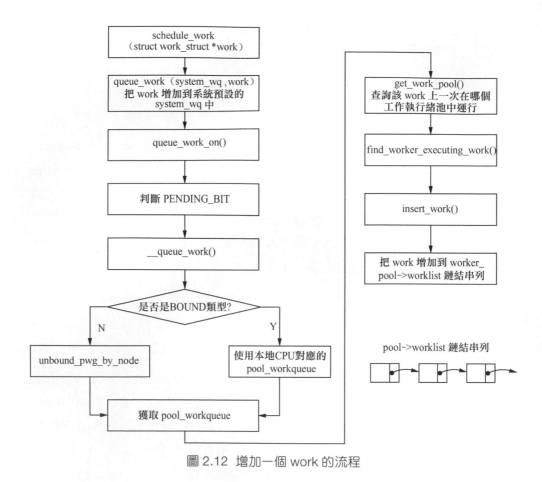

圖 2.12 增加一個 work 的流程

2. insert_work() 函數

insert_work() 函數實現在 kernel/workqeueue.c 檔案中,其中的主要操作如下。

在第 1319 行中,set_work_pwq() 函數設定 work_struct 資料結構中的 data 成員,把 pwq 指標的值和一些標示位元設定到 data 成員中,下一次呼叫 queue_work() 函數重新加入該 work 時,可以很方便地知道本次使用哪個 pool_workqueue,詳見 get_work_pwq() 函數。

在第 1320 行中,將 work 加入 worker_pool 對應的鏈結串列中。

在第 1321 行中，get_pwq() 函數增加 pool_workqueue->refcnt 成員，它和 put_pwq() 函數是配對使用的。

在第 1328 行中，smp_mb() 記憶體屏障指令保證 wake_up_worker() 函數喚醒 worker 時，在 __schedule()->wq_worker_sleeping() 函數中看到這裡的 list_add_tail() 函數增加鏈結串列已經完成。另外，也保證第 1330 行的 __need_more_worker() 函數讀取 worker_pool->nr_running 成員時，list_add_tail() 函數增加鏈結串列已經完成。

至此，驅動開發者呼叫 schedule_work() 函數已經把 work 加入工作佇列中，雖然函數名稱叫作 schedule_work，但並沒有開始實際排程 work，它只是把 work 加入工作佇列的 PENDING 鏈結串列中而已。注意以下幾點。

- 加入工作佇列的 PENDING 鏈結串列是在關中斷的環境下進行的。
- 設定 work->data 成員的 WORK_STRUCT_PENDING_BIT 標示位元。
- 尋找合適的 pool_workqueue。優先選擇本地 CPU 對應的 pool_workqueue。如果該 work 正在另外一個 CPU 的工作執行緒池中執行，那麼優先選擇這個執行緒池。
- 找到 pool_workqueue，也就找到對應的 worker_pool 和對應的 PENDING 鏈結串列。
- 小心處理 SMP 併發情況。

2.7.5 處理一個 work

接下來看工作執行緒是如何處理 work 的。從程式分析我們可以知道以下兩點。

- 對於 BOUND 類型的工作佇列，每個 CPU 會創建一個專門的工作執行緒。
- 對於 UNBOUND 類型的工作佇列，每一個 worker_pool 會創建一個專門的工作執行緒。

1. worker_thread() 函數

Work_thread() 函數的定義如下。

```
<kernel/workqueue.c>

static int worker_thread(void *__worker)
```

worker_thread() 函數實現在 kernel/workqueue.c 檔案中，其中的主要操作如下。

在第 2267 行中，set_pf_worker() 函數設定該工作執行緒的 task_struct->flags 成員的 PF_WQ_WORKER 標示位元，告訴處理程序排程器這是一個 worker 類型的執行緒。

在第 2272 行中，WORKER_DIE 是指工作執行緒要被銷毀的情況。

在第 2284 行中，工作執行緒在創建時把狀態設定成空閒狀態，詳細參見 create_worker() 函數，現在執行緒即時執行應該退出空閒狀態。worker_leave_idle() 函數清除 WORKER_IDLE 標示位元，並退出空閒狀態鏈結串列（worker-> entry）。

在第 2287 行中，worker_thread 是一個工作執行緒的執行部分，它會不停地被排程，如果這時該工作執行緒空閒，那最好讓它睡眠，即跳躍到第 2329 行的 sleep 標籤處，讓該工作執行緒睡眠。

如果當前 worker_pool 的等待佇列中有等待的任務，並且當前工作執行緒池中也沒有正在執行的執行緒，那麼需要喚醒更多的執行緒；不然當前工作執行緒應該跳躍到第 2329 行程式的 sleep 標籤處睡眠。對於 UNBOUND 類型的工作執行緒，由於不使用 nr_running 成員，因此 need_more_worker() 一直返回 true。

need_more_worker() 函數有兩個判斷，一是判斷工作執行緒池是否為空，二是判斷工作執行緒池中表示正在執行中的 worker 數量是否為 0。

在第 2291 行中，may_start_working() 判斷該執行緒池中是否有空閒狀態的工作執行緒。如果沒有，那麼需要新建一些工作執行緒。工作執行緒池裡的工作執行緒是動態創建和分配的，也就是隨選分配。may_start_working() 函數比較簡單，只返回 worker_pool-> nr_idle 成員。

manage_workers() 函數是動態管理創建工作執行緒的函數。我們稍後分析這個函數。

創建一個新工作執行緒後，還需要跳躍到 recheck 標籤處再檢查一遍，可能在創建工作執行緒的過程中整個工作執行緒池的狀態又發生了變化。

在第 2299 行中，worker->scheduled 鏈結串列表示工作執行緒準備處理一個 work 或正在執行一個 work 時才會有 work 增加到該鏈結串列中，因此這裡使用 WARN_ON_ONCE() 做判斷。

在 第 2308 行 中，worker_clr_flags() 函 數 清 除 worker->flags 中 的 WORKER_PREP | WORKER_REBOUND 標示位元，因為馬上就要開始執行 work 的回呼函數了。另外，對 BOUND 類型的工作佇列來說，這裡還會增加 worker_pool->nr_running 計數值。

在第 2310 ～ 2326 行中，依次處理 worker_pool->worklist 鏈結串列中等待的 work。WORK_STRUCT_ LINKED 標示位元表示 work 後面還有其他 work，把這些 work 遷移到 worker->scheduled 鏈結串列中，然後一併呼叫 process_one_work() 函數處理這些 work。

在第 2326 行中，keep_working() 函數用來控制執行緒數量。我們稍後會詳細分析該函數。

綜上所述，處理一個 work 的流程如圖 2.13 所示。

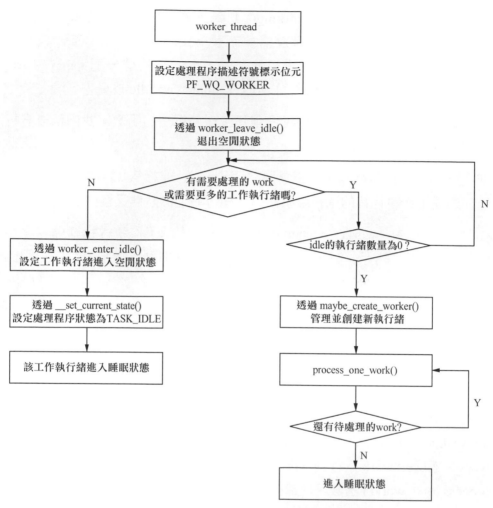

圖 2.13 處理一個 work 的流程

2. need_more_worker() 函數

need_more_worker() 函數用來判斷是否需要喚醒一些工作執行緒。

```
static bool need_more_worker(struct worker_pool *pool)
{
    return !list_empty(&pool->worklist) && __need_more_worker(pool);
}

static bool __need_more_worker(struct worker_pool *pool)
```

```
{
    return !atomic_read(&pool->nr_running);
}
```

其中 nr_running 是一個計數值，用於管理工作執行緒的創建和銷毀，表示正在執行中的工作執行緒數量。

3. manage_workers() 函數

manage_workers() 函數用來管理和分配工作執行緒。

```
<kernel/workqueue.c>

static bool manage_workers(struct worker *worker)
```

內部呼叫 maybe_create_worker() 函數，在該函數的 while 迴圈首先呼叫 create_worker() 函數來創建新的工作執行緒。若創建成功，則退出 while 迴圈或透過 need_to_create_worker() 函數判斷是否需要繼續創建新執行緒。

4. process_one_work() 函數

process_one_work() 函數的定義如下。

```
static void process_one_work(struct worker *worker, struct work_struct *work)
```

process_one_work () 函數實現在 kernel/workqueue.c 檔案中，其中的主要操作如下。

在第 2097 行中，find_worker_executing_work() 函數查詢一個 work 是否正在 worker_pool-> busy_hash 雜湊表中執行。如果一個 work 可能在同一個 CPU 上不同的工作執行緒中執行，該 work 只能退出當前處理。

在第 2104 ～ 2109 行中，把當前工作執行緒增加到 worker_pool-> busy_hash 雜湊表中。

在第 2125 行中，如果當前的工作佇列是 WQ_CPU_INTENSIVE 的，那麼設定該工作執行緒為 WORKER_CPU_INTENSIVE，這樣排程器就知道工

作執行緒的屬性了。不過目前處理程序排程器暫時還沒有對 WORKER_
CPU_INTENSIVE 工作執行緒做任何特殊處理。

在第 2135 行中，繼續判斷是否需要喚醒更多的工作執行緒。對 BOUND
類型的工作佇列來說，程式執行到此時通常 nr_running>=1，因此這裡判
斷條件不成立。

在第 2144 行中，set_work_pool_and_clear_pending() 函數清除 worker 資
料結構中 data 成員的 pending 標示。注意，這裡插入了一行功能強大的
smp_wmb() 指令，smp_wmb() 指令保證屏障指令之前的寫入指令一定在
屏障之後的寫入指令之前完成，因此對 work 所有的修改都完成後，才會
清除 pending 標示位元。

在第 2173 行中，真正執行 work 的回呼函數 worker->current_func(work)。

在第 2211 ～ 2215 行中，work 的回呼函數執行完成後的清理工作。

5. keep_working() 函數

keep_working() 函數其實是控制活躍工作執行緒數量的。

```
static bool keep_working(struct worker_pool *pool)
{
    return !list_empty(&pool->worklist) &&
        atomic_read(&pool->nr_running) <= 1;
}
```

這裡判斷條件比較簡單，如果 pool->worklist 中還有工作需要處理且工作
執行緒池中活躍的執行緒數量小於或等於 1，那麼保持當前工作執行緒繼
續工作，此功能可以防止工作執行緒氾濫。為什麼限定活躍的工作執行緒
數量小於或等於 1 呢？在一個 CPU 上限定一個活躍工作執行緒的方法比
較簡單。當然，這裡沒有考慮 CPU 上工作執行緒池的負載情況。[16]

16　如一個 CPU 上有 5 個任務，假設它們的權重都是 1024，其中 3 個 work 類型任務，那麼這 3 個 work
　　分佈在 3 個工作執行緒和在 1 個工作執行緒中執行，哪種方式能夠最快執行完成？

6. worker_thread() 函數

worker_thread() 函數簡化後的程式邏輯如下。

```
worker_thread()
{
recheck :
    If (不需要更多的工作執行緒?)
        goto 睡眠;

    if (需要創建更多的工作執行緒?&&創建執行緒)
        goto recheck;

    do {
        處理工作;
    } (還有工作待完成&&活躍的工作執行緒<= 1)

睡眠:
    schedule();
}
```

至此一個 work 的執行過程已介紹完畢，關於工作執行緒的複習如下。

- 動態地創建和管理一個工作執行緒池中的工作執行緒。假如發現有等待的 work 且當前工作執行緒池中沒有正在執行的工作執行緒（worker_pool-> nr_running = 0），那就喚醒空閒狀態的執行緒；不然就動態創建一個工作執行緒。
- 如果發現一個 work 已經在同一個工作執行緒池的另外一個工作執行緒執行了，那就不處理該 work。
- 動態管理活躍工作執行緒數量，詳見 keep_working() 函數。

2.7.6 取消一個 work

在關閉裝置節點、出現一些錯誤或裝置要進入 suspend 狀態時，驅動通常需要取消一個已經排程的 work，工作佇列機制提供了一個取消 work 的 cancel_work_sync() 函數介面。該函數通常會取消一個 work，但會等待該 work 執行完畢。cancel_work_sync() 函數內部呼叫 __cancel_work_ timer() 函數，參數 is_dwork 為 false，dwork 指工作佇列的另外一個變形 delayed_work，稍後會介紹。

1. cancel_work_sync() 函數

ancel_work_sync() 函數會直接呼叫 __cancel_work_timer() 函數，下面我們來看 __cancel_work_timer() 函數的實現。

```
<kernel/workqueue.c>

static bool __cancel_work_timer(struct work_struct *work, bool is_dwork)
```

__cancel_work_timer() 函數實現在 kernel/workqueue.c 檔案中，其中的主要操作如下。

在第 2981 行中，初始化了一個等待佇列 cancel_waitq。

在第 2985 ～ 3016 行中，實現一個忙等待 pending 位元的過程。try_to_grab_pending() 函數讓呼叫 cancel_work_sync() 函數的處理程序變成一個「偷竊者」，類似於互斥鎖機制中的「偷竊者」，嘗試從工作執行緒池中把 work「偷回來」。

透過 try_to_grab_pending() 函數獲取 work 可能會失敗。有一種失敗情況需要特殊處理──當這個 work 處於正在退出的狀態時，會返回 –ENOENT，__cancel_work_timer() 函數等待並繼續嘗試。

如果 try_to_grab_pending() 函數成功獲取了 work，那麼 mark_work_canceling() 函數設定 WORK_OFFQ_CANCELING 位元。

在第 3027 行中，__flush_work() 函數會等待 work 執行完。

2. try_to_grab_pending() 函數

try_to_grab_pending() 函數的實現如下。

```
<kernel/workqueue.c>

static int try_to_grab_pending(struct work_struct *work, bool is_dwork,
                   unsigned long *flags)
```

try_to_grab_pending() 實現在 kernel/workqueue.c 檔案中，其中的主要操作如下。

在第 1232 行中，關閉本地中斷，原因稍後再詳細解釋。

在第 1248 行中，測試 work->data 成員中的 WORK_STRUCT_PENDING_BIT（簡稱 PENGING 位元）是否為 0。如果 PENDING 位元為 0，說明該 work 處於空閒狀態，那麼我們可以很輕鬆地把 work 取回來，不需要去工作執行緒池中獲取 work 了；如果 PENDING 位元不為 0，說明 work 還在工作執行緒池的等待佇列中。注意，test_and_set_bit() 不管當前 PENDING 位元是否歸零，都要重新設定該位元，後續還需要等待該 work 執行完。

關於 PENDING 位元何時設定以及歸零，複習如下。

- 設定 PENDING 位元：如果一個 work 已經增加到工作佇列中，呼叫 schedule_work() → queue_work() → queue_work_on()。
- PENDING 位元歸零：如果一個 work 在工作執行緒裡並且馬上要執行，呼叫 worker_thread → process_ one_work() → set_work_pool_and_ clear_pending()。
- 上述設定和歸零動作都是在關閉本地中斷的情況下執行的。

在第 1255 ～ 1290 行中，假設該 work 還在工作執行緒池的等待佇列中，那麼嘗試從工作執行緒池中獲取 work，成功後，try_to_grab_pending() 函數返回 1。get_work_pool() 函數獲取 worker_pool 可能會失敗，如果該 work 已經被取消，那麼返回 –ENOENT，__cancel_work_timer() 函數會等待並繼續嘗試。

下面回答為什麼要關閉本地中斷。

工作佇列機制使用 PENDING 位元來同步 work 加入和刪除佇列操作。當一個 work 要加入工作佇列時，首先要設定這個位元，然後才能執行 work。從一個 work 設定 PENDING 位元到真正執行，在這個時間視窗裡可能發生中斷或被先佔。另外，如果從工作佇列中刪除一個 work，也有類似的情況，在 process_one_work() 函數中，從釋放 pool->lock 到 PENDING 位元被歸零，在這個時間視窗裡可能發生中斷或被先佔。呼叫 cancel_work_sync() 函數的處理程序會嘗試獲取 PENDING 位元。如果加入 work 的處理程序在處理 work 的過程中發生了中斷或先佔，那麼 cancel 操作的處理程序可能已獲取 PENDING 位元。因此，在加入 work 和刪除佇列的操作中都需要關閉中斷[17]。

流程圖如圖 2.14 所示，處理程序 A 在 CPU0 上執行，在呼叫 schedule_work() 時設定該 work 的 PENDING 位元。如果此時發生了一個中斷，中斷返回前發生了排程先佔，並且排程器選擇處理程序 B 來執行。如果處理程序 B 恰巧執行 cancel_work_sync()，則處理程序 B 會把 PENDING 位元給搶走。

```
    CPU0                                                    CPU1
---------------------------------------------------------------------
   處理程序A
   schedule_work()
   queue_work_on()

   設定work的PENDING位元
    中斷發生
      ...
    中斷返回前發生排程先佔
      排程處理程序B：執行cancel_work_sync()
        處理程序B已獲取PENDING位元
```

圖 2.14 流程圖

3. __flush_work() 函數

__flush_work() 函數的實現如下。

17 在 Linux 3.7 核心之前的程式，process_one_work() 函數中先執行 spin_unlock_irq(&pool->lock)，然後清零 PENDING 位元，這中間可能會發生中斷。

```
<kernel/workqueue.c>
<cancel_work_sync()->_cancel_work_timer()->_flush_work()>
static bool __flush_work(struct work_struct *work, bool from_cancel)
```

__flush_work () 函數如何等待一個 work_A 執行完呢？

在 work_A 之後新增加一個 work_B 並把 work_B 增加到 work 所在的等待佇列尾端，然後初始化一個完成量。當執行 work_B 的回呼函數時，回呼函數透過喚醒完成量知道 work_A 已經執行完。

__flush_work () 函數中的主要操作如下。

在第 2939 行中，呼叫 start_flush_work() 函數來初始化並把一個新的 work（如 work_B）插入當前 work（如 work_A）的等待佇列中。

在第 2940 行中，wait_for_completion() 等待這個新的 work 執行完，此時，當前 work 已經執行完。

2.7.7 和排程器的互動

CMWQ 機制會動態地調整一個工作執行緒池中工作執行緒的執行情況，不會因為某一個 work 回呼函數執行了阻塞操作而影響到整個工作執行緒池中其他 work 的執行。假設某個 work 的回呼函數 func() 中執行了睡眠操作，如呼叫 wait_event_interruptible() 函數去睡眠，在 wait_event_interruptible () 函數中會設定當前處理程序的 state 為 TASK_INTERRUPTIBLE，然後執行 schedule() 函數切換處理程序。scheddule() 函數的程式片段如下。

```
<kernel/sched/core.c>

static void __sched __schedule(void)
 {
    ...
    if (!preempt && prev->state) {
            deactivate_task(rq, prev, DEQUEUE_SLEEP | DEQUEUE_NOCLOCK);

        //對工作執行緒池的處理
          if (prev->flags & PF_WQ_WORKER) {
```

```
            struct task_struct *to_wakeup;

            to_wakeup = wq_worker_sleeping(prev);
            if (to_wakeup)
                try_to_wake_up_local(to_wakeup, &rf);
        }
    }
    switch_count = &prev->nvcsw;
}
...
}
```

在 __schedule() 函數中，prev 指當前處理程序，即執行 work 的工作執行緒，它的 state 為 TASK_INTERRUPTIBLE（其值為 1）。另外，這次排程不是中斷返回前的先佔排程，preempt_count 也沒有設定 PREEMPT_ACTIVE，因此會處理工作執行緒的情況。當一個工作執行緒要被排程器換出時，呼叫 wq_worker_sleeping() 看看是否需要喚醒同一個工作執行緒池中的其他工作執行緒。wq_worker_sleeping() 函數的程式片段如下。

```
struct task_struct *wq_worker_sleeping(struct task_struct *task, int cpu)
{
    struct worker *worker = kthread_data(task), *to_wakeup = NULL;
    struct worker_pool *pool;

    pool = worker->pool;

    if (atomic_dec_and_test(&pool->nr_running) &&
        !list_empty(&pool->worklist))
         to_wakeup = first_idle_worker(pool);
    return to_wakeup ? to_wakeup->task : NULL;
}
```

當前的工作執行緒馬上要被換出（睡眠），因此先把 worker_pool-> nr_running 計數值減 1，然後判斷該計數值是否為 0，若為 0 則說明當前工作執行緒池也沒有活躍的工作執行緒。若沒有活躍的工作執行緒且當前工作執行緒池的等待佇列中還有 work 需要處理，就必須透過一個空閒的工作執行緒來喚醒它。first_idle_worker() 函數比較簡單，從 pool->idle_list 鏈結串列中取一個空閒的工作執行緒即可。

接下來，找到一個空閒的工作執行緒，呼叫 try_to_wake_up_local() 函數去喚醒空閒的工作執行緒。

在喚醒一個工作執行緒時，需要增加 worker_pool-> nr_running 計數值來告訴工作佇列機制現在有一個工作執行緒要喚醒了。

```
<__schedule()->try_to_wake_up_local()->ttwu_activate()>

static void ttwu_activate(struct rq *rq, struct task_struct *p, int en_flags)
{
    activate_task(rq, p, en_flags);
    p->on_rq = TASK_ON_RQ_QUEUED;

    if (p->flags & PF_WQ_WORKER)
        wq_worker_waking_up(p, cpu_of(rq));
}
```

wq_worker_waking_up() 函數增加 pool->nr_running 計數值，表示有一個工作執行緒馬上就會被喚醒，可以投入工作了。

```
void wq_worker_waking_up(struct task_struct *task, int cpu)
    struct worker *worker = kthread_data(task);

    if (!(worker->flags & WORKER_NOT_RUNNING)) {
        atomic_inc(&worker->pool->nr_running);
    }
}
```

worker_pool->nr_running 計數值在工作佇列機制中造成非常重要的作用，它是工作佇列機制和處理程序排程器之間的樞紐。下面來看引用計數。

```
struct worker_pool {
    ...
    atomic_t            nr_running ____cacheline_aligned_in_smp;
    ...
} ____cacheline_aligned_in_smp;
```

worker_pool 資料結構按照快取記憶體行對齊，而 nr_running 成員也要求和快取記憶體行對齊，因為系統中每個 CPU 都可能存取到這個變數，如

schedule() 函數和 try_to_wake_up() 函數把這個成員放到單獨一個快取記憶體行中，這有利於提高效率。

- 工作執行緒開始即時執行會增加 nr_running 值，見 worker_thread() → worker_clr_flags() 函數。
- 工作執行緒退出即時執行會減少 nr_running 值，見 worker_thread() → worker_set_flags() 函數。
- 工作執行緒進入睡眠時會減少 nr_running 值，見 __schedule() 函數。
- 工作執行緒被喚醒時會增加 nr_running 值，見 ttwu_activate() 函數。

2.7.8　小結

在驅動開發中使用工作佇列是比較簡單的，特別是使用系統預設的工作佇列 system_wq，主要操作如下。

- 使用 INIT_WORK() 巨集宣告一個 work 和該 work 的回呼函數。
- 排程一個 work：schedule_work()。
- 取消一個 work：cancel_work_sync()。

此外，有的驅動還自己創建一個工作佇列，特別是網路子系統、區塊裝置子系統等。

- 使用 alloc_workqueue() 函數創建新的工作佇列。
- 使用 INIT_WORK() 巨集宣告一個 work 及其回呼函數。
- 透過 queue_work() 在新工作佇列上排程一個 work。
- 透過 flush_workqueue() 刷新工作佇列上所有的 work。

Linux 核心還提供一個工作佇列機制和 timer 機制結合的延遲時間機制——delayed_work。

要瞭解 CMWQ 機制，首先要明白舊版本的工作佇列機制遇到了哪些問題，其次要清楚 CMWQ 機制中幾個重要資料結構的關係。CMWQ 機制把工作佇列劃分為 BOUND 類型和 UNBOUND 類型。

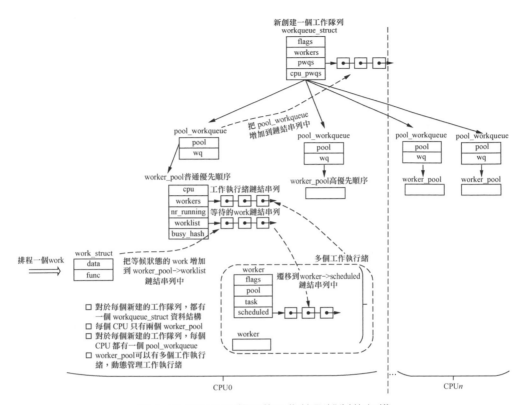

圖 2.15 BOUND 類型的工作佇列機制的架構

圖 2.15 所示是 BOUND 類型工作佇列機制的架構。關於 BOUND 類型的工作佇列的歸納如下。

- 每個新建的工作佇列都由一個 workqueue_struct 資料結構來描述。
- 對於每個新建的工作佇列,每個 CPU 透過一個 pool_workqueue 資料結構來連接工作佇列和 worker_pool。
- 每個 CPU 透過兩個 worker_pool 資料結構來描述工作執行緒池,一個用於普通優先順序工作執行緒,另一個用於高優先順序工作執行緒。
- worker_pool 中可以有多個工作執行緒,動態管理工作執行緒。
- worker_pool 和工作佇列是 1:N 的關係,即一個 worker_pool 可以對應多個工作佇列。

- pool_workqueue 是 worker_pool 和工作佇列之間的樞紐。
- worker_pool 和工作執行緒也是 1:*N* 的關係。

BOUND 類型的 work 是在哪個 CPU 上執行的呢？透過幾個介面函數可以把一個 work 增加到工作佇列上執行，其中 schedule_work() 函數通常使用本地 CPU，這樣有利於利用 CPU 的局部性原理提高效率，而 queue_work_on() 函數可以指定 CPU。

UNBOUND 類型的工作佇列的工作執行緒沒有綁定到某個固定的 CPU 上。UMA 處理器可以在全系統的 CPU 內執行；對於 NUMA 處理器，為每一個節點創建一個 worker_pool。在驅動開發中，UNBOUND 類型的工作佇列不太常用，舉一個典型的例子，Linux 核心中有一個最佳化啟動時間（boot time）的新介面 Asynchronous function calls，它實現在 kernel/async.c 檔案中。對於一些不依賴硬體時序且不需要串列執行的初始化部分，可以採用這個介面，現在電源管理子系統中透過一個選項可以把一部分外接裝置在 suspend/resume 過程中的操作用非同步的方式來實現，從而最佳化其 suspend/resume 時間，詳見 kernel/power/main.c 中關於 "pm_async_ enabled" 的實現。

對於長時間佔用 CPU 資源的一些負載（標記為 WQ_CPU_INTENSIVE），Linux 核心常使用 UNBOUND 類型的工作佇列，這樣可以利用系統處理程序排程器來選擇在哪個 CPU 上執行。drivers/md/raid5.c 驅動是關於磁碟陣列驅動的範例，其中用到了 UNBOUND 類型的工作佇列。

以下動態管理技術值得讀者仔細品味。

- 動態管理工作執行緒數量，包括動態創建工作執行緒和動態管理活躍工作執行緒等。
- 動態喚醒工作執行緒。

03 Chapter

核心偵錯與性能最佳化

本章常見面試題

1. 使用 GCC 的 "O0" 最佳化選項來編譯核心有什麼優勢？
2. 什麼是載入位址、執行位址和連結位址？
3. 什麼是位置無關的組合語言指令？什麼是位置有關的組合語言指令？
4. 什麼是重定位？
5. 在實際專案開發中，為什麼要刻意設定載入位址、執行位址以及連結位址不一樣呢？
6. 在 U-boot 啟動時重定位是如何實現的？
7. 在核心啟動時核心映射重定位是如何實現的？
8. 如何在核心程式中增加一個追蹤點？
9. slub_debug 可以檢測哪些類型的記憶體洩漏？
10. 什麼是鎖死？
11. 常見的鎖死有哪幾種？
12. 什麼是 printk 輸出等級？ printk 包含哪些輸出等級？
13. 如何使用核心的動態輸出技術？
14. 如何分析一個 oops 錯誤記錄檔？

本章主要介紹核心偵錯技巧和核心開發者常用的偵錯工具，如 ftrace、SystemTap、Kdump 等。對編寫核心程式和驅動的讀者來説，記憶體檢測和鎖死檢測是不可避免的，特別是做產品開發，產品最終發佈時要保證不能有越界存取等記憶體問題。本章最後會介紹一些核心偵錯的小技巧。

本章介紹的偵錯工具和方法大部分可在 QEMU 虛擬機器 + Debian 平台上實驗，主機上的 Linux 發行版本推薦使用 Ubuntu Linux 20.04。本書的實驗環境如下。

- 主機硬體平台：Intel x86_64 處理器相容主機。
- 主機作業系統：Ubuntu Linux 20.04。
- 實驗程式：runninglinuxkernel_5.0。
- QEMU 版本：4.2.0。

3.1 打造 ARM64 實驗平台

市面上有不少基於 ARM64 架構的開發板，如樹莓派，讀者可以採用類似於樹莓派的開發板進行學習。除了硬體開發板之外，我們還可以使用 QEMU 虛擬機器來模擬 ARM64 處理器。使用 QEMU 有兩個好處：一是不需要額外購買硬體，只需要一台裝了 Linux 發行版本的電腦即可；二是 QEMU 支援單步偵錯核心的功能。

本章會使用 QEMU 來打造 ARM64 實驗平台。

- 使用 BusyBox 打造一個簡單的檔案系統。
- 使用 Debianroot 檔案系統打造一個實用的檔案系統。

在 Linux 主機的另外一個超級終端中輸入 killall qemu-system-aarch64，即可關閉 QEMU 虛擬機器，也可以使用 Ctrl+A 組合鍵，然後按 X 鍵來關閉 QEMU 虛擬機器。

3.1.1 使用 "O0" 最佳化等級編譯核心

GCC 編譯器有多個最佳化等級，如 "O0" 表示關閉所有最佳化，"O1" 表示最基本的最佳化等級，"O2" 是從 "O1" 進階的最佳化等級，也是很多軟體預設使用的最佳化等級。Linux 核心預設使用 "O2" 最佳化等級。

讀者可能發現使用 GDB 單步偵錯核心時會出現游標亂跳並且無法輸出有些變數的值（如出現 <optimized out>）等問題。如圖 3.1 所示，在 Eclipse 中，使用 "O2" 最佳化等級編譯的核心進行單步偵錯 Linux 核心，在 Variables 標籤頁中查看變數的值，會出現大量的 <optimized out> 情況，影響偵錯效果。

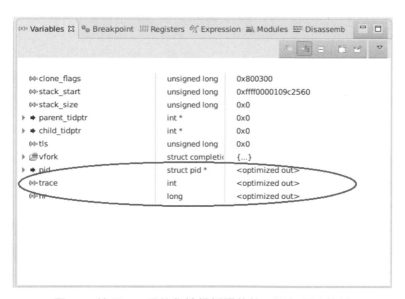

圖 3.1 使用 O2 最佳化等級編譯的核心進行單步偵錯

其實這不是 GDB 或 QEMU 的問題，而是因為核心編譯的預設最佳化選項是 "O2"。如果不希望滑鼠游標亂跳，可以嘗試把 linux-5.0 根目錄下的 Makefile 檔案中的 "O2" 改成 "O0"，但是這樣編譯會有問題，我們為此做了一些修改。使用 "O0" 最佳化等級編譯的核心進行單步偵錯不會出現變數最佳化和滑鼠游標亂跳等問題，如圖 3.2 所示。

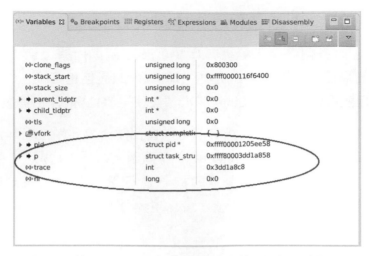

圖 3.2 使用 "O0" 最佳化等級編譯的核心進行單步偵錯

最後需要特別説明一下，使用 GCC 的 "O0" 最佳化等級編譯核心會導致核心執行性能下降，因此，我們僅是為了方便單步偵錯核心而使用 "O0" 最佳化等級。

3.1.2 QEMU 虛擬機器 +Debian 實驗平台

我們可以使用 BusyBox 工具製作的最小檔案系統，這種檔案系統僅包含 Linux 系統最常用的命令，如 ls、top 等命令。如果要在此最小系統中進行 SystemTap 和 Kdump 等實驗，我們需要手動編譯和安裝這些工具，這個過程是相當複雜的。為此，我們嘗試使用 Debian 的 root 檔案系統來構造一個小巧而且好用的實驗平台。在這個實驗平台中，可以線上安裝豐富的軟體套件，如 Kdump、Crash、SystemTap 等。這個實驗平台具有以下特點。

- 使用 "O0" 來編譯核心。
- 在主機中編譯核心。
- 使用 QEMU 來載入系統。
- 支援 GDB 單步偵錯核心和 Debian 系統。
- 使用 ARM64 版本的 Debian 系統的 root 檔案系統。

- 線上安裝 Debian 軟體套件。
- 支援在虛擬機器裡動態編譯核心模組。
- 支援主機和虛擬機器共用檔案。

1. 安裝工具

首先，在 Linux 主機中安裝以下工具。

```
$ sudo apt-get install qemu libncurses5-dev gcc-aarch64-linux-gnu build-essential git bison flex libssl-dev qemu-system-arm
```

安裝完成之後，檢查 QEMU 版本。

```
$ qemu-system-aarch64 --version
QEMU emulator version 4.2.0
Copyright (c) 2003-2019 Fabrice Bellard and the QEMU Project developers
```

2. 下載倉庫

從 GitHub 下載 runninglinuxkernel_5.0 的 git 倉庫並切換到 rlk_5.0 分支。

```
$ cd runninglinuxkernel_5.0
$ git checkout rlk_5.0
```

3. 編譯核心並製作檔案系統

在 runninglinuxkernel_5.0 目錄下面有一個 rootfs_debian_arm64.tar.xz 檔案，這是基於 ARM64 版本的 Debian 系統的 root 檔案系統。但是，這個 root 檔案系統只是一個半成品，我們還需要根據編譯好的核心來安裝核心映像檔和核心模組，整個過程如下所示。

- 編譯核心。
- 編譯核心模組。
- 安裝核心模組。
- 安裝核心標頭檔。
- 安裝編譯核心模組必須依賴檔案。
- 製作 ext4root 檔案系統。

這個過程比較煩瑣，因此我們創建了一個指令稿來簡化上述過程。

注意,該指令稿會使用 dd 命令來生成一個 8GB 的映像檔檔案,因此主機系統需要保證至少有 10GB 的空餘磁碟空間。若需要生成一個更大的 root 檔案系統映像檔,可以修改 run_debian_arm64.sh 指令稿。

首先,編譯核心。

```
$ cd runninglinuxkernel_5.0
$ ./run_debian_arm64.sh build_kernel
```

根據主機的運算能力,執行上述指令稿需要幾十分鐘。然後,編譯 root 檔案系統。

```
$ cd runninglinuxkernel_5.0
$ sudo ./run_debian_arm64.sh build_rootfs
```

注意,編譯 root 檔案系統需要管理員許可權,而編譯核心則不需要。執行完成後會生成一個名為 rootfs_debian.ext4 的 root 檔案系統。

4. 執行剛才編譯好的 ARM64 版本的 Debian 系統

要執行 run_debian_arm64.sh 指令稿,輸入 run 參數即可。

```
$./run_debian_arm64.sh run
```

或輸入以下命令。

```
$ qemu-system-aarch64 -m 1024 -cpu cortex-a57 -smp 4 -M virt -bios QEMU_
EFI.fd -nographic -kernel arch/arm64/boot/Image -append "noinintrd root=
/dev/vda rootfstype=ext4 rw crashkernel=256M" -drive if=none,file=rootfs_
debian.ext4,id=hd0 -device virtio-blk-device,drive=hd0 --fsdev local,id=kmod_
dev,path=./kmodules,security_model=none -device virtio-9p-device,fsdev=kmod_
dev,mount_tag=kmod_mount
```

執行結果如下。

```
figo@figo-OptiPlex-9020:runninglinuxkernel$ .run debian arm64.sh run
EFI stub: Booting Linux Kernel...
EFI stub: EFI_RNG_PROTOCOL unavailable, no randomness supplied
EFI stub: Using DTB from configuration table
EFI stub: Exiting boot services and installing virtual address map...
[    0.000000] Booting Linux on physical CPU 0x0000000000 [0x411fd070]
```

```
[    0.000000] Linux version 5.0.0+ (root@figo-OptiPlex-9020) (gcc version
5.5.0 20171010 (Ubuntu/Linaro 5.5.0-12ubuntu1)) #1 SMP Mon Apr 22 05:40:30 CST
2019
[    0.000000] Machine model: linux,dummy-virt
[    0.000000] efi: Getting EFI parameters from FDT:
[    0.000000] efi: EFI v2.60 by EDK II
[    0.000000] efi:  SMBIOS 3.0=0xbbeb0000  ACPI=0xbc030000  ACPI
2.0=0xbc030014  MEMATTR=0xbd8ca018  MEMRESERVE=0xbbd5f018
[    0.000000] crashkernel reserved: 0x000000009c800000 - 0x00000000bbc00000
(500 MB)
[    0.000000] cma: Reserved 64 MiB at 0x0000000098800000
[    0.000000] NUMA: No NUMA configuration found
[    0.000000] NUMA: Faking a node at [mem 0x0000000040000000-0x00000000bfffffff]
[    0.000000] NUMA: NODE_DATA [mem 0xbfbf2840-0xbfbf3fff]
[    0.000000] Zone ranges:
[    0.000000]   DMA32    [mem 0x0000000040000000-0x00000000bfffffff]
[    0.000000]   Normal   empty
[    0.000000] Movable zone start for each node
[    0.000000] Early memory node ranges
[    0.000000]   node   0: [mem 0x0000000040000000-0x00000000bbd5ffff]
[    0.000000]   node   0: [mem 0x00000000bbd60000-0x00000000bbffffff]
[    0.000000]   node   0: [mem 0x00000000bc000000-0x00000000bc03ffff]
[    0.000000]   node   0: [mem 0x00000000bc040000-0x00000000bc1d3fff]
[    0.000000]   node   0: [mem 0x00000000bc1d4000-0x00000000bf4affff]
[    0.000000]   node   0: [mem 0x00000000bf4b0000-0x00000000bf53ffff]
[    0.000000]   node   0: [mem 0x00000000bf540000-0x00000000bf54ffff]
[    0.000000]   node   0: [mem 0x00000000bf550000-0x00000000bf66ffff]
[    0.000000]   node   0: [mem 0x00000000bf670000-0x00000000bfffffff]
[    0.000000] Zeroed struct page in unavailable ranges: 884 pages
[    0.000000] Initmem setup node 0 [mem 0x0000000040000000-0x00000000bfffffff]
Welcome to Debian GNU/Linux buster/sid!
[  OK  ] Reached target Network is Online.
[  OK  ] Started LSB: Load kernel image with kexec.
[  OK  ] Started Permit User Sessions.
[  OK  ] Started Serial Getty on ttyAMA0.
[  OK  ] Started Getty on tty1.
[  OK  ] Reached target Login Prompts.
[  OK  ] Started DHCP Client Daemon.
[  OK  ] Started Online ext4 Metadata Check for All Filesystems.
[   13.406564] kdump-tools[330]: Starting kdump-tools: Creating symlink /var/
lib/kdump/vmlinuz.
[   13.454300] kdump-tools[330]: Creating symlink /var/lib/kdump/initrd.img.
[   15.721642] kdump-tools[330]: loaded kdump kernel.
```

```
[ OK ] Started Kernel crash dump capture service.

Debian GNU/Linux buster/sid benshushu ttyAMA0

benshushu login:
```

最後，登入 Debian 系統。

- 用戶名：root 或 benshushu。
- 密碼：123。

5. 線上安裝軟體套件

QEMU 虛擬機器可以透過 Virtio-net 技術來生成虛擬網路卡，透過 NAT 技術和主機進行網路共用。使用 ifconfig 命令來檢查網路設定。

```
root@benshushu:~# ifconfig
enp0s1: flags=4163<UP,BROADCAST,RUNNING,MULTICAST>  mtu 1500
        inet 10.0.2.15  netmask 255.255.255.0  broadcast 10.0.2.255
        inet6 fec0::ce16:adb:3e70:3e71  prefixlen 64  scopeid 0x40<site>
        inet6 fe80::c86e:28c4:625b:2767  prefixlen 64  scopeid 0x20<link>
        ether 52:54:00:12:34:56  txqueuelen 1000  (Ethernet)
        RX packets 23217  bytes 33246898 (31.7 MiB)
        RX errors 0  dropped 0  overruns 0  frame 0
        TX packets 4740  bytes 267860 (261.5 KiB)
        TX errors 0  dropped 0 overruns 0  carrier 0  collisions 0

lo: flags=73<UP,LOOPBACK,RUNNING>  mtu 65536
        inet 127.0.0.1  netmask 255.0.0.0
        inet6 ::1  prefixlen 128  scopeid 0x10<host>
        loop  txqueuelen 1000  (Local Loopback)
        RX packets 2  bytes 78 (78.0 B)
        RX errors 0  dropped 0  overruns 0  frame 0
        TX packets 2  bytes 78 (78.0 B)
        TX errors 0  dropped 0 overruns 0  carrier 0  collisions 0
```

可以看到生成了一個名為 enp0s1 的網路卡裝置，分配的 IP 位址為 10.0.2.15（此 IP 位址只是 NAT 內部的 IP 位址）。

透過 apt update 命令來更新 Debian 系統的軟體倉庫。

```
root@benshushu:~# apt update
```

如果更新失敗（可能因為系統時間比較舊了），可以使用 date 命令來設定
日期。

```
root@benshushu:~# date -s 2019-04-25 #假設最新日期是2019年4月25日
Thu Apr 25 00:00:00 UTC 2019
```

使用 apt install 命令來安裝軟體套件。可以線上安裝 GCC。

```
root@benshushu:~# apt install gcc
Reading package lists... Done
Building dependency tree
Reading state information... Done
The following additional packages will be installed:
  cpp cpp-8 gcc-8 libasan5 libatomic1 libc-dev-bin libc6-dev libcc1-0
  libgcc-8-dev libgomp1 libisl19 libitm1 liblsan0 libmpc3 libmpfr6 libtsan0
  libubsan1 linux-libc-dev manpages manpages-dev
Suggested packages:
  cpp-doc gcc-8-locales gcc-multilib make autoconf automake libtool flex bison
  gdb gcc-doc gcc-8-doc libgcc1-dbg libgomp1-dbg libitm1-dbg libatomic1-dbg
  libasan5-dbg liblsan0-dbg libtsan0-dbg libubsan1-dbg libmpx2-dbg
  libquadmath0-dbg glibc-doc man-browser
The following NEW packages will be installed:
  cpp cpp-8 gcc gcc-8 libasan5 libatomic1 libc-dev-bin libc6-dev libcc1-0
  libgcc-8-dev libgomp1 libisl19 libitm1 liblsan0 libmpc3 libmpfr6 libtsan0
  libubsan1 linux-libc-dev manpages manpages-dev
0 upgraded, 21 newly installed, 0 to remove and 17 not upgraded.
Need to get 25.6 MB of archives.
After this operation, 86.4 MB of additional disk space will be used.
Do you want to continue? [Y/n]
```

6. 在 QEMU 虛擬機器和主機之間共用檔案

在 QEMU 虛擬機器和主機之間可以透過 NET_9P 技術進行檔案共用，這
需要 QEMU 虛擬機器和主機的 Linux 核心都啟動 NET_9P 的核心模組。
本實驗平台已經支援主機和 QEMU 虛擬機器的共用檔案，可以透過以下
簡單方法來測試。

複製一個檔案到 runninglinuxkernel_5.0/kmodules 目錄下。

```
$ cp test.c  runninglinuxkernel_5.0/kmodules
```

啟動 QEMU 虛擬機器之後,首先檢查 /mnt 目錄下是否有 test.c 檔案。

```
root@benshushu:/# cd /mnt
oot@benshushu:/mnt # ls
README      test.c
```

我們在後續的實驗中會經常利用這個特性,如把編譯好的核心模組或核心模組原始程式碼放入 QEMU 虛擬機器。

7. 在主機上交換編譯核心模組

在本書中,常常需要編譯核心模組並放入 QEMU 虛擬機器中以載入核心模組。我們這裡提供兩種編譯核心模組的方法。一種方法是在主機上交換編譯,然後共用到 QEMU 虛擬機器,另一種方法是在 QEMU 虛擬機器裡進行本地編譯。

可以編寫一個簡單的 hello_world 核心模組。這裡簡單介紹主機交換編譯核心模組的方法。

首先,執行以下程式。

```
$ cd hello_world   #進入核心模組程式所在的目錄
$ export ARCH=arm64
$ export CROSS_COMPILE=aarch64-linux-gnu-
```

然後,編譯核心模組。

```
$ make
```

接下來,把核心模組 test.ko 檔案複製到 runninglinuxkernel_5.0/kmodules 目錄下。

```
$cp test.ko  runninglinuxkernel_5.0/kmodules
```

最後,在 QEMU 虛擬機器裡的 mnt 目錄可以看到這個 test.ko 模組。載入該核心模組。

```
$ insmod test.ko
```

8. 在 QEMU 虛擬機器上本地編譯核心模組

首先，在 QEMU 虛擬機器中安裝必要的軟體套件。

```
root@benshushu: # apt install build-essential
```

然後，在 QEMU 虛擬機器裡編譯核心模組時需要指定 QEMU 虛擬機器本地的核心路徑，如 BASEINCLUDE 變數指向了本地核心路徑。"/lib/modules/$(shell uname -r)/build" 是一個連結檔案，用來指向具體核心原始程式碼路徑，通常指向已經編譯過的核心路徑。

```
BASEINCLUDE ?= /lib/modules/$(shell uname -r)/build
```

接下來，編譯核心模組，下面以最簡單的 hello_world 核心模組程式為例。

```
root@benshushu:/mnt/hello_world# make
make -C /lib/modules/5.0.0+/build M=/mnt/hello_world modules;
make[1]: Entering directory '/usr/src/linux'
  CC [M]  /mnt/hello_world/test-1.o
  LD [M]  /mnt/hello_world/test.o
  Building modules, stage 2.
  MODPOST 1 modules
  CC      /mnt/hello_world/test.mod.o
  LD [M]  /mnt/hello_world /test.ko
make[1]: Leaving directory '/usr/src/linux'
root@benshushu: /mnt/hello_world#
```

最後，載入核心模組。

```
root@benshushu:/mnt/hello_world# insmod test.ko
```

3.1.3 單步偵錯 ARM64 Linux 核心

在 Ubuntu 20.04 上安裝 gdb-multiarch，該版本支援多種不同的處理器架構。

```
$ sudo apt install gdb-multiarch
```

接下來，執行 run_debian_arm64.sh 指令稿來啟動 QEMU 和 GDB。

```
./run_debian_arm64.sh run debug
```

上述指令稿會執行以下命令。

```
$ qemu-system-aarch64 -m 1024 -cpu cortex-a57 -M virt -nographic -kernel arch/
arm64/boot/Image -append "noinintrd sched_debug root=/dev/vda rootfstype=ext4
rw crashkernel=256M loglevel=8"-drive if=none,file=rootfs_debian_arm64.ext4,
id=hd0 -device virtio-blk-device,drive=hd0-fsdev local,id=kmod_dev,path=./
kmodules,security_model=none-device virtio-9p-pci,fsdev=kmod_dev,mount_tag=
kmod_mount-S -s
```

- -S：表示 QEMU 虛擬機器會凍結 CPU，直到在遠端的 GDB 中輸入對應控制命令。
- -s：表示在 1234 通訊埠接受 GDB 的偵錯連接。

接下來，在另外一個超級終端中啟動 GDB。

```
$ cd runninglinuxkernel_5.0
$ qdb-multiarch --tui vmlinux
(gdb) set architecture aarch64        //設定aarch64架構
(gdb) target remote localhost:1234    //透過1234通訊埠遠端連接到QEMU虛擬機器
(gdb) b start_kernel                  //在核心的start_kernel處設定中斷點
(gdb) c
```

如圖 3.3 所示，GDB 開始接管 Linux 核心執行，並且到中斷點處暫停，這時即可使用 GDB 命令來偵錯核心。

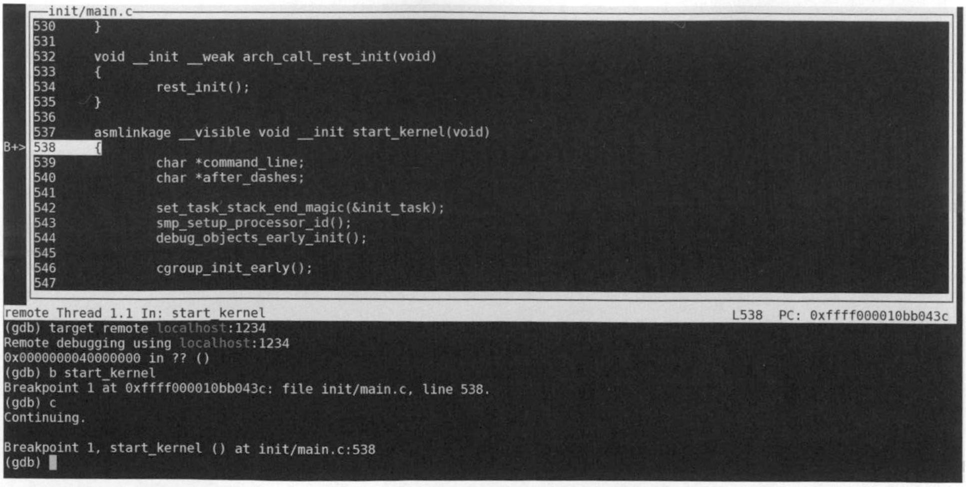

圖 3.3 透過 GDB 偵錯核心

核心偵錯與性能最佳化 **03**

3.1.4 以圖形化方式單步偵錯核心

前面介紹了如何使用 GDB 和 QEMU 偵錯 Linux 核心原始程式碼。由於 GDB 基於命令列的方式，可能有些讀者希望在 Linux 核心中能有類似於 Microsoft Visual C++ 的圖形化開發工具，這裡介紹如何使用 Eclipse 來偵錯核心。Eclipse 是著名的跨平台的開放原始碼整合式開發環境（IDE），最初主要用於 Java 開發，目前可以支援 C/C++、Python 等多種開發語言。Eclipse 最初由 IBM 公司開發，2001 年貢獻給開放原始碼社區，目前有很多整合式開發環境是基於 Eclipse 完成的。

1. 在主機上安裝 Eclipse-CDT 外掛程式

讀者可以從 Eclipse CDT 官網上直接下載新版 x86_64 的 Linux 版本壓縮檔，解壓並打開二進位檔案，不過需要提前安裝 Java 的執行環境。

```
$ sudo apt install openjdk-13-jre
```

從 Eclipse 功能表列中選擇 Help → About Eclipse，在彈出的 About Eclipse IDE 視窗中選擇 Eclipse 圖示，並點擊 OK 按鈕，即可看到當前 Eclipse 的版本，如圖 3.4 所示。

圖 3.4　查看 Eclipse 版本

3-13

2. 創建專案

從 Eclipse 功能表列中選擇 Window → Open Perspective → C/C++，新建一個 C/C++ 的 Makefile 專案，選擇 File → New → Project，在彈出的視窗中，選擇 Makefile Project with Exiting Code，彈出 New Project 視窗（見圖 3.5），設定專案名稱和程式路徑，創建一個新的專案。

圖 3.5 New Project 視窗

要設定偵錯選項，選擇 Eclipse 功能表列中的 Run → Debug Configurations，創建一個 C/C++ Attach to Application 偵錯選項。

在 Main 標籤頁裡，執行以下操作（見圖 3.6）。

- 在 Project 文字標籤中，選擇剛才創建的專案。
- 在 C/C++ Appliction 文字標籤中，選擇編譯 Linux 核心有號表資訊的 vmlinux 檔案。
- 在 Build(if required) before launching 選項群組中，點擊 Disable auto build 選項按鈕。

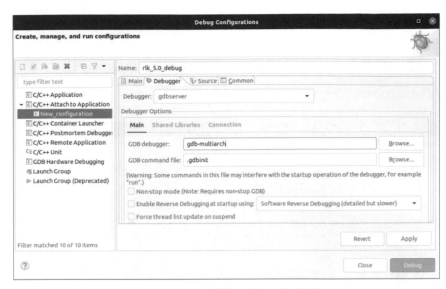

圖 3.6 Main 標籤頁中執行的操作

- 在 Debugger 標籤頁裡，執行以下操作（見圖 3.7）。
- 從 Debugger 下拉清單中，選擇 gdbserver。
- 在 GDB debugger 文字標籤中，輸入 aarch64-linux-gnu-gdb。

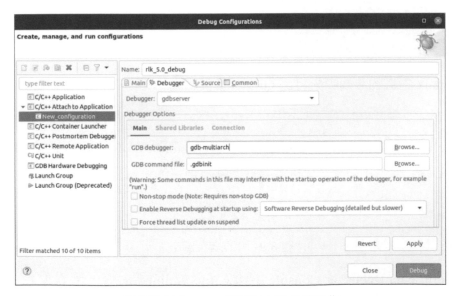

圖 3.7 Debugger 標籤頁中執行的操作

- 在 Debugger 標籤頁的 Connection 子標籤頁裡,執行以下操作(見圖 3.8)。
- 在 Host name or IP addrss 文字標籤中,輸入 localhost。
- 在 Port number 文字標籤中,輸入 1234。

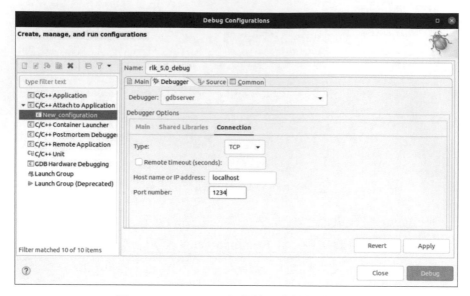

圖 3.8 Connection 子標籤頁中執行的操作

偵錯選項設定完成後,點擊 Debug 按鈕。

在 Linux 主機的終端中先打開 QEMU 虛擬機器。

```
$ ./run_debian_arm64.sh run debug
```

在 Eclipse 功能表列中選擇 Run → Debug History,或在快顯功能表中點擊「小昆蟲」圖示,如圖 3.9 所示,打開剛才創建的偵錯選項。

圖 3.9「小昆蟲」圖示

在 Eclipse 的 Debugger Console 中輸入 file vmlinux 命令,匯入偵錯檔案的符號表,如圖 3.10 所示。

```
☰ Console ⚏ Registers 🔧 Problems ◉ Executables  🔩 Debugger Console ✕  🗔 Memory  🔅 Debug

Linux-5.0-debug [C/C++ Attach to Application] aarch64-linux-gnu-gdb (8.2)
Type "show configuration" for configuration details.
For bug reporting instructions, please see:
<http://www.gnu.org/software/gdb/bugs/>.
Find the GDB manual and other documentation resources online at:
    <http://www.gnu.org/software/gdb/documentation/>.

For help, type "help".
Type "apropos word" to search for commands related to "word".
(gdb) 0x0000000000000000 in ?? ()
(gdb) file vmlinux
A program is being debugged already.
Are you sure you want to change the file? (y or n) y
Reading symbols from vmlinux...done.
(gdb) b start_kernel
Breakpoint 1 at 0xffff000010c30474: file init/main.c, line 538.
(gdb)
```

圖 3.10　在 Debugger Console 中輸入命令

在 Debugger Console 中輸入 b start_kernel，在 start_kernel 函數中設定一個中斷點。輸入 c 命令，開始偵錯 QEMU 虛擬機器中的 Linux 核心，它會停在 start_kernel 函數中，如圖 3.11 所示。

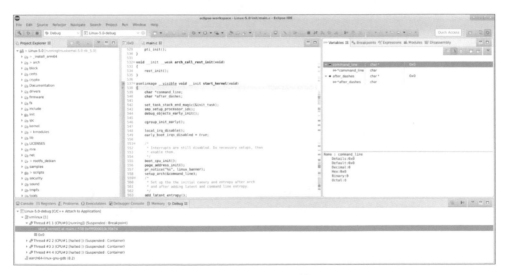

圖 3.11　偵錯 Linux 核心

透過 Eclipse 偵錯核心比使用 GDB 命令要直觀很多，如參數、區域變數和資料結構的值都會自動顯示在 "Variables" 標籤頁上，不需要每次都使用 GDB 命令才能看到變數的值。讀者可以單步並且直觀地偵錯核心。

3.1.5 單步偵錯 head.S 檔案

1. 問題的引出

讀者可以在 head.S 檔案的多個函數中設定中斷點,如圖 3.12 所示。然後觀察 Linux 核心會首先停在哪個中斷點上。

```
(gdb) target remote localhost:1234
Remote debugging using localhost:1234
0x0000000040000000 in ?? ()
(gdb) b stext
Breakpoint 1 at 0xffff000011a60000: file arch/arm64/kernel/head.S, line 118.
(gdb) b preserve_boot_args
Breakpoint 2 at 0xffff000011a60020: file arch/arm64/kernel/head.S, line 138.
(gdb) b el2_setup
Breakpoint 3 at 0xffff00001171b008: file arch/arm64/kernel/head.S, line 488.
(gdb) b __create_page_tables
Breakpoint 4 at 0xffff000011a60040: file arch/arm64/kernel/head.S, line 288.
(gdb) b __cpu_setup
Breakpoint 5 at 0xffff00001171b620: file arch/arm64/mm/proc.S, line 419.
(gdb) b __primary_switch
Breakpoint 6 at 0xffff00001171b304: file arch/arm64/kernel/head.S, line 861.
(gdb) b __enable_mmu
Breakpoint 7 at 0xffff00001171b238: file arch/arm64/kernel/head.S, line 777.
(gdb) b __primary_switched
Breakpoint 8 at 0xffff000011a60324: file arch/arm64/kernel/head.S, line 424.
(gdb) b start_kernel
Breakpoint 9 at 0xffff000011a60488: file init/main.c, line 538.
(gdb)
```

圖 3.12 在 head.S 的函數中設定中斷點

啟動 GDB 來偵錯之後,我們發現 Linux 核心只停留在中斷點 8 上,即 __primary_switched() 函數,如圖 3.13 所示。該函數在 __enable_mmu() 函數之後,即 GDB 只能偵錯啟動 MMU 之後的程式,這是為什麼呢?

```
(gdb) c
Continuing.

Breakpoint 8, __primary_switched () at arch/arm64/kernel/head.S:424
424            adrp    x4, init_thread_union
(gdb)
```

圖 3.13 停在中斷點 8 上

另外,從 System.map 檔案中可以查詢到 stext 和 __primary_switched() 函數的位址都在核心態的虛擬位址空間裡。

```
<System.map檔案>

ffff000011a60000 T stext
ffff000011a60020 t preserve_boot_args
```

```
ffff000011a60040 t __create_page_tables
ffff000011a60324 t __primary_switched
```

2. 追根究底

要弄明白上面的疑問，我們首先要知道下面幾個重要概念。

- 載入位址：儲存程式的物理位址。如 ARM64 處理器通電重置後是從 0x0 位址開始取第一行指令的，所以通常這個地方存放程式最開始的部分，如異常向量表的處理。
- 執行位址：指程式執行時期的位址。
- 連結位址：在編譯連結時指定的位址，程式設計人員設想將來程式要執行的位址。程式中所有標誌的位址在連結後便確定了，不管程式在哪裡執行都不會改變。使用 aarch64-linux-gnu-objdump（objdump）工具進行反組譯查看的就是連結位址。

連結位址和執行位址可以相同，也可以不同。那什麼時候執行位址和連結位址不相同，什麼時候相同呢？我們以一塊 ARM64 開發板為例，晶片內部有 SRAM，起始位址為 0x0，DDR 記憶體的起始位址為 0x4000 0000。

通常程式儲存在 Nor Flash 記憶體或 Nand Flash 記憶體中，晶片內部的 BOOT ROM 會把開始的小部分程式載入到 SRAM 中執行。晶片通電重置之後，從 SRAM 中取指令。由於 Uboot 的映像檔太大了，SRAM 放不下，因此必須要放在 DDR 記憶體中。通常 Uboot 編譯時連結位址都設定到 DDR 記憶體中，也就是 0x4000 0000 位址處。那這時執行位址和連結位址就不一樣了。執行位址為 0x0，連結位址變成了 0x4000 0000，那麼程式為什麼還能執行呢？

這就涉及組合語言程式設計的重要問題，就是位置無關程式和位置有關程式。

- 位置無關程式：從字面意思看，該指令的執行是與記憶體位址無關的；無論執行位址和連結位址相等或不相等，該指令都能正常執行。在組合語言中，像 BL、B、MOV 指令屬於位置無關指令，不管程式載入在

哪個位置,它們都能正確地執行,它們的位址域是基於 PC 值的相對偏
移定址,相當於 [pc+offset]。

■ 位置有關程式:從字面意思看,該指令的執行是與記憶體位址有關
的,和當前 PC 值無關。ARM 組合語言裡面透過絕對跳躍修改 PC 值
為當前連結位址的值。

```
ldr pc, =on_sdram                        @ 跳到SDRAM中繼續執行
```

因此,當透過 LDR 指令跳躍到連結位址處即時執行,執行位址就等於連
結位址了。這個過程叫作「**重定位**」。在重定位之前,程式只能執行和位
置無關的一些組合語言程式碼。

為什麼要刻意設定載入位址、執行位址以及連結位址不一樣呢?

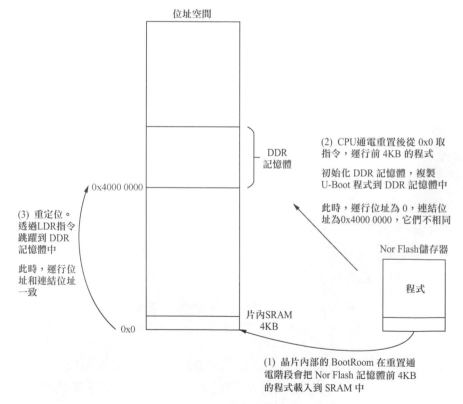

圖 3.14 U-Boot 啟動時的重定位過程

如果所有程式都在 ROM（或 Nor Flash 記憶體）中執行，那麼連結位址可以與載入位址相同；而在實際專案應用中，往往想要把程式載入到 DDR 記憶體中，DDR 記憶體的存取速度比 ROM 要快很多，而且容量也大。但是礙於載入位址的影響，不可能直接達到這一步，所以想法就是讓程式的載入位址等於 ROM 起始位址，而連結位址等於 DDR 記憶體中某一處的起始位址（暫且稱為 ram_start）。程式先從 ROM 中啟動，最先啟動的部分要實現程式複製功能（把整個 ROM 程式複製到 DDR 記憶體中），並透過 LDR 指令來跳躍到 DDR 記憶體中，也就是在連結位址裡執行（B 指令沒法實現這個跳躍）。上述重定位過程在 U-Boot 中實現，如圖 3.14 所示。

當跳躍到 Linux 核心中時，U-Boot 需要把 Linux 核心映射內容複製到 DDR 記憶體中，然後跳躍到核心入口位址處（stext 函數）。當跳躍到核心入口位址（stext 函數）時，程式執行在執行位址，即 DDR 記憶體的位址。但是我們從 vmlinux 看到的 stext 函數的連結位址是虛擬位址（如 0xFFFF 0000 11 A6 0000）。核心啟動組合語言程式碼也需要一個重定位過程。這個重定位過程在 __primary_switch 組合語言函數中完成。啟動 MMU 之後，透過 ldr 指令把 __primary_ switched 函數的連結位址載入到 x8 暫存器，然後透過 br 指令跳躍到 __primary_switched 函數的連結位址處，從而實現了重定位，如圖 3.15 所示。

```
<arch/arm64/kernel/head.S>

__primary_switch:
    adrp    x1, init_pg_dir
    bl      __enable_mmu

    ldr     x8, =__primary_switched
    adrp    x0, __PHYS_OFFSET
    br      x8
ENDPROC(__primary_switch)
```

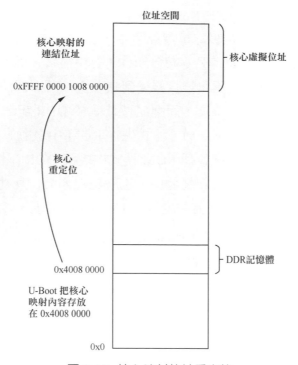

圖 3.15 核心映射位址重定位

3. 解決辦法

單步偵錯 head.S 的操作如下。

（1）在 QEMU 虛擬機器上，DDR 記憶體的起始位址是 0x4000 0000。

（2）尋找 .text（程式）段在記憶體位址中的偏移量。

從核心的連結檔案（arch/arm64/kernel/vmlinux.lds.S）可知，核心映射中的 .text 段的起始虛擬位址為 0xFFFF 0000 1008 0000。其中 KIMAGE_VADDR 是核心映射檔案的虛擬位址，它的值為 0xFFFF 0000 1000 0000，TEXT_OFFSET 巨集表示核心映射的程式碼片段在記憶體中的偏移量，它的值為 0x8 0000，因此，我們可以認為 .text 段在記憶體中的偏移量為 0x8 0000。

```
<arch/arm64/kernel/vmlinux.lds.S>
SECTIONS
```

```
{

    . = KIMAGE_VADDR + TEXT_OFFSET;
```

我們可以透過 aarch64-linux-gnu-readelf 命令來讀出 vmlinux 檔案中與所
有段相關的資訊。如圖 3.16 所示,使用 aarch64-linux-gnu-readelf 命令來
讀取段資訊。.head.text 段的起始虛擬位址為 0xFFFF 0000 1008 0000,它
在實體記憶體中的偏移量為 0x8 0000。.text 段的起始虛擬位址為 0xFFFF
0000 1008 1000,它在實體記憶體中的偏移量為 0x8 1000。.rodata(只讀
取資料)段的起始虛擬位址為 0xFFFF 0000 1173 0000,它在實體記憶體
中的偏移量為 0x173 0000。

```
figo@figo-OptiPlex-9020:runninglinuxkernel-5.0$ aarch64-linux-gnu-readelf -S vmlinux
There are 40 section headers, starting at offset 0xa073cd0:

Section Headers:
  [Nr] Name              Type             Address           Offset
       Size              EntSize          Flags Link Info   Align
  [ 0]                   NULL             0000000000000000  00000000
       0000000000000000  0000000000000000        0    0     0
  [ 1] .head.text        PROGBITS         ffff000010080000  00010000
       0000000000001000  0000000000000000  AX    0    0     4096
  [ 2] .text             PROGBITS         ffff000010081000  00011000
       000000000169f138  0000000000000008  AX    0    0     2048
  [ 3] .rodata           PROGBITS         ffff000011730000  016c0000
       0000000002e5819   0000000000000000  WA    0    0     4096
```

圖 3.16 核心映射檔案中的段資訊

另外,根據 head.S 可知,組合語言入口程式 stext 連結到 .init.text 段。

```
<arm/arm64/kernel/head.S>

    __INIT

ENTRY(stext)
    bl      preserve_boot_args
    bl      el2_setup
```

__INIT 巨集的定義如下。

```
< include/linux/init.h >

#define __INIT          .section          ".init.text","ax"
```

由 vmlinux 檔案的段資訊可知，.init.text 段的起始虛擬位址為 0xFFFF
0000 11A6 0000，因此它在實體記憶體中的偏移量為 0x1A6 0000。

綜合上述分析，我們可以得出各個段在實體記憶體中的起始位址。

- 對於 .head.text 段，起始位址 = 0x4000 0000 + 0x8 0000 = 0x4008 0000。
- 對於 .text 段，起始位址 = 0x4000 0000 + 0x8 1000 = 0x4008 1000。
- 對於 .rodata 段，起始位址 = 0x4000 0000 + 0x173 0000 = 0x4173 0000。
- 對 於 .init.text 段， 起 始 位 址 = 0x4000 0000 + 0x1A6 0000 = 0x41A6 0000。

首先，啟動 QEMU 虛擬機器 +GDB。

```
$./run_debian_arm64.sh run debug
```

然後，在另外一個終端中啟動 GDB。

```
$ gdb-multiarch --tui
```

在 GDB 命令列中依次輸入以下指令。

```
(gdb) set architecture aarch64
(gdb) target remote localhost:1234 (gdb) add-symbol-file vmlinux 0x40081000 -s
.head.text 0x40080000 -s .init.text 0x41a60000 -s .rodata 0x41730000
(gdb) set $pc=0x41a60000
```

注意，上述位址可能隨著核心設定或編譯選項的不同有所不同，需要參考
具體的分析方法來推導，不要直接照搬。

其中 add-symbol-file 命令載入和讀取 vmlinux 的符號表。設定完 set $pc
命令之後，可以看到游標停留在 stext 函數中。

接下來，可以設定中斷點。

```
(gdb) b stext
Breakpoint 1 at 0x41a60000: file arch/arm64/kernel/head.S, line 118.
(gdb)
```

接下來，輸入 c 命令，執行 GDB，可以看到 GDB 停在 stext 函數裡，如圖 3.17 所示。

```
  ┌arch/arm64/kernel/head.S─────────────────────────────────────────────────
  │109        * primary lowlevel boot path:
  │110        *
  │111        * Register   Scope                     Purpose
  │112        * x21        stext() .. start_kernel()  FDT pointer passed at boot in x0
  │113        * x23        stext() .. start_kernel()  physical misalignment/KASLR offset
  │114        * x28        __create_page_tables()     callee preserved temp register
  │115        * x19/x20    __primary_switch()         callee preserved temp registers
  │116        */
  │117     ENTRY(stext)
B+>│118          bl        preserve_boot_args
  │119          bl        el2_setup                   // Drop to EL1, w0=cpu_boot_mode
  │120          adrp      x23, __PHYS_OFFSET
  │121          and       x23, x23, MIN_KIMG_ALIGN - 1  // KASLR offset, defaults to 0
  │122          bl        set_cpu_boot_mode_flag
  │123          bl        __create_page_tables
  │124          /*
  │125          * The following calls CPU setup code, see arch/arm64/mm/proc.S for
  │126          * details.
  │127          * On return, the CPU will be ready for the MMU to be turned on and
  │128          * the TCR will have been set.
  │129          */
  └──────────────────────────────────────────────────────────────────────────
remote Thread 1.1 In: stext                                      L118  PC: 0x41a60000
       .rodata_addr = 0x41730000
(y or n) y
Reading symbols from vmlinux...done.
(gdb) set $pc=0x41a60000
(gdb) b stext
Breakpoint 1 at 0x41a60000: file arch/arm64/kernel/head.S, line 118.
(gdb) c
Continuing.

Breakpoint 1, stext () at arch/arm64/kernel/head.S:118
(gdb)
```

圖 3.17　停在 stext 函數裡

接下來，就可以使用 GDB 的單步偵錯命令單步偵錯 head.S 了。

3.2 ftrace

ftrace 最早出現在 Linux 2.6.27 核心中，其設計目標簡單，基於靜態程式插樁（stub）技術，不需要使用者透過額外的程式設計來定義 trace 行為。靜態程式插樁技術比較可靠，不會因為使用者使用不當而導致核心崩潰。ftrace 的名字源於 function trace，利用 GCC 的 profile 特性在所有函數入口處增加一段插樁程式，ftrace 多載這段程式來實現 trace 功能。GCC 的 -pg 選項會在每個函數入口處加入 mcount 的呼叫程式，原本 mcount 有 libc 實現，而核心不會連結 libc 函數庫，因此 ftrace 編寫了自己的 mcount stub 函數。

在使用 ftrace 之前,需要確保核心編譯了設定選項。

```
CONFIG_FTRACE=y
CONFIG_HAVE_FUNCTION_TRACER=y
CONFIG_HAVE_FUNCTION_GRAPH_TRACER=y
CONFIG_HAVE_DYNAMIC_FTRACE=y
CONFIG_FUNCTION_TRACER=y
CONFIG_IRQSOFF_TRACER=y
CONFIG_SCHED_TRACER=y
CONFIG_ENABLE_DEFAULT_TRACERS=y
CONFIG_FTRACE_SYSCALLS=y
CONFIG_PREEMPT_TRACER=y
```

ftrace 的相關設定選項比較多,針對不同的追蹤器有各自對應的設定選項。ftrace 透過 debugfs 檔案系統向使用者空間提供存取介面,因此需要在系統啟動時掛載 debugfs,可以修改系統的 /etc/fstab 檔案或手動掛載。

```
mount -t debugfs debugfs /sys/kernel/debug
```

在 /sys/kernel/debug/trace 目錄下提供了各種追蹤器(tracer)和事件(event),一些常用的選項如下。

- available_tracers:列出當前系統支援的追蹤器。
- available_events:列出當前系統支援的事件。
- current_tracer:設定和顯示當前正在使用的追蹤器。使用 echo 命令把追蹤器的名字寫入該檔案,即可切換不同的追蹤器。預設為 nop,即不做任何追蹤操作。
- trace:讀取追蹤資訊。透過 cat 命令查看 ftrace 記錄下來的追蹤資訊。
- tracing_on:用於開始或暫停追蹤。
- trace_options:設定 ftrace 的一些相關選項。

ftrace 當前包含多個追蹤器,方便使用者追蹤不同類型的資訊,如處理程序睡眠、喚醒、先佔、延遲的資訊。查看 available_tracers 可以知道當前系統支援哪些追蹤器,如果系統支援的追蹤器上沒有使用者想要的,那就必須在設定核心時打開,然後重新編譯核心。常用的 ftrace 追蹤器如表 3.1 所示。

↓ 表 3.1　常用的 ftrace 追蹤器

常用的 ftrace 追蹤器	說明
nop	不追蹤任何資訊。將 nop 寫入 current_tracer 檔案可以清空之前收集到的追蹤資訊
function	追蹤核心函數執行情況
function_graph	可以顯示類似於 C 語言的函數呼叫關係圖，比較直觀
hwlat	用來追蹤與硬體相關的延遲時間
blk	追蹤區塊裝置的函數
mmiotrace	用於追蹤記憶體映射 I/O 操作
wakeup	追蹤普通優先順序的處理程序從獲得排程到被喚醒的最長延遲時間
wakeup_rt	追蹤 RT 類型的任務從獲得排程到被喚醒的最長延遲時間
irqsoff	追蹤關閉中斷的資訊，並記錄關閉的最大時長
preemptoff	追蹤關閉禁止先佔的資訊，並記錄關閉的最大時長

3.2.1 irqs 追蹤器

當中斷關閉（俗稱關中斷）後，CPU 就不能回應其他的事件。如果這時有一個滑鼠中斷，要在下一次開中斷時才能回應這個滑鼠中斷，這段延遲稱為中斷延遲。向 current_tracer 檔案寫入 irqsoff 字串即可打開 irqsoff 來追蹤中斷延遲。

```
# cd /sys/kernel/debug/tracing/
# echo 0 > options/function-trace //關閉function-trace可以減少一些延遲
# echo irqsoff > current_tracer
# echo 1 > tracing_on
 [...]  //停頓一會兒
# echo 0 > tracing_on
# cat trace
```

下面是 irqsoff 追蹤的結果。

```
# tracer: irqsoff
#
# irqsoff latency trace v1.1.5 on 5.0.0
# --------------------------------------------------------------------
# latency: 259 μs, #4/4, CPU#2 | (M:preempt VP:0, KP:0, SP:0 HP:0 #P:4)
#     -----------------
```

```
#    | task: ps-6143 (uid:0 nice:0 policy:0 rt_prio:0)
#    -----------------
#  => started at: __lock_task_sighand
#  => ended at:   _raw_spin_unlock_irqrestore
#
#
#                 _------=> CPU#
#                / _-----=> irqs-off
#               | / _----=> need-resched
#               || / _---=> hardirq/softirq
#               ||| / _--=>preempt-depth
#               |||| /     delay
#  cmd     pid  ||||| time |  caller
#   \   /       ||||| \   |   /
   ps-6143    2d...    0μs!: trace_hardirqs_off <-__lock_task_sighand
   ps-6143    2d..1  259μs+: trace_hardirqs_on <-_raw_spin_unlock_irqrestore
   ps-6143    2d..1  263μs+: time_hardirqs_on <-_raw_spin_unlock_irqrestore
   ps-6143    2d..1  306μs : <stack trace>
 => trace_hardirqs_on_caller
 => trace_hardirqs_on
 =>_raw_spin_unlock_irqrestore
 => do_task_stat
 => proc_tgid_stat
 => proc_single_show
 => seq_read
 => vfs_read
 => sys_read
 => system_call_fastpath
```

檔案的開頭顯示當前追蹤器──irqsoff，並且顯示當前追蹤器的版本資訊為 v1.1.5，執行的核心版本為 5.0.0。當前最大的中斷延遲是 259μs，追蹤項目和總共追蹤項目均為 4 個（#4/4），另外，VP、KP、SP、HP 值暫時沒用，#P:4 表示當前系統可用的 CPU 一共有 4 個。task: ps-6143 表示當前發生中斷延遲的處理程序是 PID 為 6143 的處理程序，名稱為 ps。

started at 與 ended at 顯示發生中斷的開始函數和結束函數分別為 __lock_task_sighand() 和 _raw_spin_unlock_irqrestore()。接下來的 ftrace 資訊表示的內容如下。

■ cmd：處理程序名字為 "ps"。

- pid：處理程序的 ID。
- CPU#：表示該處理程序執行在哪個 CPU 上。
- irqs-off：若設定為 "d"，表示中斷已經關閉；若設定為 "."，表示中斷沒有關閉。
- need_resched：表示是否需要排程。
  - "N" 表 示 處 理 程 序 設 定 了 TIF_NEED_RESCHED 和 PREEMPT_NEED_RESCHED 標示位元，說明需要被排程。
  - "n" 表示處理程序僅設定了 TIF_NEED_RESCHED 標示位元。
  - "p" 表示處理程序僅設定了 PREEMPT_NEED_RESCHED 標示位元。
  - "." 表示不需要排程。
- hardirq/softirq：表示是否發生了軟體中斷或硬體中斷
  - "H" 表示在一次軟體中斷中發生了一個硬體中斷。
  - "h" 表示硬體中斷發生。
  - "s" 表示軟體中斷。
  - "." 表示沒有中斷發生。
- preempt-depth：表示先佔關閉的巢狀結構層級。
- time：表示時間戳記。如果打開了 latency-format 選項，表示時間從開始追蹤算起，這是一個相對時間，用於方便開發者觀察，否則使用系統絕對時間。
- delay：用一些特殊符號來表示延遲的時間長度，方便開發者觀察。
  - "$" 表示長於 1s。
  - "@" 表示長於 100ms。
  - "*" 表示長於 10ms。
  - "#" 表示長於 1000μs。
  - "!" 表示長於 100μs。
  - "+" 表示長於 10μs。

最後要說明的是，檔案最開始顯示的中斷延遲是 259μs，但是在 <stack trace> 裡顯示 306μs，這是因為在記錄最大延遲資訊時需要花費一些時間。

3.2.2 function 追蹤器

function 追蹤器會記錄當前系統執行過程中所有的函數。如果只想追蹤某個處理程序，可以使用 set_ftrace_pid。

```
# cd /sys/kernel/debug/tracing/
# cat set_ftrace_pid
no pid
# echo 3111 > set_ftrace_pid   //追蹤PID為3111的處理程序
# cat set_ftrace_pid
3111
# echo function > current_tracer
# cat trace
```

ftrace 還支援一種更直觀的追蹤器——function_graph，使用方法和 function 追蹤器類似。

```
# tracer: function_graph
#
# CPU  DURATION                  FUNCTION CALLS
#  |    |   |                      |   |   |   |

 0)               |  sys_open() {
 0)               |    do_sys_open() {
 0)               |      getname() {
 0)               |        kmem_cache_alloc() {
 0)   1.382 µs    |          __might_sleep();
 0)   2.478 µs    |        }
 0)               |        strncpy_from_user() {
 0)               |          might_fault() {
 0)   1.389 µs    |            __might_sleep();
 0)   2.553 µs    |          }
 0)   3.807 µs    |        }
 0)   7.876 µs    |      }
 0)               |      alloc_fd() {
 0)   0.668 µs    |        _spin_lock();
 0)   0.570 µs    |        expand_files();
 0)   0.586 µs    |        _spin_unlock();
```

3.2.3 動態 ftrace

若在設定核心時打開了 CONFIG_DYNAMIC_FTRACE 選項，就可以使用動態 ftrace 功能。set_ftrace_filter 和 set_ftrace_notrace 這兩個檔案可以配對使用，其中，前者設定要追蹤的函數，後者指定不要追蹤的函數。在實際偵錯過程中，我們通常會被 ftrace 提供的大量資訊淹沒，因此動態過濾的方法非常有用。available_filter_functions 檔案可以列出當前系統支援的所有函數。透過以下程式可以只關注 sys_nanosleep() 和 hrtimer_interrupt() 這兩個函數。

```
# cd /sys/kernel/debug/tracing/
# echo sys_nanosleep hrtimer_interrupt > set_ftrace_filter
# echo function > current_tracer
# echo 1 > tracing_on
# usleep 1
# echo 0 > tracing_on
# cat trace
```

抓取的資料如下。

```
# tracer: function
#
# entries-in-buffer/entries-written: 5/5    #P:4
#
#                              _-----=> irqs-off
#                             / _----=> need-resched
#                            | / _---=> hardirq/softirq
#                            || / _--=> preempt-depth
#                            ||| /     delay
#          TASK-PID   CPU#   ||||    TIMESTAMP  FUNCTION
#             | |      |     ||||       |          |
       usleep-2665  [001] ....  4186.475355: sys_nanosleep
<-system_call_fastpath
        <idle>-0    [001] d.h1  4186.475409: hrtimer_interrupt
<-smp_apic_timer_interrupt
       usleep-2665  [001] d.h1  4186.475426: hrtimer_interrupt
<-smp_apic_timer_interrupt
        <idle>-0    [003] d.h1  4186.475426: hrtimer_interrupt
<-smp_apic_timer_interrupt
        <idle>-0    [002] d.h1  4186.475427: hrtimer_interrupt
<-smp_apic_timer_interrupt
```

- 此外，篩檢程式還支持以下萬用字元。
- \<match\>*：匹配所有以 match 開頭的函數。
- *\<match\>：匹配所有以 match 結尾的函數。
- *\<match\>*：匹配所有包含 match 的函數。

如果要追蹤所有以 "hrtimer" 開頭的函數，可以使用 "echo 'hrtimer_*' > set_ftrace_filter"。另外，還有兩個非常有用的運算符號："＞" 表示覆蓋篩檢程式的內容；"＞＞" 表示把新函數增加到篩檢程式中，但不會覆蓋。

```
# echo sys_nanosleep > set_ftrace_filter  //往篩檢程式中寫入sys_nanosleep
# cat set_ftrace_filter               //查看篩檢程式的內容
sys_nanosleep

# echo 'hrtimer_*' >> set_ftrace_filter //在篩檢程式中增加"hrtimer_"開頭的函數
# cat set_ftrace_filter
hrtimer_run_queues
hrtimer_run_pending
hrtimer_init
hrtimer_cancel
hrtimer_try_to_cancel
hrtimer_forward
hrtimer_start
hrtimer_reprogram
hrtimer_force_reprogram
hrtimer_get_next_event
hrtimer_interrupt
sys_nanosleep
hrtimer_nanosleep
hrtimer_wakeup
hrtimer_get_remaining
hrtimer_get_res
hrtimer_init_sleeper

# echo '*preempt*' '*lock*' > set_ftrace_notrace
                        //表示不追蹤包含"preempt"和"lock"的函數

# echo > set_ftrace_filter          //向篩檢程式中輸入空字元表示清空篩檢程式
# cat set_ftrace_filter
```

3.2.4　事件追蹤

ftrace 裡的追蹤機制主要有兩種，分別是函數和追蹤點。前者屬於簡單的操作，後者可以視為一個 Linux 核心中的預留位置函數，核心子系統的開發者通常喜歡利用追蹤點來偵錯。追蹤點可以輸出開發者想要的參數、區域變數等資訊。追蹤點的位置比較固定，一般是核心開發者增加上去的，可以把它瞭解為傳統 C 語言程式中的 #if DEBUG 部分。如果在執行時期沒有開啟 DEBUG，那麼是不佔用任何系統負擔的。

在閱讀核心程式時經常會遇到以 trace_ 開頭的函數，如 CFS 裡的 update_curr() 函數。

```
0   static void update_curr(struct cfs_rq *cfs_rq)
1   {
2       ...
3       curr->vruntime += calc_delta_fair(delta_exec, curr);
4       update_min_vruntime(cfs_rq);
5
6       if (entity_is_task(curr)) {
7           struct task_struct *curtask = task_of(curr);
8           trace_sched_stat_runtime(curtask, delta_exec, curr->vruntime);
9       }
10      ...
11  }
```

update_curr() 函數使用了一個名為 sched_stat_runtime 的追蹤點。要在 available_events 檔案中尋找該追蹤點，把想要追蹤的事件增加到 set_event 檔案中即可，該檔案同樣支持萬用字元。

```
# cd /sys/kernel/debug/tracing
# cat available_events | grep sched_stat_runtime //查詢系統是否支援追蹤點
sched:sched_stat_runtime

# echo sched:sched_stat_runtime > set_event        //追蹤這個事件
# echo 1 > tracing_on
# cat trace

#echo sched:*> set_event           //支持萬用字元，追蹤所有以sched開頭的事件
#echo *:*> set_event               //追蹤系統所有的事件
```

另外，事件追蹤還支援另一個強大的功能，可以設定追蹤條件，做到更精細化的設定。為每個追蹤點都定義了一個格式，其中定義了該追蹤點支持的域。

```
# cd /sys/kernel/debug/tracing/events/sched/sched_stat_runtime
# cat format
name: sched_stat_runtime
ID: 208
format:
    field:unsigned short common_type;offset:0;size:2;  signed:0;
    field:unsigned char common_flags;offset:2;size:1;signed:0;
    field:unsigned char common_preempt_count;offset:3;size:1;signed:0;
    field:int common_pid;offset:4;size:4;signed:1;

    field:char comm[16];offset:8;size:16;signed:0;
    field:pid_t pid;offset:24;size:4;signed:1;
    field:u64 runtime;offset:32;size:8;signed:0;
    field:u64 vruntime;offset:40;size:8;signed:0;

print fmt: "comm=%s pid=%d runtime=%Lu [ns] vruntime=%Lu [ns]", REC->comm,
REC->pid, (unsigned long long)REC->runtime, (unsigned long long)REC->vruntime
#
```

如 sched_stat_runtime 這個追蹤點支持 8 個域，其中前 4 個是通用域，後 4 個是該追蹤點支持的域，而 comm 是一個字串域，其他域都是數字域。

可以使用類似於 C 語言的運算式對事件進行過濾，對於數字域支援 "==、!=、<、<=、>、>=、&" 運算符號，對於字串域支援 "==、!=、~ " 運算符號。

透過以下程式可以只追蹤以 "sh" 開頭的所有處理程序的 sched_stat_runtime 事件。

```
# cd events/sched/sched_stat_runtime/
# echo 'comm ~ "sh*"' > filter //追蹤以sh開頭的所有處理程序
# echo ø'pid == 725' > filter    //追蹤處理程序PID為725的處理程序
```

追蹤結果如下。

```
/sys/kernel/debug/tracing # cat trace
# tracer: nop
#
# entries-in-buffer/entries-written: 15/15    #P:1
#
#                              _-----=> irqs-off
#                             / _----=> need-resched
#                            | / _---=> hardirq/softirq
#                            || / _--=> preempt-depth
#                            ||| /     delay
#           TASK-PID    CPU#  ||||      TIMESTAMP  FUNCTION
#              | |       |    ||||         |          |
            sh-629    [000] d.h3 62903.615712: sched_stat_runtime: comm=sh
pid=629    runtime=5109959 [ns] vruntime=756435462536 [ns]
            sh-629    [000] d.s4 62903.616127: sched_stat_runtime: comm=sh
pid=629    runtime=441291 [ns] vruntime=756435903827 [ns]
            sh-629    [000] d..3 62903.617084: sched_stat_runtime: comm=sh
pid=629    runtime=404250 [ns] vruntime=756436308077 [ns]
            sh-629    [000] d.h3 62904.285573: sched_stat_runtime: comm=sh
pid=629    runtime=1351667 [ns] vruntime=756437659744 [ns]
            sh-629    [000] d..3 62904.288308: sched_stat_runtime: comm=sh
pid=629
```

3.2.5 增加追蹤點

核心中各個子系統目前已經有大量的追蹤點，如果覺得這些追蹤點還不能滿足需求，可以自己手動增加。這在實際工作中是很常用的技巧。

還以 CFS 中的核心函數 update_curr() 為例，如現在增加一個追蹤點來觀察 cfs_rq 就緒佇列中 min_vruntime 成員的變化情況。首先，需要在 include/trace/events/sched.h 標頭檔中增加一個名為 sched_stat_minvruntime 的追蹤點。

```
<include/trace/events/sched.h>

0  TRACE_EVENT(sched_stat_minvruntime,
1
2    TP_PROTO(struct task_struct *tsk, u64 minvruntime),
3
4    TP_ARGS(tsk, minvruntime),
```

```
5
6    TP_STRUCT__entry(
7        __array( char,        comm,         TASK_COMM_LEN)
8        __field( pid_t,       pid        )
9        __field( u64,         vruntime)
10   ),
11
12   TP_fast_assign(
13       memcpy(__entry->comm, tsk->comm, TASK_COMM_LEN);
14       __entry->pid            = tsk->pid;
15       __entry->vruntime       = minvruntime;
16   ),
17
18   TP_printk("comm=%s pid=%d vruntime=%Lu [ns]",
19           __entry->comm, __entry->pid,
20           (unsigned long long)__entry->vruntime)
21 );
```

為了方便增加追蹤點，核心定義了一個 TRACE_EVENT 巨集，只需要按要求填寫這個巨集即可。TRACE_EVENT 巨集的定義如下。

```
#define TRACE_EVENT(name, proto, args, struct, assign, print)  \
    DECLARE_TRACE(name, PARAMS(proto), PARAMS(args))
```

- name：表示該追蹤點的名字，如上面第 0 行程式中的 sched_stat_minvruntime。
- proto：該追蹤點呼叫的原型，在上面的第 2 行程式中，該追蹤點的原型是 trace_sched_ stat_ minvruntime(tsk, minvruntime)。
- args：參數。
- struct：定義追蹤器內部使用的 __entry 資料結構。
- assign：把參數複製到 __entry 資料結構中。
- print：輸出的格式。

把 trace_sched_stat_minvruntime() 函數增加到 update_curr() 函數裡。

```
0   static void update_curr(struct cfs_rq *cfs_rq)
1   {
2     ...
3     curr->vruntime += calc_delta_fair(delta_exec, curr);
```

```
4    update_min_vruntime(cfs_rq);
5
6    if (entity_is_task(curr)) {
7        struct task_struct *curtask = task_of(curr);
8        trace_sched_stat_runtime(curtask, delta_exec, curr->vruntime);
9        trace_sched_stat_minvruntime(curtask, cfs_rq->min_vruntime);
10   }
11   ...
12 }
```

重新編譯核心並在 QEMU 虛擬機器上執行，首先來看 sys 節點中是否已經存在剛才增加的追蹤點。

```
#cd /sys/kernel/debug/tracing/events/sched/sched_stat_minvruntime
# ls
enable    filter format    id        trigger
# cat format
name: sched_stat_minvruntime
ID: 208
format:
    field:unsigned short common_type;offset:0;size:2;signed:0;
    field:unsigned char common_flags;offset:2;size:1;signed:0;
    field:unsigned char common_preempt_count;offset:3;size:1;signed:0;
    field:int common_pid;offset:4;size:4;signed:1;

    field:char comm[16];offset:8;size:16;signed:0;
    field:pid_t pid;offset:24;size:4;signed:1;
    field:u64 vruntime;offset:32;size:8;signed:0;

print fmt: "comm=%s pid=%d vruntime=%Lu [ns]", REC->comm, REC->pid, (unsigned
long long)REC->vruntime
/sys/kernel/debug/tracing/events/sched/sched_stat_minvruntime #
```

上述資訊顯示已經成功增加追蹤點，下面是抓取的關於 sched_stat_ minvruntime 的資訊。

```
# cat trace
# tracer: nop
#
# entries-in-buffer/entries-written: 247/247    #P:1
#
#                                 _------=> irqs-off
```

```
#                              / _----=> need-resched
#                             | / _---=> hardirq/softirq
#                             || / _--=> preempt-depth
#                             ||| /     delay
#           TASK-PID   CPU#    ||||   TIMESTAMP  FUNCTION
#             | |       |      ||||       |         |
           sh-629     [000] d..3   27.307974: sched_stat_minvruntime:
comm=sh pid=629  vruntime=2120013310 [ns]
   rcu_preempt-7     [000] d..3    27.309178: sched_stat_minvruntime:
comm=rcu_preempt  pid=7 vruntime=2120013310 [ns]
   rcu_preempt-7     [000] d..3    27.319042: sched_stat_minvruntime:
comm=rcu_preempt pid=7 vruntime=2120013310 [ns]
   rcu_preempt-7     [000] d..3    27.329015: sched_stat_minvruntime:
comm=rcu_preempt pid=7 vruntime=2120013310 [ns]
   kworker/0:1-284   [000] d..3    27.359015: sched_stat_minvruntime:
comm=kworker/0:1 pid=284 vruntime=2120013310 [ns]
   kworker/0:1-284   [000] d..3    27.399005: sched_stat_minvruntime:
comm=kworker/0:1  pid=284 vruntime=2120013310 [ns]
   kworker/0:1-284   [000] d..3    27.599034: sched_stat_minvruntime:
comm=kworker/0:1  pid=284 vruntime=2120013310 [ns]
```

核心還提供了一個追蹤點的例子，在 samples/trace_events/ 目錄中，讀者可以自行研究。其中除了使用 TRACE_EVENT() 巨集來定義普通的追蹤點外，還可以使用 TRACE_EVENT_ CONDITION() 巨集來定義一個帶條件的追蹤點。如果要定義多個格式相同的追蹤點，DECLARE_ EVENT_ CLASS() 巨集可以幫助減少程式量。

```
[arch/arm/configs/vexpress_defconfig]

- # CONFIG_SAMPLES is not set
+ CONFIG_SAMPLES=y
+ CONFIG_SAMPLE_TRACE_EVENTS=m
```

增加 CONFIG_SAMPLES 和 CONFIG_SAMPLE_TRACE_EVENTS，然後重新編譯核心，最終會編譯成一個核心模組 trace-events-sample.ko，複製到 QEMU 虛擬機器裡的最小檔案系統中，執行 QEMU 虛擬機器。下面是該例子中抓取的資料。

```
/sys/kernel/debug/tracing # cat trace
# tracer: nop
```

```
#
# entries-in-buffer/entries-written: 45/45    #P:1
#
#                              _-----=> irqs-off
#                             / _----=> need-resched
#                            | / _---=> hardirq/softirq
#                            || / _--=> preempt-depth
#                            ||| /     delay
#           TASK-PID   CPU#   ||||    TIMESTAMP  FUNCTION
#            | |       |  ||||      |          |
    event-sample-636   [000] ...1    53.029398: foo_bar: foo hello 41 {0x1}
Snoopy (000000ff)
    event-sample-636   [000] ...1    53.030180: foo_with_template_simple:
foo HELLO 41
    event-sample-636   [000] ...1    53.030284: foo_with_template_print:
bar I have to be different 41
    event-sample-fn-640   [000] ...1    53.759157: foo_bar_with_fn:
foo Look at me 0
    event-sample-fn-640   [000] ...1    53.759285: foo_with_template_fn:
foo Look at me too 0
    event-sample-fn-641   [000] ...1   53.759365: foo_bar_with_fn:
foo Look at me 0
    event-sample-fn-641   [000] ...1    53.759373: foo_with_template_fn:
foo Look at me too 0
```

3.2.6　trace-cmd 和 kernelshark

前面介紹了 ftrace 的常用方法，但不能滿足所有使用情況，因此一些圖形化的工具（如 trace-cmd 和 kernelshark 工具）就應運而生了。

首先，在 Ubuntu Linux 系統上安裝 trace-cmd 和 kernelshark 工具。

```
#sudo apt-get install trace-cmd kernelshark
```

trace-cmd 的使用方式遵循 reset->record->stop->report 模式。首先，要用 report 命令收集資料，按 Ctrl+C 組合鍵可以停止收集動作，在目前的目錄下產生了 trace.dat 檔案。然後，使用 trace-cmd report 解析 trace.dat 檔案，這是文字形式的。kernelshark 是圖形化的工具，更方便開發者觀察和分析資料。

```
figo@figo-OptiPlex-9020:~/work/test1$ trace-cmd record -h
trace-cmd version 1.0.3
usage:
 trace-cmd record [-v][-e event [-f filter]][-p plugin][-F][-d][-o file] \
         [-s usecs][-O option ][-l func][-g func][-n func] \
         [-P pid][-N host:port][-t][-r prio][-b size][command ...]
         -e run command with event enabled
         -f filter for previous -e event
         -p run command with plugin enabled
         -F filter only on the given process
         -P trace the given pid like -F for the command
         -l filter function name
         -g set graph function
         -n do not trace function
         -v will negate all -e after it (disable those events)
         -d disable function tracer when running
         -o data output file [default trace.dat]
         -O option to enable (or disable)
         -r real time priority to run the capture threads
         -s sleep interval between recording (in usecs) [default: 1000]
         -N host:port to connect to (see listen)
         -t used with -N, forces use of tcp in live trace
         -b change kernel buffersize (in kilobytes per CPU)
```

常用的選項如下。

- –e[event]：指定一個追蹤事件。
- –f[filter]：指定一個篩檢程式，這個選項後必須緊接著 -e 選項。
- –P[pid]：指定一個處理程序進行追蹤。
- -p[plugin]：指定一個追蹤器，可以透過 trace-cmd list 來獲取系統支援的追蹤器。常見的追蹤器有 function_graph、function、nop 等。
- –l[func]：指定追蹤的函數，可以是一個或多個。
- –n[func]：不追蹤某個函數。

以追蹤系統處理程序切換的情況為例。

```
#trace-cmd record -e 'sched_wakeup*' -e sched_switch -e 'sched_migrate*'
#kernelshark trace.dat
```

透過 kernelshark 可以查看需要的資訊，如圖 3.18 所示。

圖 3.18　透過 kernelshark 查看需要的資訊

在 kernelshark 中，選擇功能表列中的 Plots → CPUs，可以指定要觀察的
CPU；選擇 Plots → Tasks，可以指定要觀察的處理程序。如果要觀察 PID
為 "8228" 的處理程序，該處理程序名稱為 "trace-cmd"，那麼觀察的起點
如圖 3.19 所示。

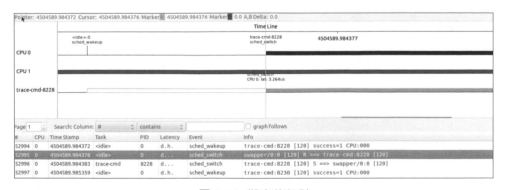

圖 3.19　觀察的起點

在 時 間 戳 記 4504589.984372，trace-cmd:8228 處 理 程 序 在 CPU0 中 被 喚
醒，發生了 sched_wakeup 事件。在下一個時間戳記（4504589.984376），

swapper 執行緒發生了處理程序切換，從 swapper 執行緒切換到 trace-cmd:8228 處理程序，trace-cmd:8228 處理程序被排程器排程、執行，在 sched_switch 事件中捕捉到該資訊。在第三個時間戳記（4504589.984383），trace-cmd:8228 處理程序觸發了處理程序切換，切換到 swapper 執行緒。

3.2.7 追蹤標記

有時需要追蹤使用者程式和核心空間的執行情況，追蹤標記（trace marker）可以很方便地追蹤使用者程式。trace_marker 是一個檔案節點，允許使用者程式寫入字串，ftrace 會記錄該寫入動作時的時間戳記。

下面是一個關於追蹤標記的例子。

```
<trace_marker_test.c>

0   #include <stdlib.h>
1   #include <stdio.h>
2   #include <string.h>
3   #include <time.h>
4   #include <sys/types.h>
5   #include <sys/stat.h>
6   #include <fcntl.h>
7   #include <sys/time.h>
8   #include <linux/unistd.h>
9   #include <stdarg.h>
10  #include <unistd.h>
11  #include <ctype.h>
12
13  static int mark_fd = -1;
14  static __thread char buff[BUFSIZ+1];
15
16  static void setup_ftrace_marker(void)
17  {
18   struct stat st;
19   char *files[] = {
20        "/sys/kernel/debug/tracing/trace_marker",
21        "/debug/tracing/trace_marker",
22        "/debugfs/tracing/trace_marker",
```

```
23    };
24    int ret;
25    int i;
26
27    for (i = 0; i < (sizeof(files) / sizeof(char *)); i++) {
28        ret = stat(files[i], &st);
29        if (ret >= 0)
30            goto found;
31    }
32    /* todo, check mounts system */
33    printf("canot found the sys tracing\n");
34    return;
35    found:
36    mark_fd = open(files[i], O_WRONLY);
37  }
38
39  static void ftrace_write(const char *fmt, ...)
40  {
41   va_list ap;
42   int n;
43
44   if (mark_fd < 0)
45        return;
46
47   va_start(ap, fmt);
48   n = vsnprintf(buff, BUFSIZ, fmt, ap);
49   va_end(ap);
50
51   write(mark_fd, buff, n);
52  }
53
54  int main()
55  {
56   int count = 0;
57   setup_ftrace_marker();
58   ftrace_write("ben start program\n");
59   while (1) {
60       usleep(100*1000);
61       count++;
62       ftrace_write("ben count=%d\n", count);
63   }
64  }
```

在 Ubuntu Linux 系統下編譯，然後執行 ftrace 來捕捉追蹤標記的資訊。

```
# cd /sys/kernel/debug/tracing/
# echo nop > current_tracer          //設定function追蹤器是不能捕捉到trace marker的
# echo 1 > tracing_on                //打開ftrace才能捕捉到trace marker
# ./trace_marker_test                //執行trace_marker_test測試程式
[...]                                //停頓一小會兒
# echo 0 > tracing_on
# cat trace
```

下面是 trace_marker_test 測試程式寫入 ftrace 的資訊。

```
root@figo-OptiPlex-9020:/sys/kernel/debug/tracing# cat trace
# tracer: nop
#
# nop latency trace v1.1.5 on 4.0.0
# --------------------------------------------------------------------
# latency: 0 us, #136/136, CPU#1 | (M:desktop VP:0, KP:0, SP:0 HP:0 #P:4)
#    -----------------
#    | task: -0 (uid:0 nice:0 policy:0 rt_prio:0)
#    -----------------
#
#                  _------=> CPU#
#                 / _-----=> irqs-off
#                | / _----=> need-resched
#                || / _---=> hardirq/softirq
#                ||| / _--=> preempt-depth
#                |||| /     delay
#  cmd     pid   ||||| time  |  caller
#     \   /      ||||| \    |  /
  <...>-15686    1...1 7322484us!: tracing_mark_write: ben start program
  <...>-15686    1...1 7422324us!: tracing_mark_write: ben count=1
  <...>-15686    1...1 7522186us!: tracing_mark_write: ben count=2
  <...>-15686    1...1 7622052us!: tracing_mark_write: ben count=3
[...]
```

讀者可以在捕捉追蹤標記時打開其他追蹤事件，如排程方面的事件，這樣可以觀察使用者程式在兩個追蹤標記之間的核心空間發生了什麼事情。Android 作業系統利用追蹤標記功能實現了一個 Trace 類別，Java 程式設計師可以方便地捕捉程式資訊到 ftrace 中，然後利用 Android 提供的 Systrace 工具進行資料獲取和分析。

```
<Android/system/core/include/cutils/trace.h>

#define ATRACE_BEGIN(name) atrace_begin(ATRACE_TAG, name)
static inline void atrace_begin(uint64_t tag, const char* name)
{
    if (CC_UNLIKELY(atrace_is_tag_enabled(tag))) {
        char buf[ATRACE_MESSAGE_LENGTH];
        size_t len;

        len = snprintf(buf, ATRACE_MESSAGE_LENGTH, "B|%d|%s", getpid(), name);
        write(atrace_marker_fd, buf, len);
    }
}


#define ATRACE_END() atrace_end(ATRACE_TAG)
static inline void atrace_end(uint64_t tag)
{
    if (CC_UNLIKELY(atrace_is_tag_enabled(tag))) {
        char c = 'E';
        write(atrace_marker_fd, &c, 1);
    }
}


<Android/system/core/libcutils/trace.c>

static void atrace_init_once()
{
    atrace_marker_fd = open("/sys/kernel/debug/tracing/trace_marker", O_WRONLY);
    if (atrace_marker_fd == -1) {
        goto done;
    }
    atrace_enabled_tags = atrace_get_property();
done:
    android_atomic_release_store(1, &atrace_is_ready);
}
```

因此，利用 atrace 和 trace 類別提供的介面可以很方便在 Java 和 C/C++ 程
式中增加資訊到 ftrace 中。

3.2.8 小結

本節介紹了 ftrace 常用的技巧和方法，ftrace 在實際專案應用中能幫助專案開發者快速地定位問題，很多核心子系統開發者非常喜歡這個工具。

開發者通常喜歡寫一些簡單的指令稿來捕捉 ftrace 資訊，特別是偶發的問題。下面是一個關於 OOM 問題的例子，當核心記錄檔輸出 "min_adj 0" 字串時，便會保存 ftrace 記錄檔和核心記錄檔資訊到對應目錄中。

```
#!/bin/sh

#創建一個記錄檔目錄
mkdir -p /data/figo/

#打開核心所有log等級
#echo 8 > /proc/sys/kernel/printk

#確保該指令稿不會被OOM終止
echo -1000 > /proc/self/oom_score_adj
cd /sys/kernel/debug/tracing

#先暫停ftrace
echo 0 > tracing_on
#清空追蹤緩衝區
echo  > trace

#打開與OOM和vmscan相關的追蹤事件
echo 1 > /sys/kernel/debug/tracing/events/oom/oom_score_adj_update/enable
echo 1 > /sys/kernel/debug/tracing/events/vmscan/mm_shrink_slab_start/enable
echo 1 > /sys/kernel/debug/tracing/events/vmscan/mm_shrink_slab_end/enable

#開始擷取資料
echo 1 > tracing_on

TIMES=0
while true
do
        dmesg | grep "min_adj 0"    #這是判斷問題的觸發條件
        if [ $? -eq 0 ]
        then
                #保存ftrace 記錄檔和核心記錄檔
```

```
              cat/sys/kernel/debug/tracing/trace > /data/figo/ftrace_log0.
txt.$TIMES
              dmesg > /data/figo/kmsg.txt.$TIMES
              let TIMES+=1

              #清空kernel log和ftrace log，等待下一次條件觸發
              dmesg -c
              echo > trace
       fi
       sleep 1
done
```

3.3 記憶體檢測

作者曾經有一段比較慘痛的經歷。在某個專案中有一個非常難以複現的
bug，複現機率不到 1/1000，並且要執行很長時間才能複現，複現時系統
會莫名其妙地當機（crash），並且每次當機的記錄檔都不一樣。面對這樣
難纏的 bug，研發團隊浪費了好長時間，各種模擬器和偵錯方法都用上
了，最後把當機的伺服器全部的記憶體都轉儲出來並和正常伺服器的記憶
體進行比較，發現有一個地方的記憶體被改寫了。透過尋找 System.map
和原始程式碼，發現這個難纏的 bug 其實是一個比較低級的錯誤——在某
些情況下越界存取並且越界改寫了某個變數而導致系統出現莫名其妙的當
機。

Linux 核心和驅動程式都使用 C 語言編寫。C 語言具有強大的功能，特別
是靈活的指標和記憶體存取，但也存在一些問題。如果編寫的程式剛好引
用了空指標，核心的虛擬記憶體機制可以捕捉到，並產生一個 oops 錯誤
警告。然而，核心的虛擬記憶體機制無法判斷一些記憶體修改行為是否正
確，如非法修改了記憶體資訊，特別是在某些特殊情況下偷偷地修改記憶
體資訊，這些會是產品的隱憂，像定時炸彈一樣，隨時可能導致系統當機
或當機重新啟動，這在重要的工業控制領域會導致嚴重的事故。

一般的記憶體存取錯誤如下。

- 越界存取（out-of-bounds）。
- 存取已經被釋放的記憶體（use after free）。
- 重複釋放（double free）。
- 記憶體洩漏（memory leak）。
- 堆疊溢位（stack overflow）。

本節主要介紹 Linux 核心中常用的記憶體檢測的工具和方法。

3.3.1 slub_debug

在 Linux 核心中，對於小區塊記憶體分配，大量使用 slab/slub 分配器。slab/slub 分配器提供了一個記憶體檢測功能，很方便在產品開發階段進行記憶體檢查。記憶體存取中比較容易出現錯誤的地方如下。

- 存取已經被釋放的記憶體。
- 越界存取。
- 釋放已經釋放過的記憶體。

本節以 slub_debug 為例，並在 QEMU 虛擬機器上實驗。

1. 設定和編譯核心

首先，需要重新設定核心選項，打開 CONFIG_SLUB、CONFIG_SLUB_DEBUG_ON 以及 CONFIG_SLUB_STATS 選項。

```
<arch/arm64/configs/debian_defconfig>

# CONFIG_SLAB is not set
CONFIG_SLUB=y
CONFIG_SLUB_DEBUG_ON=y
CONFIG_SLUB_STATS=y
```

修改了上述設定檔之後，需要重新編譯核心並更新 root 檔案系統。

```
$./run_debian_arm64 build_kernel
$ sudo ./run_debian_arm64 update_rootfs
```

2. 增加 slub_debug 選項

在核心 commandline 中增加 slub_debug 字串來打開該功能。修改 run_debian_arm64.sh 檔案，在 QEMU 命令列中增加以下內容。

```
<修改run_debian_arm64.sh檔案>

-append "noinintrd root=/dev/vda rootfstype=ext4 rw crashkernel=256M
loglevel=8 slub_debug=UFPZ" \
```

3. 編譯 slabinfo 工具

在 linux-5.0 核心的 tools/vm 目錄下編譯 slabinfo 工具。

在 Linux 主機輸入以下命令，把 slabinfo.c 檔案複製到 QEMU 虛擬機器中。

```
$ cd runninglinuxkernel_5.0/
$ cp tools/vm/slabinfo.c  kmodules
```

執行虛擬機器。

```
$ ./run_debian_arm64.sh run
```

在 QEMU 虛擬機器中編譯 slabinfo 工具。

```
# cd /mnt
# gcc slabinfo.c -o slabinfo
```

4. 編寫一個 slub 測試核心模組

slub_test.c 檔案用於模擬一次越界存取的場景，原本 buf 分配了 32 位元組，但是 memset() 函數要越界寫入 200 位元組。

```
<slub_test.c>

#include <linux/kernel.h>
#include <linux/module.h>
#include <linux/init.h>
#include <linux/slab.h>

static char *buf;
```

```
static void create_slub_error(void)
{
    buf = kmalloc(32, GFP_KERNEL);
    if (buf) {
        memset(buf, 0x55, 200); <= 這裡越界存取了
    }
}
static int __init my_test_init(void)
{
    printk("figo: my module init\n");
    create_slub_error();
    return 0;
}
static void __exit my_test_exit(void)
{
    printk("goodbye\n");
    kfree(buf);

}
MODULE_LICENSE("GPL");
module_init(my_test_init);
module_exit(my_test_exit);
```

按照以下的 Makefile 把 slub_test.c 檔案編譯成核心模組。

```
BASEINCLUDE ?= /lib/modules/$(shell uname -r)/build
slub-objs := slub_test.o

obj-m    :=   slub.o
all :
    $(MAKE) -C $(BASEINCLUDE) SUBDIRS=$(PWD) modules;

clean:
    $(MAKE) -C $(BASEINCLUDE) SUBDIRS=$(PWD) clean;
    rm -f *.ko;
```

我們在 QEMU 虛擬機器中直接編譯核心模組。

```
# cd slub_test
# make
```

下面是在 QEMU 虛擬機器中載入 slub1.ko 模組和執行 slabinfo 後的結果。

```
benshushu:slub_test_1# insmod slub1.ko
benshushu:slub_test_1# /mnt/slabinfo -v
[  532.017930] =================================================================
[  532.019438] BUG kmalloc-128 (Tainted: G    B    OE   ): Redzone overwritten
[  532.020586] ---------------
[  532.020586]
[  532.026549] INFO: 0x00000000ca053aa1-0x000000006aabf585. First byte 0x55
instead of 0xcc
[  532.031515] INFO: Allocated in create_slub_error+0x30/0x78 [slub1] age=2591
cpu=0 pid=1319
[  532.034785]    __slab_alloc+0x68/0xa8
[  532.035401]    __kmalloc+0x508/0xe00
[  532.036066]    create_slub_error+0x30/0x78 [slub1]
[  532.037239]    0xffff00000977a020
[  532.037954]    do_one_initcall+0x430/0x9f0
[  532.038669]    do_init_module+0xb8/0x2f8
[  532.039548]    load_module+0x8e0/0xbc0
[  532.040102]    __se_sys_finit_module+0x14c/0x180
[  532.040780]    __arm64_sys_finit_module+0x44/0x4c
[  532.041725]    __invoke_syscall+0x28/0x30
[  532.042450]    invoke_syscall+0xa8/0xdc
[  532.043049]    el0_svc_common+0xf8/0x1d4
[  532.043495]    el0_svc_handler+0x3bc/0x3e8
[  532.044012]    el0_svc+0x8/0xc
[  532.044529] INFO: Slab 0x00000000b9b3e7be objects=12 used=8
fp=0x00000000dee784f0 flags=0xffff00000010201
[  532.046978] INFO: Object 0x00000000a4e7765b @offset=3968 fp=0x00000000fa7e1195
[  532.046978]
[  532.049610] Redzone 00000000ca16bb03: cc cc cc cc cc cc cc cc cc cc cc cc
cc cc cc cc  ...............
[  532.052392] Redzone 00000000cd7b9cc5: cc cc cc cc cc cc cc cc cc cc cc cc
cc cc cc cc  ...............
[  532.096970] CPU: 0 PID: 1321 Comm: slabinfo Kdump: loaded Tainted: G    B
OE    5.0.0+ #30
[  532.098759] Hardware name: linux,dummy-virt (DT)
```

上述 slabinfo 資訊顯示這是一個 Redzone overwritten 錯誤，記憶體越界存取了。

下面來看另一種錯誤類型，修改 slub_test.c 檔案中的 create_slub_error()
函數。

```
static void create_slub_error(void)
{
    buf = kmalloc(32, GFP_KERNEL);
    if (buf) {
        memset(buf, 0x55, 32);
        kfree(buf);
        printk("ben:double free test\n");
        kfree(buf);    <= 這裡重複釋放了
    }
}
```

這是一個重複釋放的例子，下面是執行該例子後的 slub 資訊。該例子中的錯誤很明顯，所以不需要執行 slabinfo 程式，核心就能馬上捕捉到錯誤。

```
/ # insmod slub2.ko
[  458.699358] ben:double free test
[  458.699899] =====================================
[  458.701327] BUG kmalloc-128 (Tainted: G    B    OE   ): Object already free
[  458.701826] -------------------------------------
[  458.701826]
[  458.705403] INFO: Allocated in create_slub_error+0x30/0xa4 [slub2] age=0
cpu=0 pid=2387
[  458.707102]    __slab_alloc+0x68/0xa8
[  458.707535]    __kmalloc+0x508/0xe00
[  458.707955]    create_slub_error+0x30/0xa4 [slub2]
[  458.708638]    my_test_init+0x20/0x1000 [slub2]
[  458.709017]    do_one_initcall+0x430/0x9f0
[  458.709371]     do_init_module+0xb8/0x2f8
[  458.709815]    load_module+0x8e0/0xbc0
[  458.710422]    __se_sys_finit_module+0x14c/0x180
[  458.711027]    __arm64_sys_finit_module+0x44/0x4c
[  458.711906]    __invoke_syscall+0x28/0x30
[  458.712675]    invoke_syscall+0xa8/0xdc
[  458.713048]    el0_svc_common+0xf8/0x1d4
[  458.713391]    el0_svc_handler+0x3bc/0x3e8
[  458.713718]    el0_svc+0x8/0xc
[  458.714302] INFO: Freed in create_slub_error+0x7c/0xa4 [slub2] age=0 cpu=0
pid=2387
[  458.714887]    kfree+0xc78/0xcb0
[  458.715341]    create_slub_error+0x7c/0xa4 [slub2]
[  458.715742]    my_test_init+0x20/0x1000 [slub2]
[  458.716329]    do_one_initcall+0x430/0x9f0
```

```
[  458.716873]    do_init_module+0xb8/0x2f8
[  458.717374]    load_module+0x8e0/0xbc0
[  458.717852]    __se_sys_finit_module+0x14c/0x180
[  458.718773]    __arm64_sys_finit_module+0x44/0x4c
[  458.719406]    __invoke_syscall+0x28/0x30
[  458.720067]    invoke_syscall+0xa8/0xdc
[  458.720590]    el0_svc_common+0xf8/0x1d4
[  458.721352]    el0_svc_handler+0x3bc/0x3e8
[  458.722204]    el0_svc+0x8/0xc
[  458.725671] INFO: Slab 0x000000009ec8f655 objects=12 used=10
fp=0x00000000a9b52c42 flags=0xffff00000010201
[  458.727754] INFO: Object 0x00000000a9b52c42 @offset=5888 fp=0x0000000098b2014f
```

這是很典型的重複釋放的例子，錯誤顯而易見。然而，在實際專案中沒有這麼簡單，因為有些記憶體存取錯誤隱藏在層層的函數呼叫中或經過多層指標引用。

下面是另外一個比較典型的記憶體存取錯誤，即存取了已經被釋放的記憶體。

```
static void create_slub_error(void)
{
    buf = kmalloc(32, GFP_KERNEL);
    if (buf) {
        kfree(buf);
        printk("ben:access free memory\n");
        memset(buf, 0x55, 32);   <=存取了已經被釋放的記憶體
    }
}
```

下面是該記憶體存取錯誤的 slub 資訊。

```
/ # insmod slub3.ko
[  808.574242] ben:access free memory
[  808.575512] pick_next_task: prev insmod
[  808.594218] =============================
[  808.596275] BUG kmalloc-128 (Tainted: G    B    OE   ): Poison overwritten
[  808.597314] -------------------------
[  808.597314]
[  808.600221] INFO: 0x00000000a5cf0659-0x0000000040c3b4f5. First byte 0x55
instead of 0x6b
```

```
[  808.603196] INFO: Allocated in create_slub_error+0x30/0x94 [slub3] age=5
cpu=0 pid=4437
[  808.605024]    __slab_alloc+0x68/0xa8
[  808.605598]    __kmalloc+0x508/0xe00
[  808.606026]    create_slub_error+0x30/0x94 [slub3]
[  808.606972]    my_test_init+0x20/0x1000 [slub3]
[  808.607660]    do_one_initcall+0x430/0x9f0
[  808.608106]    do_init_module+0xb8/0x2f8
[  808.608562]    load_module+0x8e0/0xbc0
[  808.609061]    __se_sys_finit_module+0x14c/0x180
[  808.609682]    __arm64_sys_finit_module+0x44/0x4c
[  808.610444]    __invoke_syscall+0x28/0x30
[  808.610940]    invoke_syscall+0xa8/0xdc
[  808.611500]    el0_svc_common+0xf8/0x1d4
[  808.612035]    el0_svc_handler+0x3bc/0x3e8
[  808.612554]    el0_svc+0x8/0xc
[  808.613036] INFO: Freed in create_slub_error+0x64/0x94 [slub3] age=5 cpu=0
pid=4437
[  808.613813]    kfree+0xc78/0xcb0
[  808.614198]    create_slub_error+0x64/0x94 [slub3]
[  808.614685]    my_test_init+0x20/0x1000 [slub3]
[  808.615109]    do_one_initcall+0x430/0x9f0
[  808.615405]    do_init_module+0xb8/0x2f8
[  808.615723]    load_module+0x8e0/0xbc0
[  808.616179]    __se_sys_finit_module+0x14c/0x180
[  808.616518]    __arm64_sys_finit_module+0x44/0x4c
[  808.617117]    __invoke_syscall+0x28/0x30
[  808.617388]    invoke_syscall+0xa8/0xdc
[  808.617691]    el0_svc_common+0xf8/0x1d4
[  808.618084]    el0_svc_handler+0x3bc/0x3e8
[  808.618361]    el0_svc+0x8/0xc
[  808.618961] INFO: Slab 0x00000000394af5b4 objects=12 used=12 fp=0x
(null) flags=0xffff00000010200
[  808.620032] INFO: Object 0x00000000a5cf0659 @offset=3968 fp=0x000000001b754450
```

該錯誤類型在 slub 中稱為 Poison overwritten，即存取了已經被釋放的記憶體。如果產品中有記憶體存取錯誤，類似於上述介紹的幾種存取記憶體錯誤，那麼將存在隱憂。這就像埋在產品中的一顆定時炸彈，也許使用者在使用幾天或幾個月後產品就會出現莫名其妙的當機，因此在產品開發階段需要對記憶體做嚴格的檢測。

3.3.2 KASAN 記憶體檢測

KASAN（Kernel Address SANtizer）在 Linux 4.0 核心中被合併到官方 Linux 核心，它是一個動態檢測記憶體錯誤的工具，可以檢查記憶體越界存取和使用已經被釋放的記憶體等問題。Linux 核心早期有一個類似的工具 kmemcheck，KASAN 比 kmemcheck 的檢測速度更快。要使用 KASAN，必須打開 CONFIG_KASAN 等選項。

```
<arch/arm64/configs/debian_defconfig>

CONFIG_HAVE_ARCH_KASAN=y
CONFIG_KASAN=y
CONFIG_KASAN_OUTLINE=y
CONFIG_KASAN_INLINE=y
CONFIG_TEST_KASAN=m
```

KASAN 模組提供了一個測試程式，在 lib/test_kasan.c 檔案中，其中定義了多種記憶體存取的錯誤類型。

- 存取已經被釋放的記憶體。
- 重複釋放。
- 越界存取。

其中，越界存取是最常見的，而且情況比較複雜，test_kasan.c 檔案抽象歸納了幾種常見的越界存取類型。

在以下程式中出現了右側陣列越界存取。

```
static noinline void __init kmalloc_oob_right(void)
{
    char *ptr;
    size_t size = 123;

    pr_info("out-of-bounds to right\n");
    ptr = kmalloc(size, GFP_KERNEL);

    ptr[size] = 'x';
    kfree(ptr);
}
```

在以下程式中出現了左側陣列越界存取。

```c
static noinline void __init kmalloc_oob_left(void)
{
    char *ptr;
    size_t size = 15;

    pr_info("out-of-bounds to left\n");
    ptr = kmalloc(size, GFP_KERNEL);
    *ptr = *(ptr - 1);
    kfree(ptr);
}
```

在以下程式中出現了 krealloc 擴大後的越界存取。

```c
static noinline void __init kmalloc_oob_krealloc_more(void)
{
    char *ptr1, *ptr2;
    size_t size1 = 17;
    size_t size2 = 19;

    pr_info("out-of-bounds after krealloc more\n");
    ptr1 = kmalloc(size1, GFP_KERNEL);
    ptr2 = krealloc(ptr1, size2, GFP_KERNEL);
    if (!ptr1 || !ptr2) {
        pr_err("Allocation failed\n");
        kfree(ptr1);
        return;
    }

    ptr2[size2] = 'x';
    kfree(ptr2);
}
```

在以下程式中出現了全域變數越界存取。

```c
static char global_array[10];

static noinline void __init kasan_global_oob(void)
{
    volatile int i = 3;
    char *p = &global_array[ARRAY_SIZE(global_array) + i];
```

```
    pr_info("out-of-bounds global variable\n");
    *(volatile char *)p;
}
```

在以下程式中出現了堆疊越界存取。

```
static noinline void __init kasan_stack_oob(void)
{
    char stack_array[10];
    volatile int i = 0;
    char *p = &stack_array[ARRAY_SIZE(stack_array) + i];

    pr_info("out-of-bounds on stack\n");
    *(volatile char *)p;
}
```

以上幾種越界存取都會導致嚴重的問題。

載入 test_kasan 核心模組後，KASAN 捕捉到的偵錯資訊如下。

```
root@benshushu:/lib/modules/5.0.0-rlk+/kernel/lib# insmod test_kasan.ko
[  166.336802] kasan test: kmalloc_oob_right out-of-bounds to right
[  166.342517] ==================================================================
[  166.345281] BUG: KASAN: slab-out-of-bounds in kmalloc_oob_right+0x6c/0x8c
[test_kasan]
[  166.346479] Write of size 1 at addr ffff80002056397b by task insmod/607
[  166.347261]
[  166.348315] CPU: 0 PID: 607 Comm: insmod Kdump: loaded Tainted: G          E
5.0.0-rlk+ #8
[  166.349452] Hardware name: linux,dummy-virt (DT)
[  166.350419] Call trace:
[  166.351457]  dump_backtrace+0x0/0x228
[  166.352037]  show_stack+0x24/0x30
[  166.352679]  dump_stack+0x9c/0xc4
[  166.353239]  print_address_description+0x68/0x258
[  166.353894]  kasan_report+0x13c/0x188
[  166.354538]  __asan_store1+0x4c/0x58
[  166.355315]  kmalloc_oob_right+0x6c/0x8c [test_kasan]
[  166.356289]  kmalloc_tests_init+0x18/0x8cc [test_kasan]
[  166.357083]  do_one_initcall+0xa4/0x2c0
[  166.357688]  do_init_module+0xe0/0x2f4
[  166.358765]  load_module+0x2c9c/0x3080
[  166.359388]  __se_sys_finit_module+0x12c/0x1b0
```

```
[  166.360072]  __arm64_sys_finit_module+0x4c/0x60
[  166.360841]  el0_svc_common+0x120/0x188
[  166.361441]  el0_svc_handler+0x40/0x88
[  166.362014]  el0_svc+0x8/0xc
```

KASAN 提示這是一個越界存取的錯誤類型（slab-out-of-bounds），並顯示出錯的函數名稱和出錯位置，為開發者修復問題提供便捷。

KASAN 整體效率比 slub_debug 要高得多，並且支援的記憶體錯誤存取類型更多。缺點是 KASAN 需要較新的核心（Linux 4.4 核心才支持 ARM64 版本的 KASAN）和較新的 GCC 編譯器（GCC-4.9.2 以上）。

3.4 鎖死檢測

鎖死（deadlock）是指兩個或多個處理程序因爭奪資源而造成的互相等待的現象，如處理程序 A 需要資源 X，處理程序 B 需要資源 Y，而雙方都掌握對方所需要的資源，且都不釋放，這會導致鎖死。在核心開發中，時常要考慮併發設計，即使採用正確的程式設計想法，也不可避免會發生鎖死。在 Linux 核心中，常見的鎖死有以下兩種。

- 遞迴鎖死：如在中斷等延遲操作中使用了鎖，和外面的鎖組成了遞迴鎖死。
- AB-BA 鎖死：多個鎖因處理不當而引發鎖死，多個核心路徑上的鎖處理順序不一致也會導致鎖死。

Linux 核心在 2006 年引入了鎖死偵錯模組 Lockdep，經過多年的發展，Lockdep 為核心開發者和驅動開發者提前發現鎖死提供了方便。Lockdep 追蹤每個鎖的自身狀態和各個鎖之間的依賴關係，經過一系列的驗證規則來確保鎖之間依賴關係是正確的。

下面舉一個簡單的 AB-BA 鎖死的例子。

```
<lock_test.c>
```

```
#include <linux/init.h>
#include <linux/module.h>
#include <linux/kernel.h>

static DEFINE_SPINLOCK(hack_spinA);
static DEFINE_SPINLOCK(hack_spinB);
void hack_spinAB(void)
{
    printk("hack_lockdep: A->B\n");
    spin_lock(&hack_spinA);
    spin_lock(&hack_spinB);
}

void hack_spinBA(void)
{
    printk("hack_lockdep: B->A\n");
    spin_lock(&hack_spinB);
}

static int __init lockdep_test_init(void)
{
    printk("figo: my lockdep module init\n");
    hack_spinAB();
    hack_spinBA();
    return 0;
}

static void __exit lockdep_test_exit(void)
{
    printk("goodbye\n");
}
MODULE_LICENSE("GPL");
module_init(lockdep_test_init);
module_exit(lockdep_test_exit);
```

上述程式初始化了兩個迴旋栓鎖，其中 hack_spinAB() 函數分別申請了
hack_spinA 鎖和 hack_spinB 鎖，hack_spinBA() 函數要申請 hack_spinB
鎖。因為剛才鎖 hack_spinB 已經被成功獲取且還沒有釋放，所以它會一
直等待，而且它也被鎖在 hack_spinA 的臨界區裡。

要在 Linux 核心中使用 Lockdep 功能，需要打開 CONFIG_DEBUG_
LOCKDEP 選項。

```
<arch/arm64/configs/debian_defconfig>

CONFIG_LOCK_STAT=y
CONFIG_PROVE_LOCKING=y
CONFIG_DEBUG_LOCKDEP=y
```

重新編譯核心並重新更新 root 檔案系統。

```
$ cd runninglinuxkernel_5.0
$./run_debian_arm64.sh build_kernel
$sudo ./run_debian_arm64.sh update_rootfs
```

執行 QEMU 虛擬機器。

```
$./run_debian_arm64.sh run
```

在 proc 目錄下會有 lockdep、lockdep_chains 和 lockdep_stats 三個檔案節
點，這説明 lockdep 模組已經生效。下面是該測試例子執行後的偵錯資
訊。

```
/ # insmod lock.ko
root@benshushu: lock_test# insmod lock.ko
[  281.699933] lock: loading out-of-tree module taints kernel.
[  281.717400] lock: module verification failed: signature and/or required key
missing - tainting kernel
[  281.758313] figo: my lockdep module init
[  281.759396] hack_lockdep: A->B
[  281.763292] hack_lockdep: B->A
[  281.766036]
[  281.766326] ============================================
[  281.766783] WARNING: possible recursive locking detected
[  281.767516] 5.0.0+ #2 Tainted: G           OE
[  281.767982] --------------------------------------------
[  281.768502] insmod/888 is trying to acquire lock:
[  281.769179] (___ptrval___) (hack_spinB){+.+.}, at: hack_spinBA+0x30/0x40
[lock]
[  281.771143]
[  281.771143] but task is already holding lock:
[  281.771605] (___ptrval___) (hack_spinB){+.+.}, at: hack_spinAB+0x48/0x58
```

```
[lock]
[  281.772418]
[  281.772418] other info that might help us debug this:
[  281.773013]  Possible unsafe locking scenario:
[  281.773013]
[  281.773902]        CPU0
[  281.774172]        ----
[  281.774421]   lock(hack_spinB);
[  281.774749]   lock(hack_spinB);
[  281.775075]
[  281.775075] *** DEADLOCK ***
[  281.775075]
[  281.775595]  May be due to missing lock nesting notation
[  281.775595]
[  281.776263] 2 locks held by insmod/888:
[  281.776649]  #0: (____ptrval____) (hack_spinA){+.+.}, at: hack_spinAB+0x30/
0x58 [lock]
[  281.777465]  #1: (____ptrval____) (hack_spinB){+.+.}, at: hack_spinAB+0x48/
0x58 [lock]
[  281.778211]
[  281.778211] stack backtrace:
[  281.778914] CPU: 0 PID: 888 Comm: insmod Kdump: loaded Tainted: G        OE
5.0.0+ #2
[  281.779596] Hardware name: linux,dummy-virt (DT)
[  281.780338] Call trace:
[  281.781150]  dump_backtrace+0x0/0x4d8
[  281.781534]  show_stack+0x28/0x34
[  281.781816]  __dump_stack+0x20/0x2c
[  281.782117]  dump_stack+0x268/0x39c
[  281.782412]  print_deadlock_bug+0x11c/0x148
[  281.782742]  check_deadlock+0x294/0x2bc
[  281.783034]  validate_chain+0xeb8/0x1128
[  281.783344]  __lock_acquire+0xad0/0xbc4
[  281.783652]  lock_acquire+0x5d0/0x624
[  281.784002]  _raw_spin_lock+0x4c/0x94
[  281.784452]  hack_spinBA+0x30/0x40 [lock]
[  281.784999]  lockdep_test_init+0x24/0x1000 [lock]
[  281.785343]  do_one_initcall+0x5d4/0xd30
[  281.785667]  do_init_module+0xb8/0x2fc
[  281.785979]  load_module+0xa94/0xd94
[  281.786280]  __se_sys_finit_module+0x14c/0x180
[  281.786621]  __arm64_sys_finit_module+0x44/0x4c
[  281.786973]  __invoke_syscall+0x28/0x30
```

```
[  281.787290]  invoke_syscall+0xa8/0xdc
[  281.787596]  el0_svc_common+0x120/0x220
[  281.787889]  el0_svc_handler+0x3b0/0x3dc
[  281.788237]  el0_svc+0x8/0xc
```

lockdep 已經很清晰地顯示了鎖死發生的路徑和發生時函數呼叫的堆疊資訊，開發者根據這些資訊可以很快速地定位問題和解決問題。

下面的例子要複雜一些，這是從實際專案中取出出來的鎖死，更具有代表性。

```c
<mutex_lockdep_test.c>

#include <linux/init.h>
#include <linux/module.h>
#include <linux/kernel.h>
#include <linux/kthread.h>
#include <linux/freezer.h>
#include <linux/mutex.h>
#include <linux/delay.h>

static DEFINE_MUTEX(mutex_a);
static struct delayed_work delay_task;
static void lockdep_timefunc(unsigned long);
static DEFINE_TIMER(lockdep_timer, lockdep_timefunc, 0, 0);

static void lockdep_timefunc(unsigned long dummy)
{
    schedule_delayed_work(&delay_task, 10);
    mod_timer(&lockdep_timer, jiffies + msecs_to_jiffies(100));
}

static void lockdep_test_worker(struct work_struct *work)
{
    mutex_lock(&mutex_a);
    mdelay(300); //處理一些事情，這裡用mdelay代替
    mutex_unlock(&mutex_a);
}

static int lockdep_thread(void *nothing)
{
    set_freezable();
```

```
        set_user_nice(current, 0);

        while (!kthread_should_stop()) {
                mdelay(500); //處理一些事情,這裡用mdelay代替

                //遇到某些特殊情況,需要取消delay_task
                mutex_lock(&mutex_a);
                cancel_delayed_work_sync(&delay_task);
                mutex_unlock(&mutex_a);

        }
        return 0;
}

static int __init lockdep_test_init(void)
{
        struct task_struct *lock_thread;
        printk("figo: my lockdep module init\n");

        /*創建一個執行緒來處理某些事情*/
        lock_thread = kthread_run(lockdep_thread, NULL, "lockdep_test");

        /*創建一個延遲的工作佇列*/
        INIT_DELAYED_WORK(&delay_task, lockdep_test_worker);

        /*創建一個計時器來模擬某些非同步事件,如中斷等*/
        lockdep_timer.expires = jiffies + msecs_to_jiffies(500);
        add_timer(&lockdep_timer);
        return 0;
}

static void __exit lockdep_test_exit(void)
{
        printk("goodbye\n");
}
MODULE_LICENSE("GPL");
module_init(lockdep_test_init);
module_exit(lockdep_test_exit);
```

首先創建一個 lockdep_thread 核心執行緒,用於週期性地處理某些事情,
然後創建一個名為 lockdep_test_worker 的工作佇列來處理一些類似於中
斷下半部的延遲操作,最後使用一個計時器來模擬某些非同步事件(如

中斷）。在 lockdep_thread 核心執行緒中，某些特殊情況下常常需要取消工作佇列。程式中首先申請了一個 mutex_a 互斥鎖，然後呼叫 cancel_delayed_work_sync() 函數取消工作佇列。另外，計時器定時地排程工作佇列，並在回呼函數 lockdep_test_worker() 函數中申請 mutex_a 互斥鎖。

以上便是該例子的呼叫場景。下面是在 QEMU 虛擬機器上執行 mutexlock.ko 模組捕捉到的鎖死資訊。

```
# insmod mutexlock.ko
[...] //等待一會兒
=====================================================
[ INFO: possible circular locking dependency detected ]
5.0.0 #46 Tainted: G           O
-----------------------------------------------------
kworker/0:1/423 is trying to acquire lock:
 (mutex_a){+.+...}, at: [<bf000090>] lockdep_test_worker+0x20/0x58 [mutexlock]

but task is already holding lock:
 ((&(&delay_task)->work)){+.+...}, at: [<c0044220>] process_one_work+0x230/0x628

which lock already depends on the new lock.
the existing dependency chain (in reverse order) is:

-> #1 ((&(&delay_task)->work)){+.+...}:
     [<c00706e8>] validate_chain+0x5bc/0x70c
     [<c0074370>] __lock_acquire+0xa70/0xbac
     [<c0074c9c>] lock_acquire+0x1ac/0x1d4
     [<c0043664>] flush_work+0x48/0x8c
     [<c0044b54>] __cancel_work_timer+0xe4/0x134
     [<c0044bc0>] cancel_delayed_work_sync+0x1c/0x20
     [<bf000124>] lockdep_thread+0x5c/0x9c [mutexlock]
     [<c0049dd4>] kthread+0x110/0x114
     [<c000f8b0>] ret_from_fork+0x14/0x24

-> #0 (mutex_a){+.+...}:
     [<c0070070>] check_prevs_add+0xac/0x168
     [<c00706e8>] validate_chain+0x5bc/0x70c
     [<c0074370>] __lock_acquire+0xa70/0xbac
     [<c0074c9c>] lock_acquire+0x1ac/0x1d4
     [<c05f9e38>] mutex_lock_nested+0x6c/0x508
     [<bf000090>] lockdep_test_worker+0x20/0x58 [mutexlock]
```

```
      [<c004435c>] process_one_work+0x36c/0x628
      [<c0044848>] worker_thread+0x1ec/0x2d0
      [<c0049dd4>] kthread+0x110/0x114
      [<c000f8b0>] ret_from_fork+0x14/0x24

other info that might help us debug this:

 Possible unsafe locking scenario:

      CPU0                      CPU1
      ----                      ----
  lock((&(&delay_task)->work));
                            lock(mutex_a);
                            lock((&(&delay_task)->work));
  lock(mutex_a);

 *** DEADLOCK ***

2 locks held by kworker/0:1/423:
 #0:  ("events"){.+.+.+.+}, at: [<c00441f4>] process_one_work+0x204/0x628
 #1:  ((&(&delay_task)->work)){+.+...}, at: [<c0044220>] process_one_work+
0x230/0x628

stack backtrace:
CPU: 0 PID: 423 Comm: kworker/0:1 Tainted: G          O    4.0.0 #46
Hardware name: ARM-Versatile Express
Workqueue: events lockdep_test_worker [mutexlock]
[<c001848c>] (unwind_backtrace) from [<c00143b4>] (show_stack+0x20/0x24)
[...]
```

lockdep 資訊首先提示可能出現遞迴鎖死 "possible circular locking dependency detected"，然後提示 "kworker/0:1/423" 執行緒嘗試獲取 mutex_a 互斥鎖，但是該鎖已經被其他處理程序持有，持有該鎖的處理程序在 &delay_task->work 裡。

接下來的函數呼叫堆疊顯示上述嘗試獲取 mutex_a 鎖的呼叫路徑。兩個呼叫路徑如下。

■ 核心執行緒 lockdep_thread 首先成功獲取了 mutex_a 互斥鎖，然後呼叫 cancel_delayed_work_ sync() 函數取消 kworker。注意，cancel_

delayed_work_sync() 函數會呼叫 flush 操作並等待所有的 kworker 回呼
函數執行完，然後才會呼叫 mutex_unlock(&mutex_a) 釋放該鎖。

```
-> #1 ((&(&delay_task)->work)){+.+...}:
      [<c00706e8>] validate_chain+0x5bc/0x70c
      [<c0074370>] __lock_acquire+0xa70/0xbac
      [<c0074c9c>] lock_acquire+0x1ac/0x1d4
      [<c0043664>] flush_work+0x48/0x8c
      [<c0044b54>] __cancel_work_timer+0xe4/0x134
      [<c0044bc0>] cancel_delayed_work_sync+0x1c/0x20
      [<bf000124>] lockdep_thread+0x5c/0x9c [mutexlock]
      [<c0049dd4>] kthread+0x110/0x114
      [<c000f8b0>] ret_from_fork+0x14/0x24
```

- kworker 回呼函數 lockdep_test_worker() 首先會嘗試獲取 mutex_a 互斥
  鎖。注意，剛才核心執行緒 lockdep_thread 已經獲取了 mutex_a 互斥
  鎖，並且一直在等待當前 kworker 回呼函數執行完，所以鎖死發生了。

```
-> #0 (mutex_a){+.+...}:
      [<c0070070>] check_prevs_add+0xac/0x168
      [<c00706e8>] validate_chain+0x5bc/0x70c
      [<c0074370>] __lock_acquire+0xa70/0xbac
      [<c0074c9c>] lock_acquire+0x1ac/0x1d4
      [<c05f9e38>] mutex_lock_nested+0x6c/0x508
      [<bf000090>] lockdep_test_worker+0x20/0x58 [mutexlock]
      [<c004435c>] process_one_work+0x36c/0x628
      [<c0044848>] worker_thread+0x1ec/0x2d0
      [<c0049dd4>] kthread+0x110/0x114
      [<c000f8b0>] ret_from_fork+0x14/0x24
```

下面是該鎖死場景的 CPU 呼叫關係。

```
        CPU0                                     CPU1
-----------------------------------------------------------------------
核心執行緒lockdep_thread
lock(mutex_a);
  cancel_delayed_work_sync()
等待worker執行完成


                                    delay worker回呼函數
                                    lock(mutex_a); 嘗試獲取鎖
```

3.5 核心偵錯方法

3.5.1 printk

很多核心開發者喜歡的偵錯工具是 printk。printk() 函數是核心提供的格式化輸出函數，它和 C 函數庫提供的 printf() 函數類似。printk() 函數和 printf() 函數的重要區別是前者提供輸出等級，核心根據這個等級來判斷是否在終端或序列埠中輸出。從作者多年的專案實踐經驗來看，printk 是最簡單有效的偵錯方法。

```
<include/linux/kern_levels.h>

#define KERN_EMERGKERN_SOH "0"   /* 最高的輸出等級，系統可以能處於不可用的狀態 */
#define KERN_ALERTKERN_SOH "1"    /* 緊急和立刻需要處理的輸出 */
#define KERN_CRITKERN_SOH "2"     /* 緊急情況 */
#define KERN_ERRKERN_SOH "3"      /* 發生錯誤的情況 */
#define KERN_WARNINGKERN_SOH "4" /* 警告 */
#define KERN_NOTICEKERN_SOH "5"  /* 重要的提示 */
#define KERN_INFO   KERN_SOH "6" /* 提示訊息*/
#define KERN_DEBUGKERN_SOH "7"    /* 偵錯輸出 */
```

Linux 核心為 printk 定義了 8 個輸出等級，KERN_EMERG 等級最高，KERN_DEBUG 等級最低。在設定核心時，由一個巨集來設定系統預設的輸出等級 CONFIG_MESSAGE_LOGLEVEL_ DEFAULT，通常該值設定為 4，因此只有輸出等級高於 4 時才會輸出到終端或序列埠，即只有 KERN_EMERG ～ KERN_ERR 滿足這個條件。通常在產品開發階段，會把系統預設等級設定為最低，以便在開發測試階段可以曝露更多的問題和偵錯資訊，在發佈產品時再把輸出等級設定為 0 或 4。

```
<arch/arm64/configs/debian_defconfig>

CONFIG_MESSAGE_LOGLEVEL_DEFAULT=8 //預設輸出等級設定為8，即打開所有的輸出資訊
```

此外，還可以透過在啟動核心時傳遞 commandline 給核心的方法來修改系統預設的輸出等級，如傳遞 "loglevel=8" 給核心啟動參數。

```
# qemu-system-arm -M vexpress-a9  -m 1024M -kernel arch/arm/boot/zImage  -append
"   rdinit=/linuxrc console=ttyAMA0 loglevel=8" -dtb arch/arm/boot/dts/
vexpress-v2p-ca9.dtb - nographic
```

在系統執行時期,也可以修改系統的輸出等級。

```
# cat /proc/sys/kernel/printk        //printk預設有4個等級
7    4    1    7

# echo 8 > /proc/sys/kernel/printk  //打開所有的核心輸出
```

上述內容分別表示主控台輸出等級、預設訊息輸出等級、最低輸出等級和預設主控台輸出等級。

在實際偵錯中,輸出函數名稱(__func__)和程式行號(__LINE__)也是一個很好的技巧。

```
printk(KERN_EMERG "figo: %s, %d", __func__, __LINE__);
```

注意 printk 的輸出格式(見表 3.2),否則在編譯時會出現很多的警告。

⬇ 表 3.2　printk 的輸出格式

資料類型	printk 格式符
int	%d 或 %x
unsigned int	%u 或 %x
long	%ld 或 %lx
long long	%lld 或 %llx
unsigned long long	%llu 或 %llx
size_t	%zu 或 %zx
ssize_t	%zd 或 %zx
函數指標	%pf

- 核心還提供了一些在實際專案中會用到的有趣的輸出函數。
- 輸出記憶體緩衝區中資料的函數 print_hex_dump()。
- 輸移出堆疊的函數 dump_stack()。

3.5.2 動態輸出

動態輸出（dynamic print）是核心子系統開發者最喜歡的輸出技術之一。在執行系統時，動態輸出可以由系統維護者動態選擇打開哪些核心子系統的輸出，可以有選擇性地打開某些模組的輸出，而 printk 是全域的，只能設定輸出等級。要使用動態輸出，必須在設定核心時打開 CONFIG_DYNAMIC_DEBUG 巨集。核心程式裡使用大量 pr_debug()/dev_dbg() 函數來輸出資訊，這些就使用了動態輸出技術。另外，還需要系統掛載 debugfs 檔案系統。

動態輸出在 debugfs 檔案系統中有一個 control 檔案節點，這個檔案節點記錄了系統中所有使用動態輸出技術的檔案名稱路徑、輸出所在的行號、模組名字和要輸出的敘述。

```
# cat /sys/kernel/debug/dynamic_debug/control

[...]
mm/cma.c:372 [cma]cma_alloc =_ "%s(cma %p, count %d, align %d)\012"
mm/cma.c:413 [cma]cma_alloc =_ "%s(): memory range at %p is busy, retrying\012"
mm/cma.c:418 [cma]cma_alloc =_ "%s(): returned %p\012"
mm/cma.c:439 [cma]cma_release =_ "%s(page %p)\012"
[...]
```

對於上面的 cma 模組，程式路徑是 mm/cma.c 檔案，輸出敘述所在行號是 372，所在函數是 cma_alloc()，要輸出的敘述是 "%s(cma %p, count %d, align %d)\012"。在使用動態輸出技術之前，可以先透過查詢 control 檔案節點獲知系統有哪些動態輸出敘述，如 "cat control | grep xxx"。

下面舉例來說明如何使用動態輸出技術。

```
//打開svcsock.c檔案中所有的動態輸出敘述
# echo 'file svcsock.c +p' > /sys/kernel/debug/dynamic_debug/control

//打開usbcore模組中所有的動態輸出敘述
# echo  'module usbcore +p' >  /sys/kernel/debug/dynamic_debug/control

//打開svc_process()函數中所有的動態輸出敘述
```

```
# echo 'func svc_process +p' >  /sys/kernel/debug/dynamic_debug/control

//關閉svc_process()函數中所有的動態輸出敘述
# echo 'func svc_process -p' > /sys/kernel/debug/dynamic_debug/control

// 打開檔案路徑中包含usb的檔案裡所有的動態輸出敘述
# echo -n '*usb* +p' > /sys/kernel/debug/dynamic_debug/control

// 打開系統所有的動態輸出敘述
# echo -n '+p' >  /sys/kernel/debug/dynamic_debug/control
```

上面是打開動態輸出敘述的例子，除了能輸出 **pr_debug()/dev_dbg()** 函數中定義的輸出資訊外，還能輸出一些額外資訊，如函數名稱、行號、模組名字以及執行緒 ID 等。

- **p**：打開動態輸出敘述。
- **f**：輸出函數名稱。
- **l**：輸出行號。
- **m**：輸出模組名字。
- **t**：輸出執行緒 ID。

對於偵錯一些系統啟動方面的程式，如 SMP 初始化、USB 核心初始化等，這些程式在系統進入 Shell 終端時已經初始化完成，因此無法及時打開動態輸出敘述。可以在核心啟動時傳遞參數給核心，在系統初始化時動態打開它們，這是實際專案中一個非常好用的技巧。如偵錯 SMP 初始化的程式，查詢到 topology 模組有一些動態輸出敘述。

```
# cat /sys/kernel/debug/dynamic_debug/control | grep topology
arch/arm64/kernel/topology.c:293 [topology]store_cpu_topology =_ "CPU%u:
cluster %d core %d thread %d mpidr %#016llx\012"
```

在核心 commandline 中增加 "topology.dyndbg=+plft" 字串，可以修改 run_debian_arm64.sh 指令稿，也可以執行以下命令。

```
# qemu-system-aarch64 -m 1024 -cpu cortex-a57 -M virt -smp 4 -nographic
-kernel arch/arm64/boot/Image -append "noinintrd sched_debug root=/dev/
vda rootfstype=ext4 rw crashkernel=256M loglevel=8 topology.dyndbg=+plft
" -drive if=none,file=rootfs_ debian_ arm64.ext4,id=hd0 -device virtio-blk-
```

```
device,drive=hd0 --fsdev local,id=kmod_dev, path=./ kmodules,security_model=
none -device virtio-9p-pci,fsdev=kmod_dev,mount_tag=kmod_mount

[…]

benshushu:~# dmesg | grep topology
[    0.261019] [0] store_cpu_topology:293: CPU1: cluster 0 core 1 thread -1
mpidr 0x00000080000001
[    0.293064] [0] store_cpu_topology:293: CPU2: cluster 0 core 2 thread -1
mpidr 0x00000080000002
[    0.310551] [0] store_cpu_topology:293: CPU3: cluster 0 core 3 thread -1
mpidr 0x00000080000003
```

另外，還可以在各個子系統的 Makefile 中增加 ccflags 來打開動態輸出敘述。

```
<.../Makefile>

ccflags-y       := -DDEBUG
ccflags-y       += -DVERBOSE_DEBUG
```

3.5.3 oops 分析

在編寫驅動或核心模組時，常常會顯性或隱式地對指標進行非法設定值或使用不正確的指標，導致核心發生一個 oops 錯誤。當處理器在核心空間中存取一個非法的指標時，因為虛擬位址到物理位址的映射關係沒有建立，會觸發一個缺頁中斷，在缺頁中斷中該位址是非法的，核心無法正確地為該位址建立映射關係，所以核心觸發了一個 oops 錯誤。

下面寫一個簡單的核心模組，來驗證如何分析一個核心 oops 錯誤。

```
<oops_test.c>

#include <linux/kernel.h>
#include <linux/module.h>
#include <linux/init.h>

static void create_oops(void)
{
    *(int *)0 = 0;   //人為製造一個空指標存取
```

```
}

static int __init my_oops_init(void)
{
    printk("oops module init\n");
    create_oops();
    return 0;
}

static void __exit my_oops_exit(void)
{
    printk("goodbye\n");
}

module_init(my_oops_init);
module_exit(my_oops_exit);
MODULE_LICENSE("GPL");
```

編寫 Makefile。

```
BASEINCLUDE ?= /lib/modules/$(shell uname -r)/build
oops-objs := oops_test.o

obj-m    :=    oops.o
all :
    $(MAKE) -C $(BASEINCLUDE) SUBDIRS=$(PWD) modules;

clean:
    $(MAKE) -C $(BASEINCLUDE) SUBDIRS=$(PWD) clean;
    rm -f *.ko;
```

在 QEMU 虛擬機器中編譯上述核心模組,並載入該核心模組。

```
root@benshushu: oops_test# insmod oops.ko
[  301.409060] oops module init
[  301.410313] Unable to handle kernel NULL pointer dereference at virtual
address 0000000000000000
[  301.411145] Mem abort info:
[  301.411551]    ESR = 0x96000044
[  301.412105]    Exception class = DABT (current EL), IL = 32 bits
[  301.413535]    SET = 0, FnV = 0
[  301.413954]    EA = 0, S1PTW = 0
[  301.414404] Data abort info:
```

```
[  301.414792]   ISV = 0, ISS = 0x00000044
[  301.415256]    CM = 0, WnR = 1
[  301.416995] user pgtable: 4k pages, 48-bit VAs, pgdp = 00000000c8c3b9bc
[  301.418260] [0000000000000000] pgd=0000000000000000
[  301.419559] Internal error: Oops: 96000044 [#1] SMP
[  301.420485] Modules linked in: oops(POE+)
[  301.421806] CPU: 1 PID: 907 Comm: insmod Kdump: loaded Tainted: P        OE
5.0.0+ #4
[  301.422985] Hardware name: linux,dummy-virt (DT)
[  301.423733] pstate: 60000005 (nZCv daif -PAN -UAO)
[  301.425089] pc : create_oops+0x14/0x24 [oops]
[  301.425740] lr : my_oops_init+0x20/0x1000 [oops]
[  301.426265] sp : ffff8000233f75e0
[  301.426759] x29: ffff8000233f75e0 x28: ffff800023370000
[  301.427366] x27: 0000000000000000 x26: 0000000000000000
[  301.427971] x25: 0000000056000000 x24: 0000000000000015
[  301.428704] x23: 0000000040001000 x22: 0000ffffa7384fc4
[  301.429293] x21: 00000000ffffffff x20: 0000800018af4000
[  301.429888] x19: 0000000000000000 x18: 0000000000000000
[  301.430454] x17: 0000000000000000 x16: 0000000000000000
[  301.431029] x15: 5400160b13131717 x14: 0000000000000000
[  301.431596] x13: 0000000000000000 x12: 0000000000000020
[  301.432240] x11: 0101010101010101 x10: 7f7f7f7f7f7f7f7f
[  301.432925] x9 : 0000000000000000 x8 : ffff000012d0e7b4
[  301.433488] x7 : ffff000010276f60 x6 : 0000000000000000
[  301.434062] x5 : 0000000000000080 x4 : ffff80002a809a08
[  301.437944] x3 : ffff80002a809a08 x2 : 8b3a82b84c3ddd00
[  301.438691] x1 : 0000000000000000 x0 : 0000000000000000
[  301.439428] Process insmod (pid: 907, stack limit = 0x00000000f39a4b44)
[  301.440492] Call trace:
[  301.441068]  create_oops+0x14/0x24 [oops]
[  301.441622]  my_oops_init+0x20/0x1000 [oops]
[  301.442770]  do_one_initcall+0x5d4/0xd30
[  301.443364]  do_init_module+0xb8/0x2fc
[  301.443858]  load_module+0xa94/0xd94
[  301.444328]  __se_sys_finit_module+0x14c/0x180
[  301.444986]  __arm64_sys_finit_module+0x44/0x4c
[  301.445637]  __invoke_syscall+0x28/0x30
[  301.446129]  invoke_syscall+0xa8/0xdc
[  301.446588]  el0_svc_common+0x120/0x220
[  301.447146]  el0_svc_handler+0x3b0/0x3dc
[  301.447668]  el0_svc+0x8/0xc
[  301.449011] Code: 910003fd aa1e03e0 d503201f d2800000 (b900001f)
```

PC 指標指向出錯指向的位址。另外，Call trace 也展示了出錯時程式的呼叫關係。首先，觀察出錯函數 create_oops+0x14/0x24，其中，0x14 表示指令指標在該函數的第 0x14 位元組處，該函數本身共佔用 0x24 位元組。

繼續分析這個問題，假設有兩種情況，一是有出錯模組的原始程式碼，二是沒有原始程式碼。在某些實際工作場景中，可能需要偵錯和分析沒有原始程式碼的 oops 錯誤。

先看有原始程式碼的情況，通常在編譯時增加符號資訊表。在 Makefile 中增加以下敘述，並重新編譯核心模組。

```
KBUILD_CFLAGS +=-g
```

下面用兩種方法來分析。

首先，使用 objdump 工具反組譯。

```
$ aarch64-linux-gnu-objdump -Sd oops.o //使用ARM版本objdump工具

0000000000000000 <create_oops>:
   0:   a9bf7bfd        stp     x29, x30, [sp, #-16]!
   4:   910003fd        mov     x29, sp
   8:   aa1e03e0        mov     x0, x30
   c:   94000000        bl      0 <_mcount>
  10:   d2800000        mov     x0, #0x0                        // #0
  14:   b900001f        str     wzr, [x0]
  18:   d503201f        nop
  1c:   a8c17bfd        ldp     x29, x30, [sp], #16
  20:   d65f03c0        ret
```

透過反組譯工具可以看到出錯函數 create_oops() 的組合語言情況，第 0x10 ～ 0x14 位元組的指令把 0 設定值給 x0 暫存器，然後往 x0 暫存器裡寫入 0。WZR 是一個特殊暫存器，它的值為 0，所以這是一個寫入空指標錯誤。

然後，使用 GDB 工具。

為了使用 GDB 工具快捷地定位到出錯的具體地方，使用 GDB 中的 list 指令加上出錯函數和偏移量即可。

```
$ gdb-multiarch oops.o

(gdb) list *create_oops+0x14
0x14 is in create_oops (/mnt/rlk_senior/chapter_6/oops_test/oops_test.c:7).
2       #include <linux/module.h>
3       #include <linux/init.h>
4
5       static void create_oops(void)
6       {
7               *(int *)0 = 0;
8       }
9
10      static int __init my_oops_init(void)
11      {
(gdb)
```

如果出錯地方是核心函數,那麼可以使用 vmlinux 檔案。

下面來看沒有原始程式碼的情況。對於沒有編譯符號表的二進位檔案,可以使用 objdump 工具來轉儲組合語言程式碼,如使用 aarch64-linux-gnu-objdump -d oops.o 命令來轉儲 oops.o 檔案。核心提供了一個非常好用的指令稿,可以快速定位問題,該指令稿位於 Linux 核心原始程式碼目錄的 scripts/decodecode 中。首先,把出錯記錄檔保存到一個 .txt 檔案中。

```
$ export ARCH=arm64
$ export CROSS_COMPILE=aarch64-linux-gnu-
$ ./scripts/decodecode < oops.txt
Code: 910003fd aa1e03e0 d503201f d2800000 (b900001f)
All code
========
   0:   910003fd        mov     x29, sp
   4:   aa1e03e0        mov     x0, x30
   8:   d503201f        nop
   c:   d2800000        mov     x0, #0x0                        // #0
  10:*  b900001f        str     wzr, [x0]               <-- trapping instruction

Code starting with the faulting instruction
===========================================
   0:   b900001f        str     wzr, [x0]
```

然後，decodecode 指令稿把出錯的 oops 記錄檔資訊轉換成直觀有用的組合語言程式碼，並且告知具體出錯的組合語言敘述，這對於分析沒有原始程式碼的 oops 錯誤非常有用。

3.5.4 BUG_ON() 和 WARN_ON() 巨集分析

在核心中經常看到 BUG_ON() 和 WARN_ON() 巨集，這也是核心偵錯常用的技巧之一。

```
<include/asm-generic/bug.h>

#define BUG_ON(condition) do { if (unlikely(condition)) BUG(); } while (0)

#define BUG() do { \
    printk("BUG: failure at %s:%d/%s()!\n", __FILE__, __LINE__, __func__); \
    panic("BUG!"); \
} while (0)
```

對 BUG_ON() 巨集來説，滿足條件（condition）就會觸發 BUG() 巨集，它會使用 panic() 函數來主動讓系統當機。通常只有一些核心的 bug 才會觸發 BUG_ON() 巨集，在實際產品中使用該巨集需要小心謹慎。

WARN_ON() 巨集相對會好一些，不會觸發 panic() 函數，使系統主動當機，但會輸出函數呼叫堆疊資訊，提示開發者可能發生了一些不好的事情。

3.6 使用 perf 最佳化性能

性能最佳化是電腦中永恆的話題，它可以讓程式盡可能執行得更快。在電腦發展歷史中，人們複習了一些性能最佳化的相關理論，主要的理論如下。

- 二八定律：對於大部分事物，80% 的結果是由 20% 的原因引起的。這是最佳化可行的理論基礎，也啟示了程式邏輯最佳化的側重點。

■ 木桶定律：木桶的容量取決於最短的那塊木板。這個原理直接指明了
　最佳化方向，即先找到缺陷（熱點）再最佳化。

在實際專案中，性能最佳化主要分為 5 個部分，也就是經典的 PAROT 模
型，如圖 3.20 所示。

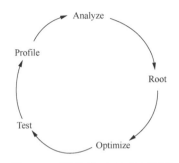

圖 3.20 經典的 PAROT 模型

■ 性能分析（Profile）：對進行最佳化的程式進行取樣。不同的應用場景
　下有不同的取樣工具，如 Linux 分析核心性能的 perf 工具，Intel 公司
　開發的 VTune 工具。
■ 性能分析（Analyze）：分析性能的瓶頸和熱點。
■ 定位問題（Root）：找出問題的根本原因。
■ 性能最佳化（Optimize）：最佳化性能瓶頸。
■ 測試（Test）：測試性能。

綜上所述，性能最佳化最重要的兩個階段：分別是性能分析與性能最佳
化。性能分析的目標就是尋找性能瓶頸，尋找引發性能問題的根源和瓶
頸。在性能分析階段，需要借助一些性能分析工具，如 VTune 或 perf 等。

perf 是一款 Linux 性能分析工具，內建在 Linux 核心的 Linux 性能分析框
架中，利用 CPU、性能監控單元（Performance Monitoring Unit，PMU）
和軟體計數（如軟體計數器和追蹤點）等進行性能分析。

3.6.1　安裝 perf 工具

在 QEMU 虛擬機器 +Debian 實驗平台上安裝 perf 工具。

```
<Linux主機>

$ cd runninglinuxkernel_5.0/tools/perf
$ export ARCH=arm64
$ export CROSS_COMPILE=aarch64-linux-gnu-
$ make
$ cp perf ../../kmodules
```

把編譯好的 perf 程式複製到 QEMU 虛擬機器中，並把 perf 工具複製到 /usr/local/bin/ 目錄下。

```
<QEMU虛擬機器>

$ cp /mnt /perf //usr/local/bin/
$ perf
```

在 QEMU 虛擬機器中的終端中直接輸入 perf 命令就會看到二級命令，如表 3.3 所示。

⬇ 表 3.3　perf 的二級命令

二級命令	描述
list	查看當前系統支援的性能事件
bench	perf 中內建的性能測試程式，包括記憶體管理和排程器的性能測試程式
test	對系統進行健全性測試
stat	對全域性能進行統計
record	收集取樣資訊，並記錄在資料檔案中
report	讀取 perf record 擷取的資料檔案，並列出熱點分析結果
top	可以即時查看當前系統處理程序函數的佔用率情況
kmem	對 slab 子系統進行性能分析
kvm	對 KVM 進行性能分析
lock	進行鎖的爭用分析
mem	分析記憶體性能
sched	分析核心排程器性能
trace	記錄系統呼叫軌跡
timechart	視覺化工具

3.6.2 perf list 命令

perf list 命令可以顯示系統中支援的事件類型，主要的事件可以分為以下 3 類。

- hardware 事件：由 PMU 產生的事件，如 L1 快取命中等。
- software 事件：由核心產生的事件，如處理程序切換等。
- 追蹤點事件：由核心靜態追蹤點所觸發的事件。

```
benshushu:~# perf list

List of pre-defined events (to be used in -e):

  cpu-cycles OR cycles                        [Hardware event]

  alignment-faults                           [Software event]
  bpf-output                                 [Software event]
  context-switches OR cs                     [Software event]
  cpu-clock                                  [Software event]
  cpu-migrations OR migrations               [Software event]
  dummy                                      [Software event]
  emulation-faults                           [Software event]
  major-faults                               [Software event]
  minor-faults                               [Software event]
  page-faults OR faults                      [Software event]
  task-clock                                 [Software event]

  armv8_pmuv3/cpu_cycles/                     [Kernel PMU event]
  armv8_pmuv3/sw_incr/                        [Kernel PMU event]
```

3.6.3 perf record/report 命令

perf record 命令可以用來擷取資料，並且把資料寫入資料檔案中，隨後可以透過 perf report 命令對資料檔案進行分析。

perf record 命令有不少的選項，常用的選項如表 3.4 所示。

⬇ 表 3.4　perf record 命令的選項

選項	描述
-e	選擇一個事件,可以是硬體事件也可以是軟體事件
-a	全系統範圍的資料獲取
-p	指定一個處理程序的 ID 來擷取特定處理程序的資料
-o	指定要寫入擷取資料的資料檔案
-g	啟動函數呼叫圖功能
-C	只擷取某個 CPU 的資料

常見例子如下。

```
擷取執行程式時的資料
#perf record -e cpu-clock ./app

擷取執行程式時哪些系統呼叫最頻繁
# perf record -e raw_syscalls:sys_enter ./app
```

perf report 命令用來解析 perf record 產生的資料,並列出分析結果,perf report 命令常見的選項如表 3.5 所示。

⬇ 表 3.5　perf report 命令常見的選項

選項	描述
-i	匯入的資料檔案名稱,預設為 perf.data
-g	生成函數呼叫關係圖
--sort	分類統計資訊,如 PID、COMM、CPU 等

常見例子如下。

```
# perf report -i perf.data
# Overhead  Command  Shared Object      Symbol
# ...
#
   62.21%  test     test              [.] 0x0000000000000728
   23.39%  test     test              [.] 0x0000000000000770
    6.68%  test     test              [.] 0x000000000000074c
    4.63%  test     test              [.] 0x000000000000076c
    1.80%  test     test              [.] 0x0000000000000740
    0.77%  test     test              [.] 0x000000000000071c
    0.26%  test     [kernel.kallsyms]  [k] try_module_get
    0.26%  test     ld-2.29.so         [.] 0x0000000000013ca0
```

3.6.4 perf stat 命令

當我們接到一個性能最佳化任務時,最好採用自頂向下的策略。先整體看看該程式執行時期各種統計事件的整理資料,再針對某些方向深入處理細節,而不要立即深入處理瑣碎的細節,這樣可能會一葉障目。

有些程式執行得慢是因為計算量太大,其多數時間在使用 CPU 進行計算,這類程式叫作 CPU-Bound 型;而有些程式執行得慢是因為過多的 I/O,這時其 CPU 使用率應該不高,這類程式叫作 I/O-Bound 型。對 CPU-Bound 型程式的最佳化和 I/O-Bound 型的最佳化是不同的。

perf stat 命令是一個透過概括、精簡的方式提供被偵錯工具執行的整體情況和整理資料的工具。perf stat 命令的選項如表 3.6 所示。

⬇ 表 3.6 perf stat 命令的選項

選項	描述
-a	顯示所有 CPU 上的統計資訊
-c	顯示指定 CPU 上的統計資訊
-e	指定要顯示的事件
-p	指定要顯示的處理程序的 ID

關於 perf stat 命令的範例程式如下。

```
# perf stat
^C
 Performance counter stats for 'system wide':

    21188.382806    cpu-clock (msec)
             425    context-switches
               3    cpu-migrations
               0    page-faults
 <not supported>    cycles
 <not supported>    instructions
 <not supported>    branches
 <not supported>    branch-misses


     5.298811655 seconds time elapsed
```

上述參數的描述如下。

- cpu-clock：任務真正佔用的處理器時間，單位為毫秒。
- context-switches：上下文的切換次數。
- CPU-migrations[1]：程式在執行過程中發生的處理器遷移次數。
- page-faults[2]：缺頁異常的次數。
- cycles：消耗的處理器週期數。
- instructions：表示執行了多少行指令。IPC 平均為每個 CPU 時鐘週期執行了多少行指令。
- branches：遇到的分支指令數。
- branch-misses：預測錯誤的分支指令數。

3.6.5　perf top 命令

當你有一個明確的最佳化目標或物件時，可以使用 perf stat 命令。但有些時候系統性能會無端下降。此時需要一個類似於 top 的命令，以列出所有值得懷疑的處理程序，從中快速定位問題和縮小範圍。

perf top 命令類似於 Linux 系統中的 top 命令，可以即時分析系統的性能瓶頸。perf top 命令常見的選項如表 3.7 所示。

↓ 表 3.7　perf top 命令常見的選項

選項	描述
-e	指定要分析的性能事件
-p	僅分析目標處理程序
-k	指定有號表資訊的核心映射路徑
-K	不顯示核心或核心模組的符號
-U	不顯示屬於使用者態程式的符號
-g	顯示函數呼叫關係圖

1　發生上下時切換時不一定會發生 CPU 遷移，而發生 CPU 遷移時肯定會發生上下文切換。發生上下文切換可能只是把上下文從當前 CPU 中換出，下一次排程器還在這個 CPU 上執行處理程序。
2　當應用程式請求的頁面尚未建立、請求的頁面不在記憶體中，或者請求的頁面雖然在記憶體中，但物理位址和虛擬位址的映射關係尚未建立時，都會觸發一次缺頁異常。另外，TLB 不命中、頁面存取權限不匹配等情況也會觸發缺頁異常。

如使用 sudo perf top 命令來查看當前系統中哪個核心函數佔用 CPU 的比例較大，執行結果如圖 3.21 所示。

```
#sudo perf top --call-graph graph -U
```

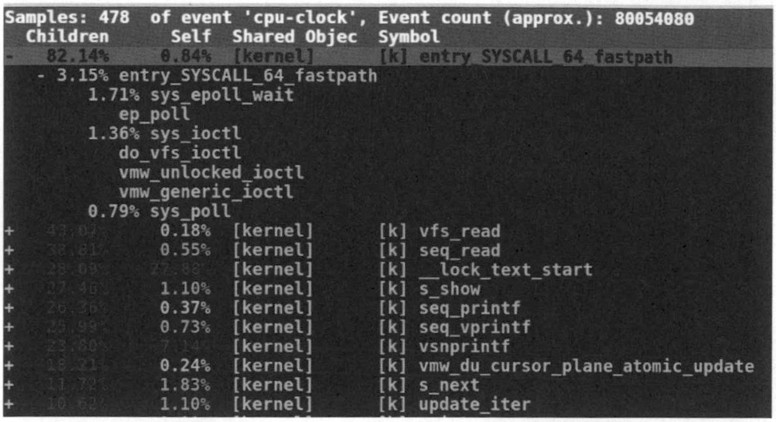

```
Samples: 478  of event 'cpu-clock', Event count (approx.): 80054080
   Children      Self  Shared Objec  Symbol
-    82.14%     0.84%  [kernel]      [k] entry_SYSCALL_64_fastpath
   - 3.15% entry_SYSCALL_64_fastpath
       1.71% sys_epoll_wait
          ep_poll
       1.36% sys_ioctl
          do_vfs_ioctl
          vmw_unlocked_ioctl
          vmw_generic_ioctl
       0.79% sys_poll
+    47.07      0.18%  [kernel]      [k] vfs_read
+    38.81      0.55%  [kernel]      [k] seq_read
+    28.08     27.88%  [kernel]      [k] __lock_text_start
+    27.46      1.10%  [kernel]      [k] s_show
+    26.36      0.37%  [kernel]      [k] seq_printf
+    25.99      0.73%  [kernel]      [k] seq_vprintf
+    23.60      7.14%  [kernel]      [k] vsnprintf
+    18.21      0.24%  [kernel]      [k] vmw_du_cursor_plane_atomic_update
+    11.72      1.83%  [kernel]      [k] s_next
+    10.62      1.10%  [kernel]      [k] update_iter
```

圖 3.21 sudo perf top 命令的執行結果

另外，也可以只查看某個處理程序的情況，如現在系統 xorg 處理程序的 ID 是 1150，其情況如圖 3.22 所示。

```
#sudo perf top --call-graph graph -p 1150 -K
```

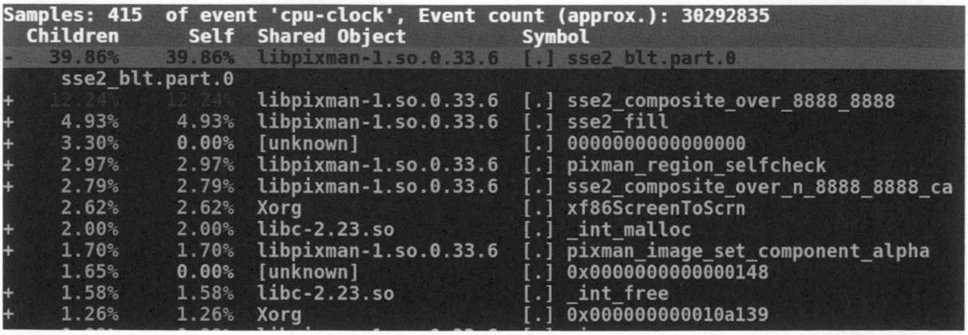

```
Samples: 415  of event 'cpu-clock', Event count (approx.): 30292835
   Children      Self  Shared Object         Symbol
-    39.86%    39.86%  libpixman-1.so.0.33.6  [.] sse2_blt.part.0
     sse2_blt.part.0
+    12.24%    12.24%  libpixman-1.so.0.33.6  [.] sse2_composite_over_8888_8888
+     4.93%     4.93%  libpixman-1.so.0.33.6  [.] sse2_fill
+     3.30%     0.00%  [unknown]              [.] 0000000000000000
+     2.97%     2.97%  libpixman-1.so.0.33.6  [.] pixman_region_selfcheck
+     2.79%     2.79%  libpixman-1.so.0.33.6  [.] sse2_composite_over_n_8888_8888_ca
      2.62%     2.62%  Xorg                   [.] xf86ScreenToScrn
      2.00%     2.00%  libc-2.23.so           [.] _int_malloc
+     1.70%     1.70%  libpixman-1.so.0.33.6  [.] pixman_image_set_component_alpha
      1.65%     0.00%  [unknown]              [.] 0x0000000000000148
+     1.58%     1.58%  libc-2.23.so           [.] _int_free
+     1.26%     1.26%  Xorg                   [.] 0x000000000010a139
```

圖 3.22 xorg 處理程序的情況

3.7 SystemTap

前面已經介紹了核心偵錯中的 QEMU 偵錯核心和 ftrace。如果要列出前 10 個呼叫次數最多的系統呼叫，ftrace 就不好用了，而 SystemTap 正是一個提供診斷和性能測量的工具套件。SystemTap 利用 kprobe 提供的介面函數來動態監控和追蹤執行中的 Linux 核心。SystemTap 使用類似於 awk 和 C 語言的指令碼語言，一個 SystemTap 指令稿中描述了將要探測的探測點，並定義了相連結的處理函數，每個探測點對應一個核心函數、追蹤點或函數內部某一個位置。SystemTap 中有一個指令稿翻譯器，對使用者執行的指令稿進行分析和安全檢查，然後轉換成 C 程式，最後編譯、連結成一個可載入的核心模組。當載入該模組時，呼叫 kprobe 介面函數註冊指令稿中定義的探測點。當核心執行到註冊的探測點時，對應處理函數會被呼叫，然後透過 relayfs 介面輸出結果。

本節將簡單介紹如何在 QEMU 虛擬機器 +Debian 實驗平台上使用 SystemTap。要使用 SystemTap，需要使用者編寫指令稿，讀者可到 SystemTap 官方網站上下載相關文件進行學習。

SystemTap 在 4.1 版本上支持 Linux 5.0 核心，本節採用較新的 4.2 版本。

首先，在 Debian 作業系統中安裝 ARM64 版本的 SystemTap。

```
# apt-get install systemtap
```

Ubuntu Linux 20.04 作業系統中附帶的 SystemTap 版本是 4.2，不過我們在這個實驗中需要修改原始程式碼。

透過以下命令，下載 SystemTap 的原始程式碼。

```
<Linux主機>

$wget https://sourceware.org/systemtap/ftp/releases/systemtap-4.2.tar.gz
$ tar vzxf systemtap-4.2.tar.gz
$ cd systemtap-4.2
```

然後，修改 buildrun.cxx 檔案，把堆疊大小的檢查標準從 512 位元組修改成 4096 位元組。

```
<systemtap-4.2/buildrun.cxx>

...
o << "EXTRA_CFLAGS += $(call cc-option,-Wframe-larger-than=4096)" << endl;
...
```

接下來，開始編譯主機端的 SystemTap 工具。

```
$sudo apt build-dep systemtap
$ cd systemtap-4.2
$./configure --prefix=/home/rlk/systemtap-4.2-host
$ make
$ make install
```

為了驗證 SystemTap 是否安裝成功，編寫一個 hello-world.stp 指令稿。

```
<hello-world.stp>

#! /usr/bin/env stap
probe oneshot { println("hello world") }
```

在 Linux 主機裡編譯 hello-word.stp 指令稿。

```
$ sudo su
#/home/rlk/systemtap-4.2-host/bin/stap -v -w -a arm64 -r /home/rlk/rlk /
runninglinuxkernel_ 5.0 -B CROSS_COMPILE=aarch64-linux-gnu- -m helloworld.ko
hello-world.stp

Truncating module name to 'hello_world'
Pass 1: parsed user script and 458 library scripts using 159284virt/85880res/
7316shr/78736data kb, in 170usr/0sys/178real ms.
Pass 2: analyzed script: 1 probe, 1 function, 0 embeds, 0 globals using
160736virt/87756res/7628shr/80188data kb, in 10usr/0sys/6real ms.
Pass 3: translated to C into "/tmp/stapZTBmtQ/hello_world_src.c" using
160872virt/87756res/7628shr/80324data kb, in 0usr/0sys/0real ms.
hello_world.ko
Pass 4: compiled C into "hello_world.ko" in 1370usr/230sys/1562real ms.
```

注意，必須使用剛才編譯出來的 stap 工具，而不能使用 Ubuntu Linux 20.04 作業系統中預設的工具。"/home/rlk/rlk/runninglinuxkernel_5.0" 是編譯 runninglinuxkernel_5.0 核心的目錄，而且必須要完整編譯過。同時，這裡必須使用絕對路徑。

上述程式使用 stap 命令來把 stp 指令稿編譯成核心模組，stap 命令常用的選項如表 3.8 所示。

⬇ 表 3.8　stap 命令常用的選項

選項	描述
-v	顯示編譯過程的記錄檔資訊
-w	取消一些編譯器產生的 Warning 等級的警告
-r	用於交換編譯時指定核心路徑
-B	用來向 kbuild 系統傳遞參數，如傳遞選項 CROSS_COMPILE
-a	指定交換編譯時的目標處理器架構，如 ARM64 等
-m	指定模組名稱

在 Linux 主機編譯完成之後，把 hello-world.ko 核心模組複製到 kmodules 目錄中，啟動 QEMU 虛擬機器。在 QEMU 虛擬機器裡，使用 staprun 命令來載入 hello-world.ko 核心模組。

```
<QEMU虛擬機器>

benshushu:mnt# staprun hello-world.ko
[  562.951581] helloworld (hello-world.stp): systemtap: 4.2/0.170, base:
(___ptrval___), memory: 188data/212text/2ctx/2063net/71alloc kb, probes: 1
hello world
benshushu:mnt#
```

從上述資訊中可以看到，hello word 核心模組已經在 QEMU 虛擬機器上執行，説明 SystemTap 已經在 QEMU 虛擬機器上執行起來了。

SystemTap 的官方 WIKI 和 systemtap-4.2/EXAMPLES 目錄下包含了很多實用的例子，包括中斷、I/O、記憶體管理、網路子系統、性能最佳化等，值得讀者去研究和學習。

3.8 eBPF 和 BCC

BPF 全稱為 Berkeley Packet Filter，即柏克萊封包篩檢程式，是 UNIX 作業系統中資料連結層的一種原始介面，提供原始鏈路層中封包的收發，這是一種用於過濾網路封包的架構。BPF 在 1997 年被引入 Linux 核心，稱為 Linux 通訊端篩檢程式（Linux Socket Fliter，LSF）。

到了 Linux 3.15 核心，一套全新的 BPF 被增加到 Linux 核心中，稱為擴充 BPF（extended BPF，eBPF）。相比傳統的 BPF，eBPF 不僅支援很多激動人心的功能，如核心追蹤、應用性能最佳化和監控、流量控制等，還在介面設計和便利性方面有了很大提升。

eBPF 本質上是一種核心程式注入技術，注入的大致步驟如下。

（1）核心實現了一個 eBPF 虛擬機器。
（2）在使用者態使用 C 語言等高階語言編寫程式，並透過 LLVM 編譯器將其編譯成 BPF 目的碼。
（3）在使用者態透過呼叫 bpf() 介面函數把 BPF 目的碼注入核心中。
（4）核心透過 JIT 編譯器把 BPF 目的碼轉為本地指令碼。
（5）核心提供一系列鉤子來執行 BPF 程式。
（6）核心態和使用者態使用一套名為 map 的機制來進行通訊。

使用 eBPF 的好處在於，在不修改核心程式的情況下可以靈活修改核心處理策略。比如，在系統追蹤、性能最佳化以及偵錯中，可以很方便修改核心的實現並對某些功能進行追蹤和定位。我們之前的 SystemTap 也能實現類似的功能，只不過實現原理不太一樣。SystemTap 將指令稿敘述翻譯成 C 敘述，最後編譯成核心模組並且載入核心模組。SystemTap 以 kprobe 鉤子的方式掛到核心上，當某個事件發生時，對應鉤子上的控制碼就會執行。執行完成後把鉤子從核心上取下，移除模組。

3.8.1 BCC 工具集

在使用者態可以使用 C 語言呼叫 eBPF 提供的介面，Linux 核心的 samples/bpf 目錄中有不少例子值得大家參考。但是，使用 C 語言來對 eBPF 程式設計有點麻煩，後來 Brendan Gregg 設計了名為 BPF 編譯器集合（BPF Compiler Collection，BCC）的工具，它是一個 Python 函數庫，對 eBPF 應用層介面進行了封裝，並且自動完成編譯、解析 ELF、載入 BPF 程式區塊以及創建 map 等基本功能，大大減少了程式設計人員的工作。

在 QEMU+Debian 實驗平台上安裝 BCC[3]。

```
benshushu:~# apt install bpfcc-tools
```

BCC 整合了一系列性能追蹤和檢測工具集，包括針對記憶體管理、排程器、檔案系統、區塊裝置層、網路層、應用層的性能追蹤工具，如圖 3.23 所示。

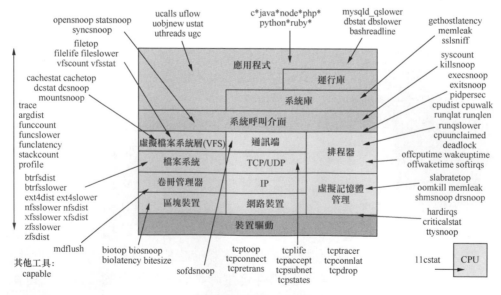

圖 3.23 BCC 工具集

3　在 QEMU 虛擬機器 +Debian 實驗平台上執行 BCC 會比較慢，讀者需要耐心等待，也可以直接在 Linux 主機上執行 BCC。

BCC 工具集安裝在 /usr/sbin 目錄下以 "bpfcc" 結尾的可執行的 Python 指令稿中。以 cpudist-bpfcc 為例，它會用來取樣和統計一段時間內處理程序在 CPU 上的執行時間，並以柱狀圖的方式顯示出來，如圖 3.24 所示。

```
benshushu:tracing# cpudist-bpfcc
Tracing on-CPU time... Hit Ctrl-C to end.
^C
     usecs               : count     distribution
         0 -> 1          : 0         |                                        |
         2 -> 3          : 0         |                                        |
         4 -> 7          : 0         |                                        |
         8 -> 15         : 0         |                                        |
        16 -> 31         : 0         |                                        |
        32 -> 63         : 0         |                                        |
        64 -> 127        : 0         |                                        |
       128 -> 255        : 0         |                                        |
       256 -> 511        : 1         |**                                      |
       512 -> 1023       : 1         |**                                      |
      1024 -> 2047       : 2         |****                                    |
      2048 -> 4095       : 2         |****                                    |
      4096 -> 8191       : 12        |**************************              |
      8192 -> 16383      : 18        |****************************************|
     16384 -> 32767      : 2         |****                                    |
     32768 -> 65535      : 3         |******                                  |
     65536 -> 131071     : 1         |**                                      |
    131072 -> 262143     : 2         |****                                    |
    262144 -> 524287     : 2         |****                                    |
    524288 -> 1048575    : 10        |**********************                  |
   1048576 -> 2097151    : 12        |**************************              |
   2097152 -> 4194303    : 4         |********                                |
benshushu:tracing# ^C
```

圖 3.24　透過 cpudist-bpfcc 查看處理程序在 CPU 上的執行時間

3.8.2 編寫 BCC 指令稿

如果 BCC 工具集提供的工具沒法滿足需求，我們可以使用 Python 編寫 BCC 指令稿。本節介紹兩個例子，讀者可以從中學習如何編寫 BCC 指令稿。

例 3.1：hello_fields.py

這個例子取自 /usr/share/doc/bpfcc-tools/examples/tracing/hello_fields.py 檔案。

```
<hello_fields.py例子>

1    #!/usr/bin/python3
2    #
3    #  Hello World 範例用於作為欄位格式化輸出
4
5    from bcc import BPF
```

```
6
7    # 定義 BPF 程式
8    prog = """
9    int hello(void *ctx) {
10       bpf_trace_printk("hello world\\n");
11       return 0;
12   }
13   """
14   # 載入 BPF 程式
15   b = BPF(text=prog)
16   b.attach_kprobe(b.get_syscall_fnname("clone"), fn_name="hello")
17
18   print("%-18s %-16s %-6s %s" % ("TIME(s)", "COMM", "PID", "MESSAGE"))
19
20   while 1:
21       try:
22           (task, pid, cpu, flags, ts, msg) = b.trace_fields()
23       except ValueError:
24           continue;
25       print("%-18s %-16s %-6s %s" % (ts, task, pid, msg))
```

這個程式用來追蹤 sys_clone() 函數，在 clone 函數被呼叫時插入一段程式，輸出 "hello world"。

在第 5 行中，載入 BPF 模組。

在第 8 行中，定義一段 C 程式。

在第 9 行，定義一個名為 hello 的函數，所有定義的函數會在 BPF 探測時被呼叫、執行，第一個形式參數為 void *ctx 或 pt_regs *ctx。

在第 13 行中，表示定義的 C 程式結束。

在第 15 行中，載入剛才定義的 C 程式。

在第 16 行中，在系統呼叫函數 sys_clone() 時加入一個 kprobe 鉤子，當系統執行到 sys_clone() 時會呼叫剛才定義的 hello 函數。

在第 18 行中，輸出。

在第 20 ～ 25 行中，監控並輸出記錄檔。

使用 python3 hello_fields.py 來執行該程式，輸出以下記錄檔。

```
benshushu:tracing# python3 hello_fields.py
TIME(s)              COMM              PID     MESSAGE
3520.342461000       dhcpcd            336     Hello, World!
3520.470068000       dhcpcd-run-hook   727     Hello, World!
3520.542615000       resolvconf    .   728     Hello, World!
3520.631111000       resolvconf    ·   728     Hello, World!
3520.671471000       resolvconf        728     Hello, World!
3520.731738000       dhcpcd-run-hook   727     Hello, World!
3520.741144000       dhcpcd-run-hook   732     Hello, World!
```

例 3.2 ：task_switch.py

這個例子取自 /usr/share/doc/bpfcc-tools/examples/tracing/task_switch.py 檔案，用來統計處理程序切換的資訊。這個例子執行後的結果如下。

```
benshushu:tracing# python3 task_switch.py
task_switch[   10->     0]=3
task_switch[  797->     0]=100
task_switch[  567->     0]=1
task_switch[    0->   567]=1
task_switch[    0->   797]=100
task_switch[    0->    10]=3
```

task_switch.py 的程式實現如下。

```
1    #!/usr/bin/python3
2    # Copyright (c) PLUMgrid, Inc.
3    #遵循 Apache License, Version 2.0 (the "License")
4
5    from bcc import BPF
6    from time import sleep
7
8    b = BPF(src_file="task_switch.c")
9    b.attach_kprobe(event="finish_task_switch", fn_name="count_sched")
10
11   # 生成許多排程事件
12   for i in range(0, 100): sleep(0.01)
13
14   for k, v in b["stats"].items():
15       print("task_switch[%5d->%5d]=%u" % (k.prev_pid, k.curr_pid, v.value))
```

在第 5 ~ 6 行中，匯入 BPF 和 sleep 模組。

在第 8 行中，載入 task_switch.c 檔案的 C 程式，該檔案也在 /usr/share/doc/bpfcc-tools/examples/ tracing/ 目錄下面。

在第 9 行中，在 finish_task_switch() 函數中加入一個 kprobe 鉤子。當系統呼叫 finish_task_ switch() 函數時會執行我們編寫的 count_sched() 函數，count_sched() 函數實現在 task_switch.c 檔案中。

在第 12 行中，for 迴圈遍歷 100 次。

在第 14 ~ 15 行中，遍歷 stats 雜湊表，輸出每次處理程序切換時前一個處理程序的 ID、當前處理程序 ID 以及統計資訊。

task_switch.c 的程式實現如下。

```
1    #include <uapi/linux/ptrace.h>
2    #include <linux/sched.h>
3
4    struct key_t {
5        u32 prev_pid;
6        u32 curr_pid;
7    };
8
9    BPF_HASH(stats, struct key_t, u64, 1024);
10   int count_sched(struct pt_regs *ctx, struct task_struct *prev) {
11       struct key_t key = {};
12       u64 zero = 0, *val;
13
14       key.curr_pid = bpf_get_current_pid_tgid();
15       key.prev_pid = prev->pid;
16
17       //也可以使用stats.increment(key)
18       val = stats.lookup_or_try_init(&key, &zero);
19       if (val) {
20           (*val)++;
21       }
22       return 0;
23   }
```

在第 1 ～ 2 行中，指定 Linux 核心的標頭檔。

在第 4 ～ 6 行中，定義一個 key_t 資料結構，它包含 prev_pid 和 curr_pid 兩個成員。

在第 9 行中，BPF_HASH() 函數用來創建一個 BPF Map 物件，這個物件由雜湊表組成，類似於一個陣列，它由 1024 個 key_t 類型的成員組成。

在第 10 行中，當 finish_task_switch() 函數被呼叫時會執行 count_sched() 函數。

在第 14 ～ 15 行中，把當前處理程序的 ID 儲存到 key.curr_pid，key.prev_pid 儲存了前一個處理程序的 ID。

在第 18 ～ 21 行中，根據 key 來尋找雜湊表。若有相同的 key，則增加 val；若沒有，則把 key 增加到雜湊表中。

04 Chapter

基於 x86_64 解決
當機難題

本章常見面試題

1. 請簡述 Kdump 的工作原理。
2. 在 x86_64 架構裡函數參數是如何傳遞的？
3. 假設函數呼叫關係為 main() → func1() → func2()，請畫出 x84_64 架構的函數堆疊的佈局圖。
4. 在 x86_64 架構中，MOV 指令和 LEA 指令有什麼區別？
5. 什麼是直接定址、間接定址和基址定址？
6. 在 x86_64 架構中，"mov -8(%rbp), %rax" 和 "lea -8(%rbp)，%rax" 這兩行指令有什麼區別？
7. Softlockup 機制的實現原理是什麼？
8. Hardlockup 機制的實現原理是什麼？
9. Hung_task 機制的實現原理是什麼？
10. 在 x86_64 架構中，如何使用 Kdump+Crash 工具來分析和推導一個區域變數存在堆疊的位置？
11. 在 x86_64 架構中，如何使用 Kdump+Crash 工具來分析和推導一個讀寫訊號量的持有者？
12. 在 x86_64 架構中，如何使用 Kdump+Crash 工具來分析和推導有哪些處理程序在等待讀寫訊號量？
13. 在 x86_64 架構中，如何使用 Kdump+Crash 工具來分析一個處理程序被阻塞了多長時間？

Linux 核心是採用巨集核心架構來設計的，這種架構的優點是效率高，但是也有一個致命的缺點——核心一個細微的錯誤可能會導致系統崩潰。Linux 核心從 1991 年發展到 2019 年的 Linux 5.0 核心已經有 28 年，其間程式品質已經顯著地改進，但是依然不能保證 Linux 核心在實際應用中不會出現當機、螢幕關閉等問題。一方面，Linux 核心引進了大量新的外接裝置驅動程式，這些新增的程式或許還沒有經過嚴格的測試；另外一方面，很多產品會採用訂製的驅動程式或核心模組，這就給系統帶來了隱憂。若我們在實際產品開發中或線上伺服器裡遇到了當機、螢幕關閉的問題，如何快速定位和解決它們呢？

本章主要介紹在 x86_64 架構中如何解決當機方面的問題。我們的實驗環境如下。

- 作業系統：CentOS 7.6 發行版本。
- 核心：Linux 3.10-957。
- 處理器：Intel x86_64 處理器。

4.1　Kdump 和 Crash 工具

早在 2005 年，Linux 核心社區就開始設計名為 Kdump 的核心轉儲工具。Kdump 的核心實現基於 Kexec，Kexec 的全稱是 Kernel execution，即核心執行，它非常類似於 Linux 核心中的 exec 系統呼叫。Kexec 可以快速啟動一個新的核心，它會跳過 BIOS 或 bootloader 等啟動程式的初始化階段。這個特性可以讓系統崩潰時快速切換到一個備份的核心，這樣第一個核心的記憶體就得到保留。在第二個核心中可以對第一個核心產生的崩潰資料繼續分析。這裡說的第一個核心通常稱為生產核心（production kernel），是產品或線上伺服器主要執行的核心。第二個核心稱為捕捉核心（capture kernel），當生產核心崩潰時會快速切換到此核心進行資訊收集和轉儲。Kdump 的工作原理如圖 4.1 所示。

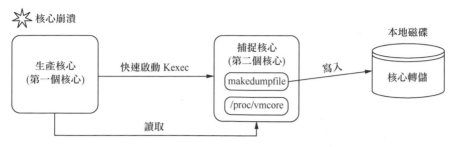

圖 4.1 Kdump 的工作原理

Crash 是由 Red Hat Enterprise Linux 工程師開發的，和 Kdump 配套使用的用於分析核心轉儲檔案的工具。Kdump 的工作流程不複雜。Kdump 會在記憶體中保留一塊區域，這個區域用來存放捕捉核心。當生產核心在執行過程中遇到崩潰等情況時，Kdump 會透過 Kexec 機制自動啟動捕捉核心，跳過 BIOS，以免破壞了生產核心的記憶體，然後把生產核心的完整資訊（包括 CPU 暫存器、堆疊資料等）轉儲到指定檔案中。接著，使用 Crash 工具來分析這個轉儲檔案，以快速定位當機問題。

在使用 Kdump+Crash 工具之前，讀者需要弄清楚它們的適用範圍。

■ 適用人員：伺服器的管理人員（Linux 執行維護人員）、採用 Linux 核心作為作業系統的嵌入式產品的開發人員。

■ 適用物件：Linux 物理機或 Linux 虛擬機器。

■ 適用場景：Kdump 主要用來分析系統當機、螢幕關閉、無回應等問題，如 SSH、序列埠、滑鼠、鍵盤無回應等。注意，有一類當機情況是 Kdump 無能為力的，如硬體的錯誤導致 CPU 當機，也就是系統不能正常的熱重新啟動，只能透過重新關閉和開啟電源才能啟動。這種情況下，Kdump 就不適用了。因為 Kdump 需要在系統崩潰的時候快速啟動到捕捉核心，這個前提條件就是系統能暖開機，記憶體中的內容不會遺失。

4.2　x86_64 架構基礎知識

本章會分析 x86_64 架構的反組譯程式，因此，本節對 x86_64 架構做一些簡單的介紹。

4.2.1　通用暫存器

x86 架構支持 32 位元和 64 位元處理器，它們在通用暫存器方面略有不同。32 位元的 x86 處理器支援 8 個 32 位元的通用暫存器，如表 4.1 所示。

⬇ 表 4.1　32 位元 x86 處理器支援的 8 個 32 位元的通用暫存器

暫存器	描述
EAX	運算元的運算、結果
EBX	指向 DS 段中的資料的指標
ECX	字串操作或迴圈計數器
EDX	輸入 / 輸出指標
ESI	指向 DS 暫存器所指示的段中某個資料的指標，字串操作中的複製源
EDI	指向 ES 暫存器所指示的段中某個資料的指標，字串操作中的目的地
ESP	SP（Stack Pointer）暫存器
EBP	指向堆疊上資料的指標

除了 8 個 32 位元的通用暫存器外，32 位元的 x86 處理器還有 6 個 16 位元段暫存器、1 個 32 位元 EFLAGS 暫存器以及 1 個 32 位元 EIP 暫存器。

64 位元的 x86 處理器的通用暫存器擴充到 16 個。原來以 "E" 字母開頭的暫存器變成了以 "R" 字母開頭。原來以 "E" 字母開頭的暫存器依然可以使用，表示低 32 位元的暫存器。以 "R" 字母開頭的暫存器表示 64 位元。另外，R8 ～ R15 是新增的通用暫存器。

64 位元 x86 處理器的暫存器組成如下。

- 16 個 64 位元通用暫存器。
- 1 個 RIP（指令指標）暫存器。

- 1 個 64 位元 RFLAGS 暫存器。
- 6 個 128 位元 XMM 暫存器。

4.2.2 函數參數呼叫規則

x86 和 x86_64 架構在函數參數呼叫關係上是有很多不同的地方。本節將介紹 x84_64 架構裡函數參數是如何傳遞和呼叫的。

當函數中數的數量小於或等於 6 的時候，使用通用暫存器來傳遞函數的參數。當函數中參數的數量大於 6 的時候，採用堆疊空間來傳遞函數的參數[1]。x86_4 架構的暫存器如表 4.2 所示。

⬇ 表 4.2　x86_64 架構的暫存器

x86_64 架構的暫存器	描述
RDI	傳遞第 1 個參數
RSI	傳遞第 2 個參數
RDX	傳遞第 3 個參數或第 2 個返回值
RCX	傳遞第 4 個參數
R8	傳遞第 5 個參數
R9	傳遞第 6 個參數
RAX	臨時暫存器或第 1 個返回值
RSP	SP 暫存器
RBP	堆疊幀暫存器

4.2.3 堆疊的結構

函數的呼叫與堆疊具有密切的聯繫。程式的執行過程中通常一個函數巢狀結構著另一個函數，無論巢狀結構有多深，程式總能正確地返回原來的位置，這就要依賴於堆疊的結構、RSP 和 RBP。假設函數呼叫關係為 main() → func1() → func2()，那麼堆疊的結構如圖 4.2 所示。

1　參見《System V Application Binary Interface - AMD64 Architecture Processor Supplement v0.99.6》中的圖 3-4。

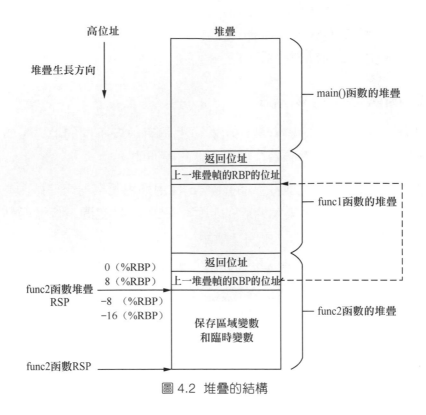

圖 4.2 堆疊的結構

4.2.4 定址方式

在本章的反組譯程式分析中，定址指令是最常見的指令。本節介紹 x86_64 架構的兩行定址指令──MOV 指令和 LEA 指令。這兩行指令都支援多種定址方式。

■ MOV 指令：資料搬移指令。
■ LEA 指令：載入有效位址（Load Effective Address）指令。

1. 直接定址

直接定址指令中包含要存取的位址。這種定址方式透過位址來實現。

```
mov address, %rax
```

上述指令將記憶體位址（address）載入到 RAX 暫存器中。

2. 間接定址

間接定址方式表示從暫存器指定的位址載入值。舉例來說，RAX 暫存器中存放了一個位址，下面這行指令把該位址的值搬移到 RBX 暫存器中。

```
mov (%rax), %rbx
```

3. 基址定址

基址定址方式與間接定址類似，它包含一個叫作偏移量的值，與暫存器的值相加後再用來定址。

```
mov  8(%rax), %rbx
```

在上述指令裡，RAX 暫存器中存放著一個位址，把這個位址加上偏移量 8 後得到一個新位址，讀取新位址的值，然後搬移到 RBX 暫存器中。

注意，這裡的偏移量可以是正數，也可以是負數。

4. MOV 指令和 LEA 指令的區別

MOV 指令用來搬移資料，而 LEA 指令用來載入有效位址。下面兩行指令中，RBP 暫存器指向堆疊中的位置。

```
mov -8(%rbp), %rax
lea -8(%rbp), %rax
```

第一行 MOV 指令取出 RBP 暫存器的值，再減去 8，得到一個新位址，然後讀取該新位址的內容，最後把內容指定給 RAX 暫存器。這裡，相當於以間接定址方式讀取出 "%rbp − 8" 位址的內容。第一行指令等於以下 C 虛擬程式碼。

```
long *p = %rbp - 8
%rax = *p
```

第二行 LEA 指令取出 RBP 暫存器的值，再減去 8，得到一個新位址，把該新位址指定給 RAX 暫存器。LEA 指令不會做間接定址的動作。第二行指令等於以下 C 程式。

```
%rax= %rbp - 8
```

4.3 在 CentOS 7.6 中安裝和設定 Kdump 和 Crash

目前大部分的伺服器基於 RHEL 系統或其開放原始碼版本 CentOS 進行部署，因此本節介紹如何在 CentOS7.6 中安裝和設定 Kdump 和 Crash 工具。

首先，安裝工具。

```
$ sudo yum install kexec-toolscrash
```

然後，修改 /etc/default/grub 檔案，為捕捉核心設定預留記憶體的大小。

```
GRUB_CMDLINE_LINUX="rd.lvm.lv=cl/root rd.lvm.lv=cl/swap crashkernel=512M"
```

這裡給捕捉核心預留 512MB 大小的記憶體。如果主機記憶體在 4GB 以上，可以給捕捉核心預留更多記憶體。

接下來，重新生成 grub 設定檔，重新啟動系統後，設定才能生效。

```
$ sudo grub2-mkconfig -o /boot/grub2/grub.cfg
$ sudo reboot
```

接下來，開啟 Kdump 服務。

```
$ sudo systemctl start kdump.service    //啟動Kdump
$ sudo systemctl enable kdump.service   //設定開機啟動
```

接下來，檢查 Kdump 是否開啟成功。使用 service kdump status 命令來查看服務狀態。

```
[root@localhost figo]# service kdump status
Redirecting to /bin/systemctl status kdump.service
● kdump.service - Crash recovery kernel arming
   Loaded: loaded (/usr/lib/systemd/system/kdump.service; enabled; vendor preset: enabled)
   Active: active (exited) since Wed 2019-01-02 04:10:40 EST; 16min ago
  Process: 1864 ExecStart=/usr/bin/kdumpctl start (code=exited, status=0/SUCCESS)
 Main PID: 1864 (code=exited, status=0/SUCCESS)
   CGroup: /system.slice/kdump.service

Jan 02 04:10:39 localhost.localdomain systemd[1]: Starting Crash recovery kernel arming...
Jan 02 04:10:40 localhost.localdomain kdumpctl[1864]: kexec: loaded kdump kernel
Jan 02 04:10:40 localhost.localdomain kdumpctl[1864]: Starting kdump: [OK]
Jan 02 04:10:40 localhost.localdomain systemd[1]: Started Crash recovery kernel arming.
[root@localhost figo]#
```

圖 4.3 檢查 Kdump 服務狀態

如圖 4.3 所示，若看到 "starting kdump: [OK]" 字樣，說明 Kdump 服務已經設定成功。

接下來，簡單快速地測試。

```
$ sudo su
# echo 1 > /proc/sys/kernel/sysrq ; echo c > /proc/sysrq-trigger
```

如果 Kdump 設定正確，上述命令會讓系統快速重新啟動並且啟動捕捉核心以進行轉儲，如圖 4.4 所示。

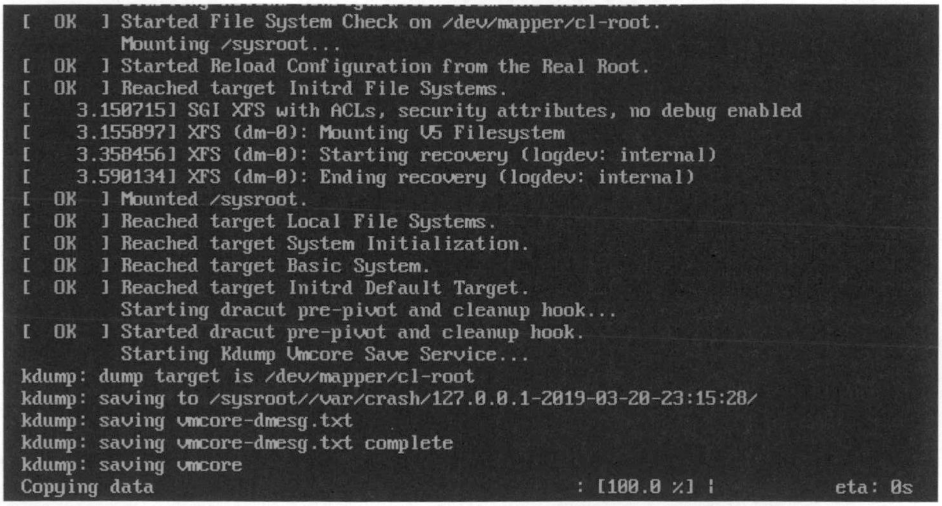

圖 4.4 捕捉核心轉儲的過程

轉儲完成之後會自動切換回生產核心。在進入生產核心的系統中，查看 /var/crash 目錄中是否生成了對應的 coredump 目錄。該目錄是以 IP 位址和日期來命名的，目錄裡面包含 vmcore 和 vmore-dmesg.txt 兩個檔案，其中 vmcore 是捕捉核心轉儲的檔案，vmcore-dmesg.txt 是生產核心發生崩潰時生成的核心記錄檔資訊。

```
[root@localhost crash]# ls
127.0.0.1-2019-03-02-21:41:33
[root@localhost 127.0.0.1-2019-03-02-21:41:33]# ls
vmcore  vmcore-dmesg.txt
```

在使用 Crash 工具進行分析之前，需要安裝生產核心對應的偵錯資訊的核心符號表。可以透過以下方式來安裝。增加一個偵錯資訊的來源（repo）。在 /etc/yum.repos.d/ 目錄下新建一個檔案，如 CentOS-Debug.repo，並在該檔案中增加以下內容。

```
</etc/yum.repos.d/CentOS-Debug.repo>

#Debug Info
[debug]
name=CentOS-$releasever - DebugInfo
baseurl=****debuginfo.centos***/$releasever/$basearch/
gpgcheck=0
enabled=1
```

接下來，安裝 kernel-debuginfo 軟體套件。

```
$ sudo yum update -y
$ sudo yum install -y kernel-debuginfo-$(uname -r)
```

安裝完成之後，帶偵錯符號資訊的核心在 /usr/lib/debug/lib/modules/ 目錄下面。

打開 Crash 工具進行分析。Crash 工具的使用方式如下。

```
$ crash [vmcore] [vmlinux]
```

需要指定兩個參數。

- vmcore：轉儲的核心檔案，通常在 /var/crash 目錄下。
- vmlinux：帶偵錯核心符號資訊的核心映射，通常在 /usr/lib/debug/lib/modules/ 目錄下。

```
[root@localhost /]# crash /var/crash/127.0.0.1-2019-03-20-23\:01\:54/vmcore /
usr/lib/debug/lib/modules/3.10.0-957.1.3.el7.x86_64/vmlinux

crash 7.2.3-8.el7
Copyright (C) 2002-2017  Red Hat, Inc.

WARNING: kernel relocated [264MB]: patching 85619 gdb minimal_symbol values
```

```
    KERNEL: /usr/lib/debug/lib/modules/3.10.0-957.1.3.el7.x86_64/vmlinux
  DUMPFILE: /var/crash/127.0.0.1-2019-03-20-23:01:54/vmcore  [PARTIAL DUMP]
      CPUS: 4
      DATE: Wed Mar 20 23:01:49 2019
    UPTIME: 01:49:54
LOAD AVERAGE: 0.69, 0.28, 0.14
     TASKS: 418
  NODENAME: localhost.localdomain
   RELEASE: 3.10.0-957.1.3.el7.x86_64
   VERSION: #1 SMP Thu Nov 29 14:49:43 UTC 2018
   MACHINE: x86_64   (2496 Mhz)
    MEMORY: 2 GB
     PANIC: "SysRq : Trigger a crash"
       PID: 15207
   COMMAND: "bash"
      TASK: ffff8fc655e5b0c0  [THREAD_INFO: ffff8fc643a34000]
       CPU: 0
     STATE: TASK_RUNNING (SYSRQ)

crash>
```

4.4 crash 命令

Crash 工具支援大約 50 個子命令。讀者在使用 Crash 工具進行核心分析之前需要熟悉常用的幾個子命令，下面對常用的命令的使用方式做簡單的介紹。

1. help 命令

help 命令用於線上查看 crash 命令的幫助。比如，在 crash 命令列中輸入 help 命令可以查看支援的子命令。

```
crash> help
*           extend      log        rd         task
alias       files       mach       repeat     timer
ascii       foreach     mod        runq       tree
bpf         fuser       mount      search     union
bt          gdb         net        set        vm
btop        help        p          sig        vtop
```

dev	ipcs	ps	struct	waitq
dis	irq	pte	swap	whatis
eval	kmem	ptob	sym	wr
exit	list	ptov	sys	q

一個比較有用的技巧是使用 help 命令查看具體某個子命令的幫助說明，
如查看 bt 命令的幫助說明。

```
crash> help bt

NAME
  bt - backtrace

SYNOPSIS
  bt [-a|-c cpu(s)|-g|-r|-t|-T|-l|-e|-E|-f|-F|-o|-O|-v] [-R ref] [-s [-x|d]]
    [-I ip] [-S sp] [pid | task]

DESCRIPTION
  Display a kernel stack backtrace.  If no arguments are given, the stack
  trace of the current context will be displayed.

      -a  displays the stack traces of the active task on each CPU.
          (only applicable to crash dumps)
      -A  same as -a, but also displays vector registers (S390X only).
```

2. bt 命令

bt 命令輸出一個處理程序的核心堆疊的函數呼叫關係，包括所有異常堆疊
的資訊。

```
crash> bt
PID: 2653   TASK: ffff9107158e8000  CPU: 0   COMMAND: "bash"
 #0 [ffff910701907ae0] machine_kexec at ffffffff8a663674
 #1 [ffff910701907b40] __crash_kexec at ffffffff8a71cef2
 #2 [ffff910701907c10] crash_kexec at ffffffff8a71cfe0
 #3 [ffff910701907c28] oops_end at ffffffff8ad6c758
 #4 [ffff910701907c50] no_context at ffffffff8ad5aafe
 #5 [ffff910701907ca0] __bad_area_nosemaphore at ffffffff8ad5ab95
 #6 [ffff910701907cf0] bad_area_nosemaphore at ffffffff8ad5ad06
 #7 [ffff910701907d00] __do_page_fault at ffffffff8ad6f6b0
 #8 [ffff910701907d70] do_page_fault at ffffffff8ad6f915
```

```
#9  [ffff910701907da0] page_fault at ffffffff8ad6b758
    [exception RIP: sysrq_handle_crash+22]
    RIP: ffffffff8aa61e66  RSP: ffff910701907e58  RFLAGS: 00010246
    RAX: ffffffff8aa61e50  RBX: ffffffff8b2e4c60  RCX: 0000000000000000
    RDX: 0000000000000000  RSI: ffff91077b613898  RDI: 0000000000000063
    RBP: ffff910701907e58  R8: ffffffff8b5e38bc  R9: 6873617263206120
    R10: 000000000000072d  R11: 000000000000072c  R12: 0000000000000063
    R13: 0000000000000000  R14: 0000000000000007  R15: 0000000000000000
    ORIG_RAX: ffffffffffffffff  CS: 0010  SS: 0018
#10 [ffff910701907e60] __handle_sysrq at ffffffff8aa6268d
#11 [ffff910701907e90] write_sysrq_trigger at ffffffff8aa62af8
#12 [ffff910701907ea8] proc_reg_write at ffffffff8a8b81a0
#13 [ffff910701907ec8] vfs_write at ffffffff8a841310
#14 [ffff910701907f08] sys_write at ffffffff8a84212f
#15 [ffff910701907f50] system_call_fastpath at ffffffff8ad74ddb
```

上面的程式把系統在崩潰瞬間正在執行的處理程序的核心堆疊資訊全部顯示出來。當前處理程序的 ID 是 2653，task_struct 資料結構的位址是 0xffff9107158e8000，當前執行在 CPU 0 上，當前處理程序的執行命令是 bash。後面的堆疊幀列出了該處理程序在核心態的函數呼叫關係，執行順序是從下往上，也就是從 system_call_fastpath() 函數一直執行到 machine_kexec() 函數。在第 9 個堆疊幀中，顯示了發生崩潰的函數位址——sysrq_handle_crash+22，並且輸出發生崩潰瞬間 CPU 通用暫存器的值，這些資訊對於後續分析很有幫助。

其他常用的選項如下。

- -t：顯示堆疊中所有的文字元號（text symbol）。
- -f：顯示每一堆疊幀裡的資料。
- -l：顯示檔案名稱和行號。
- pid：顯示指定 PID 的處理程序的核心堆疊的函數呼叫資訊。

3. dis 命令

dis 命令用來輸出反組譯結果。如輸出 sysrq_handle_crash() 函數的反組譯結果。

```
crash> dis sysrq_handle_crash
0xffffffff8aa61e50 <sysrq_handle_crash>:        nopl    0x0(%rax,%rax,1)
[FTRACE NOP]
0xffffffff8aa61e55 <sysrq_handle_crash+5>:      push    %rbp
0xffffffff8aa61e56 <sysrq_handle_crash+6>:      mov     %rsp,%rbp
0xffffffff8aa61e59 <sysrq_handle_crash+9>:      movl    $0x1,0x7e54b1(%rip)
# 0xffffffff8b247314
0xffffffff8aa61e63 <sysrq_handle_crash+19>:     sfence
0xffffffff8aa61e66 <sysrq_handle_crash+22>:     movb    $0x1,0x0
0xffffffff8aa61e6e <sysrq_handle_crash+30>:     pop     %rbp
0xffffffff8aa61e6f <sysrq_handle_crash+31>:     retq
crash>
```

常用的選項如下。

- -l：顯示反組譯和對應原始程式碼的行號。
- -s：顯示對應的原始程式碼。

4. mod 命令

mod 命令不僅可以用來顯示當前系統載入的核心模組資訊，還可以用來載入某個核心模組的符號（symbol）資訊和偵錯資訊等。

```
crash> mod
   MODULE     NAME            SIZE    OBJECT FILE
   e080d000   jbd             57016   (not loaded)  [CONFIG_KALLSYMS]
   e081e000   ext3            92360   (not loaded)  [CONFIG_KALLSYMS]
   e0838000   usbcore         83168   (not loaded)  [CONFIG_KALLSYMS]
   e0850000   usb-uhci        27532   (not loaded)  [CONFIG_KALLSYMS]
   e085a000   ehci-hcd        20904   (not loaded)  [CONFIG_KALLSYMS]
   e0865000   input            6208   (not loaded)  [CONFIG_KALLSYMS]
   e086a000   hid             22404   (not loaded)  [CONFIG_KALLSYMS]
   e0873000   mousedev         5688   (not loaded)  [CONFIG_KALLSYMS]
```

常用的選項如下。

- -s：載入某個核心模組的符號資訊。
- -S：從某個特定目錄載入所有核心模組的符號資訊。預設從 /lib/modules/<release> 目錄尋找並載入核心模組的符號資訊。
- -d：刪除某個核心模組的符號資訊。

以下程式用於載入名為 oops 的核心模組的符號資訊。

```
crash> mod -s oops /home/benshushu/crash/crash_lab_centos/01_oops/oops.ko
    MODULE            NAME      SIZE  OBJECT FILE
ffffffffc0732000     oops     12741  /home/benshushu/crash/crash_lab_centos/
01_oops/oops.ko
```

5. sym 命令

sys 命令用來解析核心符號資訊。

常用的選項如下。

- -l：顯示所有號資訊，等於查看 System.map 檔案。
- -m：顯示某個核心模組的所有號資訊。
- -q：查詢符號資訊。

以下程式用於查看名為 oops 的核心模組的所有號資訊。

```
crash> sym -m oops
ffffffffc0730000 MODULE START: oops
ffffffffc0730000 (T) create_oops
ffffffffc0730044 (T) cleanup_module
ffffffffc0730044 (T) my_oops_exit
ffffffffc0731028 (r) vvaraddr_jiffies
ffffffffc0731030 (r) vvaraddr_vgetcpu_mode
ffffffffc0731038 (r) vvaraddr_vsyscall_gtod_data
ffffffffc0731068 (r) vvaraddr_jiffies
ffffffffc0731070 (r) vvaraddr_vgetcpu_mode
ffffffffc0731078 (r) vvaraddr_vsyscall_gtod_data
ffffffffc0732000 (D) __this_module
ffffffffc07331c5 MODULE END: oops
ffffffffc0735000 MODULE INIT START: oops
ffffffffc0735000 (t) my_oops_init
ffffffffc0735000 (t) init_module
ffffffffc07365f8 MODULE INIT END: oops
crash>
```

以下程式用於查詢 create_oops 的符號資訊。

```
crash> sym -q create_oops
ffffffffc0730000 (T) create_oops [oops]
crash>
```

6. rd 命令

rd 命令用來讀取記憶體位址中的值。

常用的選項如下。

- -p：讀取物理位址。
- -u：讀取使用者空間中的虛擬位址。
- -d：顯示十進位。
- -s：顯示符號。
- -32：顯示 32 位元寬的值。
- -64：顯示 64 位元寬的值。
- -a：顯示 ASCII。

以下程式用於讀取 0xffffffffc0730000 記憶體位址中的值，並且連續輸出 20 個記憶體位址中的值。

```
crash> rd ffffffffc0730000 20
ffffffffc0730000:  8948550000441f0f 7d894818ec8348e5   ..D..UH..H...H.}
ffffffffc0730010:  458b48e8758948f0 45894850408b48f0   .H.u.H.E.H.@PH.E
ffffffffc0730020:  458b48e8558b48f8 40c7c748c68948f8   .H.U.H.E.H..H..@
ffffffffc0730030:  00000000b8c07310 0000b8dde2b64ae8   .s.......J......
ffffffffc0730040:  e5894855c3c90000 b8c073105bc7c748   ....UH..H..[.s..
ffffffffc0730050:  e2b62ee800000000 0000000000c35ddd   .........]......
ffffffffc0730060:  0000000000000000 0000000000000000   ................
ffffffffc0730070:  0000000000000000 0000000000000000   ................
ffffffffc0730080:  0000000000000000 0000000000000000   ................
ffffffffc0730090:  0000000000000000 0000000000000000   ................
```

7. struct 命令

struct 命令用來顯示核心中資料結構的定義或具體的值。

常用的選項如下。

- struct_name：資料結構的名稱。
- .member：資料結構的某個成員。注意，member 前面有一個 "."。
- -o：顯示成員在資料結構裡的偏移量。

以下程式用於顯示 vm_area_struct 資料結構的定義。

```
crash> struct vm_area_struct
struct vm_area_struct {
    unsigned long vm_start;
    unsigned long vm_end;
    struct vm_area_struct *vm_next;
    struct vm_area_struct *vm_prev;
    struct rb_node vm_rb;
    unsigned long rb_subtree_gap;
    struct mm_struct *vm_mm;
    ...
```

以下程式用於顯示 vm_area_struct 資料結構中每個成員的偏移量。

```
crash> struct vm_area_struct -o
struct vm_area_struct {
    [0] unsigned long vm_start;
    [8] unsigned long vm_end;
   [16] struct vm_area_struct *vm_next;
   [24] struct vm_area_struct *vm_prev;
   [32] struct rb_node vm_rb;
   [56] unsigned long rb_subtree_gap;
   [64] struct mm_struct *vm_mm;
   [72] pgprot_t vm_page_prot;
```

另外，struct 命令後面還可以指定一個位址，用來按照資料結構的格式顯示每個成員的值，這個技巧在實際應用中非常有用。舉例來說，已知 mydev_priv 資料結構存放在位址 0xffff946bd63bbce4，因此可以透過 struct 命令來查看該資料結構中每個成員的值。

```
crash> struct mydev_priv ffff946bd63bbce4
struct mydev_priv {
  name = "figo\000\",
  i = 10
}
```

8. p 命令

p 命令用來輸出核心變數、運算式或符號的值。

以下程式用於輸出 jiffies 的值。

```
crash> p jiffies
jiffies = $1 = 4295209831
crash>
```

以下程式用於輸出處理程序 0 的 mm 資料結構的值 init_mm。

```
crash> p init_mm
init_mm = $3 = {
  mmap = 0x0,
  mm_rb = {
    rb_node = 0x0
  },
  mmap_cache = 0x0,
  get_unmapped_area = 0x0,
  unmap_area = 0x0,
  mmap_base = 0,
  mmap_legacy_base = 0,
  ...
```

如果一個變數是 Per-CPU 類型的變數,那麼會輸出所有 Per-CPU 變數的位址。

```
crash> p irq_stat
PER-CPU DATA TYPE:
  irq_cpustat_t irq_stat;
PER-CPU ADDRESSES:
  [0]: ffff946c3b61a1c0
  [1]: ffff946c3b65a1c0
  [2]: ffff946c3b69a1c0
  [3]: ffff946c3b6da1c0
crash>
```

比如,要輸出某個 CPU 上核心符號的值,可以在變數後面指定 CPU 號。下面要輸出 CPU 0 上 irq_stat 資料結構(其中,irq_stat 是核心符號)的值。

```
crash> p irq_stat:0
per_cpu(irq_stat, 0) = $4 = {
  __softirq_pending = 0,
  __nmi_count = 1,
```

```
  apic_timer_irqs = 66867,
  irq_spurious_count = 0,
  icr_read_retry_count = 0,
  kvm_posted_intr_ipis = 0,
  x86_platform_ipis = 0,
  apic_perf_irqs = 0,
  apic_irq_work_irqs = 2001,
  irq_resched_count = 22511,
  irq_call_count = 3405,
  irq_tlb_count = 880,
  irq_thermal_count = 0,
  irq_threshold_count = 0
}
crash>
```

9. irq 命令

irq 命令用來顯示中斷相關資訊。

常用的選項如下。

- index：顯示某個指定 IRQ 的資訊。
- -b：顯示中斷的下半部資訊。
- -a：顯示中斷的親和性。
- -s：顯示系統中斷資訊。

範例程式如下。

```
crash> irq
 IRQ   IRQ_DESC/_DATA      IRQACTION       NAME
  0   ffff946c3f978000   ffffffff9ea2d440  "timer"
  1   ffff946c3f978100   ffff946c39cd9200  "i8042"
  2   ffff946c3f978200      (unused)
  3   ffff946c3f978300      (unused)
  4   ffff946c3f978400      (unused)
  5   ffff946c3f978500      (unused)
  6   ffff946c3f978600      (unused)
  7   ffff946c3f978700      (unused)
  8   ffff946c3f978800   ffff946c39d6c580  "rtc0"
  9   ffff946c3f978900   ffff946c3a3fbb00  "acpi"
```

10. task 命令

task 命令用來顯示處理程序的 task_struct 資料結構和 thread_info 資料結構的內容。其中，-x 表示按照十六進位顯示。

```
crash> task -x
PID: 4404    TASK: ffff946c35f51040  CPU: 3    COMMAND: "insmod"
struct task_struct {
  state = 0x0,
  stack = 0xffff946bd63b8000,
  usage = {
    counter = 0x2
  },
  flags = 0x402100,
  ptrace = 0x0,
  wake_entry = {
    next = 0x0
  },
  on_cpu = 0x1,
  last_wakee = 0xffff946bf5bbc100,
  wakee_flips = 0x3,
  wakee_flip_decay_ts = 0x10003b19a,
  wake_cpu = 0x3,
  ...
```

11. vm 命令

vm 命令用來顯示處理程序的位址空間的相關資訊。

常用的選項如下。

■ -p：顯示虛擬位址和物理位址。

■ -m：顯示 mm_struct 資料結構。

■ -R：搜索特定字串或數值。

■ -v：顯示該處理程序中所有 vm_area_struct 資料結構的值。

■ -f num：顯示數字（num）在 vm_flags 中對應的位元。

以下程式用於顯示當前處理程序的虛擬位址空間資訊。

```
crash> vm
PID: 4404    TASK: ffff946c35f51040  CPU: 3    COMMAND: "insmod"
```

```
    MM            PGD           RSS     TOTAL_VM
ffff946c0bd81900  ffff946bfd97e000   808k    13244k
    VMA           START     END    FLAGS FILE
ffff946bd630e798   400000    423000 8000875 /usr/bin/kmod
ffff946bd630f5f0   622000    623000 8100871 /usr/bin/kmod
ffff946bd630f950   623000    624000 8100873 /usr/bin/kmod
ffff946bd630e000  1259000   127a000 8100073
ffff946bd630f440 7fa800b3b000 7fa800b52000 8000075 /usr/lib64/libpthread-2.17.so
...
```

以下程式用於顯示 ID 為 4159 的處理程序的所有虛擬位址資訊，包括虛擬位址到物理位址的轉換資訊。

```
crash> vm -p 4159
PID: 4159   TASK: ffff946c362630c0  CPU: 1   COMMAND: "gdbus"
    MM            PGD           RSS     TOTAL_VM
ffff946c0bd812c0  ffff946bd6378000   6740k    345872k
    VMA           START     END    FLAGS FILE
ffff946c3693a438 5583c095d000 5583c0964000 8000875 /usr/sbin/abrt-dbus
VIRTUAL      PHYSICAL
5583c095d000   5eca7000
5583c095e000   705ce000
5583c095f000   5eca5000
5583c0960000   5eca4000
5583c0961000   59044000
5583c0962000   5eca2000
5583c0963000   6c627000
...
```

以下程式用於顯示 ID 為 4159 的處理程序的 mm_struct 資料結構的內容。

```
crash> vm -m 4159
PID: 4159   TASK: ffff946c362630c0  CPU: 1   COMMAND: "gdbus"
struct mm_struct {
  mmap = 0xffff946c3693a438,
  mm_rb = {
    rb_node = 0xffff946bfd9c2890
  },
  mmap_cache = 0x0,
  get_unmapped_area = 0xffffffff9de30e90,
  ...
```

以下程式用於顯示 ID 為 4159 的處理程序的所有 vm_area_struct 資料結構的內容。

```
crash> vm -v 4159
PID: 4159    TASK: ffff946c362630c0  CPU: 1    COMMAND: "gdbus"
struct vm_area_struct {
  vm_start = 94024360120320,
  vm_end = 94024360148992,
  vm_next = 0xffff946c3693b290,
  vm_prev = 0x0,
  ...
```

12. kmem 命令

kmem 命令用來顯示系統記憶體資訊。常用的選項如下。

- -i：顯示系統記憶體的使用情況。
- -v：顯示系統 vmalloc 的使用情況。
- -V：顯示系統 vm_stat 情況。
- -z：顯示每個 zone 的使用情況。
- -s：顯示 slab 使用情況。
- -p：顯示每個頁面的使用情況。
- -g：顯示 page 資料結構裡 flags 的標示位元。

以下命令用於顯示系統記憶體的使用情況。

```
crash> kmem -i
                 PAGES        TOTAL       PERCENTAGE
    TOTAL MEM   404629        1.5 GB         ----
         FREE   105735        413 MB     26% of TOTAL MEM
         USED   298894        1.1 GB     73% of TOTAL MEM
       SHARED    18610       72.7 MB      4% of TOTAL MEM
      BUFFERS        0             0      0% of TOTAL MEM
       CACHED    85565      334.2 MB     21% of TOTAL MEM
         SLAB    19500       76.2 MB      4% of TOTAL MEM

   TOTAL HUGE        0             0         ----
    HUGE FREE        0             0      0% of TOTAL HUGE
```

```
   TOTAL SWAP    524287        2 GB       ----
    SWAP USED       194      776 KB    0% of TOTAL SWAP
    SWAP FREE    524093        2 GB   99% of TOTAL SWAP

 COMMIT LIMIT    726601      2.8 GB       ----
    COMMITTED    726661      2.8 GB  100% of TOTAL LIMIT
crash>
```

以下命令用於顯示 slab 分配器的使用情況。

```
crash> kmem -s
CACHE               NAME              OBJSIZE  ALLOCATED    TOTAL  SLABS  SSIZE
ffff946c39840b00 fuse_inode            728         1         42     1    32k
ffff946c39931c00 hgfsInodeCache        640         1         46     1    32k
...
```

13. list 命令

list 命令用來遍歷鏈結串列，並且可以輸出鏈結串列成員的值。

常用的選項如下。

- -h：指定鏈結串列頭（list_head）的位址。
- -s：用來輸出鏈結串列成員的值。

舉例來說，等待讀寫訊號量的處理程序（使用 rwsem_waiter 來表示）都會在讀寫訊號量的等待佇列裡等待，這個等待佇列頭是 rw_semaphore 資料結構的 wait_list 成員。如果知道了 wait_list 成員的位址（假設位址為 0xffff94941535bd90），那麼我們可以遍歷這個鏈結串列並且輸出所有等待這個號誌的處理程序。

```
crash> list -s rwsem_waiter.task,type -h 0xffff94941535bd90
ffff94941535bd90
  task = 0xffff94940f64b0c0
  type = RWSEM_WAITING_FOR_WRITE
ffff949412e83d70
  task = 0xffff94940f64d140
  type = RWSEM_WAITING_FOR_READ
crash>
```

要查看等待佇列中有多少個處理程序在等待，可以使用 wc 命令來快速統計。

```
crash> list -h 0xffff94941535bd90 | wc -l
2
```

4.5 案例 1：一個簡單的當機案例

最簡單的當機案例莫過於在核心模組中人為地製造一個空指標存取的場景。下面就是一個存取空指標的核心模組程式片段。

<簡單的當機案例的程式片段>

```
1   #include <linux/kernel.h>
2   #include <linux/module.h>
3   #include <linux/init.h>
4   #include <linux/mm_types.h>
5   #include <linux/slab.h>
6
7   struct mydev_priv {
8       char name[64];
9       int i;
10  };
11
12  int create_oops(struct vm_area_struct *vma, struct mydev_priv *priv)
13  {
14      unsigned long flags;
15
16      flags = vma->vm_flags;
17      printk("flags=0x%lx, name=%s\n", flags, priv->name);
18
19      return 0;
20  }
21
22  int __init my_oops_init(void)
23  {
24      int ret;
25      struct vm_area_struct *vma = NULL;
26      struct mydev_priv priv;
```

```
27
28    vma = kmalloc(sizeof (*vma), GFP_KERNEL);
29    if (!vma)
30        return -ENOMEM;
31
32    kfree(vma);
33    vma = NULL;
34
35    smp_mb();
36
37    memcpy(priv.name, "ben", sizeof("ben"));
38    priv.i = 10;
39
40    ret = create_oops(vma, &priv);
41
42    return 0;
43 }
44
45 void __exit my_oops_exit(void)
46 {
47   printk("goodbye\n");
48 }
49
50 module_init(my_oops_init);
51 module_exit(my_oops_exit);
52 MODULE_LICENSE("GPL");
```

在上面的案例中，向 create_oops() 函數傳遞了兩個參數：一個參數是
vm_area_struct 資料結構的指標，這個指標是一個空指標；另一個參數是
mydev_priv 資料結構的指標。

要在 CentOS 7.6 作業系統中編譯上述核心模組，還需要編寫一個簡單的
Makefile。

```
<Makefile例子>

BASEINCLUDE ?= /lib/modules/$(shell uname -r)/build

oops-objs := oops_test.o
KBUILD_CFLAGS +=-g
```

```
obj-m    :=    oops.o
all :
    $(MAKE) -C $(BASEINCLUDE) SUBDIRS=$(PWD) modules;

install:
    $(MAKE) -C $(BASEINCLUDE) SUBDIRS=$(PWD) modules_install;
clean:
    $(MAKE) -C $(BASEINCLUDE) SUBDIRS=$(PWD) clean;
    rm -f *.ko;
```

接下來，安裝編譯核心模組必要的依賴軟體套件。

```
sudo yum update -y
sudo yum install kernel-devel kernel-headers
```

接下來，編譯核心模組。

```
[root@localhost 01_oops]# make
make -C /lib/modules/3.10.0-957.1.3.el7.x86_64/build SUBDIRS=/home/benshushu/
crash/ crash_lab_centos/01_oops modules;
make[1]: Entering directory `/usr/src/kernels/3.10.0-957.1.3.el7.x86_64'
  CC [M]  /home/benshushu/crash/crash_lab_centos/01_oops/oops_test.o
  LD [M]  /home/benshushu/crash/crash_lab_centos/01_oops/oops.o
  Building modules, stage 2.
  MODPOST 1 modules
  CC      /home/benshushu/crash/crash_lab_centos/01_oops/oops.mod.o
  LD [M]  /home/benshushu/crash/crash_lab_centos/01_oops/oops.ko
make[1]: Leaving directory `/usr/src/kernels/3.10.0-957.1.3.el7.x86_64'
[root@localhost 01_oops]#
```

接下來，載入核心模組。

```
$ sudo insmod oops.ko
```

CentOS 作業系統會重新啟動並載入捕捉核心，然後進行核心崩潰轉儲，最後重新載入到生產核心。在 /var/crash 目錄裡會重新生成一個以「IP 位址＋日期」命名的目錄。

```
[root@localhost 01_oops]# cd /var/crash/
[root@localhost crash]# cd 127.0.0.1-2019-03-21-05\:16\:24/
```

接下來，使用 crash 命令來載入核心崩潰轉儲映像檔。

```
[root@localhost# crash vmcore /usr/lib/debug/lib/modules/3.10.0-957.1.3.el7.
x86_64/vmlinux

KERNEL: /usr/lib/debug/lib/modules/3.10.0-957.1.3.el7.x86_64/vmlinux
    DUMPFILE: vmcore  [PARTIAL DUMP]
        CPUS: 4
        DATE: Thu Mar 21 05:16:19 2019
      UPTIME: 00:09:02
LOAD AVERAGE: 0.09, 0.22, 0.20
       TASKS: 421
    NODENAME: localhost.localdomain
     RELEASE: 3.10.0-957.1.3.el7.x86_64
     VERSION: #1 SMP Thu Nov 29 14:49:43 UTC 2018
     MACHINE: x86_64  (2496 Mhz)
      MEMORY: 2 GB
       PANIC: "BUG: unable to handle kernel NULL pointer dereference at
0000000000000050"
         PID: 4404
     COMMAND: "insmod"
        TASK: ffff946c35f51040  [THREAD_INFO: ffff946bd63b8000]
         CPU: 3
       STATE: TASK_RUNNING (PANIC)

crash>
```

從上述程式可知生產核心在發生崩潰時的一些非常重要的資訊。

■ KERNEL：帶核心偵錯符號資訊的 vmlinux 檔案路徑。

■ DUMPFILE：轉儲的檔案名稱。

■ CPUS：系統 CPU 數量。

■ DATE：發生崩潰的時間。

■ UPTIME：生產核心的執行時間。

■ LOAD AVERAGE：負載情況。

■ TASKS：處理程序數量。

■ NODENAME：節點名稱。

■ RELEASE：Linux 核心版本。

■ VERSION：系統版本資訊。

■ MACHINE：電腦類型，這裡顯示 x86_64 架構的電腦。

- MEMORY：記憶體大小。
- PANIC：發生崩潰的原因。
- PID：發生崩潰的處理程序 ID。
- COMMAND：發生崩潰的處理程序命令。
- TASK：發生崩潰的處理程序的 task_struct 資料結構的位址。
- CPU：表示發生崩潰的處理程序執行在哪個 CPU 上。
- STATE：發生崩潰的處理程序的狀態。

其中 PANIC 直截了當地指出發生崩潰的原因。上述案例中發生崩潰的原因是 "BUG: unable to handle kernel NULL pointer dereference at 0000000000000050"，即核心發生了不能處理的空指標引用，這符合我們的預期。

接下來，使用 bt 命令來觀察發生崩潰時核心函數的呼叫關係。

```
crash> bt
PID: 4404   TASK: ffff946c35f51040  CPU: 3   COMMAND: "insmod"
 #0 [ffff946bd63bb930] machine_kexec at ffffffff9de63674
 #1 [ffff946bd63bb990] __crash_kexec at ffffffff9df1cef2
 #2 [ffff946bd63bba60] crash_kexec at ffffffff9df1cfe0
 #3 [ffff946bd63bba78] oops_end at ffffffff9e56c758
 #4 [ffff946bd63bbaa0] no_context at ffffffff9e55aafe
 #5 [ffff946bd63bbaf0] __bad_area_nosemaphore at ffffffff9e55ab95
 #6 [ffff946bd63bbb40] bad_area_nosemaphore at ffffffff9e55ad06
 #7 [ffff946bd63bbb50] __do_page_fault at ffffffff9e56f6b0
 #8 [ffff946bd63bbbc0] do_page_fault at ffffffff9e56f915
 #9 [ffff946bd63bbbf0] page_fault at ffffffff9e56b758
[exception RIP: create_oops+25]
RIP: ffffffffc0730019  RSP: ffff946bd63bbca0  RFLAGS: 00010286
    RAX: 0000000000000000  RBX: ffffffff9ea18020  RCX: 000000006f676966
    RDX: ffff946bd63bbce4  RSI: ffff946bd63bbce4  RDI: 0000000000000000
    RBP: ffff946bd63bbcb8  R8: 00000000006f6769  R9: ffffffffc073505d
    R10: ffff946c3b6df120  R11: ffffc50941d70f00  R12: ffff946bc013e0c0
    R13: ffffffffc0735000  R14: 0000000000000000  R15: ffffffffc0732000
    ORIG_RAX: ffffffffffffffff  CS: 0010  SS: 0018
#10 [ffff946bd63bbcc0] init_module at ffffffffc073509a [oops]
#11 [ffff946bd63bbd38] do_one_initcall at ffffffff9de0210a
```

```
#12 [ffff946bd63bbd68] load_module at ffffffff9df1906c
#13 [ffff946bd63bbeb8] sys_finit_module at ffffffff9df196e6
#14 [ffff946bd63bbf50] system_call_fastpath at ffffffff9e574ddb
    RIP: 00007fa800e4f1c9  RSP: 00007ffcbabe8408  RFLAGS: 00010246
    RAX: 0000000000000139  RBX: 0000000001259260  RCX: 000000000000001f
    RDX: 0000000000000000  RSI: 000000000041a2d8  RDI: 0000000000000003
    RBP: 000000000041a2d8   R8: 0000000000000000   R9: 00007ffcbabe8618
    R10: 0000000000000003  R11: 0000000000000206  R12: 0000000000000000
    R13: 0000000001259220  R14: 0000000000000000  R15: 0000000000000000
    ORIG_RAX: 0000000000000139  CS: 0033  SS: 002b
crash>
```

造成核心崩潰的指令是 **[exception RIP: create_oops+25]**，也就是 create_oops() 函數第 25 位元組的地方，存放在 RIP 暫存器中。另外，根據 x86_64 架構的函數參數呼叫關係，RDI 暫存器存放著函數第一個參數的位址，RSI 暫存器存放著函數第二個參數的位址。根據這些資訊，可以進一步分析系統崩潰的原因。

接下來，載入核心模組的偵錯資訊。

```
crash> mod -s oops /home/benshushu/crash/crash_lab_centos/01_oops/oops.ko
    MODULE          NAME      SIZE   OBJECT FILE
ffffffffc0732000   oops     12741  /home/benshushu/crash/crash_lab_centos/
01_oops/oops.ko
crash>
```

接下來，利用 dis 命令來反組譯核心崩潰的位址。

```
crash> dis -l ffffffffc0730019
/home/benshushu/crash/crash_lab_centos/01_oops/oops_test.c: 16
0xffffffffc0730019 <create_oops+25>:    mov    0x50(%rax),%rax
crash>
```

核心崩潰發生在 oops_test.c 的第 16 行，反組譯後的組合語言程式碼是一行 MOV 指令，用於把 RAX 暫存器裡偏移量為 0x50 的值傳送給 RAX 暫存器。

接下來，使用 dis 命令來反組譯 create_oops() 函數，再分析其反組譯程式。

```
crash> dis create_oops
0xffffffffc0730000 <create_oops>:        nopl    0x0(%rax,%rax,1) [FTRACE NOP]
0xffffffffc0730005 <create_oops+5>:      push    %rbp
0xffffffffc0730006 <create_oops+6>:      mov     %rsp,%rbp
0xffffffffc0730009 <create_oops+9>:      sub     $0x18,%rsp
0xffffffffc073000d <create_oops+13>:     mov     %rdi,-0x10(%rbp)
0xffffffffc0730011 <create_oops+17>:     mov     %rsi,-0x18(%rbp)
0xffffffffc0730015 <create_oops+21>:     mov     -0x10(%rbp),%rax
0xffffffffc0730019 <create_oops+25>:     mov     0x50(%rax),%rax
0xffffffffc073001d <create_oops+29>:     mov     %rax,-0x8(%rbp)
0xffffffffc0730021 <create_oops+33>:     mov     -0x18(%rbp),%rdx
0xffffffffc0730025 <create_oops+37>:     mov     -0x8(%rbp),%rax
0xffffffffc0730029 <create_oops+41>:     mov     %rax,%rsi
0xffffffffc073002c <create_oops+44>:     mov     $0xffffffffc0731040,%rdi
0xffffffffc0730033 <create_oops+51>:     mov     $0x0,%eax
0xffffffffc0730038 <create_oops+56>:     callq   0xffffffff9e55b687 <printk>
0xffffffffc073003d <create_oops+61>:     mov     $0x0,%eax
0xffffffffc0730042 <create_oops+66>:     leaveq
0xffffffffc0730043 <create_oops+67>:     retq
crash>
```

上述組合語言程式碼中，前 4 行程式建立一個堆疊幀結構。第 5 行程式把函數的第一個參數存放在堆疊幀裡，存放的位址是 RBP 暫存器指向的位址減去 0x10。第 6 行程式用來存放第二個參數。第 7 行程式把第一個參數傳遞到通用暫存器 RAX。第 8 行程式把 RAX 暫存器中偏移量為 0x50 的值存放到 RAX 暫存器裡。

我們知道 create_oops() 函數的第一個參數是 vm_area_struct *vma，並且由 RDI 暫存器來傳遞，而透過 bt 命令可以看到發生崩潰時 RDI 暫存器的值為 0。若使用 struct 命令來查看這個位址，系統會提示這是一個無效的核心虛擬位址，也就是 Linux 核心中發生了空指標存取。

```
crash> struct vm_area_struct 0x0
struct: invalid kernel virtual address: 0x0
crash>
```

組合語言程式碼裡的 0x50 是從哪裡來的？從 C 程式可以看到，它是 vm_area_struct 資料結構的 vm_flags 成員。

```
crash> hex
output radix: 16 (hex)

crash> struct -o vm_area_struct
struct vm_area_struct {
   [0x0] unsigned long vm_start;
   [0x8] unsigned long vm_end;
  [0x10] struct vm_area_struct *vm_next;
  [0x18] struct vm_area_struct *vm_prev;
  [0x20] struct rb_node vm_rb;
  [0x38] unsigned long rb_subtree_gap;
  [0x40] struct mm_struct *vm_mm;
  [0x48] pgprot_t vm_page_prot;
  [0x50] unsigned long vm_flags;
  ...
```

可以使用 rd 和 struct 命令來查看第二個參數的值。

```
crash> rd ffff946bd63bbce4
ffff946bd63bbce4:  d63bbd006f676966                      ben..;.
crash>
crash>
crash> struct mydev_priv ffff946bd63bbce4
struct mydev_priv {
  name = "ben\000\275;",
  i = 0xa
}
crash>
```

4.6 案例 2：存取被刪除的鏈結串列

Linux 核心中的 list_head 鏈結串列是最常用的資料結構之一，也是最容易出錯的地方。本節講解一個常見鏈結串列使用錯誤的案例。在本案例中，創建 3 個核心執行緒。

- 核心執行緒一：增加元素到鏈結串列中。
- 核心執行緒二：刪除鏈結串列中的所有元素。
- 核心執行緒三：刪除鏈結串列中的元素。

<存取被刪除的鏈結串列的案例的程式片段>

```
1  #include <linux/kernel.h>
2  #include <linux/module.h>
3  #include <linux/init.h>
4  #include <linux/slab.h>
5  #include <linux/spinlock.h>
6  #include <linux/kthread.h>
7  #include <linux/delay.h>
8
9  static spinlock_t lock;
10
11 static struct list_head g_test_list;
12
13 struct foo {
14   int a;
15   struct list_head list;
16 };
17
18 static int list_del_thread(void *data)
19 {
20 struct foo *entry;
21
22 while (!kthread_should_stop()) {
23     if (!list_empty(&g_test_list)) {
24         spin_lock(&lock);
25         entry = list_entry(g_test_list.next, struct foo, list);
26           list_del(&entry->list);
27           kfree(entry);
28           spin_unlock(&lock);
29       }
30       msleep(1);
31   }
32
33   return 0;
34   }
35
36   static int list_remove_thread(void *data)
37   {
38   struct foo *entry;
39
40   while (!kthread_should_stop()) {
41       spin_lock(&lock);
```

```
42      while (!list_empty(&g_test_list)) {
43          entry = list_entry(g_test_list.next, struct foo, list);
44          list_del(&entry->list);
45          kfree(entry);
46      }
47      spin_unlock(&lock);
48      mdelay(10);
49  }
50
51  return 0;
52  }
53
54  static int list_add_thread(void *p)
55  {
56  int i;
57
58  while (!kthread_should_stop()) {
59      spin_lock(&lock);
60      for (i = 0; i < 1000; i++) {
61          struct foo *new_ptr = kmalloc(sizeof (struct foo), GFP_ATOMIC);
62          new_ptr->a = i;
63          list_add_tail(&new_ptr->list, &g_test_list);
64      }
65      spin_unlock(&lock);
66      msleep(20);
67 }
68
69 return 0;
70 }
71
72 static int __init my_test_init(void)
73 {
74 struct task_struct *thread1;
75 struct task_struct *thread2;
76 struct task_struct *thread3;
77
78 printk("ben: my module init\n");
79
80 spin_lock_init(&lock);
81 INIT_LIST_HEAD(&g_test_list);
82
83 thread1 = kthread_run(list_add_thread, NULL, "list_add_thread");
84 thread2 = kthread_run(list_remove_thread, NULL, "list_remove_thread");
```

```
85 thread3 = kthread_run(list_del_thread, NULL, "list_del_thread");
86
87 return 0;
88 }
89 static void __exit my_test_exit(void)
90 {
91 printk("goodbye\n");
92 }
93 MODULE_LICENSE("GPL");
94 module_init(my_test_init);
95 module_exit(my_test_exit);
```

首先，編寫一個簡單的 Makefile 並且編譯核心模組。然後，載入核心模組並捕捉核心崩潰時轉儲的 vmcore 資訊。

```
[root@localhost 127.0.0.1-2019-03-23-21:39:02]# crash vmcore /usr/lib/debug/
lib/modules/3.10.0-957.1.3.el7.x86_64/vmlinux
      KERNEL: /usr/lib/debug/lib/modules/3.10.0-957.1.3.el7.x86_64/vmlinux
    DUMPFILE: vmcore  [PARTIAL DUMP]
        CPUS: 4
        DATE: Sat Mar 23 21:38:58 2019
      UPTIME: 01:02:55
LOAD AVERAGE: 0.29, 0.14, 0.08
       TASKS: 426
    NODENAME: localhost.localdomain
     RELEASE: 3.10.0-957.1.3.el7.x86_64
     VERSION: #1 SMP Thu Nov 29 14:49:43 UTC 2018
     MACHINE: x86_64  (2496 Mhz)
      MEMORY: 2 GB
       PANIC: "general protection fault: 0000 [#1] SMP "
         PID: 3695
     COMMAND: "list_del_thread"
        TASK: ffffa036cba6d140  [THREAD_INFO: ffffa03695a70000]
         CPU: 1
       STATE: TASK_RUNNING (PANIC)
crash>
```

從上述資訊可以看到這次核心崩潰的原因是 "general protection fault: 0000 [#1] SMP"。發生崩潰的處理程序命令是 **list_del_thread**。

然後，使用 bt 命令來查看發生崩潰時的核心函數呼叫關係。

```
crash> bt
PID: 3695   TASK: ffffa036cba6d140  CPU: 1    COMMAND: "list_del_thread"
 #0 [ffffa03695a73c08] machine_kexec at ffffffff8a463674
 #1 [ffffa03695a73c68] __crash_kexec at ffffffff8a51cef2
 #2 [ffffa03695a73d38] crash_kexec at ffffffff8a51cfe0
 #3 [ffffa03695a73d50] oops_end at ffffffff8ab6c758
 #4 [ffffa03695a73d78] die at ffffffff8a42f95b
 #5 [ffffa03695a73da8] do_general_protection at ffffffff8ab6c052
 #6 [ffffa03695a73de0] general_protection at ffffffff8ab6b6f8
[exception RIP: __list_del_entry+1]
    RIP: ffffffff8a794c31  RSP: ffffa03695a73e90  RFLAGS: 00010246
    RAX: 0000000000000000  RBX: dead000000000100  RCX: 0000000000000000
    RDX: 0000000000000001  RSI: 0000000000000286  RDI: dead000000000100
    RBP: ffffa03695a73ea8   R8: ffffa03695a70000   R9: 0000000000000001
    R10: 0000000000000000  R11: 0000000000000000  R12: 0000000000000000
    R13: ffffffffc0662000  R14: 0000000000000000  R15: 0000000000000000
    ORIG_RAX: ffffffffffffffff  CS: 0010  SS: 0018
 #7 [ffffa03695a73e98] list_del at ffffffff8a794d0d
 #8 [ffffa03695a73eb0] list_del_thread at ffffffffc066203d [list_crash]
 #9 [ffffa03695a73ec8] kthread at ffffffff8a4c1c31
#10 [ffffa03695a73f50] ret_from_fork_nospec_begin at ffffffff8ab74c1d
crash>
```

發生崩潰的指令儲存在 RIP 暫存器裡，位址為 0xffffffff8a794c31。接下來，使用 dis 命令來查看究竟在 C 程式的哪一行。

```
crash> dis -l ffffffff8a794c31
/usr/src/debug/kernel-3.10.0-957.1.3.el7/linux-3.10.0-957.1.3.el7.x86_64/lib/
list_debug.c: 49
0xffffffff8a794c31 <__list_del_entry+1>:        mov    (%rdi),%rdx
```

出錯的程式在 list_debug.c 檔案的第 49 行，第 49 行程式用於一個指標設定值操作。

```
<linux-3.10.0-957.el7/list/list_debug.c>

 44 void __list_del_entry(struct list_head *entry)
 45 {
 46        struct list_head *prev, *next;
 47
```

```
48          prev = entry->prev;
49          next = entry->next;
50
51          if (WARN(next == LIST_POISON1,
52                  "list_del corruption, %p->next is LIST_POISON1 (%p)\n",
53                  entry, LIST_POISON1) ||
54             WARN(prev == LIST_POISON2,
55                  "list_del corruption, %p->prev is LIST_POISON2 (%p)\n",
56                  entry, LIST_POISON2) ||
57             WARN(prev->next != entry,
58                  "list_del corruption. prev->next should be %p, "
59                  "but was %p\n", entry, prev->next) ||
60             WARN(next->prev != entry,
61                   "list_del corruption. next->prev should be %p, "
62                   "but was %p\n", entry, next->prev))
63                   return;
64
65          __list_del(prev, next);
66 }
67 EXPORT_SYMBOL(__list_del_entry);
```

為何指標設定值操作會引發核心崩潰呢？可能該函數的第一個參數 entry
是一個無效的指標。從 bt 命令輸出的資訊可以看到，傳遞給 __list_del_
entry() 函數的參數是 "0xdead000000000100"，這是一個明顯提示錯誤的
值，"dead" 表示這個位址是非法的。參數定義在 include/linux/posion.h 標
頭檔中。

```
<linux-3.10.0-957.el7/include/linux/posion.h>

#define POISON_POINTER_DELTA _AC(CONFIG_ILLEGAL_POINTER_VALUE, UL)
#define LIST_POISON1  ((void *) 0x100 + POISON_POINTER_DELTA)
#define LIST_POISON2  ((void *) 0x200 + POISON_POINTER_DELTA)
```

從標頭檔中可以看到 POISON_POINTER_DELTA 定義在 config 設定檔
中。

```
[benshushu@localhost linux]$ cat /boot/config-3.10.0-957.1.3.el7.x86_64 |
grep ILLEGAL_POINTER_VALUE
CONFIG_ILLEGAL_POINTER_VALUE=0xdead000000000000
```

4.7 案例 3：一個真實的驅動崩潰案例

我們在編寫實際硬體裝置驅動時常常需要和暫存器打交道。在早期 Linux 核心中，每個驅動需要自己編寫程式來進行存取暫存器，這樣造成了大量的冗餘碼。為了解決這個問題，Linux 核心從 3.1 版本引入了 regmap 機制來抽象和管理。現在的裝置驅動程式都使用 regmap 機制來讀寫暫存器。在本例中，編寫一個簡單的驅動來模擬 regmap 機制的使用，並構造一個當機崩潰案例，該案例來自真實專案。

<一個真實的驅動崩潰案例的程式片段>

```
1    #include <linux/kernel.h>
2    #include <linux/module.h>
3    #include <linux/init.h>
4    #include <linux/mm_types.h>
5    #include <linux/slab.h>
6    #include <linux/kthread.h>
7    #include <linux/delay.h>
8    #include <linux/regmap.h>
9
10   struct mydev_struct {
11     struct regmap *regmap;
12     struct device *dev;
13   };
14
15   static const struct regmap_config mydev_regmap_config = {
16     .reg_bits = 32,
17     .reg_stride = 4,
18     .val_bits = 32,
19     .fast_io = true,
20   };
21
22   static int _reg_write(void *context, unsigned int reg,
23               unsigned int val)
24   {
25       void __iomem *base = context;
26
27       printk("%s: reg=0x%x, val=0x%x\n", __func__, reg, val);
28
```

```
29        *(unsigned int *)(base + reg) = val;
30
31        return 0;
32  }
33
34  static int _reg_read(void *context, unsigned int reg,
35              unsigned int *val)
36  {
37          void __iomem *base = context;
38
39          printk("%s: reg=0x%x\n", __func__, reg);
40
41          *val = *(unsigned int *)(base + reg);
42
43          printk("%s: reg=0x%x, val=0x%x\n", __func__, reg, *val);
44
45          return 0;
46    }
47
48  static int reg_gather_write(void *context,
49                                  const void *reg, size_t reg_len,
50                                  const void *val, size_t val_len)
51  {
52      return -ENOTSUPP;
53  }
54
55  static int reg_read(void *context, const void *addr, size_t reg_size,
56              void *val, size_t val_size)
57  {
58      BUG_ON(!addr);
59      BUG_ON(!val);
60      BUG_ON(reg_size != 4);
61      BUG_ON(val_size != 4);
62
63      return _reg_read(context, *(u32 *)addr, val);
64  }
65
66  static int reg_write(void *context, const void *data, size_t count)
67  {
68    unsigned int reg;
69    unsigned int val;
70      BUG_ON(!data);
71
```

```
72    reg = *(unsigned int *)data;
73    val = *((unsigned int *)(data+4));
74
75        if (WARN_ONCE(count < 4, "Invalid register access"))
76                return -EINVAL;
77
78        return _reg_write(context, reg, val);
79  }
80
81  static const struct regmap_bus mydev_regmap_bus = {
82    .gather_write = reg_gather_write,
83    .write = reg_write,
84    .read = reg_read,
85    .reg_format_endian_default = REGMAP_ENDIAN_NATIVE,
86    .val_format_endian_default = REGMAP_ENDIAN_NATIVE,
87  };
88
89  static int __init my_regmap_test_init(void)
90  {
91    struct mydev_struct *mydev;
92    char addr[100];
93    unsigned int val;
94
95    mydev = kzalloc(sizeof (*mydev), GFP_KERNEL);
96    if (!mydev)
97        return -ENOMEM;
98
99    mydev->regmap = devm_regmap_init(NULL, &mydev_regmap_bus, addr,
100               &mydev_regmap_config);
101   if (IS_ERR(mydev->regmap)) {
102       printk("regmap init fail\n");
103       goto err;
104   }
105
106   regmap_write(mydev->regmap, 0, 0x30043c);
107   regmap_read(mydev->regmap, 0, &val);
108   printk("read register 0 = 0x%x\n", val);
109
110   return 0;
111
112 err:
113   kfree(mydev);
114   return -ENOMEM;
```

```
115 }
116
117 static void __exit my_regmap_test_exit(void)
118 {
119   printk("goodbye\n");
120 }
121
122 module_init(my_regmap_test_init);
123 module_exit(my_regmap_test_exit);
124 MODULE_LICENSE("GPL");
```

該案例使用一個虛擬的裝置來模擬 regmap 機制的實際使用場景。第 92 行程式中的 addr 模擬實際硬體的一段暫存器空間。第 99 行使用 devm_regmap_init() 函數來註冊 regmap 機制，後續就可以使用 regmap 機制的介面函數來讀寫暫存器了。devm_regmap_init() 函數實現在 drivers/base/regmap/regmap.c 檔案中。

```
<linux-3.10.0-957.el7/drivers/base/regmap/regmap.c>

struct regmap *devm_regmap_init(struct device *dev,
                const struct regmap_bus *bus,
                void *bus_context,
                const struct regmap_config *config);
```

- 參數 dev 是裝置的指標。
- 參數 bus 是 regmap 機制特定的匯流排，見第 81 行定義的 mydev_regmap_bus，裡面定義了常見的操作函數，如 read 和 write 操作函數。
- 參數 bus_context 是傳遞給 regmap 的參數，通常傳遞暫存器的基底位址。
- 參數 config 是傳遞給 regmap 的設定參數，如暫存器的位元寬等。
- 第 106 ～ 107 行利用 regmap_write() 和 regmap_read() 介面函數進行暫存器的讀寫。

接下來，把上述程式編譯成核心模組並載入，捕捉發生核心崩潰時轉儲的資訊。

```
     KERNEL: /usr/lib/debug/lib/modules/3.10.0-957.1.3.el7.x86_64/vmlinux
   DUMPFILE: vmcore  [PARTIAL DUMP]
       CPUS: 12
       DATE: Mon Jan  7 03:45:49 2019
     UPTIME: 00:02:41
LOAD AVERAGE: 0.83, 0.50, 0.20
      TASKS: 362
   NODENAME: localhost.localdomain
    RELEASE: 3.10.0-957.1.3.el7.x86_64
    VERSION: #1 SMP Thu Nov 29 14:49:43 UTC 2018
    MACHINE: x86_64  (3491 Mhz)
     MEMORY: 31.9 GB
      PANIC: "BUG: unable to handle kernel NULL pointer dereference at
0000000000000050"
        PID: 13153
    COMMAND: "insmod"
       TASK: ffff943fb7346180  [THREAD_INFO: ffff943eb7660000]
        CPU: 9
      STATE: TASK_RUNNING (PANIC)

crash>
```

從上述資訊可知，發生核心崩潰的原因是存取了一個非法的空指標，出錯的處理程序是 "insmod" 處理程序，那究竟是什麼原因導致的呢？

接下來，使用 bt 命令來查看核心函數的呼叫關係。

```
crash> bt
PID: 13153  TASK: ffff943fb7346180  CPU: 9   COMMAND: "insmod"
 #0 [ffff943eb7663888] machine_kexec at ffffffff86e63674
 #1 [ffff943eb76638e8] __crash_kexec at ffffffff86f1cef2
 #2 [ffff943eb76639b8] crash_kexec at ffffffff86f1cfe0
 #3 [ffff943eb76639d0] oops_end at ffffffff8756c758
 #4 [ffff943eb76639f8] no_context at ffffffff8755aafe
 #5 [ffff943eb7663a48] __bad_area_nosemaphore at ffffffff8755ab95
 #6 [ffff943eb7663a98] bad_area at ffffffff8755aea5
 #7 [ffff943eb7663ac0] __do_page_fault at ffffffff8756f821
 #8 [ffff943eb7663b30] do_page_fault at ffffffff8756f915
 #9 [ffff943eb7663b60] page_fault at ffffffff8756b758
[exception RIP: regmap_debugfs_init+528]
    RIP: ffffffff872c42f0  RSP: ffff943eb7663c18  RFLAGS: 00010246
```

```
    RAX: 0000000000000000  RBX: 0000000000000000  RCX: 0000000000000000
    RDX: ffffffff8803a470  RSI: ffffffff878b6767  RDI: ffff943f9d3b7920
    RBP: ffff943eb7663c28   R8: 000000000001f040   R9: ffff943fc495e450
    R10: ffff94393fc03e00  R11: ffffce1460124f40  R12: ffff943f9d3b7800
    R13: 0000000000000000  R14: ffffffffc0e62060  R15: ffff943eb7663cbc
    ORIG_RAX: ffffffffffffffff  CS: 0010  SS: 0018
#10 [ffff943eb7663c10] regmap_debugfs_init at ffffffff872c411b
#11 [ffff943eb7663c30] regmap_init at ffffffff872bf532
#12 [ffff943eb7663c78] devm_regmap_init at ffffffff872bf629
#13 [ffff943eb7663cb0] init_module at ffffffffc0b3504f [regmap]
#14 [ffff943eb7663d38] do_one_initcall at ffffffff86e0210a
#15 [ffff943eb7663d68] load_module at ffffffff86f1906c
```

從核心函數呼叫關係來看，發生核心崩潰的地方在 regmap_debugfs_init()
函數的第 528 位元組，RIP 暫存器記錄了該位址。

接下來，使用 dis 命令來查看該位址。

```
crash> dis -l ffffffff872c42f0
/usr/src/debug/kernel-3.10.0-957.1.3.el7/linux-3.10.0-957.1.3.el7.x86_64/
include/linux/device.h: 887
0xffffffff872c42f0 <regmap_debugfs_init+528>:   mov    0x50(%rax),%rdi
```

從上述資訊可以看到發生核心崩潰的程式在 device.h 的第 887 行裡。

```
<linux-3.10.0-957.el7/include/linux/device.h>

 884  static inline const char *dev_name(const struct device *dev)
 885  {
 886        /* Use the init name until the kobject becomes available */
 887        if (dev->init_name)
 888              return dev->init_name;
 889
 890        return kobject_name(&dev->kobj);
 891  }
```

從上述組合語言程式碼可以知道，發生核心崩潰的指令正在把 RAX 暫存
器中偏移量 0x50 的值設定值給 RDI 暫存器，因此，可以推斷出 RAX 暫
存器的值可能是一個空指標。

```
crash> struct -o device
struct device {
   [0x0] struct device *parent;
   [0x8] struct device_private *p;
  [0x10] struct kobject kobj;
  [0x50] const char *init_name;
  [0x58] const struct device_type *type;
```

接下來，查看 regmap_debugfs_init() 函數時發現該函數直接呼叫了 dev_name() 函數。

```
<linux-3.10.0-957.el7/drivers/base/regmap/regmap-debugfs.c>

459   void regmap_debugfs_init(struct regmap *map, const char *name)
460   {
461         struct rb_node *next;
462         struct regmap_range_node *range_node;
463
464         INIT_LIST_HEAD(&map->debugfs_off_cache);
465         mutex_init(&map->cache_lock);
466
467         if (name) {
468               map->debugfs_name = kasprintf(GFP_KERNEL, "%s-%s",
469                                     dev_name(map->dev), name);
470               name = map->debugfs_name;
471         } else {
472               name = dev_name(map->dev);
473         }
```

綜上分析，我們懷疑 regmap->dev 是一個空指標。我們回頭仔細檢查驅動程式，可發現在使用 devm_regmap_init() 函數來註冊 regmap 機制的時候，傳遞給 regmap 機制的 dev 參數是一個空指標，從而引發了系統崩潰。

在實際專案中，不少當機的案例是驅動開發者使用核心提供的介面函數不當造成的。

這個案例的解決方案也很簡單，就是給 devm_regmap_init() 函數傳遞正確的參數。首先使用 misc_register() 函數註冊一個裝置，然後獲取 device 的指標並且傳遞給 devm_regmap_init() 函數。

```
<本案例的程式片段>

    misc_register(&mydev_misc_device);

    mydev->dev = mydev_misc_device.this_device;

    mydev->regmap = devm_regmap_init(mydev->dev, &mydev_regmap_bus, addr,
                &mydev_regmap_config);
```

4.8 鎖死檢查機制

我們在開發 Linux 產品或做伺服器執行維護時常常會遇到系統鎖死問題。產生系統鎖死的原因很多，如我們寫的驅動或核心模組程式有問題，或系統的多個處理程序陷入了鎖的交換等待從而導致鎖死的發生。Linux 核心為檢測鎖死的發生提供了兩種機制，分別是 Softlockup 機制和 Hardlockup 機制，它們都是基於看門狗機制（watchdog）來實現的。

Linux 核心利用看門狗來實現對整個系統的檢測。看門狗是電腦可靠性領域中一個極簡單同時非常有效的檢測工具，其基本思想是針對被監視的目標設定一個計數器和一個閾值，看門狗會自己增加計數值，並等待被監視的目標週期性地重置計數值。一旦目標發生錯誤，沒來得及重置計數值，看門狗會檢測到計數值溢位，並採取恢復措施（大部分的情況下會重新啟動）。看門狗可以監控處理程序，也可以監控作業系統。

1. Softlockup 機制

Softlockup 機制用於檢測系統排程是否正常。當發生 Softlockup 時，核心不能排程，但還能回應中斷。Softlockup 機制的實現原理是為每個 CPU 啟動一個即時排程類別的核心執行緒（名稱為 watchdog/N）。在該核心執行緒得到排程時，更新對應的計數（時間戳記），同時啟動計時器。當計時器到期時檢查對應的時間戳記，如果超過指定時間都沒有更新，則説明這段時間內沒有發生排程。這就表示該核心執行緒得不到排程，很有可能在某個 CPU 上的先佔被關閉了，所以排程器沒有辦法進行排程。這種情況下，系統往往不會當機，但是會很慢。

Softlockup 機制實現在 kernel/watchdog.c 檔案中。在 CentOS 7.6 使用的 Linux 3.10 核心中，為每個 CPU 創建了一個即時排程類別的核心執行緒，核心執行緒的名稱為 watchdog/0、watchdog/1，依此類推。

```
<linux-3.10.0-957.el7/kernel/watchdog.c>

static struct smp_hotplug_thread watchdog_threads = {
    .store                = &softlockup_watchdog,
    .thread_should_run    = watchdog_should_run,
    .thread_fn            = watchdog,
    .thread_comm          = "watchdog/%u",
    .setup                = watchdog_enable,
    ...
};

static int watchdog_enable_all_cpus(void)
{
    ...
    spboot_register_percpu_thread(&watchdog_threads);
    ...
}
```

注意，在 Linux 5.0 核心中已經把 watchdog 核心執行緒修改成 stop 排程類別的執行緒，這樣 watchdog 核心執行緒不會被 Deadline 執行緒阻塞，避免 Softlockup 的檢測結果不準確。

2. Hardlockup 機制

在 Hardlockup 機制下，CPU 不僅無法執行其他處理程序，而且不再回應中斷。Hardlockup 機制的實現方式利用了 PMU 的 NMI perf 事件。因為 NMI（Non Maskable Interrupt，不可隱藏中斷）是不可隱藏的，所以在 CPU 不再回應中斷的情況下仍然可以得到執行。另外，要檢查時鐘中斷計數器 hrtimer_interrupts 是否在遞增，如果停滯就表示時鐘中斷未得到回應，也就是發生了 Hardlockup。

Linux 核心很早就引入了 NMI 看門狗（NMI Watchdog），NMI。現代的 x86_64 架構的 CPU 都支援 NMI 看門狗機制，如 I/O APIC 看門狗機制。

發生 Hardlockup 可能的原因是長時間關閉中斷。

3. hung_task 機制

長時間處於不可中斷（TASK_UNINTERRUPTIBLE）狀態的處理程序即我們常說的 D 狀態的處理程序。核心的 hung_task 機制主要實現在 kernel/hung_task.c 檔案中。它的實現原理是，創建一個普通優先順序的核心執行緒，定時掃描系統中所有的處理程序和執行緒。如果有 D 狀態執行緒，則檢查最近是否有排程切換。如果沒有切換，則説明發生了 hung_task。

4. 打開檢測機制

編譯 Linux 核心不僅需要打開 CONFIG_HARDLOCKUP_DETECTOR 這個設定選項，還需要在 proc 檔案中打開 softlockup_panic 和 hung_task_panic 這兩個節點。

```
$ sudo su
# echo 1 >/proc/sys/kernel/softlockup_panic
# echo 1 >/proc/sys/kernel/hardlockup_panic
# echo 1 >/proc/sys/kernel/hung_task_panic
# echo 30 >/proc/sys/kernel/hung_task_timeout_secs
```

hung_task_timeout_secs 這個節點表示 Softlockup/Hardlockup 機制檢測的最大時間間隔，預設是 120s，可以根據實際情況來修改該值。

另外，還可以使用 sysctl 機制來啟動 Softlockup/Hardlockup 機制。為了修改 /etc/sysctl.conf 檔案，首先，增加以下幾行程式。

```
</etc/sysctl.conf>

kernel.hung_task_panic = 1
kernel.softlockup_panic = 1
kernel.hung_task_timeout_secs = 30
```

然後，重新載入系統參數。

```
#sysctl -p
```

4.9 案例 4：一個簡單的鎖死案例

我們基於 4.7 節的例子構造一個簡單的鎖死案例。

```
#define REG_STATUS 0x20

static int _reg_read(void *context, unsigned int reg,
            unsigned int *val)
{
    void __iomem *base = context;
    unsigned int status;

    printk("%s: reg=0x%x\n", __func__, reg);

    status = readl(base + REG_STATUS);

    while (status != 0xab) {
        cpu_relax();
        status = readl(base + REG_STATUS);
    }

    *val = readl(base + reg);

    printk("%s: reg=0x%x, val=0x%x\n", __func__, reg, *val);

        return 0;
}
```

上述程式增加了一個 REG_STATUS 暫存器，用來指示硬體裝置可以進行本次的暫存器讀取操作，詳細參見修改後的 _reg_read() 函數。

為了進行核心轉儲，可以利用 NMI 看門狗機制來檢測和觸發 Kdump，步驟如下。

（1）打開 Softlockup/Hardlockup 機制。

（2）編譯本案例的核心模組，載入核心模組並捕捉核心轉儲資訊。

使用 Crash 工具來打開捕捉的核心轉儲資訊。

```
[root@localhost]# crash vmcore /usr/lib/debug/lib/modules/3.10.0-957.1.3.el7.
x86_64/vmlinux


    KERNEL: /usr/lib/debug/lib/modules/3.10.0-957.1.3.el7.x86_64/vmlinux
  DUMPFILE: vmcore  [PARTIAL DUMP]
      CPUS: 12
      DATE: Mon Jan  7 20:25:29 2019
    UPTIME: 00:05:24
LOAD AVERAGE: 6.92, 4.18, 1.78
     TASKS: 356
  NODENAME: localhost.localdomain
   RELEASE: 3.10.0-957.1.3.el7.x86_64
   VERSION: #1 SMP Thu Nov 29 14:49:43 UTC 2018
   MACHINE: x86_64  (3491 Mhz)
    MEMORY: 31.9 GB
     PANIC: "Kernel panic - not syncing: softlockup: hung tasks"
       PID: 2252
   COMMAND: "insmod"
      TASK: ffff90443baa9040  [THREAD_INFO: ffff9044107e8000]
       CPU: 4
     STATE: TASK_RUNNING (PANIC)

crash>
```

我們發現這次核心當機的原因是 CPU 發生了 Softlockup，也就是長時間
等待。我們可以在 Crash 工具的命令列下面輸入 log 命令來查看發生崩潰
時的核心記錄檔資訊。

```
crash> log
...
[  324.080003] NMI watchdog: BUG: soft lockup - CPU#4 stuck for 22s!
[insmod:2252]
[  324.080003] Modules linked in: regmap(OE+)
[  324.080003] CPU: 4 PID: 2252 Comm: insmod Kdump: loaded Tainted: GOEL -----
-------  3.10.0-957.1.3.el7.x86_64 #1
[  324.080003] Call Trace:
```

```
[  324.080003]  [<ffffffffbb6bfcf7>] _regmap_raw_read+0xd7/0x1f0
[  324.080003]  [<ffffffffbb6bfe3a>] _regmap_bus_read+0x2a/0x70
[  324.080003]  [<ffffffffbb6bd2ac>] _regmap_read+0x6c/0x140
[  324.080003]  [<ffffffffbb6bd3c5>] regmap_read+0x45/0x60
[  324.080003]  [<ffffffffc025d000>] ? 0xffffffffc025cfff
[  324.080003]  [<ffffffffc025d0a4>] my_regmap_test_init+0xa4/0x1000 [regmap]
```

從核心的記錄檔資訊可以看到，CPU 4 被佔用了 22s，從而觸發了 Softlockup。接下來，使用 bt 命令來查看核心函數的呼叫關係。

```
crash> bt
PID: 2252   TASK: ffff90443baa9040  CPU: 4   COMMAND: "insmod"
 #0 [ffff90444f303d38] machine_kexec at ffffffffbb263674
 #1 [ffff90444f303d98] __crash_kexec at ffffffffbb31cef2
 ...
 #8 [ffff90444f303ff0] apic_timer_interrupt at ffffffffbb975df2
--- <IRQ stack> ---
 #9 [ffff9044107ebb08] apic_timer_interrupt at ffffffffbb975df2
    [exception RIP: reg_read+100]
RIP: ffffffffc0d3a074  RSP: ffff9044107ebbb0  RFLAGS: 00000282
    RAX: 00000000ffffffff  RBX: ffff9044107ebb40  RCX: 0000000000000006
    RDX: 0000000000000000  RSI: ffff9044107ebcdc  RDI: ffff90444f313890
    RBP: ffff9044107ebbc8   R8: 000000000000000a   R9: 0000000000000002
    R10: 00000000000005b3  R11: ffff9044107eb8ae  R12: ffff904418e0c800
    R13: ffff903db4785c68  R14: 0000000000000000  R15: ffff9044107ebcbc
    ORIG_RAX: fffffffffffffff10  CS: 0010  SS: 0018
#10 [ffff9044107ebbd0] _regmap_raw_read at ffffffffbb6bfcf7
#11 [ffff9044107ebc20] _regmap_bus_read at ffffffffbb6bfe3a
#12 [ffff9044107ebc48] _regmap_read at ffffffffbb6bd2ac
#13 [ffff9044107ebc88] regmap_read at ffffffffbb6bd3c5
#14 [ffff9044107ebcb0] init_module at ffffffffc025d0a4 [regmap]
```

從以上資訊我們可以得到很多有用的資訊。

- 發生崩潰時，核心函數的呼叫關係是 init_module() → regmap_read() → _regmap_bus_read() → _regmap_raw_read() → reg_read()。
- 發生崩潰的地點在 reg_read() 函數的第 100 位元組處，也就是位址 0xffffffffc0d3a074。

接下來，載入帶偵錯符號的核心模組資訊並且使用 dis 命令來查看崩潰位址。

```
crash> mod -s regmap /home/benshushu/crash/crash_lab_centos/05/regmap.ko
   MODULE          NAME          SIZE   OBJECT FILE
ffffffffc0d3c060  regmap        12815  /home/benshushu/crash/crash_lab_centos/
05/regmap.ko

crash> dis -l ffffffffc0d3a074
/home/benshushu/crash/crash_lab_centos/05/regmap_test.c: 54
0xffffffffc0d3a074 <reg_read+100>:     cmp    $0xab,%eax
```

綜上所述，造成核心發生 Softlockup 的原因是，reg_read() 函數的 while 迴圈一直在等待硬體裝置的 REG_STATUS 的狀態位元。

這個問題的解決辦法很簡單，在 reg_read() 函數等候狀態暫存器的迴圈中增加 timeout 機制。在實際產品開發中，有不少驅動專案開發者會有意無意地構造類似的無窮迴圈從而造成當機，也有專案開發者認為軟體就應該信任硬體裝置。其實這是一個不正確的觀點，因為硬體也可能會發生崩潰或異常。

4.10 案例 5：分析和推導參數的值

透過上述幾個案例，我們已經學會了如何使用 Crash 工具進行簡單的當機分析。然而，在複雜的場景下，我們還需要以下更深入的分析方法。

本案例的目的是透過 Crash 工具分析和推導出 create_oops() 函數的第 2 個和第 3 個參數的具體值。

本案例在案例 1 的基礎上做了修改，在 my_oops_init() 函數裡首先申請一個寫者鎖，然後在 create_oops() 函數申請同一個讀寫訊號量，該函數會在此被阻塞，進入等候狀態。由於沒有其他處理程序釋放這個讀寫訊號量，因此發生了鎖死。

在案例 1 裡，由於 create_oops() 函數引用的空指標觸發了系統崩潰，並且在崩潰的時候會輸出處理器中通用暫存器的值，因此得到第 2 個參數的值。而在本案例中，系統不會觸發空指標存取，在沒有輸出處理器中通用暫存器的值的情況下，如何分析和推導函數參數的值呢？

```
<案例的程式片段>

1   #include <linux/kernel.h>
2   #include <linux/module.h>
3   #include <linux/init.h>
4   #include <linux/mm_types.h>
5   #include <linux/slab.h>
6   #include <linux/sched.h>
7
8   struct mydev_priv {
9       char name[64];
10      int i;
11      struct mm_struct *mm;
12      struct rw_semaphore *sem;
13  };
14
15  int create_oops(struct vm_area_struct *vma, struct mydev_priv *priv,
    struct rw_se maphore *sem)
16      {
17      unsigned long flags;
18
19      down_read(sem);
20
21      flags = vma->vm_flags;
22      printk("flags=0x%lx, name=%s\n", flags, priv->name);
23
24  return 0;
25  }
26
27  int __init my_oops_init(void)
28  {
29  int ret;
30  struct vm_area_struct *vma = NULL;
31      struct mydev_priv priv;
32      struct mm_struct *mm;
33
```

```
34    mm = get_task_mm(current);
35
36    priv.mm = mm;
37    priv.sem = &mm->mmap_sem;
38
39    down_write(&mm->mmap_sem);
40
41    vma = kmalloc(sizeof (*vma), GFP_KERNEL);
42    if (!vma)
43        return -ENOMEM;
44
45    kfree(vma);
46    vma = NULL;
47
48    smp_mb();
49
50    memcpy(priv.name, "benshushu", sizeof("benshushu"));
51    priv.i = 10;
52
53    ret = create_oops(vma, &priv, &mm->mmap_sem);
54
55    return 0;
56    }
57
58 void __exit my_oops_exit(void)
59 {
60 printk("goodbye\n");
61 }
```

本案例的目標很明確，就是要分析和推導出第 53 行中 create_oops() 函數
的第 2 個參數（priv）和第 3 個參數（mmap_sem）的具體值。

透過以下程式，分析崩潰的原因。

```
[root@localhost]# crash vmcore /usr/lib/debug/lib/modules/3.10.0-957.1.3.el7.
x86_64/vmlinux

    KERNEL: /usr/lib/debug/lib/modules/3.10.0-957.1.3.el7.x86_64/vmlinux
    DUMPFILE: vmcore  [PARTIAL DUMP]
        CPUS: 12
        DATE: Tue Jan 15 12:59:43 2019
      UPTIME: 00:36:00
```

```
LOAD AVERAGE: 0.97, 0.52, 0.29
      TASKS: 347
   NODENAME: localhost.localdomain
    RELEASE: 3.10.0-957.1.3.el7.x86_64
    VERSION: #1 SMP Thu Nov 29 14:49:43 UTC 2018
    MACHINE: x86_64   (3491 Mhz)
     MEMORY: 31.9 GB
PANIC: "Kernel panic - not syncing: hung_task: blocked tasks"
       PID: 71
   COMMAND: "khungtaskd"
      TASK: ffff8c4d8f3f1040  [THREAD_INFO: ffff8c4dafe60000]
       CPU: 5
     STATE: TASK_RUNNING (PANIC)

crash>
```

從上面的資訊可知，這次系統崩潰的原因是處理程序長時間的阻塞，這符
合我們的預期。

透過以下程式，查看函數呼叫關係。

```
crash> bt
PID: 71      TASK: ffff8c4d8f3f1040  CPU: 5   COMMAND: "khungtaskd"
 #0 [ffff8c4dafe63cb0] machine_kexec at ffffffffa8e63674
 #1 [ffff8c4dafe63d10] __crash_kexec at ffffffffa8f1cef2
 #2 [ffff8c4dafe63de0] panic at ffffffffa955b55b
 #3 [ffff8c4dafe63e60] watchdog at ffffffffa8f48b5e
 #4 [ffff8c4dafe63ec8] kthread at ffffffffa8ec1c31
crash>
```

從以上資訊來看，崩潰時系統正在執行 khungtaskd 核心執行緒，但這
裡觀察不到有用的資訊。使用 ps 命令來搜索系統中哪些處理程序處於
UNINTERRUPTIBLE 狀態。

```
crash> ps | grep UN
   4304    2979   8  ffff8c4b459b5140  UN   0.0   13280    804  insmod
crash>
```

系統裡只有 ID 為 4304 的處理程序處於 UNINTERRUPTIBLE 狀態，這個
處理程序是 insmod 處理程序，這非常符合本例子的一些特徵。接下來，

使用 bt 命令來查看 insmod 處理程序在核心態的函數呼叫關係。

```
crash> bt 4304
PID: 4304    TASK: ffff8c4b459b5140  CPU: 8   COMMAND: "insmod"
#0 [ffff8c4bc4aefae8] __schedule at ffffffffa9567747
 #1 [ffff8c4bc4aefb70] schedule at ffffffffa9567c49
 #2 [ffff8c4bc4aefb80] rwsem_down_read_failed at ffffffffa956927d
 #3 [ffff8c4bc4aefc00] call_rwsem_down_read_failed at ffffffffa9186c18
 #4 [ffff8c4bc4aefc50] down_read at ffffffffa9566f00
 #5 [ffff8c4bc4aefc68] create_oops at ffffffffc0d0e025 [oops]
 #6 [ffff8c4bc4aefc98] init_module at ffffffffc0d130ff [oops]
 #7 [ffff8c4bc4aefd38] do_one_initcall at ffffffffa8e0210a
 #8 [ffff8c4bc4aefd68] load_module at ffffffffa8f1906c
```

從上述處理程序的回溯資訊可以得到幾個有用的資訊。

- insmod 處理程序在核心態執行了本案例的核心程式，見 init_module() → create_oops() → down_read()。

- insmod 處理程序在核心態一直在執行 schedule() 函數，説明它在等待，這符合我們之前的分析——它在一直等待讀寫訊號量的釋放。

從函數呼叫關係來看，init_module() 函數呼叫了 create_oops() 函數。為了分析 create_oops() 函數的參數，我們需要從 init_module() 函數的堆疊入手。使用 bt 命令的 -f 選項可以輸出每個函數幀堆疊的詳細內容。

```
crash> bt -f 4304
```

函數堆疊的詳細內容如圖 4.5 所示。根據堆疊幀的內容，可得到以下有用的資訊。

- 呼叫關係是 do_one_initcall() → init_module() → create_oops()。
- 堆疊幀 6 是 init_module() 函數的堆疊，堆疊幀 7 是 do_one_initcall() 函數的堆疊。
- init_module() 函數的堆疊空間是從 0xffff8c4bc4aefca0 到 0xffff8c4bc4aefd40，大小為 0xa0 位元組。
- init_module() 函數的 RSP 暫存器指向 0xffff8c4bc4aefca0。

- init_module() 函數的 RBP 暫存器指向 0xffff8c4bc4aefd30，這裡存放了父函數 do_one_ initcall() 函數的 RBP 暫存器的位址，也就是 0x ffff8c4bc4aefd60。

- init_module() 函數的堆疊幀的返回位址（returnaddress）是 0xffff8c4bc4aefd38。

- do_one_initcall() 函數的堆疊空間是從 0xffff8c4bc4aefd40 到 0xffff8c4bc4aefd70，大小為 0x30 位元組。

- 每個堆疊幀所顯示的函數符號名稱是透過子函數的返回位址來確定的。舉例來說，第 6 個堆疊幀顯示 "[ffff8c4bc4aefc98] init_module at ffffffffc0d130ff [oops]"，其中 init_module 這個函數名稱是透過子函數（create_oops()）堆疊幀中的返回位址來確定符號名稱的，create_oops() 的返回位址為 0xffff8c4bc4aefc98。

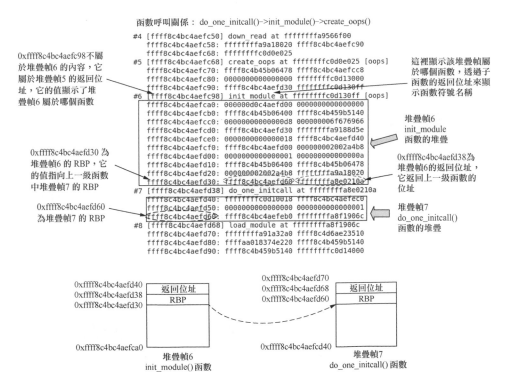

圖 4.5 函數堆疊的詳細內容

根據上面的資訊繪製 init_module() 函數的堆疊結構，如圖 4.6 所示。

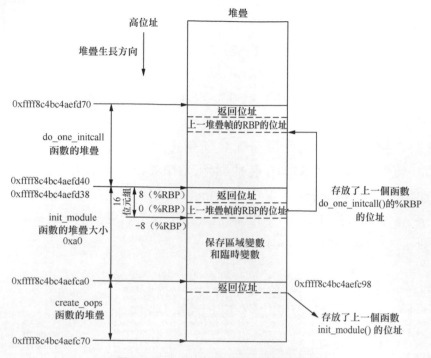

圖 4.6　init_module 函數的堆疊結構

如圖 4.6 所示，在 init_module() 函數的堆疊裡，區域變數和臨時變數會存放在 RBP 到 RSP 這段堆疊空間裡，大小為 0x98 位元組。create_oops() 函數的第二個和第三個參數是否保存在堆疊裡？它們又保存在堆疊的哪個地方呢？要解決這兩個問題，需要反組譯 init_module() 函數來分析組合語言程式碼。

使用 dis 命令來反組譯 init_module() 函數，在此之前需要使用 mod 命令來載入核心模組的符號資訊。

```
crash> mod -s oops /home/benshushu/crash/crash_lab_centos/06_var/oops.ko
    MODULE          NAME        SIZE   OBJECT FILE
ffffffffc0d10000  oops        12741  /home/benshushu/crash/crash_lab_centos/
06_var/oops.ko
```

```
crash> dis init_module
...
0xffffffffc0d130e9 <init_module+233>:    lea    -0x68(%rbp),%rcx
0xffffffffc0d130ed <init_module+237>:    mov    -0x88(%rbp),%rax
0xffffffffc0d130f4 <init_module+244>:    mov    %rcx,%rsi
0xffffffffc0d130f7 <init_module+247>:    mov    %rax,%rdi
0xffffffffc0d130fa <init_module+250>:    callq  0xffffffffc0d0e000 <create_oops>
...
```

從上面的組合語言程式碼片段可以得出，create_oops() 函數的第二個參數
使用 RSI 暫存器來傳遞，lea 這筆組合語言敘述表示把 RBP 暫存器的值減
0x68 這個位址存放在 RCX 暫存器中，然後透過 MOV 指令傳遞給 RSI 暫
存器，因此可以知道第二個參數存放在 RBP 暫存器的值減 0x68 的地方。

$$priv \text{ 的位址} = rbp \text{ 暫存器的值} - 0x68$$

若要以堆疊頂為參考系，RBP 暫存器的值為返回位址減去 8。

$$priv \text{ 的位址} = \text{堆疊返回位址} - 0x8 - 0x68$$

其中 init_module() 函數的堆疊返回位址是 0xffff8c4bc4aefd38，最終計算
結果為 0xffff8c4bc4aefcc8。

```
crash> rd ffff8c4bc4aefcc8
ffff8c4bc4aefcc8:  000000006f676966                    benshushu....
crash> struct mydev_priv ffff8c4bc4aefcc8
struct mydev_priv {
  name = "benshushu\000",
  i = 10,
  mm = 0xffff8c4b45b06400,
  sem = 0xffff8c4b45b06478
}
crash>
```

接下來，分析和推導第三個參數的值。第三個參數是核心常用的讀寫訊
號量 mmap_sem，並且這個號誌是依附在 mm_struct 資料結構裡的。使
用 struct 命令可以得到 mmap_sem 在 mm_struct 資料結構裡的偏移量——
0x78。

```
crash> struct -o mm_struct
struct mm_struct {
   ...
[0x78] struct rw_semaphore mmap_sem;
   ...
}
```

接下來，繼續研究 init_module() 函數的反組譯程式，下面是程式片段。

```
0xffffffffc0d130e1 <init_module+225>:   mov    -0x80(%rbp),%rax
0xffffffffc0d130e5 <init_module+229>:   lea    0x78(%rax),%rdx
0xffffffffc0d130e9 <init_module+233>:   lea    -0x68(%rbp),%rcx
0xffffffffc0d130ed <init_module+237>:   mov    -0x88(%rbp),%rax
0xffffffffc0d130f4 <init_module+244>:   mov    %rcx,%rsi
0xffffffffc0d130f7 <init_module+247>:   mov    %rax,%rdi
0xffffffffc0d130fa <init_module+250>:   callq  0xffffffffc0d0e000 <create_oops>
```

在 <init_module+225> 這筆組合語言敘述中，mov 指令表示把 RBP 暫存器中的值減 0x80 的位址中的值搬移到 RAX 暫存器中。注意，這裡是間接定址指令，mov 指令會把讀取 RBP 暫存器中的值減 0x80 的位址中的值。因此，我們可以推斷 RBP 暫存器的值減 0x80 的位址儲存的是一個指標——mm_struct（簡稱 mm）資料結構的指標。

在 <init_module+229> 這筆組合語言敘述中，RAX 暫存器的值就是 mm 資料結構的起始位址。lea 指令把從 RAX 暫存器偏移量 0x78 的位址傳遞給了 rdx 暫存器。

因此，從 <init_module+225> 和 <init_module+229> 兩筆組合語言敘述可以推斷，RAX 暫存器存放著 mm 資料結構，mm 資料結構的指標儲存在堆疊裡，位置是 RBP 暫存器中的值減 0x80。另外，在 RAX 暫存器中偏移量為 0x78 的地方儲存了讀寫訊號量 mmap_sem，並且把該號誌傳遞給了 RDX 暫存器。根據 x86_64 函數參數傳遞規則，RDX 暫存器用來傳遞函數的第三個參數。計算公式如下。

mm 資料結構的指標指向的位址 = RBP 暫存器的值 − 0x80

若要以堆疊頂為參考系，公式如下。

mm 資料結構的指標指向的位址 = 堆疊返回位址 − 0x8 − 0x80

最 後，0xffff8c4bc4aefd38 − 0x8 − 0x80 =0xffff8c4bc4aefcb0。 位 址
0xffff8c4bc4aefcb0 存放的是 mm 資料結構的指標，因此透過 rd 命令來獲
取 mm 資料結構真正儲存的地方。

```
crash> rd ffff8c4bc4aefcb0
ffff8c4bc4aefcb0:  ffff8c4b45b06400                  .d.EK...
crash>
```

位 址 0xffff8c4b45b06400 存 放 了 mm 資 料 結 構，那 麼 讀 寫 訊 號 量
儲 存 在 mmap_sem 資 料 結 構 基 底 位 址 再 加 上 0x78 的 地 方，也 就 是
0xffff8c4b45b06478。

mm_struct 資料結構裡，owner 指標指向擁有了該 mm_struct 資料結構的
task_struct 資料結構。使用 struct 命令來查看該指標指向的位址。

```
crash> struct mm_struct.owner 0xffff8c4b45b06400
  owner = 0xffff8c4b459b5140
crash>
```

一旦獲得了處理程序的 task_struct 資料結構的位址，就可以透過查看該處
理程序的 ID 和名稱來進行驗證。

```
crash> struct task_struct.pid,comm 0xffff8c4b459b5140
  pid = 4304
  comm = "insmod\000\000\060\000\000\000\000\000\000"
crash>
```

從上面的資訊可以驗證，我們推導的 mm_struct 資料結構在堆疊中的儲存
位置是正確的。下面看讀寫訊號量 mmap_sem 的情況。使用 struct 命令來
查看 rw_semaphore 資料結構的內容。

```
crash> struct rw_semaphore 0xffff8c4b45b06478
struct rw_semaphore {
  {
    count = {
```

```
    counter = -8589934591
  },

 wait_list = {
   next = 0xffff8c4bc4aefba0
 },
owner = 0xffff8c4b459b5140
}
crash>
```

mmap_sem 資料結構中的 owner 指向持有該鎖的處理程序的 task_struct 資料結構，從 mmap_sem 資料結構中的 owner 的值也驗證了其正確性。

最後，繪製 init_module() 函數的堆疊結構，如圖 4.7 所示。

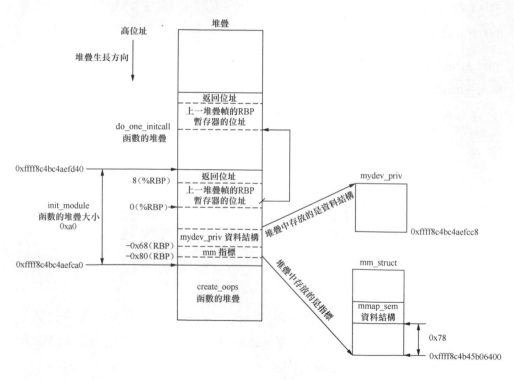

圖 4.7 init_module() 函數的堆疊結構

4.11 案例 6：一個複雜的當機案例

線上伺服器、雲端服務器以及嵌入式系統發生的當機問題通常會比較複雜，下面舉實際產品研發過程中的案例。透過這個案例，可以獲得以下技能。

- 利用 Crash 工具來分析當機問題。
- 透過堆疊來獲取參數或區域變數的值。
- 分析和推導哪個處理程序持有鎖。
- 分析和推導哪些處理程序在等待這個鎖。
- 分析和解決伺服器、雲端服務以及嵌入式系統線上當機問題的方法。

4.11.1 問題描述

該案例的程式片段如下。

```
<案例的程式片段>

1    #include <linux/module.h>
2    #include <linux/fs.h>
3    #include <linux/uaccess.h>
4    #include <linux/init.h>
5    #include <linux/miscdevice.h>
6    #include <linux/device.h>
7    #include <linux/slab.h>
8    #include <linux/kfifo.h>
9    #include <linux/kthread.h>
10   #include <linux/freezer.h>
11   #include <linux/mutex.h>
12   #include <linux/delay.h>
13
14   #define DEMO_NAME "my_demo_dev"
15
16   struct mydev_priv {
17     struct device *dev;
18     struct miscdevice *miscdev;
19     struct mutex lock;
20     char *name;
```

```
21  };
22
23  static struct mydev_priv *g_mydev;
24
25  /*虛擬FIFO裝置的緩衝區*/
26  static char *device_buffer;
27  #define MAX_DEVICE_BUFFER_SIZE (10 * PAGE_SIZE)
28
29  #define MYDEV_CMD_GET_BUFSIZE 1    /* defines our IOCTL cmd */
30
31  static int demodrv_open(struct inode *inode, struct file *file)
32  {
33    struct mydev_priv *priv = g_mydev;
34    int major = MAJOR(inode->i_rdev);
35    int minor = MINOR(inode->i_rdev);
36
37    struct task_struct *task = current;
38    struct mm_struct *mm = task->mm;
39
40    down_read(&mm->mmap_sem);
41
42    printk("%s: major=%d, minor=%d, name=%s\n", __func__, major, minor, priv
      ->name);
43
44    return 0;
45  }
46
47  static int demodrv_release(struct inode *inode, struct file *file)
48  {
49    return 0;
50  }
51
52  static ssize_t
53  demodrv_read(struct file *file, char __user *buf, size_t count, loff_t *ppos)
54  {
55    int nbytes =
56        simple_read_from_buffer(buf, count, ppos, device_buffer,
        MAX_DEVICE_BUFFER_SIZE);
57
58    printk("%s: read nbytes=%d done at pos=%d\n",
59        __func__, nbytes, (int)*ppos);
60
61    return nbytes;
```

```
62  }
63
64  static ssize_t
65  demodrv_write(struct file *file, const char __user *buf, size_t count,
    loff_t *ppos)
66  {
67      int nbytes=simple_write_to_buffer(device_buffer,
68          MAX_DEVICE_BUFFER_SIZE, ppos, buf, count);
69
70      printk("%s: write nbytes=%d done at pos=%d\n",
71          __func__, nbytes, (int)*ppos);
72
73      return nbytes;
74  }
75
76  static int
77  demodrv_mmap(struct file *filp, struct vm_area_struct *vma)
78  {
79    unsigned long pfn;
80    unsigned long offset = vma->vm_pgoff << PAGE_SHIFT;
81    unsigned long len = vma->vm_end - vma->vm_start;
82
83    if (offset >= MAX_DEVICE_BUFFER_SIZE)
84        return -EINVAL;
85    if (len > (MAX_DEVICE_BUFFER_SIZE - offset))
86        return -EINVAL;
87
88    printk("%s: mapping %ld bytes of device buffer at offset %ld\n",
89        __func__, len, offset);
90
91    /*    pfn = page_to_pfn (virt_to_page (ramdisk + offset)); */
92    pfn = virt_to_phys(device_buffer + offset) >> PAGE_SHIFT;
93
94    if (remap_pfn_range(vma, vma->vm_start, pfn, len, vma->vm_page_prot))
95        return -EAGAIN;
96
97    return 0;
98  }
99
100   static long
101   demodrv_unlocked_ioctl(struct file *filp, unsigned int cmd, unsigned
    long arg)
102   {
```

```
103    struct mydev_priv *priv = g_mydev;
104    unsigned long tbs = MAX_DEVICE_BUFFER_SIZE;
105    void __user *ioargp = (void __user *)arg;
106
107    switch (cmd) {
108    default:
109        return -EINVAL;
110
111    case MYDEV_CMD_GET_BUFSIZE:
112        mutex_lock(&priv->lock);
113        if (copy_to_user(ioargp, &tbs, sizeof(tbs)))
114            return -EFAULT;
115        return 0;
116    }
117    }
118
119    static const struct file_operations demodrv_fops = {
120    .owner = THIS_MODULE,
121    .open = demodrv_open,
122    .release = demodrv_release,
123    .read = demodrv_read,
124    .write = demodrv_write,
125    .mmap = demodrv_mmap,
126    .unlocked_ioctl = demodrv_unlocked_ioctl,
127    };
128
129    static struct miscdevice miscdev = {
130    .minor = MISC_DYNAMIC_MINOR,
131    .name = DEMO_NAME,
132    .fops = &demodrv_fops,
133    }  ;
134
135    static int lockdep_thread1(void *p)
136    {
137    struct mydev_priv *priv = p;
138    set_freezable();
139    set_user_nice(current, 0);
140
141    while (!kthread_should_stop()) {
142        mutex_lock(&priv->lock);
143        mdelay(1000);
144        mutex_unlock(&priv->lock);
145
```

```
146     }
147     return 0;
148     }
149
150     static int lockdep_thread2(void *p)
151     {
152     struct mydev_priv *priv = p;
153     set_freezable();
154     set_user_nice(current, 0);
155
156     printk("mydev name: %s\n", priv->name);
157
158     while (!kthread_should_stop()) {
159         mutex_lock(&priv->lock);
160         mdelay(100);
161         mutex_unlock(&priv->lock);
162
163     }
164     return 0;
165     }
166
167     static struct task_struct *lock_thread1;
168     static struct task_struct *lock_thread2;
169
170     static int __init simple_char_init(void)
171     {
172     int ret;
173     struct mydev_priv *mydev;
174
175     mydev = kmalloc(sizeof (*mydev), GFP_KERNEL);
176     if (!mydev)
177         return -ENOMEM;
178
179     mydev->name = DEMO_NAME;
180
181     device_buffer = kmalloc(MAX_DEVICE_BUFFER_SIZE, GFP_KERNEL);
182     if (!device_buffer)
183         return -ENOMEM;
184
185     ret = misc_register(&miscdev);
186     if (ret) {
187         printk("failed register misc device\n");
188         kfree(device_buffer);
```

```
189       return ret;
190   }
191
192   mutex_init(&mydev->lock);
193
194   mydev->dev = miscdev.this_device;
195   mydev->miscdev = &miscdev;
196
197   lock_thread1 = kthread_run(lockdep_thread1, mydev, "lock_test1");
198   lock_thread2 = kthread_run(lockdep_thread2, mydev, "lock_test2");
199
200   dev_set_drvdata(mydev->dev, mydev);
201
202   g_mydev = mydev;
203
204   printk("succeeded register char device: %s\n", DEMO_NAME);
205
206   return 0;
207   }
208
209   static void __exit simple_char_exit(void)
210   {
211   struct mydev_priv *priv = g_mydev;
212   printk("removing device\n");
213
214   kfree(device_buffer);
215   misc_deregister(priv->miscdev);
216   }
```

這個案例的核心程式是基於一個簡單的字元裝置展開的。

- 在字元裝置驅動初始化時申請了核心執行緒 lock_test1 和 lock_test2。
- 在字元裝置驅動打開時申請了讀者類型的讀寫訊號量 mmap_sem，然後一直沒釋放，見第 40 行。
- 在字元裝置驅動的 MYDEV_CMD_GET_BUFSIZE 的 IOCTL 方法中，申請了 priv->lock 的互斥鎖，然後一直沒釋放，見第 112 行。
- 在 lock_test1 和 lock_test2 的核心執行緒裡，申請 priv->lock 的互斥鎖。

下面是測試程式的程式片段。

<測試程式的程式片段>

```
1   #define DEMO_DEV_NAME "/dev/my_demo_dev"
2   #define MYDEV_CMD_GET_BUFSIZE 1
3
4   int main()
5   {
6      int fd;
7      size_t len;
8
9      fd = open(DEMO_DEV_NAME, O_RDWR);
10
11     ioctl(fd, MYDEV_CMD_GET_BUFSIZE, &len)
12
13     mmap_buffer = mmap(NULL, len, PROT_READ | PROT_WRITE, MAP_SHARED, fd, 0);
14
15     munmap(mmap_buffer, len);
16     close(fd);
17
18     return 0;
19  }
```

本案例的具體步驟如下。

（1）編譯核心模組並載入核心模組。

```
#insmod mydev-mmap.ko
```

（2）編譯測試程式並執行。

```
# ./test &
```

（3）執行 ps -aux 命令來查看處理程序。

```
# ps -aux
```

4.11.2 分析 ps 處理程序

本案例的目標很明確，就是把上述核心模組和測試程式構造的當機案例研究透徹。

```
KERNEL: /usr/lib/debug/lib/modules/3.10.0-957.1.3.el7.x86_64/vmlinux
   DUMPFILE: vmcore  [PARTIAL DUMP]
       CPUS: 4
       DATE: Wed Jan 16 01:21:23 2019
     UPTIME: 00:29:15
LOAD AVERAGE: 3.25, 1.15, 0.45
      TASKS: 201
   NODENAME: localhost.localdomain
    RELEASE: 3.10.0-957.1.3.el7.x86_64
    VERSION: #1 SMP Thu Nov 29 14:49:43 UTC 2018
    MACHINE: x86_64  (2496 Mhz)
     MEMORY: 2.5 GB
      PANIC: "Kernel panic - not syncing: hung_task: blocked tasks"
        PID: 30
    COMMAND: "khungtaskd"
       TASK: ffff94941cdaa080  [THREAD_INFO: ffff94941cc2c000]
        CPU: 1
      STATE: TASK_RUNNING (PANIC)

crash>
```

從上述資訊可知，這次當機是因為有處理程序被阻塞了很長時間。但從回溯資訊中，看不到有用的資訊。

```
crash> bt
PID: 30    TASK: ffff94941cdaa080  CPU: 1    COMMAND: "khungtaskd"
 #0 [ffff94941cc2fcb0] machine_kexec at ffffffffb3063674
 #1 [ffff94941cc2fd10] __crash_kexec at ffffffffb311cef2
 #2 [ffff94941cc2fde0] panic at ffffffffb375b55b
 #3 [ffff94941cc2fe60] watchdog at ffffffffb3148b5e
 #4 [ffff94941cc2fec8] kthread at ffffffffb30c1c31
 #5 [ffff94941cc2ff50] ret_from_fork_nospec_begin at ffffffffb3774c1d
crash>
```

使用 ps 命令來尋找 UNINTERRUPTIBLE 狀態的處理程序。

```
crash> ps | grep UN
  5518     2  2  ffff9494060ab0c0  UN  0.0      0      0  [lock_test1]
  5519     2  3  ffff9494060ac100  UN  0.0      0      0  [lock_test2]
  5522  2165  2  ffff94940f64b0c0  UN  0.0   4208    452  test
  5523  2165  1  ffff94940f64d140  UN  0.1  153192   1896  ps
crash>
```

我們看到有 4 個處理程序被阻塞了。

- ps 處理程序。
- test 處理程序（測試程式）。
- 核心執行緒 lock_test1。
- 核心執行緒 lock_test2。

我們目標變得很明確——分析這 4 個處理程序。

- 為什麼被阻塞了？
- 什麼原因導致的阻塞？
- 若有鎖死情況發生，哪個處理程序持有鎖？
- 哪些處理程序在等待鎖？

下面先分析 ps 處理程序。查看 ps 處理程序的函數呼叫關係。

```
crash> bt 5523
PID: 5523   TASK: ffff94940f64d140  CPU: 1   COMMAND: "ps"
 #0 [ffff949412e83cb8] __schedule at ffffffffb3767747
 #1 [ffff949412e83d40] schedule at ffffffffb3767c49
 #2 [ffff949412e83d50] rwsem_down_read_failed at ffffffffb376927d
 #3 [ffff949412e83dd8] call_rwsem_down_read_failed at ffffffffb3386c18
 #4 [ffff949412e83e28] down_read at ffffffffb3766f00
 #5 [ffff949412e83e40] proc_pid_cmdline_read at ffffffffb32bba02
 #6 [ffff949412e83ed8] vfs_read at ffffffffb324117f
 #7 [ffff949412e83f08] sys_read at ffffffffb324203f
 #8 [ffff949412e83f50] system_call_fastpath at ffffffffb3774ddb
    RIP: 00007f52a0d4ff70  RSP: 00007ffcb8729b18  RFLAGS: 00000246
    RAX: 0000000000000000  RBX: 00007f52a15ef010  RCX: ffffffffffffffff
    RDX: 0000000000020000  RSI: 00007f52a15ef010  RDI: 0000000000000006
    RBP: 0000000000020000   R8: 0000000000000000   R9: 00007f52a0cae14d
    R10: 0000000000000001  R11: 0000000000000246  R12: 0000000000000000
    R13: 00007f52a15ef010  R14: 0000000000000000  R15: 0000000000000006
    ORIG_RAX: 0000000000000000  CS: 0033  SS: 002b
crash>
```

從上述函數呼叫關係 proc_pid_cmdline_read() → down_read() → __schedule() 來看，ps 處理程序一直在等待鎖，那它究竟在等待哪個鎖呢？鎖持有者又是誰呢？

在 proc_pid_cmdline_read() 函數中，申請一個讀者類型的讀寫訊號量 mm->mmap_sem 的時候被阻塞了。

```
<linux-3.10.0-957.el7/fs/proc/base.c>

static ssize_t proc_pid_cmdline_read(struct file *file, char __user *buf,
                           size_t _count, loff_t *pos)
{
      tsk = get_proc_task(file_inode(file));
      mm = get_task_mm(tsk);
      page = (char *)__get_free_page(GFP_TEMPORARY);

    down_read(&mm->mmap_sem);
      arg_start = mm->arg_start;
      arg_end = mm->arg_end;
      env_start = mm->env_start;
      env_end = mm->env_end;
up_read(&mm->mmap_sem);
      ...
}
```

反組譯 proc_pid_cmdline_read() 函數。我們直接看呼叫 down_read() 函數之前的幾筆組合語言敘述。

```
<proc_pid_cmdline_read()函數的反組譯>
...
0xffffffffb32bb9f2 <proc_pid_cmdline_read+162>: lea     0x78(%rbx),%rax
0xffffffffb32bb9f6 <proc_pid_cmdline_read+166>: mov     %rax,%rdi
0xffffffffb32bb9f9 <proc_pid_cmdline_read+169>: mov     %rax,-0x60(%rbp)
0xffffffffb32bb9fd <proc_pid_cmdline_read+173>: callq   0xffffffffb3766ee0
<down_read>
...
```

上述第一行敘述把 RBX 暫存器中偏移量為 0x78 的位址傳遞給 RAX 暫存器，第二行敘述把 RAX 暫存器中的值傳遞給 RDI 暫存器。根據 x86_64 架構中的函數呼叫規則，RDI 暫存器會把函數的第一個參數傳遞給 down_read() 函數，而 down_read() 函數的第一個參數是 rw_semaphore *sem。因此，RAX 暫存器的值就是 rw_semaphore 的指標。第三行敘述把 RAX 暫存器中的值存放到 RBP 暫存器中偏移量為 −0x60 的地方，這就是我們分析這個當機難題的關鍵點。

down_read() 函數的原型如下。

```
void __sched down_read(struct rw_semaphore *sem)
```

計算 RAX 暫存器的值，其中堆疊返回位址為 0xffff949412e83ed8。計算公式如下。

RAX 暫存器中存放的位址 = 堆疊返回位址 –0x8–0x60= 0xffff949412e83e70

透過 rd 命令來讀取位址 0xffff949412e83e70 中的值。

```
crash> rd ffff949412e83e70
ffff949412e83e70:  ffff949411fad7f8                    ...
crash>
```

位址 0xffff949411fad7f8 中存放了 rw_semaphore 資料結構，因為 mm_struct 資料結構中存放的是 rw_semaphore 的資料結構而非指標。

最後，繪製 proc_pid_cmdline_read() 函數的堆疊結構，如圖 4.8 所示。

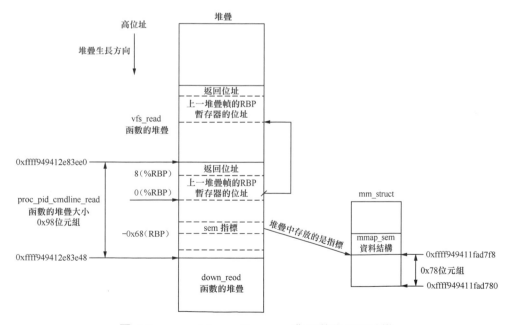

圖 4.8 proc_pid_cmdline_read() 函數的堆疊結構

使用 struct 命令來查看 rw_semaphore 資料結構中具體成員的值。

```
crash> struct   rw_semaphore ffff949411fad7f8
struct rw_semaphore {
  {
    count = {
counter = 0xffffffff00000001
    },
 wait_list = {
    next = 0xffff94941535bd90
  },
owner = 0x1
}
crash>
```

- counter 為 0xffff ffff 0000 0001，表示有一個活躍的讀者並且有寫者在等待，或一個寫者持有了鎖並且多個讀者在等待。
- owner 為 1，這表示被持有的鎖是一個讀者鎖。
- wait_list 是一個鏈結串列，有處理程序在這裡等待。

我們關心兩個問題。一是哪個處理程序持有這個鎖，二是哪些處理程序在等待這個鎖？

對於第一個問題，持有這個鎖的處理程序就是 mm 資料結構的擁有者。既然我們已經知道了 mm_struct 資料結構中 rw_semaphore 的資料結構的位址，就可以計算出 mm_struct 資料結構本身的位址。兩個資料結構的關係如圖 4.9 所示。

圖 4.9 mm_struct 與 mmap_sem 資料結構的關係

因此，mm_struct 資料結構的位址為 0xffff949411fad780。mm_struct 資料結構中 owner 指標指向處理程序的 task_struct 資料結構。

```
crash> struct mm_struct.owner ffff949411fad780
  owner = 0xffff94940f64b0c0
crash>
```

而 task_struct 資料結構中有兩個成員可以幫助我們來判斷處理程序名稱，一個是 comm 成員，另一個是 pid 成員。

```
crash> struct task_struct.comm,pid 0xffff94940f64b0c0
  comm = "test\000)\000\000\060\000\000\000\000\000\000"
  pid = 5522
crash>
```

從上面資訊可以得出第一個問題的答案──test 處理程序持有這個鎖。那為什麼 test 處理程序會持有了這個鎖呢？在 demodrv_open() 函數中，test 處理程序偷偷持有了 mm->mmap_sem 鎖，一直沒有釋放。

接下來分析第二個問題──究竟哪個處理程序在等待這個鎖。

所有在等待讀寫訊號量的處理程序都會在鎖的等待佇列裡等待，這個等待佇列就是 rw_semaphore 資料結構中的 wait_list 成員。我們只需要使用 list 命令輸出這個鏈結串列的成員就可以知道哪個處理程序在等待這個鎖。

```
crash> list -s rwsem_waiter.task,type -h 0xffff94941535bd90
ffff94941535bd90
  task = 0xffff94940f64b0c0
  type = RWSEM_WAITING_FOR_WRITE
ffff949412e83d70
  task = 0xffff94940f64d140
  type = RWSEM_WAITING_FOR_READ
crash>
```

要查看等待佇列中有多少個處理程序在等待，可以使用 wc 命令。

```
crash> list -h 0xffff94941535bd90 | wc -l
2
```

上面遍歷了 wait_list 鏈結串列，並且輸出了每個成員的 task_struct 資料結構的指標。可以看到一個處理程序在等待寫者鎖，另一個處理程序在等待讀者鎖。使用 struct 命令就可以看到這些處理程序的資訊。

```
crash> struct task_struct.comm,pid 0xffff94940f64b0c0
  comm = "test\000)\000\000\060\000\000\000\000\000\000"
  pid = 5522
crash>
crash> struct task_struct.comm,pid 0xffff94940f64d140
  comm = "ps\000h\000)\000\000\060\000\000\000\000\000\000"
  pid = 5523
```

綜上可知，現在發生鎖死的場景如下。

■ test 處理程序先獲取了 mmap_sem 讀者鎖並且一直不釋放。

■ test 處理程序又嘗試獲取 mmap_sem 寫者鎖。

■ ps 處理程序嘗試獲取 mmap_sem 讀者鎖。

因此造成了複雜的連環鎖死，如圖 4.10 所示。

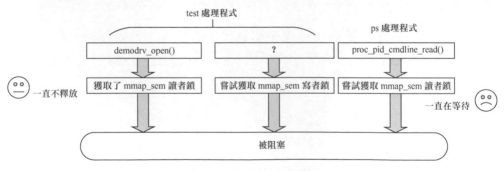

圖 4.10 複雜的連環鎖死

test 處理程序在打開 demodrv_open() 函數的時候成功獲取了 mmap_sem 讀者鎖，然後一直不釋放，那它又在什麼地方嘗試獲取寫者鎖呢？

要解決這個問題，只能分析 test 處理程序的核心函數呼叫關係。

4.11.3 分析 test 處理程序

使用 bt 命令來查看 test 處理程序（PID 為 5522）的核心函數呼叫關係。

```
crash> bt 5522
PID: 5522   TASK: ffff94940f64b0c0  CPU: 2   COMMAND: "test"
 #0 [ffff94941535bcc8] __schedule at ffffffffb3767747
 #1 [ffff94941535bd50] schedule at ffffffffb3767c49
 #2 [ffff94941535bd60] rwsem_down_write_failed at ffffffffb3769535
 #3 [ffff94941535bdf0] call_rwsem_down_write_failed at ffffffffb3386c47
 #4 [ffff94941535be38] down_write at ffffffffb3766f4d
 #5 [ffff94941535be50] vm_mmap_pgoff at ffffffffb31d6350
 #6 [ffff94941535bee0] sys_mmap_pgoff at ffffffffb31f0a36
 #7 [ffff94941535bf40] sys_mmap at ffffffffb3030c22
 #8 [ffff94941535bf50] system_call_fastpath at ffffffffb3774ddb
    RIP: 00007f0be46da36a  RSP: 00007ffe33dde178  RFLAGS: 00010246
    RAX: 0000000000000009  RBX: 0000000000000000  RCX: 0000000000000022
    RDX: 0000000000000003  RSI: 0000000000001000  RDI: 0000000000000000
    RBP: 0000000000001000   R8: ffffffffffffffff   R9: 0000000000000000
    R10: 0000000000000022  R11: 0000000000000246  R12: 0000000000000022
    R13: 0000000000000000  R14: ffffffffffffffff  R15: 0000000000000003
    ORIG_RAX: 0000000000000009  CS: 0033  SS: 002b
crash>
```

從函數呼叫關係來看，test 處理程序在呼叫 mmap 系統呼叫中嘗試獲取寫者鎖。我們繼續採用剛才的方法來推導和分析這個鎖的主人和鎖的等待者。下面是 vm_mmap_pgoff() 函數的程式片段，在呼叫 do_mmap_pgoff() 函數的時候申請 mmap_sem 寫者鎖保護。

```
<linux-3.10.0-957.el7/mm/util.c>

unsigned long vm_mmap_pgoff(struct file *file, unsigned long addr,
      unsigned long len, unsigned long prot,
      unsigned long flag, unsigned long pgoff)
{
      struct mm_struct *mm = current->mm;
down_write(&mm->mmap_sem);
      do_mmap_pgoff(file, addr, len, prot, flag, pgoff,
&populate, &uf);
```

```
up_write(&mm->mmap_sem);
    return ret;
}
```

下面是 down_write() 函數的原型。

```
void __sched down_write(struct rw_semaphore *sem)
```

使用 dis 命令來反組譯 vm_mmap_pgoff () 函數，研究 down_write() 函數的參數 sem 究竟存放在堆疊的什麼位置。

```
<vm_mmap_pgoff()函數的反組譯片段>

0xffffffffb31d6340 <vm_mmap_pgoff+144>: lea    0x78(%r13),%r11
0xffffffffb31d6344 <vm_mmap_pgoff+148>: mov    %r11,%rdi
0xffffffffb31d6347 <vm_mmap_pgoff+151>: mov    %r11,-0x68(%rbp)
0xffffffffb31d634b <vm_mmap_pgoff+155>: callq  0xffffffffb3766f20 <down_write>
```

從上面的組合語言程式碼可以推斷，R13 存放的是 mm_struct 資料結構的位址，0x78 是 mmap_sem 資料結構在 mm_struct 資料結構中的偏移量。第 1 行的含義是把 mm_struct 資料結構的位址加上 0x78 偏移量，然後把該位址存放到 R11 中。因此，R11 存放了 mmap_sem 鎖的位址。第 2 行把 R11 的值傳遞給 RDI 暫存器，作為 down_write() 函數的第一個參數。第 3 行把 R11 的值存放到 RBP 中偏移量為 −0x68 的地方，也就是存放在 RBP 中的值減 0x68 的地方，這是突破點。第 4 行呼叫 down_write() 函數。下面計算 R11 中的值，其中 vm_mmap_pgoff() 函數的堆疊幀中的返回位址為 0xffff94941535bee0。

R11 中的值 = 堆疊返回位址 − 0x8 − 0x68 = 0xffff94941535be70

R11 中的值存放的是 mmap_sem 鎖的指標，使用 rd 命令來獲取 mmap_sem 鎖真正存放的地方。

```
crash> rd ffff94941535be70
ffff94941535be70:  ffff949411fad7f8                    ........
```

使用 struct 命令來輸出 mmap_sem 鎖的值。

```
crash> struct rw_semaphore.count,wait_list,owner ffff949411fad7f8 -x
    count = {
       counter = 0xffffffff00000001
    }
  wait_list = {
    next = 0xffff94941535bd90
  }
  owner = 0x1
crash>
```

由於 mmap_sem 這個鎖是透過資料結構的形式來存放在 mm_struct
資料結構裡的，因此可以反推出 mm_struct 資料結構的位址 ——
0xffff949411fad780。這個 mm_struct 資料結構的位址和我們前面分析 ps
處理程序時得到的位址是一樣的，這説明持有這個鎖的是同一個處理程
序。

綜上可知，test 處理程序和 ps 處理程序之間複雜的鎖死場景如圖 4.11 所
示。

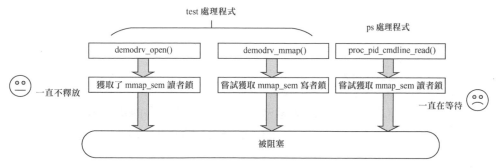

圖 4.11 test 處理程序和 ps 處理程序之間複雜的鎖死場景

讀者可以根據上述介紹的分析方法，繼續分析 lock_test1 和 lock_test2 核
心執行緒的鎖死場景。

4.11.4 計算一個處理程序被阻塞了的時間

本節介紹如何計算一個處理程序被阻塞（block）的時間。

在 vmcore 的核心記錄檔 vmcore-dmesg.txt 中發現的資訊如圖 4.12 所示。

```
[ 1652.317526] succeeded register char device: my_demo_dev
[ 1657.380579] demodrv open: major=10, minor=55, name=my_demo_dev
[ 1755.542538] INFO: task lock_test1:5518 blocked for more than 60 seconds.
[ 1755.542563] "echo 0 > /proc/sys/kernel/hung_task_timeout_secs" disables this message.
[ 1755.542635] lock_test1      D ffff9494060ab0c0      0  5518      2 0x00000080
[ 1755.542686] Call Trace:
[ 1755.542724]  [<ffffffffb376778f>] ? __schedule+0x3ff/0x890
[ 1755.542802]  [<ffffffffb3768b69>] schedule_preempt_disabled+0x29/0x70
[ 1755.542844]  [<ffffffffb3766ab7>] __mutex_lock_slowpath+0xc7/0x1d0
[ 1755.542886]  [<ffffffffc08d3320>] ? do_work+0xc0/0xc0 [mydev_mmap]
[ 1755.542903]  [<ffffffffb3765e9f>] mutex_lock+0x1f/0x2f
[ 1755.542962]  [<ffffffffc08d329e>] do_work+0x3e/0xc0 [mydev_mmap]
[ 1755.543078]  [<ffffffffc08d3399>] lockdep_thread1+0x79/0xa0 [mydev_mmap]
[ 1755.543262]  [<ffffffffb30c1c31>] kthread+0xd1/0xe0
[ 1755.543301]  [<ffffffffb30c1b60>] ? insert_kthread_work+0x40/0x40
[ 1755.543341]  [<ffffffffb3774c1d>] ret_from_fork_nospec_begin+0x7/0x21
[ 1755.543452]  [<ffffffffb30c1b60>] ? insert_kthread_work+0x40/0x40
[ 1755.543490] sending NMI to all CPUs:
[ 1755.544756] NMI backtrace for cpu 0
```

圖 4.12 核心記錄檔資訊

在第 1755s 的記錄檔裡顯示，lock_test1 核心處理程序被阻塞超過了 60s。

首先，使用 set 命令來設定 Crash 工具的處理程序上下文，lock_test1 核心處理程序的 ID 為 5518。

```
crash> set 5518
    PID: 5518
COMMAND: "lock_test1"
   TASK: ffff9494060ab0c0  [THREAD_INFO: ffff9494061fc000]
    CPU: 2
  STATE: TASK_UNINTERRUPTIBLE
```

然後，使用 task 命令查看 lock_test1 核心處理程序的 task_struct 資料結構的值，其中 -R 子命令可用於查看 task_struct 資料結構中成員的值。透過以下命令，可以查看 sched_info 資料結構中成員的值。

```
crash> task -R sched_info
PID: 5518   TASK: ffff9494060ab0c0  CPU: 2   COMMAND: "lock_test1"
  sched_info = {
    pcount = 8,
    run_delay = 3921156731,
    last_arrival = 1658412338927,
    last_queued = 0
  },
```

上面資訊顯示了 lock_test1 核心處理程序最近一次執行在 CPU2 上。sched_info 資料結構中的 last_arrival 表示核心處理程序上一次在 CPU2 執行的時間戳記。因此，我們看到了上一次執行的時間戳記，即 1658412338927。

使用 runq -t 命令可以顯示所有 CPU 就緒佇列的時間戳記。

```
crash> runq -t
 CPU 0: 1755597424080
      0000000000000  PID: 0      TASK: fffffffffb3c18480  COMMAND: "swapper/0"
 CPU 1: 1755583748429
      1755542492073  PID: 30     TASK: ffff94941cdaa080  COMMAND: "khungtaskd"
 CPU 2: 1755597424093
      0000000000000  PID: 0      TASK: ffff949406bdd140  COMMAND: "swapper/2"
```

CPU2 的就緒佇列的當前時間戳記為 1755597424093，因此可以簡單計算出 lock_test1 核心處理程序的被阻塞時間為 1755597424093 – 1658412338927 = 97185085166，單位為毫微秒，換算之後大約 97s。讀者也可以使用 pd 命令來簡單計算。

```
crash> pd (1755597424093 - 1658412338927)
$2 = 97185085166
```

4.12 關於 Crash 工具的偵錯技巧整理

1. 統計記憶體使用情況

在分析和解決記憶體佔用過多導致的當機問題時，我們常常需要統計使用者處理程序一共佔用了多少記憶體。可以使用以下命令來統計系統中所有使用者處理程序一共佔用多少記憶體。

```
crash> ps -u | awk '{ total += $8 } END { printf "Total RSS of user-mode:
%.02f GB\n",total/2^20 }'
    Total RSS of user-mode: 0.74 GB
```

從上面資訊可知，當前系統中所有使用者處理程序一共佔用了 0.74GB 記憶體。另外，我們還可以透過以下命令來列出系統哪些處理程序佔用的記憶體最多，並且按照順序輸出。

```
crash> ps -u | awk '{ m[$9]+=$8 } END { for (item in m) { printf "%20s %10s
KB\n", item, m[item] } }' | sort -k 2 -r -n
          crash       296848 KB
          gmain        79936 KB
          tuned        67536 KB
          sshd         38264 KB
          gdbus        33404 KB
          firewalld    29648 KB
          polkitd      27320 KB
          JS           27320 KB
```

從上面資訊可知，crash 程式佔用的記憶體最多，其次是 gmain 處理程序。上述資訊對我們分析記憶體佔用過多等當機問題非常有幫助。

2. 查看處理程序狀態

Crash 工具把處理程序的狀態大致分成 3 種，分別是不可中斷的狀態、可中斷的狀態和執行狀態。

透過以下命令查看系統有哪些處理程序處於不可中斷的狀態。

```
crash> ps | grep UN
   5518    2 2  ffff9494060ab0c0  UN   0.0        0      0 [lock_test1]
   5519    2 3  ffff9494060ac100  UN   0.0        0      0 [lock_test2]
   5522 2165 2  ffff94940f64b0c0  UN   0.0     4208    452 test
   5523 2165 1  ffff94940f64d140  UN   0.1   153192   1896 ps
```

透過以下命令查看系統有哪些處理程序處於執行狀態。

```
crash> ps | grep RU
>     0    0 0  fffffffffb3c18480  RU   0.0        0      0 [swapper/0]
      0    0 1  ffff949406bdc100  RU   0.0        0      0 [swapper/1]
```

另外，統計系統中處於不可中斷狀態和執行狀態的處理程序數量，對分析當機問題非常有幫助。透過以下命令查看系統中有多少處理程序處於不可中斷狀態。

```
crash> ps | grep -c UN
4
```

透過以下命令查看系統中有多少處理程序處於執行狀態。

```
crash> ps | grep -c RU
6
```

3. 遍歷和統計

在 Crash 工具中，使用一個 foreach 命令可以遍歷系統中所有處理程序並
且做一些統計方面的工作，以協助我們分析系統的當機問題。舉例來說，
以下命令遍歷系統所有處於執行狀態的處理程序，然後把函數呼叫關係都
儲存在 test.log 檔案中。

```
crash> foreach UN bt > test.log
```

接下來，可以做一些簡單的統計工作，舉例來說，統計 test.log 檔案裡有
多少個 shrink_active_list 函數。

```
crash> grep -c shrink_active_list test.log
```

透過統計 test.log 檔案裡有多少個 __schedule 函數，就能知道有多少處理
程序正在睡眠。

```
crash> grep -c __schedule test.log
```

4. 查看處理程序中 task_struct 資料結構的成員

在分析處於不可中斷狀態的處理程序時，可以直接使用 task 命令來查看處
理程序中 task_struct 資料結構成員的值，來加速定位和分析問題。在 4.11
節中，案例 6 中 test 處理程序的 ID 為 5522，因此可以直接使用以下命令
來查看 test 處理程序中 task_struct 資料結構的 on_cpu、on_rq 以及 comm
成員的值。

```
crash> task -R on_cpu,on_rq,comm 5522
PID: 5522    TASK: ffff94940f64b0c0  CPU: 2   COMMAND: "test"
  on_cpu = 0,
```

```
on_rq = 0,
comm = "test",
```

5. 查看 CPU 和處理程序的時間戳記

透過以下命令可以查看每個 CPU 上最近的執行時間戳。

```
crash> runq -t
 CPU 0: 1755597424080
      0000000000000  PID: 0     TASK: ffffffffb3c18480  COMMAND: "swapper/0"
 CPU 1: 1755583748429
      1755542492073  PID: 30    TASK: ffff94941cdaa080  COMMAND: "khungtaskd"
 CPU 2: 1755597424093
      0000000000000  PID: 0     TASK: ffff949406bdd140  COMMAND: "swapper/2"
 CPU 3: 1755585485261
      0000000000000  PID: 0     TASK: ffff949406bde180  COMMAND: "swapper/3"
```

透過以下命令可以查看每個處理程序最近的執行時間戳。

```
crash> ps -l
[1755586595081] [IN]  PID: 9     TASK: ffff949406bd9040  CPU: 0  COMMAND:
"rcu_sched"
[1755585044751] [IN]  PID: 1726  TASK: ffff9493b5fca080  CPU: 3  COMMAND:
"sshd"
```

如前所述，透過上述命令可以計算出一個處理程序被阻塞了多長時間。

基於 ARM64 解決
當機難題

本章常見面試題

1. 假設函數呼叫關係為 main() → func1() → func2()，請畫出 ARM64 架構的函數堆疊的佈局。
2. 在 ARM64 架構中，子函數的堆疊空間的 FP 指向哪裡？
3. 在 ARM64 架構的 calltrace 記錄檔裡，如何推導出函數的名稱？
4. 在 ARM64 架構中，如何使用 Kdump+Crash 工具來分析和推導一個區域變數存在堆疊的位置？
5. 在 ARM64 架構中，如何使用 Kdump+Crash 工具來分析和推導一個讀寫訊號量的持有者？
6. 在 ARM64 架構中，如何使用 Kdump+Crash 工具來分析和推導有哪些處理程序在等待讀寫訊號量？
7. 在 ARM64 架構中，如何使用 Kdump+Crash 工具來分析一個處理程序被阻塞了多長時間？

本章主要介紹一些核心偵錯的工具和技巧，以及核心開發者常用的偵錯工具，如 ftrace、SystemTap、Kdump 等。對編寫核心程式和驅動的讀者來說，記憶體檢測和鎖死檢測是不可避免的，特別是做產品開發，產品發佈時要保證不能有越界存取等記憶體問題。本章介紹的大部分偵錯工具和方法在 Ubuntu Linux 20.04 + QEMU 虛擬機器 + ARM64 平台上實驗過。

本章將以 ARM64 為例來介紹 Kdump+Crash 工具在 ARM64 處理器方面的應用。

在閱讀本章之前，請先了解以下內容。

- ARM64 暫存器和函數呼叫規則。
- 架設 QEMU 虛擬機器 +Debian 實驗平台的方法。
- Kdump 和 Crash 工具的使用方法。

5.1 架設 Kdump 實驗環境

一方面，由於 ARM 處理器在個人電腦和伺服器領域還沒有得到廣泛應用，因此要架設一個可用的 Kdump 實驗環境並不容易。另一方面，由於 ARM 公司只是一家賣智慧財產權和晶片設計授權的公司，並不賣實際的晶片，因此市面上看到的 ARM64 晶片都是各晶片公司生產的。市面上流行的樹莓派 3B+ 採用博通公司生產的 ARM64 架構的處理器，但是它在支持 Kdump 方面做得不夠好，還不能直接拿來作為 Kdump 的實驗平台。

本章使用 QEMU 虛擬機器 +Debian 實驗平台來建構一個可用的 Kdump 環境。本實驗的主機採用 Ubuntu Linux 20.04.1 作業系統。

實驗環境如下。

- 主機 CPU：Intel 處理器。
- 主機記憶體：8GB。
- 主機作業系統：Ubuntu Linux 20.04.1。
- QEMU 版本：4.2.0。
- 核心版本：Linux 5.0。

首先，架設一個 QEMU 虛擬機器 +Debian 實驗平台。在 QEMU 虛擬機器 +Debian 實驗平台中，我們已經設定了 Kdump 服務。

然後，在 QEMU 虛擬機器中，使用 systemctl status kdump-tools 命令來查看 Kdump 服務是否正常執行，如圖 5.1 所示，當顯示的狀態為 Active，表示 Kdump 服務已經啟動成功。第一次執行 QEMU 虛擬機器 +Debian 實驗平台需要稍等幾分鐘，因為在 QEMU 虛擬機器中啟動 Kdump 服務比較慢。

```
root@benshushu:~# systemctl status kdump-tools
● kdump-tools.service - Kernel crash dump capture service
   Loaded: loaded (/lib/systemd/system/kdump-tools.service; enabled; vendor pres
   Active: active (exited) since Wed 2019-05-29 14:25:20 UTC; 1min 12s ago
  Process: 283 ExecStart=/etc/init.d/kdump-tools start (code=exited, status=0/SU
 Main PID: 283 (code=exited, status=0/SUCCESS)

May 29 14:25:12 benshushu systemd[1]: Starting Kernel crash dump capture service
May 29 14:25:16 benshushu kdump-tools[283]: Starting kdump-tools: Creating symli
May 29 14:25:16 benshushu kdump-tools[283]: Creating symlink /var/lib/kdump/init
May 29 14:25:19 benshushu kdump-tools[283]: loaded kdump kernel.
May 29 14:25:20 benshushu systemd[1]: Started Kernel crash dump capture service.
```

圖 5.1　檢查 Kdump 服務是否正常執行

接下來，編譯一個簡單的當機案例。案例程式參見 4.5 節。

載入模組的時候會觸發重新啟動，進入捕捉核心，輸出 "Starting crashdump kernel…"，如圖 5.2 所示。

```
[  466.804320] Process insmod (pid: 3958, stack limit = 0x00000000e2020a2e)
[  466.804726] Call trace:
[  466.804956]  create_oops+0x20/0x4c [oops]
[  466.805156]  my_oops_init+0xa0/0x1000 [oops]
[  466.805681]  do_one_initcall+0x54/0x1d8
[  466.805867]  do_init_module+0x60/0x1f0
[  466.806042]  load_module.isra.34+0x1be4/0x1e20
[  466.806236]  __se_sys_finit_module+0xa0/0xf8
[  466.806431]  __arm64_sys_finit_module+0x24/0x30
[  466.806681]  el0_svc_common+0x94/0x108
[  466.806918]  el0_svc_handler+0x38/0x78
[  466.807113]  el0_svc+0x8/0xc
[  466.807466] Code: f9000be1 aa0203e0 d503201f f9400fe0 (f9402800)
[  466.808507] SMP: stopping secondary CPUs
[  466.809596] Starting crashdump kernel...
[  466.809892] Bye!
```

圖 5.2　輸出結果

進入捕捉核心之後，會呼叫 makedumpfile 進行核心資訊轉儲（見圖 5.3）。轉儲完成之後，自動重新啟動生產核心。

```
[  OK  ] Started Raise network interfaces.
[  OK  ] Reached target Network.
[  OK  ] Reached target Network is Online.
         Starting Kernel crash dump capture service...
[  34.429764] kdump-tools[330]: Starting kdump-tools: running makedumpfile -c -d 31 /proc/vmcore /var/crash/201903270619/d
ump-incomplete.
Copying data                          : [ 25.9 %] /          eta: 63s
```

圖 5.3　核心資訊轉儲

要執行 crash 命令，首先，在 Linux 主機中，複製帶偵錯符號資訊的 vmlinux 檔案到共用資料夾 kmodules 目錄。在 QEMU 虛擬機器的 mnt 目錄可以存取該檔案。

然後，在 QEMU 虛擬機器中，啟動 Crash 工具進行分析。

接下來，進入 /var/crash/ 目錄。轉儲的目錄是以日期來命名，這一點和 CentOS 作業系統略有不同。使用 crash 命令來載入核心轉儲檔案。

```
root@benshushu:/var/crash# ls
201904221429  kexec_cmdSSW

root@benshushu:/var/crash/201904221429# crash dump.201904221429 /mnt/vmlinux

     KERNEL: /mnt/vmlinux
   DUMPFILE: dump.201904221429  [PARTIAL DUMP]
       CPUS: 4
       DATE: Mon Apr 22 14:28:49 2019
     UPTIME: 00:00:13
LOAD AVERAGE: 0.47, 0.31, 0.13
      TASKS: 87
   NODENAME: benshushu
    RELEASE: 5.0.0+
    VERSION: #1 SMP Mon Apr 22 05:40:30 CST 2019
    MACHINE: aarch64  (unknown Mhz)
     MEMORY: 2 GB
      PANIC: "Unable to handle kernel NULL pointer dereference at virtual
address 0000000000000050"
        PID: 1243
    COMMAND: "insmod"
       TASK: ffff800052d0c600  [THREAD_INFO: ffff800052d0c600]
        CPU: 0
      STATE: TASK_RUNNING (PANIC)

crash>
```

5.2 案例 1：一個簡單的當機案例

基於 4.5 節的案例來說明如何在 ARM64 環境下使用 Crash 工具。

使用 bt 命令來查看核心函數呼叫關係，如圖 5.4 所示。

使用 mod 命令載入有號資訊的核心模組。

```
crash> mod -s oops /home/benshushu/crash/crash_lab_arm64/01_oops/oops.ko
   MODULE          NAME          SIZE      OBJECT FILE
ffff000000e56000 oops          16384     /home/benshushu/crash/crash_lab_arm64/
                                          01_oops/oops.ko

crash>
```

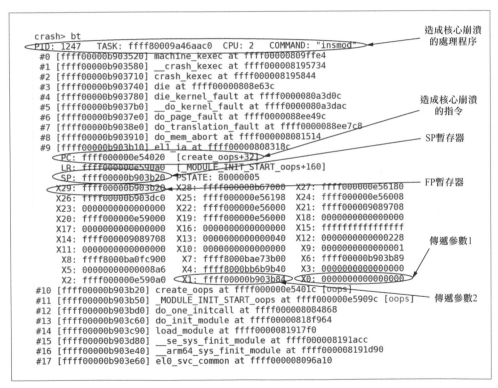

圖 5.4 ARM64 架構下的函數呼叫關係

反組譯 PC 暫存器指向的地方，也就是核心崩潰發生的地方。

```
crash> dis -l ffff000000e54020
0xffff000000e54020 <create_oops+32>:     ldr      x0, [x0,#80]
crash>
```

上述組合語言程式碼中的 80 表示的是基於 x0 暫存器的偏移量。

```
crash> struct -o vm_area_struct
struct vm_area_struct {
[0] unsigned long vm_start;
...
    [80] unsigned long vm_flags;
        struct {
            struct rb_node rb;
            unsigned long rb_subtree_last;
    [88] } shared;
```

因此，上述組合語言程式碼就不難瞭解了，它表示存取 vma->vm_flags，然後把值存放到 x0 暫存器中。那這個 x0 暫存器的值是多少呢？由 ARM64 架構的函數參數呼叫規則可知道，透過 x0 暫存器傳遞了第一個參數，發生崩潰時 x0 暫存器的值為 0x0。

```
crash> struct vm_area_struct 0x0
struct: invalid kernel virtual address: 0x0
crash>
```

5.3 案例 2：恢復函數呼叫堆疊

ARM64 架構的堆疊佈局。

函數堆疊佈局的規則，我們可以推導出來以下兩個公式。

根據子函數堆疊的 FP 可以找到父函數堆疊的 FP，也就是找到父函數的堆疊幀。這樣透過 FP 可以層層回溯，找到所有函數的呼叫路徑。

$$FP\_f = *(FP\_c) \qquad (5.1)$$

其中，FP_f 指的是父函數堆疊空間的 FP，也稱為 P_FP（Previous FP）；FP_c 指的是子函數堆疊空間的 FP。

根據本函數堆疊幀裡保存的 LR 可以間接獲取父函數呼叫子函數時的 PC 值，從而根據符號表得到具體的函數名稱。在呼叫子函數時，LR 指向子函數返回的下一行指令，透過 LR 指向的位址再減去 4 位元組偏移量就獲得了本函數的入口位址。

$$PC\_f = *LR\_c - 4 = *(FP\_c + 8) - 4 \tag{5.2}$$

其中，PC_f 指的是父函數呼叫子函數時的 PC 值；LR_c 指的是子函數堆疊空間的 LR，也稱為 P_LR；FP_c 指的是子函數堆疊空間的 FP。

下面分析 5.2 節的案例。假設已知處理器發生崩潰時的暫存器現場，求解函數呼叫堆疊，如圖 5.5 所示。

```
#7  [ffff00000b9038e0] do_translation_fault at ffff0000088ee7c8
#8  [ffff00000b903910] do_mem_abort at ffff000008081514
#9  [ffff00000b903b10] el1_ia at ffff00000808318c
  PC: ffff000000e54020  [create_oops+32]
  LR: ffff000000e590a0  [_MODULE_INIT_START_oops+160]
  SP: ffff00000b903b20  PSTATE: 80000005
  X29: ffff00000b903b20  X28: ffff000008b67000  X27: ffff000000e56180
  X26: ffff00000b903dc0  X25: ffff000000e56198  X24: ffff000000e56008
  X23: 0000000000000000  X22: ffff000000e56000  X21: ffff000009089708
  X20: ffff000000e59000  X19: ffff000000e56000  X18: 0000000000000000
  X17: 0000000000000000  X16: 0000000000000000  X15: ffffffffffffffff
  X14: ffff000009089708  X13: 0000000000000040  X12: 0000000000000228
  X11: 0000000000000000  X10: 0000000000000000   X9: 0000000000000001
   X8: ffff8000ba0fc900   X7: ffff8000bae73b00   X6: ffff00000b903b89
   X5: 00000000000008a6   X4: ffff8000bb6b9b40   X3: 0000000000000000
   X2: ffff000000e590a0   X1: ffff00000b903b84   X0: 0000000000000000
#10 [ffff00000b903b20] create_oops at ffff000000e5401c [oops]
#11 [ffff00000b903b50] _MODULE_INIT_START_oops at ffff000000e5909c [oops]
#12 [ffff00000b903bd0] do_one_initcall at ffff000008084868
#13 [ffff00000b903c60] do_init_module at ffff00000818f964
#14 [ffff00000b903c90] load_module at ffff0000081917f0
```

── 已知暫存器現場

求解函數呼叫堆疊

圖 5.5　已知暫存器現場

第一步，求解函數堆疊空間的 FP。

從發生系統崩潰的現場和暫存器 x29 可知，create_oops() 函數堆疊空間的 FP 為 0xffff00000b903b20。根據式（5.1），我們可以得到上一級函數堆疊空間的 FP。使用 rd 命令讀取該位址的值可以得到上一級函數的 FP。

```
crash> rd ffff00000b903b20
ffff00000b903b20:  ffff00000b903b50                          P;...
crash>
```

讀取 0xffff00000b903b50 的值又可以得到再上一級函數堆疊空間的 FP，
如 do_one_initcall() 函數堆疊空間的 FP。依此類推，就可以得到函數堆疊
裡所有函數堆疊空間的 FP。

```
crash> rd ffff00000b903b50
ffff00000b903b50:  ffff00000b903bd0                          .;...
crash>
```

第二步，需要找出每個函數的名稱。

首先透過暫存器現場來反推出它的父函數名稱。發生崩潰時，create_
oops() 函數堆疊空間的 FP 存放在 0xffff00000b903b20 位址處，那麼 LR
在其高 8 位元組的位址上，因此 LR 存放在 0xffff00000b903b28 位址處。
根據式（5.2）可知，由於 LR 存放了子函數返回的下一行指令，因此再減
去 4 位元組，就是父函數呼叫該函數時的 PC 值。

```
crash> rd ffff00000b903b28
ffff00000b903b28:  ffff000000e590a0                          ........
crash>
crash> dis ffff000000e5909c
0xffff000000e5909c <_MODULE_INIT_START_oops+156>:      bl   0xffff000000e54000
<create_oops>
crash>
```

因此我們找到了 create_oops() 函數的父函數名稱 ── _MODULE_INIT_
START_oops()。它是在 0xffff000000e5909c 位址處使用 bl 指令來呼叫的
create_oops() 函數。

接 下 來， 求 _MODULE_INIT_START_oops() 的 父 函 數 名 稱。 由
於 _MODULE_INIT_START_ oops() 函 數 堆 疊 空 間 的 FP 儲 存 在
0xffff00000b903b50 位址處，因此 LR 存放在 0xffff00000b903b58 位址
處。根據式（5.2），我們可以計算出其父函數呼叫該函數時的 PC 值。

$$PC 值 = *(0xffff00000b903b58) - 4$$

```
crash> rd ffff00000b903b58
ffff00000b903b58:  ffff00000808486c                    lH......
```

經過計算，可以得到 PC 值——0xffff000008084868，使用 dis 命令來獲取
函數名稱。

```
crash> dis ffff000008084868
0xffff000008084868 <do_one_initcall+80>:        blr     x20
crash>
```

因此，父函數名稱為 do_one_initcall()。依此類推，如圖 5.6 所示，我們就
可以把整個函數堆疊手動恢復了。

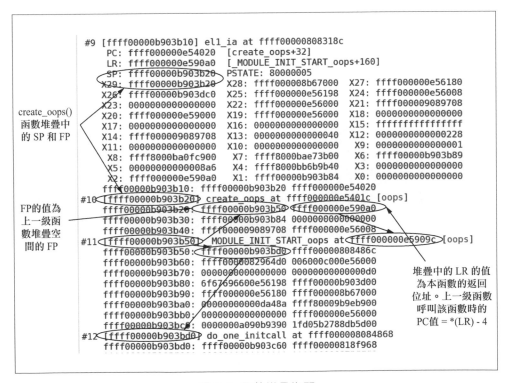

圖 5.6 函數堆疊複習

5.4 案例 3：分析和推導參數的值

4.10 節介紹了如何分析和推導 x86_64 架構下函數中參數的值。本節將介紹如何分析和推導 ARM64 架構下參數的值。

我們依然使用 4.10 節的案例，唯一的區別是在 ARM64 架構的伺服器上做實驗，可以使用 QEMU 虛擬機器 +Debian 來啟動一個 ARM64 架構的虛擬機器。

在做這個實驗之前同樣需要打開 Softlockup、Hardlockup 機制以及 Hung_task 機制。

```
echo 1 > /proc/sys/kernel/softlockup_panic
echo 1 > /proc/sys/kernel/unknown_nmi_panic
echo 1 > /proc/sys/kernel/hung_task_panic
echo 60 > /proc/sys/kernel/hung_task_timeout_secs
//預設是120s，這裡可以設定短一點
```

也可以透過 sysctl 命令來查詢狀態。

```
root@debian:/var/crash/lab6# sysctl -a | grep panic
kernel.hung_task_panic = 1
kernel.panic = 0
kernel.panic_on_oops = 1
kernel.panic_on_rcu_stall = 0
kernel.panic_on_warn = 0
kernel.softlockup_panic = 1
vm.panic_on_oom = 0
```

本案例的目的是透過 Crash 工具分析和推導出 create_oops() 函數中第 2 個與第 3 個參數的具體的值。

```
    KERNEL: /mnt/vmlinux
  DUMPFILE: dump.201901270351  [PARTIAL DUMP]
      CPUS: 8
      DATE: Sun Jan 27 03:50:30 2019
    UPTIME: 14:10:08
LOAD AVERAGE: 0.92, 0.44, 0.18
```

```
      TASKS: 118
   NODENAME: debian
    RELEASE: 5.0.0+
    VERSION: #1 SMP Mon Apr 22 05:40:30 CST 2019
    MACHINE: aarch64   (unknown Mhz)
     MEMORY: 2.9 GB
      PANIC: "Kernel panic - not syncing: hung_task: blocked tasks"
        PID: 57
    COMMAND: "khungtaskd"
       TASK: ffff8000ba00d580  [THREAD_INFO: ffff8000ba00d580]
        CPU: 5
      STATE: TASK_RUNNING (PANIC)

crash>
```

從上述資訊可知，核心發生崩潰的原因是有長時間被阻塞的處理程序。使
用 ps 命令來尋找處於 "UNINTERRUPABLE" 狀態的處理程序。

```
crash> ps | grep UN
   1714    715    2  ffff8000b935c740  UN   0.0   2704   1540  insmod
crash>
```

查看 insmod 處理程序的核心函數呼叫關係。

```
crash> bt 1714
PID: 1714   TASK: ffff8000b935c740  CPU: 2    COMMAND: "insmod"
 #0 [ffff00000c49b980] __switch_to at ffff000008087e78
 #1 [ffff00000c49b9a0] __schedule at ffff0000088e73b4
 #2 [ffff00000c49ba30] schedule at ffff0000088e79ec
 #3 [ffff00000c49ba40] rwsem_down_read_failed at ffff0000088eaeb8
 #4 [ffff00000c49bad0] down_read at ffff0000088ea450
 #5 [ffff00000c49baf0] create_oops at ffff000000e4f024 [oops]
 #6 [ffff00000c49bb30] _MODULE_INIT_START_oops at ffff000000e540dc [oops]
 #7 [ffff00000c49bbd0] do_one_initcall at ffff000008084868
 #8 [ffff00000c49bc60] do_init_module at ffff00000818f964
 #9 [ffff00000c49bc90] load_module at ffff0000081917f0
```

從核心函數呼叫關係得到的資訊如下。

- 函數呼叫關係是 do_one_initcall() → _MODULE_INIT_START_oops() → create_oops()。
- 在執行 create_oops() 函數時，SP 暫存器指向 0xffff00000c49baf0。
- _MODULE_INIT_START_oops() 函數呼叫 create_oops() 函數時的 PC 暫存器指向 0x ffff000000e540dc。
- 在執行 _MODULE_INIT_START_oops() 函數時，SP 暫存器指向 0xffff00000c49bb30。
- 在執行 do_one_initcall() 函數時，SP 暫存器指向 0xffff00000c49bbd0。

下面來詳細分析。首先使用 dis 命令來查看 create_oops() 函數的反組譯程式，如圖 5.7 所示。

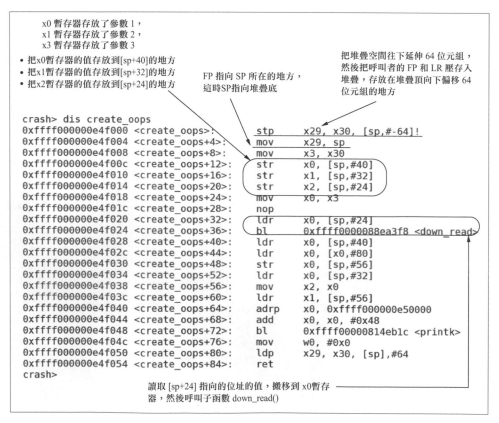

圖 5.7　create_oops() 函數的反組譯

分析反組譯程式，可以得到以下幾個有用的資訊。

- create_oops() 函數即時執行會把堆疊空間往下延伸 64 位元組，然後把呼叫者的 FP 和 LR 壓存入堆疊，並存放在堆疊頂向下偏移 64 位元組的地方，這時 SP 暫存器指向堆疊底。
- FP 暫存器也指向 SP 暫存器指向的地方。
- 把參數 1 存放到 SP 暫存器 +40 位元組（[sp+40]）的地方。
- 把參數 2 存放到 SP 暫存器 +32 位元組（[sp+32]）的地方。
- 把參數 3 存放到 SP 暫存器 +24 位元組（[sp+24]）的地方。
- 在呼叫子函數 down_read() 之前，把 SP 暫存器 +24 位元組的值搬移到 x0 暫存器，作為 down_read() 函數的參數。

因此可以得到第 2 個參數存放的位址，即 SP 暫存器 +32 位元組的位址為 0xffff00000c49bb10。注意，這裡存放的是指標 mydev_priv *priv，需要使用 rd 命令來獲取指向的具體位址。

```
crash> rd ffff00000c49bb10
ffff00000c49bb10:  ffff00000c49bb70                    p.I.....
crash>
```

位址 0xffff00000c49bb70 存放了 mydev_priv 資料結構，使用 struct 命令來查看。

```
crash> struct mydev_priv ffff00000c49bb70
struct: invalid data structure reference: mydev_priv
```

這說明沒有找到對應的符號表，需要載入這個核心模組的符號表。使用 mod 命令來載入該核心模組的符號表。

```
crash> mod -s oops /home/benshushu/crash/crash_lab_arm64/06_var/oops.ko
    MODULE         NAME     SIZE    OBJECT FILE
ffff000000e51000   oops     16384   /home/benshushu/crash/crash_lab_arm64/
                                    06_var/oops.ko
crash>
```

繼續使用 struct 命令來讀取 mydev_priv 資料結構的值。

```
crash> struct mydev_priv ffff00000c49bb70
struct mydev_priv {
  name = "ben\000",
  i = 10,
  mm = 0xffff8000b9b37bc0,
  sem = 0xffff8000b9b37c20
}
```

name 和 i 成員的值是符合我們的預期的，這證明上述分析的正確性。

下面來推導第 3 個參數。第 3 個參數存放的是 SP 暫存器 +24 位元組的位址，即位址 0xffff00000c49bb08。注意，這裡存放的是指標 rw_semaphore *sem，需要使用 rd 命令來獲取指向的具體位址。

```
crash> rd ffff00000c49bb08
ffff00000c49bb08:  ffff8000b9b37c20                         |......
crash>
```

位址 0xffff8000b9b37c20 存放了 rw_semaphore 資料結構，使用 struct 命令來查看。

```
crash> struct rw_semaphore.count,owner,wait_list ffff8000b9b37c20 -x
  count = {
    counter = 0xfffffffe00000001
  }
  owner = 0xffff8000b935c740
  wait_list = {
    next = 0xffff00000c49baa8,
    prev = 0xffff00000c49baa8
  }
crash>
```

綜上所述，我們繪製了 create_oops() 函數的堆疊結構，如圖 5.8 所示。

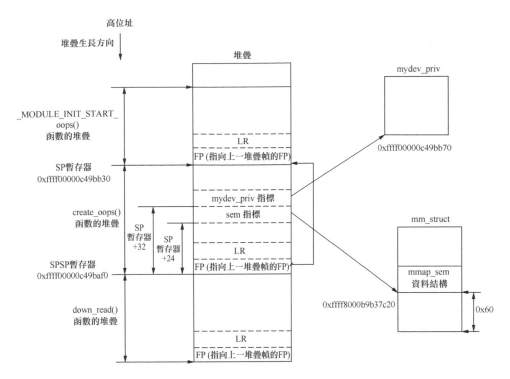

圖 5.8 create_oops() 函數的堆疊結構

5.5 ▸ 案例 4：一個複雜的當機案例

4.11 節介紹了一個複雜的線上伺服器當機的案例，並且討論了在 x86_64 架構下如何分析並找到真正的當機原因。本節介紹在 ARM64 架構下如何分析這個案例。

通常線上伺服器、雲端服務器以及嵌入式系統發生的當機問題都會比較複雜，下面講解實際產品研發過程中的案例。透過這個案例，我們可以獲得以下技巧。

- 利用 Crash 工具來分析當機問題。
- 透過堆疊來獲取參數或區域變數的值。

- 分析和推導哪個處理程序持有鎖。
- 分析和推導哪些處理程序在等待鎖。
- 分析和解決伺服器、雲端服務以及嵌入式系統線上的當機問題。

在本書配套的 QEMU 虛擬機器 +Debian 實驗平台上預設使用 "O0" 最佳化選項來編譯核心，但是在本案例中，建議讀者使用 "O2" 最佳化選項來編譯核心，這樣實驗環境就和實際產品開發環境一樣了。

```
<修改核心根目錄下的Makefile檔案>

diff --git a/Makefile b/Makefile
index 94ef809f4..9fc2d364b 100644
--- a/Makefile
+++ b/Makefile
@@ -661,9 +661,9 @@ KBUILD_CFLAGS        += $(call cc-option,-Oz,-Os)
 KBUILD_CFLAGS   += $(call cc-disable-warning,maybe-uninitialized,)
 else
 ifdef CONFIG_PROFILE_ALL_BRANCHES
-KBUILD_CFLAGS   += -O0 $(call cc-disable-warning,maybe-uninitialized,)
+KBUILD_CFLAGS   += -O2 $(call cc-disable-warning,maybe-uninitialized,)
 else
-KBUILD_CFLAGS     += -O0
+KBUILD_CFLAGS     += -O2
 endif
```

修改完成之後，重新編譯核心。

本例的實驗步驟如下。

（1）編譯核心模組並載入核心模組。

```
#insmod mydev-mmap.ko
```

（2）編譯測試程式並執行。

```
# ./test &
```

（3）執行 ps -aux 命令來查看處理程序。

```
# ps -aux
```

下面是 Crash 工具列出的整體資訊。

```
       KERNEL: /mnt/vmlinux
     DUMPFILE: dump.201901260652   [PARTIAL DUMP]
         CPUS: 8
         DATE: Sat Jan 26 06:50:47 2019
       UPTIME: 00:00:13
LOAD AVERAGE: 3.44, 1.50, 0.58
        TASKS: 128
     NODENAME: debian
      RELEASE: 5.0.0+
      VERSION: #1 SMP Mon Apr 22 05:40:30 CST 2019
      MACHINE: aarch64   (unknown Mhz)
       MEMORY: 2 GB
        PANIC: "Kernel panic - not syncing: hung_task: blocked tasks"
          PID: 55
      COMMAND: "khungtaskd"
         TASK: ffff80007edf0e40  [THREAD_INFO: ffff80007edf0e40]
          CPU: 1
        STATE: TASK_RUNNING (PANIC)
```

從上述資訊可知，當機的原因是系統有處理程序長時間被阻塞了。

透過 ps 命令查看哪些處理程序被阻塞了。

```
crash> ps | grep UN
    711      2   7  ffff80005b0fe3c0  UN   0.0        0        0  [lock_test1]
    712      2   6  ffff80005b0fc740  UN   0.0        0        0  [lock_test2]
    715    707   3  ffff8000613e3900  UN   0.0     1772     1064  test
    716    707   2  ffff8000613e0000  UN   0.1     8684     3136  ps
crash>
```

可以看到有 4 個處理程序被阻塞了。接下來我們會重點分析 ps 處理程序和 test 處理程序。

5.5.1 分析 ps 處理程序

我們先從 ps 處理程序開始分析。

首先，查看 ps 處理程序的函數呼叫關係。

```
crash> bt 716
PID: 716    TASK: ffff8000613e0000  CPU: 2   COMMAND: "ps"
```

```
 #0 [ffff00000b273a90] __switch_to at ffff000008087e78
 #1 [ffff00000b273ab0] __schedule at ffff0000088e73b4
 #2 [ffff00000b273b40] schedule at ffff0000088e79ec
 #3 [ffff00000b273b50] rwsem_down_read_failed at ffff0000088eaeb8
 #4 [ffff00000b273be0] down_read at ffff0000088ea450
 #5 [ffff00000b273c00] __access_remote_vm at ffff000008285f3c
 #6 [ffff00000b273ca0] access_remote_vm at ffff000008286190
 #7 [ffff00000b273ce0] proc_pid_cmdline_read at ffff00000837325c
 #8 [ffff00000b273d80] __vfs_read at ffff0000082e87bc
 #9 [ffff00000b273db0] vfs_read at ffff0000082e8898
#10 [ffff00000b273df0] ksys_read at ffff0000082e8ee0
#11 [ffff00000b273e40] __arm64_sys_read at ffff0000082e8f68
#12 [ffff00000b273e60] el0_svc_common at ffff000008096a10
#13 [ffff00000b273ea0] el0_svc_handler at ffff000008096abc
#14 [ffff00000b273ff0] el0_svc at ffff000008084044
```

從函數呼叫關係我們可以得到以下資訊。

- 從 down_read () → rwsem_down_read_failed() → schedule() 的函數呼叫
  關係可知，ps 處理程序一直在等待一個讀者鎖。

- ps 處理程序的函數呼叫關係是 vfs_read() → proc_pid_cmdline_read() →
  access_remote_vm() → __access_remote_vm() → down_read()。

那麼，究竟這個鎖由哪個處理程序一直持有呢？還有哪些處理程序在等待
這個鎖呢？

首先從 __access_remote_vm() 函數入手。透過 dis 命令來反組譯 __access_
remote_vm() 函數，如圖 5.9 所示。

分析 __access_remote_vm() 函數的反組譯程式。

- 在 __access_remote_vm+56 處，把 x22 暫存器的值載入到堆疊中，即
  SP 暫存器 +104 位元組的地方。

- 在 __access_remote_vm+100 處，把 x22 暫存器的值指定 x0 暫存器，
  而 x0 暫存器是作為子函數第一個參數的。繼續往上找，判斷在什麼地
  方給 x22 暫存器設定值。

- 在 __access_remote_vm+108 處，呼叫 down_read() 函數。

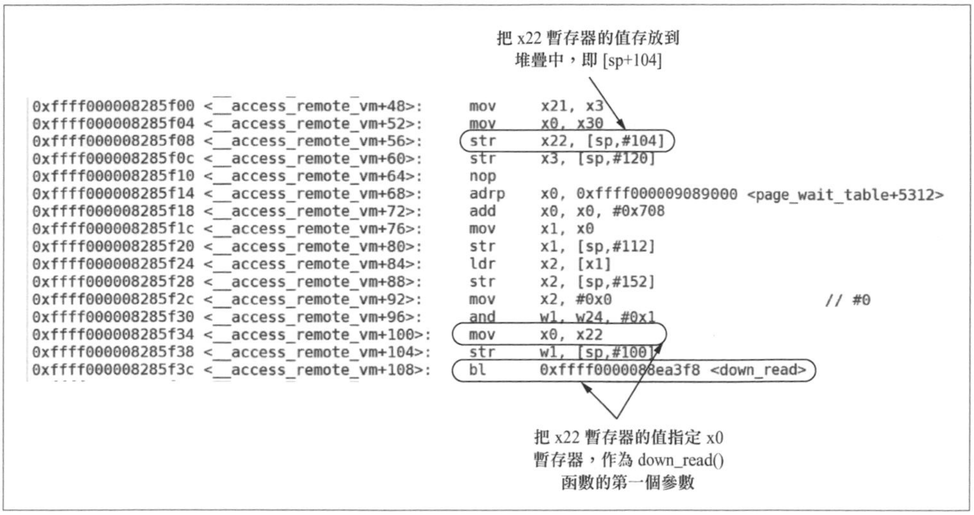

```
                                             把 x22 暫存器的值存放到
                                             堆疊中，即 [sp+104]

0xffff000008285f00 <__access_remote_vm+48>:    mov    x21, x3
0xffff000008285f04 <__access_remote_vm+52>:    mov    x0, x30
0xffff000008285f08 <__access_remote_vm+56>:    str    x22, [sp,#104]
0xffff000008285f0c <__access_remote_vm+60>:    str    x3, [sp,#120]
0xffff000008285f10 <__access_remote_vm+64>:    nop
0xffff000008285f14 <__access_remote_vm+68>:    adrp   x0, 0xffff000009089000 <page_wait_table+5312>
0xffff000008285f18 <__access_remote_vm+72>:    add    x0, x0, #0x708
0xffff000008285f1c <__access_remote_vm+76>:    mov    x1, x0
0xffff000008285f20 <__access_remote_vm+80>:    str    x1, [sp,#112]
0xffff000008285f24 <__access_remote_vm+84>:    ldr    x2, [x1]
0xffff000008285f28 <__access_remote_vm+88>:    str    x2, [sp,#152]
0xffff000008285f2c <__access_remote_vm+92>:    mov    x2, #0x0                    // #0
0xffff000008285f30 <__access_remote_vm+96>:    and    w1, w24, #0x1
0xffff000008285f34 <__access_remote_vm+100>:   mov    x0, x22
0xffff000008285f38 <__access_remote_vm+104>:   str    w1, [sp,#100]
0xffff000008285f3c <__access_remote_vm+108>:   bl     0xffff0000088ea3f8 <down_read>
```

把 x22 暫存器的值指定 x0
暫存器，作為 down_read()
函數的第一個參數

圖 5.9 反組譯 __access_remote_vm() 函數

down_read() 函數的原型如下。

```
<kernel/locking/rwsem.c>

void __sched down_read(struct rw_semaphore *sem)
```

從上述分析可知，[sp+104] 的地方儲存了 rw_semaphore 資料結構的指
標，因此我們可以得到 down_read() 函數的第一個參數。

x22 暫存器中的值 = *[sp+104] = *[0xffff00000b273c00 + 104] =
*[0xffff00000b273c68]

使用 rd 命令來讀取 0xffff00000b273c68 中的值。

```
crash> rd 0xffff00000b273c68
ffff00000b273c68:  ffff80005f733120                         1s_....
crash>
```

因此，我們可以知道 rw_semaphore 資料結構存放在 0xffff80005f733120
位址中。使用 struct 命令來查看 rw_semaphore 資料結構成員的值。

```
crash> struct rw_semaphore.count,wait_list,owner ffff80005f733120 -x
  count = {
```

```
    counter = 0xffffffff00000001
  }
  wait_list = {
    next = 0xffff00000b26bda8,
    prev = 0xffff00000b273bb8
  }
  owner = 0x1
crash>
```

上面的 rw_semaphore 資料結構中重要欄位的含義如下。

- counter 為 0xffffffff00000001，表示有一個活躍的讀者以及有寫者在睡眠等待；或一個寫者持有了鎖以及多個讀者在等待。
- owner 為 1，表示被持有的鎖是一個讀者鎖。
- wait_list 是一個鏈結串列，處理程序獲取鎖失敗時會在這裡等待。

下面繼續推導究竟是什麼處理程序持有了這個鎖。

在 mm_struct 資料結構裡，rw_semaphore 是作為一個資料結構存放在裡面的。因此，知道了 rw_semaphore 的位址就可以反推出 mm_struct 的位址了。

```
crash> struct -o mm_struct -x
struct mm_struct {
...
[0x60]     struct rw_semaphore mmap_sem;
...
}
```

讀者需要注意一點，我們在介紹 x86_64 時使用的是 Centos 7.6 作業系統，它預設使用 3.10 核心。而在該實驗裡使用的是 Linux 5.0 核心，mm_struct 資料結構的成員和偏移量都發生了變化。在 Linux 5.0 核心裡，mmap_sem 成員的偏移量是 0x60 而非 0x78。

mm_struct 資料結構存放的位址為 0xffff80005f733120 – 0x60 = 0xffff80005f7330c0。mm_struct 資料結構裡有一個指向 task_struct 資料結構的指標成員 owner。

```
crash> struct mm_struct.owner 0xffff80005f7330c0
  owner = 0xffff8000613e3900
crash>
```

使用 struct 命令來查看 task_struct 資料結構中相關成員的值。

```
crash> struct task_struct.comm,pid 0xffff8000613e3900
  comm = "test\000\000\000)\000\000\000\000\000\000\000"
  pid = 715
crash>
```

test 處理程序持有了這個鎖。綜上所述，我們繪製了 __access_ remote_
vm() 函數堆疊的結構，如圖 5.10 所示。

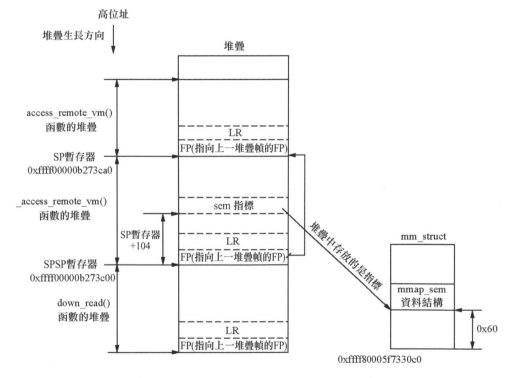

圖 5.10 __access_remote_vm() 函數堆疊的結構

另外，使用 list 命令遍歷 rw_semaphore 資料結構中的 wait_list 成員，以
找到哪些處理程序在等待這個鎖。

```
crash> list -s rwsem_waiter.task,type -h 0xffff00000b26bda8
ffff00000b26bda8
  task = 0xffff8000613e3900
  type = RWSEM_WAITING_FOR_WRITE
ffff00000b273bb8
  task = 0xffff8000613e0000
  type = RWSEM_WAITING_FOR_READ
ffff80005f733128
  task = 0x0
  type = RWSEM_WAITING_FOR_READ
crash>
```

使用 struct 命令來查看 rwsem_waiter 資料結構的 task 成員，可知道等待
鎖的處理程序的名稱和 ID。

```
crash> struct task_struct.comm,pid 0xffff8000613e3900
  comm = "test\000\000\000)\000\000\000\000\000\000\000"
  pid = 715
crash> struct task_struct.comm,pid 0xffff8000613e0000
  comm = "ps\000h\000\000\000)\000\000\000\000\000\000\000"
  pid = 716
crash>
```

綜上所述，test 處理程序持有了 mmap_sem 這個讀者類型的鎖，一直不釋
放。接著，test 處理程序又嘗試獲取寫者類型的 mmap_sem 鎖，ps 處理程
序嘗試獲取讀者類型的 mmap_sem 鎖，從而發生了鎖死。

5.5.2　分析 test 處理程序

接下來分析 test 處理程序的鎖死情況。使用 bt 命令來查看 test 處理程序的
核心函數呼叫堆疊的情況。

```
crash> bt 715
PID: 715    TASK: ffff8000613e3900  CPU: 3    COMMAND: "test"
 #0 [ffff00000b26bc60] __switch_to at ffff000008087e78
 #1 [ffff00000b26bc80] __schedule at ffff0000088e73b4
 #2 [ffff00000b26bd10] schedule at ffff0000088e79ec
 #3 [ffff00000b26bd20] rwsem_down_write_failed_killable at ffff0000088eb650
 #4 [ffff00000b26bdd0] down_write_killable at ffff0000088ea584
```

```
#5 [ffff00000b26bdf0] __arm64_sys_brk at ffff00000828bfe4
#6 [ffff00000b26be60] el0_svc_common at ffff000008096a10
#7 [ffff00000b26bea0] el0_svc_handler at ffff000008096abc
#8 [ffff00000b26bff0] el0_svc at ffff000008084044
   PC: 0000ffffb370ed84   LR: 0000ffffb370ee40   SP: 0000ffffc9ccc1a0
  X29: 0000ffffc9ccc1a0  X28: ffffffffffffff000  X27: 0000000000000fff
  X26: 0000ffffb37b2af8  X25: 0000ffffb37b2000  X24: 0000ffffb37b2af8
  X23: 0000000000000000  X22: 0000ffffb37b2a98  X21: 0000000000021000
  X20: 0000ffffb37b1000  X19: 0000000000000000  X18: 000000000000023f
  X17: 0000000000000007  X16: 000000000000270f  X15: 0000000000000002
  X14: 0000000000000000  X13: 0000000000000000  X12: 0000000000084890
  X11: 0000000000000000  X10: 0000000000000000   X9: 0000ffffb37b2000
   X8: 00000000000000d6   X7: 0000ffffb37b2af8   X6: 0000000000000270
   X5: 0000000000000046   X4: 0000000000000003   X3: 0000000000000004
   X2: 0000000000000000   X1: 0000ffffb36bfbd0   X0: 0000000000000000
  ORIG_X0: 0000000000000000  SYSCALLNO: d6  PSTATE: 20000000
crash>
```

從函數呼叫關係可以看到以下資訊。

- __schedule () 函數表明 test 處理程序在讓出 CPU，也就是在等待。
- __arm64_sys_brk() → down_write_killable() 表明 test 處理程序在使用者空間中呼叫 malloc() 函數分配記憶體時需要申請一個寫者鎖。

這個鎖究竟是什麼樣的鎖？需要查看 sys_brk() 的原始程式碼。

```
<mm/mmap.c>

SYSCALL_DEFINE1(brk, unsigned long, brk)
{
    down_write_killable(&mm->mmap_sem);

    find_vma(mm, oldbrk);

    do_brk_flags(oldbrk, newbrk-oldbrk, 0, &uf);

    up_write(&mm->mmap_sem);
    return brk;
}
```

使用 dis 命令來反組譯 __arm64_sys_brk() 函數，如圖 5.11 所示。

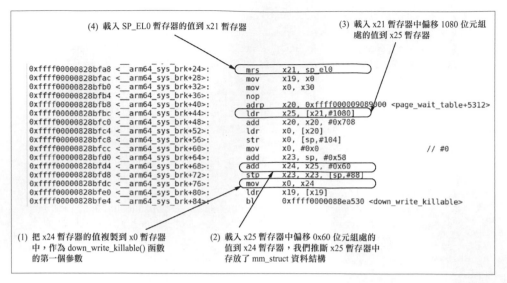

圖 5.11 反組譯 __arm64_sys_brk() 函數

分析 __arm64_sys_brk() 函數的反組譯程式，首先找到呼叫 down_write_
killable() 函數的地方，< 即 __arm64_sys_brk+84>，然後從後往前分析。

- 在 <__arm64_sys_brk+76> 處，把 x24 暫存器的值複製到 x0 暫存器中
  作為傳遞給 down_write_killable() 子函數的第一個參數。

- 在 <__arm64_sys_brk+68> 處，把 x25 暫存器中偏移 0x60 位元組處的
  值載入到 x24 暫存器，因此我們推斷 x25 暫存器存放了 mm_struct 資料
  結構的位址。

- 在 <__arm64_sys_brk+44> 處，載入 x21 暫存器中偏移 1080 位元組處
  的值載入到 x25 暫存器。

- 在 <__arm64_sys_brk+24> 處，載入 sp_el0 暫存器的值到 x21 暫存器
  中。

透過上述分析，我們無法推斷 x24 暫存器的值是多少。ARM64 架構的函
數參數呼叫規則中有一條規定，x19 ～ x28 暫存器作為臨時暫存器，子函
數使用它們時必須保存到堆疊裡。因此，可以沿著函數呼叫關係 backtrace
繼續分析，之前分析了 mmap_sem 的值保存到 x24 暫存器裡，我們繼續分
析後面呼叫的子函數中是否會把 x24 暫存器的值保存到堆疊裡。

在反組譯 rwsem_down_write_failed_killable() 函數時發現了 x24 暫存器的蹤影。

```
crash> dis rwsem_down_write_failed_killable
0xffff0000088eb428 <rwsem_down_write_failed_killable>: stp  x29, x30, [sp,#-176]!
0xffff0000088eb42c <rwsem_down_write_failed_killable+4>:    mov    x29, sp
0xffff0000088eb430 <rwsem_down_write_failed_killable+8>:    stp    x19, x20,
[sp,#16]
0xffff0000088eb434 <rwsem_down_write_failed_killable+12>:   stp    x21, x22,
[sp,#32]
0xffff0000088eb438 <rwsem_down_write_failed_killable+16>:   stp    x23, x24,
[sp,#48]
0xffff0000088eb43c <rwsem_down_write_failed_killable+20>:   adrp   x20,
0xffff000009089000 <page_wait_table+5312>
```

在（rwsem_down_write_failed_killable+16）處，把 x23 暫存器的值保存到堆疊裡向上偏移 48 位元組處，把 x24 暫存器的值保存到堆疊裡向上偏移（48+8）位元組處。

$$[sp+48+8] = 0xffff00000b26bd20 + 0x38 = 0xffff00000b26bd58$$

x24 暫存器中的值存放在 0xffff00000b26bd58 位址處，也就是存放著 mmap_sem 資料結構的指標。

```
crash> rd ffff00000b26bd58
ffff00000b26bd58:  ffff80005f733120                    1s_....
crash>
```

mmap_sem 資料結構存放在位址 0xffff80005f733120 處。

```
crash> struct rw_semaphore.count,wait_list,owner ffff80005f733120 -x
  count = {
    counter = 0xffffffff00000001
  }
  wait_list = {
    next = 0xffff00000b26bda8,
    prev = 0xffff00000b273bb8
  }
  owner = 0x1
crash>
```

知道了 mmap_sem 資料結構存放的位址，進而可以推斷出 mm_struct 資料結構存放的位址。

```
crash> struct mm_struct.owner ffff80005f7330c0 -x
   owner = 0xffff8000613e3900
crash> struct task_struct.comm,pid 0xffff8000613e3900
  comm = "test"
  pid = 2899
crash>
```

綜上所述，這個 mmap_sem 讀者鎖被 test 處理程序一直持有，test 處理程序還嘗試獲取同一個鎖（寫者鎖），因此兩個處理程序被阻塞了，如圖 5.12 所示。

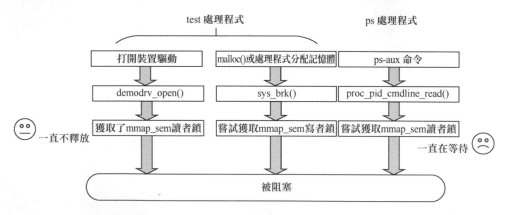

圖 5.12 test 處理程序和 ps 處理程序之間複雜的鎖死過程

讀者可以根據上述分析方法，繼續分析 lock_test1 和 lock_test2 核心執行緒的鎖死場景。

06

Chapter

安全性漏洞分析

1. 請簡述高速側通道攻擊的原理。
2. 在 CPU 熔斷漏洞攻擊中，攻擊者在使用者態存取核心空間時會發生異常，攻擊者處理程序會被終止，這樣導致後續無法進行側通道攻擊，那麼如何解決這個問題？
3. 請簡述熔斷漏洞攻擊的原理和過程。
4. 請簡述 KPTI 方案的實現原理。
5. 在啟動了 KPTI 方案的 ARM64 Linux 中，當執行在核心態的處理程序透過 copy_to_user() 以及 copy_from_user() 等介面存取使用者空間位址時，CPU 使用什麼 ASID 去查詢 TLB？這對性能有什麼影響？
6. 請簡述分支預測的工作原理。
7. 請簡述 CPU「幽靈」漏洞變形 1 的攻擊原理。
8. 請簡述 ARM64 架構中新增的 CSDB 指令的作用。
9. 核心新增的介面函數 array_index_nospec() 是如何避開幽靈漏洞的？

本章主要介紹 CPU 熔斷（meltdown）漏洞和幽靈（spectre）漏洞的攻擊原理，以及 Linux 核心的修復方法。這兩個漏洞都利用現代微處理器中指令執行的弱點來進行攻擊，其中熔斷漏洞利用了亂數執行的特性（副作用），使得使用者態程式也可以讀出核心空間的資料，包括個人私有資料

和密碼，而幽靈漏洞利用分支預測執行的特性來進行攻擊。本章主要介紹這兩個漏洞的攻擊方法和 ARM64 的 Linux 核心的修復方案等。

6.1 側通道攻擊

側通道攻擊（side-channel attack）是密碼學中常見的暴力攻擊技術。它是針對加密電子裝置在執行過程中的時間消耗、功率消耗或電磁輻射之類的側通道資訊洩露而對加密裝置進行攻擊的方法。這類新型攻擊的有效性遠高於密碼分析的數學方法，給密碼裝置帶來了嚴重的威脅。

在熔斷漏洞和幽靈漏洞中，攻擊者主要利用了電腦快取記憶體和實體記憶體不同的存取延遲時間來做側通道攻擊。在電腦系統中，處理器執行指令的瓶頸已經不在 CPU 端，而是在記憶體存取端。因為 CPU 的處理速度要遠遠大於實體記憶體的存取速度，所以為了縮短 CPU 等待資料的時間，在現代處理器設計中都設定了多級的快取記憶體。L1 快取記憶體最接近處理器核心，它的存取速度是最快的，當然，它的容量是最小的。CPU 存取各級的記憶體裝置的延遲和速度是不一樣的，L1 快取記憶體的延遲最小，L2 快取記憶體其次，L3 快取記憶體慢於 L2 快取記憶體，最慢的是 DDR 實體記憶體。

如果記憶體的資料已經被快取到快取記憶體裡，那麼 CPU 就會用較短的時間讀取記憶體裡的內容；不然將直接從實體記憶體中讀取資料，這個讀取記憶體的時間就會較長。兩者的時間差異非常明顯（大約有 300 個時鐘週期以上），因此攻擊者可以利用這個時間差異來進行攻擊。

下面是一段實現快取記憶體側通道攻擊的虛擬程式碼，也是熔斷漏洞攻擊的虛擬程式碼。

```
<熔斷漏洞攻擊的虛擬程式碼>

1   set_signal();    //定義一個訊號和回呼函數，當程式發生異常時，執行該回呼
                     函數，而非讓處理程序發生段錯
```

```
        //誤而退出程式
2       u8 user_probe[4096];       //定義一個攻擊者可以安全存取的陣列
3       clflush for user_probe[]; //把user_probe陣列對應的快取記憶體全部沖刷掉
4       u8 value = *(u8 *) attacked_mem_addr; //attacked_mem_addr存放被攻擊的位址
5       u8 index = (value & 1)*0x100;  //判斷第0位元是0還是1
6       data = user_probe[index];     //user_probe陣列存放攻擊者可以存取的基底位址
```

在第 1 行中，定義一個訊號，當程式存取了非法位址（以下面的 attacked_mem_addr）時，核心會發送這個訊號並且執行該訊號對應的回呼函數，而非讓處理程序因為發生段錯誤而退出程式。

在第 2 行中，定義一個攻擊者可以安全存取的陣列 user_probe，如在使用者空間可以存取的陣列。

在第 3 行中，把 user_probe 陣列對應的快取記憶體全部沖刷掉。

在第 4 行中，attacked_mem_addr 是攻擊者沒有存取權限的位址。當攻擊者主動存取時，CPU 會觸發一個異常。異常會導致 CPU 不會執行異常之後的程式，而是跳躍到作業系統中的例外處理常式去執行。但是由於 CPU 亂數執行，CPU 可能已經前置處理了異常指令後面的那些指令。因為異常指令和隨後的指令沒有依賴性，這樣導致 CPU 把 attacked_mem_addr 中的內容讀取出來了。

在第 5 行中，判斷 value 的第 0 位元是 0 還是 1。若為 0，那麼 index 為 0；若為 1，那麼 index 為 0x100。

第 6 行中，若 index 為 0，則把 user_probe[0] 的資料載入到快取記憶體行中；若 index 為 1，則把 user_probe[0x100] 的資料載入到快取記憶體行中。這裡 0x100 等於 256，是為了讓 CPU 載入的資料在快取記憶體行中錯開。

接下來要做的事情就是測量和比對。我們以快取記憶體行為步進值來遍歷 user_probe[] 陣列，並測量每個存取時間。如果存取時間很短，說明資料已經載入到快取記憶體中，從而可以反推出 attacked_mem_addr 中資料的第 0 位元是 0 還是 1。

- 若存取 user_probe[0] 資料的時間很短，那麼可推出 attacked_mem_addr 中資料的第 0 位元為 0。
- 若存取 user_probe[0x100] 資料的時間很短，那麼可推出 attacked_mem_addr 中資料的第 0 位元為 1。

按照上述側通道攻擊方法，我們已經把 attacked_mem_addr 中資料的第 0 位元破解了，接著可以依次破解其他位元，從而得到完整資料，整個過程如圖 6.1 所示。

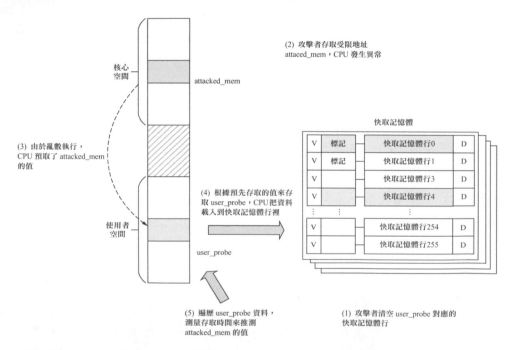

圖 6.1 快取記憶體側通道攻擊中破解資料的過程

最後需要說明，若執行於使用者態的處理程序存取特權頁面，如核心頁面，會觸發一個異常，該異常通常終止應用程式，即使用者處理程序收到段錯誤訊息而被終止。因此，我們可以在攻擊者處理程序中設定異常處理訊號。當發生異常時呼叫該訊號的回呼函數，從而抑制異常導致的攻擊過程的失敗。下面是一段用於訊號處理的範例程式。

```
<訊號處理的範例程式>

void sigsegv(int sig, siginfo_t *siginfo, void *context)
{
    ucontext_t *ucontext = context;
    ...
    return;
}

int set_signal(void)
{
    struct sigaction act = {
        .sa_sigaction = sigsegv,
        .sa_flags = SA_SIGINFO,
    };

    return sigaction(SIGSEGV, &act, NULL);
}
```

6.2 CPU 熔斷漏洞分析

作業系統最核心的特性是記憶體隔離,即作業系統要確保使用者程式不能存取彼此的記憶體。而 CPU 熔斷漏洞巧妙地利用了現代處理器中亂數執行的副作用進行側通道攻擊,破壞了基於位址空間隔離的安全機制,使得使用者態程式可以讀出核心空間的資料,包括個人私有資料和密碼等。

6.2.1 亂數執行、異常處理和位址空間

熔斷漏洞和電腦架構知識緊密相關,特別是亂數執行、異常處理以及位址空間。

1. 亂數執行

現代處理器為了提高性能,實現了亂數執行技術。在循序執行的處理器中,如果一行指令的資源沒有準備好,那麼會停止管線的執行。在資源準

備好之後管線才能繼續工作。這種工作方式一定會很慢，因為後面的指令可能不需要等待這個資源，也不依賴當前指令的執行結果，在等待的過程中可以先把後面的指令放到管線上去執行。所以這個有點像在火車站排隊買票，正在買票的人發現錢包不見了，正在著急找錢包，可是後面的人也必須停下來等，因為不能插隊。

1967 年 Tomasulo 提出了一系列的演算法來實現指令的動態調整，從而實現亂數執行，這就是著名的 Tomasulo 演算法。這個演算法的核心是實現一個叫作暫存器重新命名（register rename）的硬體單元來消除暫存器資料流程之間的依賴關係，從而實現指令的並存執行。它在亂數執行的管線中有兩個作用：一是消除指令之間的暫存器讀取後寫入（Write-After-Read，WAR）相關和寫入後寫入（Write-After-Write，WAW）相關；二是當指令執行發生例外或轉移指令猜測錯誤而取消後面的指令時，可用來保證現場的精確。

通常處理器實現了一個統一的保留站（reservation station）。它允許處理器把已經執行的指令的結果保存到這裡，在最後指令提交時會透過暫存器重新命名來保證指令順序的正確性。

如果用高速公路來比喻，多發射的處理器就像多車道一樣，汽車不需要按照發車的順序在高速公路上前行，它們可以隨意超車。一個形象的比喻是，如果一輛汽車拋錨了，後面的汽車不需要排隊等候這輛汽車，可以超車。

在高速公路的終點設定了一個很大的停車場，所有的指令都必須在停車場裡等候。停車場裡還設定了一個出口，所有的指令從這個出口出去的時候必須按照指令原本的順序，並且指令在出去的時候必須進行寫入暫存器操作。從出口的角度看，指令就是按照原來程式的邏輯順序來提交的。

從處理器角度看，指令順序發車，亂數超車，順序歸隊，這個停車場就是保留站，這種亂數執行的機制就是人們常說的亂數執行。

2. 異常處理

CPU 在執行過程中可能會產生異常，但是處理器是支援亂數執行的，若異常指令後面的指令都已經執行了，那怎麼辦？

我們從 CPU 內部來檢查這個異常的發生。從作業系統角度看，當異常發生時，異常發生之前的指令都已經執行完成，異常指令後面的所有指令都沒有執行。但是處理器是支援亂數執行的，若可能異常指令後面的指令都已經執行了，那怎麼辦？

此時，保留站就要造成清道夫的作用。從之前的介紹我們知道亂數即時執行，要修改的任何內容都透過中間的暫存器暫時記錄，等到從保留站排隊出去時才真正提交修改，從而維護指令之間的順序關係。當一行指令發生異常時，它就會帶著異常標記來到保留站中排隊。保留站按順序把之前的正常指令都提交、發送出去，當看到這個帶著異常標記的指令時，馬上啟動應急預案，把出口封鎖了，即捨棄異常指令和其後面的指令，不提交。

但是，為了保證程式執行的正確性，雖然異常指令後面的指令不會提交，但是由於亂數執行機制，後面的一些訪存指令已經把實體記憶體資料預先載入到快取記憶體中了，這就給熔斷漏洞留下來後門，雖然這些資料會最終被捨棄掉。

3. 位址空間

分頁機制保證了每個處理程序的位址空間的隔離性。分頁機制也實現了從虛擬位址到物理位址的轉換，這個過程需要查詢頁表，頁表可以是多級頁表。這個頁表除了實現虛擬位址到物理位址的轉換之外，還定義了存取屬性。存取屬性約定了這個虛擬頁面的存取行為和許可權，如唯讀、可行以及可執行等。

每個處理程序都有自己的虛擬位址空間，並且映射的物理位址是不一樣的，所以每一個處理程序都有自己的頁表。在作業系統做處理程序切換時會把下一個處理程序的頁表的基底位址填入暫存器，從而實現處理程序位址空間的切換。因為 TLB 裡還快取著上一個處理程序的位址映射關係，所以在切換處理程序的時候需要把 TLB 對應的部分也清除掉。

6.2.2　修復方案：KPTI 技術

1. KPTI 技術

Linux 核心把位址空間分成了核心空間和使用者空間，通常核心空間和使用者空間使用同一張頁表，而且處於同一個 TLB 中。當 CPU 做預先存取和亂數即時執行，使用虛擬位址來查詢 TLB，或讓 MMU 做虛擬位址到物理位址的轉換。TLB 和 MMU 並不檢查存取權限，CPU 得到物理位址後，開始存取記憶體並成功預先存取了沒有存取權限的資料。如果處理程序執行在使用者態時就限制 TLB 或 MMU 硬體單元去做核心空間位址轉換，就可以阻止 CPU 在亂數執行和預先存取時對核心空間資料的存取，這也符合 KPTI（Kernel Page-Table Isolation）的想法。

KPTI 的整體想法是把每個處理程序使用的一張頁表分隔成了兩張──核心頁表和使用者頁表。當處理程序執行在使用者空間時，使用的是使用者頁表。當發生中斷、異常或主動呼叫系統呼叫時，使用者程式陷入核心態。進入核心空間後，透過一小段核心跳板（trampoline）程式將使用者頁表切換到核心頁表。當處理程序從核心空間跳回使用者空間時，頁表再次被切換回使用者頁表。當處理程序執行在核心態時，處理程序可以存取核心頁表和使用者頁表，核心頁表包含了全部核心空間的映射，因此可以存取全部核心空間和使用者空間。而當處理程序執行在使用者態時，核心頁表僅包含跳板頁表，而其他核心空間都是無效映射，因此處理程序無法存取核心空間的資料了。

2. ARM64 遇到的問題

下面介紹 ARM64 的 Linux 核心是如何實現 KPTI 技術的。

在 ARM64 的 Linux 核心中已經使用了兩套頁表的方案。當存取使用者空間時從 TTBR0 暫存器中獲取使用者頁表的基底位址（使用者頁表的基底位址儲存在處理程序的 mm->pgd 中）。當存取核心空間時從 TTBR1 暫存器獲取核心頁表的基底位址（swapper_pg_dir）。但是，核心空間中頁表的屬性設定為全域類型的 TLB。核心空間是所有處理程序共用的空間，因此這部分空間的虛擬位址到物理位址的翻譯是不會變化的。在熔斷漏洞攻擊場景下，使用者程式存取核心空間位址時，TLB 硬體單元依然可以產生 TLB 命中，從而得到物理位址。

PTE 屬性中有一位元用來管理 TLB 是全域類型還是處理程序獨有類型，這就是 nG 位元（第 11 位元）。當 nG 位元為 1 時，這個頁表對應的 TLB 記錄是處理程序獨有的，需要使用 ASID 來辨識。當 nG 位元為 0 時，這個頁表對應的 TLB 記錄是全域的。KPTI 之前的 TLB 存取情況如圖 6.2 所示。

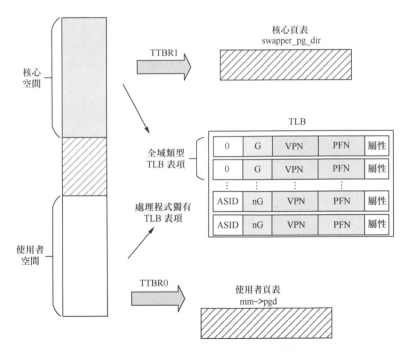

圖 6.2　KPTI 之前的 TLB 存取情況

假設一個處理程序執行在使用者態，當存取使用者位址空間時，CPU 會帶著 ASID 去查詢 TLB。如果 TLB 命中，那麼可以直接存取物理位址；不

然就要查詢頁表了。當有攻擊者想在使用者態存取核心位址空間時，CPU
會查詢 TLB。由於此時核心頁表的 TLB 是全域類型的，因此可能從 TLB
中查詢到物理位址。另外，CPU 也透過 MMU 去查詢頁表。CPU 存取核
心空間的位址最終會產生異常，但是因為亂數執行，CPU 會提前預先存取
了核心空間的資料，這就導致了熔斷漏洞。在 KPTI 之前，使用者態處理
程序存取核心空間和位址空間的方式如圖 6.3 所示。

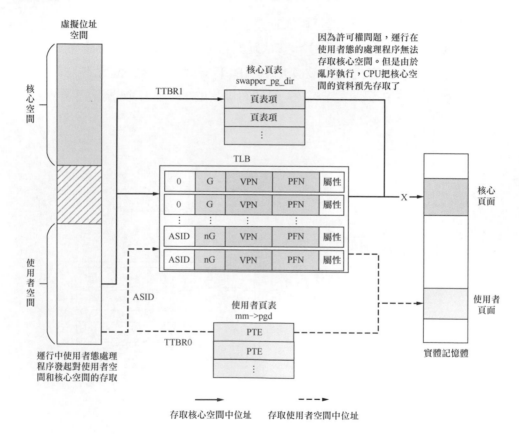

圖 6.3 使用者態處理程序存取核心空間和使用者空間的方式（KPTI 之前）

3. ARM64 的 KPTI 方案

ARM64 的 KPTI 方案大致和 x86_64 的 KPTI 方案類似，只是在具體實現
上略有不同。

- 新增一個 CONFIG_UNMAP_KERNEL_AT_EL0 巨集來打開 KPTI 方案，編譯核心時需要打開這個選項並重新編譯核心。這個巨集表示當處理程序執行在使用者態時，不映射核心空間的位址。

- 原來核心空間的 TLB 設定成全域類型的 TLB，現在把每個處理程序的核心頁表設定成處理程序獨有類型的 TLB，即為核心頁表也分配一個 ASID。新增一個 PTE_MAYBE_NG 巨集，核心啟動了 CONFIG_UNMAP_KERNEL_AT_EL0 後，核心使用的頁面會預設增加 PTE_NG 到 PTE 的屬性中。

```
<arch/arm64/include/asm/pgtable-prot.h>

#define PTE_MAYBE_NG      (arm64_kernel_use_ng_mappings() ? PTE_NG : 0)

#define PROT_DEFAULT      (_PROT_DEFAULT | PTE_MAYBE_NG)
```

- ASID 的分配和使用。每個處理程序使用一對 ASID，核心頁表使用偶數 ASID，使用者頁表使用奇數 ASID。在 arch/arm64/mm/context.c 檔案中，NUM_USER_ASIDS 巨集表示系統支援 ASID 的處理程序數量，在 KPTI 方案裡，支持的處理程序數要減半。另外，0 號和 1 號的 ASID 預留給核心執行緒的 init_mm 使用，因此使用者處理程序分配的 ASID 從 2 號開始，如 2 和 3 是一對 ASID，其中 2 號 ASID 給核心頁表使用，3 號 ASID 給使用者頁表使用。

```
<arch/arm64/mm/context.c>

#ifdef CONFIG_UNMAP_KERNEL_AT_EL0
#define NUM_USER_ASIDS        (ASID_FIRST_VERSION >> 1)
#define asid2idx(asid)        (((asid) & ~ASID_MASK) >> 1)
#define idx2asid(idx)         (((idx) << 1) & ~ASID_MASK)
#else
#define NUM_USER_ASIDS        (ASID_FIRST_VERSION)
#define asid2idx(asid)        ((asid) & ~ASID_MASK)
#define idx2asid(idx)         asid2idx(idx)
#endif
```

為核心頁表建立一個跳板，它存放了從使用者態跳躍到核心態所需的異常向量表等資訊，其他核心空間的映射都去掉了，變成了無效的映射。這樣當使用者態處理程序想存取核心空間位址時，MMU 能檢查到是無效的映射，因此在亂數即時執行無法把核心空間中的資料給提前預先存取出來。

下面以一個例子來説明 KPTI 技術原理。假設一個處理程序執行在使用者態，當存取使用者位址空間時，CPU 會帶著奇數 ASID 去查詢 TLB。如果 TLB 命中，那麼可以直接存取物理位址；不然就要查詢頁表。當有攻擊者想在使用者態存取核心位址空間時，CPU 依然帶著奇數 ASID 去查詢 TLB。由於此時的核心頁表只映射了一個跳板頁面，而其他核心空間都是無效映射，因此攻擊者最多只能存取這個跳板頁面的資料，從而杜絕了類似熔斷漏洞的攻擊。在使用 KPTI 技術的情況下，使用者態處理程序存取核心空間和使用者空間的方式如圖 6.4 所示。

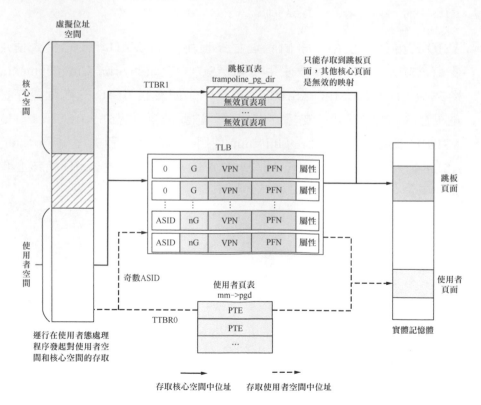

圖 6.4 在使用 KPTI 技術的情況下使用者態處理程序存取核心空間和使用者空間的方式

當處理程序執行在核心態時，它可以存取全部核心位址空間，如圖 6.5 所示。此時，CPU 帶著偶數 ASID 去查詢 TLB，得到物理位址後就可以存取核心頁面。當處理程序存取使用者位址空間時依然帶著偶數 ASID 去查詢 TLB，大部分的情況下未命中 TLB，轉而透過 MMU 來得到物理位址，然後就可以存取使用者頁面了。但是，核心有一個 PAN 的功能，它的目的是防止核心或驅動開發者隨意存取使用者位址空間而造成安全問題，所以迫使核心或驅動開發者使用 copy_to_user() 以及 copy_from_user() 等安全介面，提升系統的安全性。

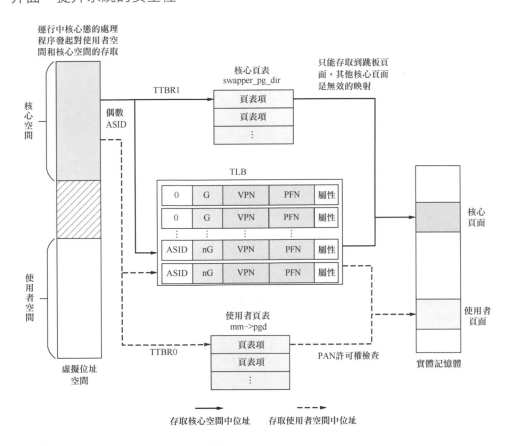

圖 6.5 在使用 KPTI 的情況下核心態處理程序存取核心空間和使用者空間的方式

執行在核心態的處理程序透過 copy_to_user() 和 copy_from_user() 等介面存取使用者空間位址時，依然帶著偶數 ASID 來查詢 TLB，導致 TLB 未命中，因為當前 CPU 只有一個 ASID 在使用，即分配給核心空間的偶數 ASID。所以，需要透過 MMU 做位址轉換才能得到物理位址，這會有一點點性能損失。ARM64（截至 ARMv8.4 架構）目前的設計中不能實現同時使用兩個 ASID 來查詢 TLB，即存取核心空間位址時使用偶數 ASID，存取使用者空間位址時使用奇數 ASID。

4. 跳板的建立和使用

首先在 vmlinux 的程式碼片段中新增一個名為 .entry.tramp.text 的段，它的連結起始位址為 __entry_tramp_text_start，這個段的大小為一個頁面。

```
<arch/arm64/kernel/vmlinux.lds.S>

#ifdef CONFIG_UNMAP_KERNEL_AT_EL0
#define TRAMP_TEXT                                      \
        . = ALIGN(PAGE_SIZE);                           \
        __entry_tramp_text_start = .;                   \
        *(.entry.tramp.text)                            \
        . = ALIGN(PAGE_SIZE);                           \
        __entry_tramp_text_end = .;
#else
#define TRAMP_TEXT
#endif
```

在只讀取資料段中新增一個頁表，名為 tramp_pg_dir，大小為一個頁面。跳板頁表和核心頁表之間的位置關係如圖 6.6 所示。

```
<arch/arm64/kernel/vmlinux.lds.S>

#ifdef CONFIG_UNMAP_KERNEL_AT_EL0
        tramp_pg_dir = .;
        . += PAGE_SIZE;
#endif
```

在 ".entry.tramp.text" 程式碼片段裡存放了跳板向量表 tramp_vectors、tramp_map_kernel 巨集、tramp_unmap_kernel 巨集以及 tramp_exit_native

函數等內容。在 arch/arm64/kernel/entry.S 檔案中，使用 ".pushsection" 虛擬程式碼把跳板向量表填充到 ".entry.tramp.text" 程式碼片段裡。

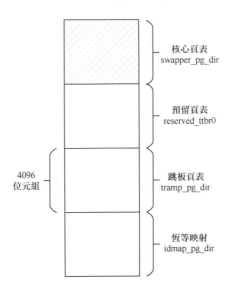

核心頁表
swapper_pg_dir

預留頁表
reserved_ttbr0

4096
位元組

跳板頁表
tramp_pg_dir

恆等映射
idmap_pg_dir

圖 6.6 跳板頁表和核心頁表之間的位置關係

```
<arch/arm64/kernel/entry.S>

#ifdef CONFIG_UNMAP_KERNEL_AT_EL0
        .pushsection ".entry.tramp.text", "ax"

        .macro tramp_map_kernel, tmp
          ...
        .endm

ENTRY(tramp_vectors)
        .space  0x400
        tramp_ventry
        ...
END(tramp_vectors)
        .ltorg
        .popsection
#endif
```

Linux 核心在初始化時會為這個程式碼片段建立一個映射，這個映射的頁表為 tramp_pg_dir，見 map_entry_trampoline() 函數。

```
<arch/arm64/mm/mmu.c>

static int __init map_entry_trampoline(void)
```

假設現在排程器選擇了使用者處理程序 p 來執行，下面是核心所做的步驟。

（1）排程器選擇處理程序 p 作為下一個執行的處理程序。

（2）在處理程序切換時會檢查是否需要為該處理程序分配硬體 ASID。當需要分配 ASID 時呼叫 new_context() 函數為其分配一對 ASID。

（3）呼叫 cpu_switch_mm() 函數來切換頁表。

- 把 ASID 設定到 TTBR1_EL1 裡，這裡把偶數的 ASID 設定到 TTBR1_EL1 裡。
- 設定處理程序 p 的頁表基底位址（mm->pgd）到 TTBR0_EL1 裡。

（4）呼叫 switch_to() 函數進行上下文切換。

（5）處理程序 p 開始執行，沿著核心堆疊幀一路返回。

（6）處理程序 p 即將退出核心態時會呼叫 kernel_exit 巨集。在 kernel_exit 巨集中呼叫 tramp_exit 巨集來切換跳板頁表。

（7）處理程序 p 退出核心態，在使用者態執行。

kernel_exit 巨集實現在 arch/arm64/kernel/entry.S 檔案中。

```
<arch/arm64/kernel/entry.S>

    .macro tramp_exit, regsize = 64
    adr     x30, tramp_vectors
    msr     vbar_el1, x30
    tramp_unmap_kernel      x30
    .if     \regsize == 64
    mrs     x30, far_el1
    .endif
    eret
    sb
.endm
```

在 tramp_exit 巨集裡，把跳板向量表設定到 VBAR_EL1 暫存器[1]中，VBAR_El1 暫存器用來保存跳躍到 EL1 的異常向量表。接著呼叫 tramp_unmap_kernel 巨集來切換頁表。

ERET 指令會讓系統退出當前異常等級，在本場景中它將退出核心態。

這裡 sb 巨集為了預防快取記憶體側通道的攻擊。攻擊者可以利用亂數執行的漏洞來攻擊，亂數執行可能會把 eret 後面的一些存取指令預先存取了，這裡增加記憶體屏障指令來防止亂數執行帶來的快取記憶體側通道攻擊。sb 巨集定義在 arch/arm64/include/asm/assembler.h 標頭檔中。

```
<arch/arm64/include/asm/assembler.h>

  .macro  sb
  dsb     nsh
  isb
  .endm
```

tramp_unmap_kernel 巨集也實現在 arch/arm64/kernel/entry.S 檔案中。

```
<arch/arm64/kernel/entry.S>

  .macro tramp_unmap_kernel, tmp
  mrs     \tmp, ttbr1_el1
  sub     \tmp, \tmp, #(PAGE_SIZE + RESERVED_TTBR0_SIZE)
  orr     \tmp, \tmp, #USER_ASID_FLAG
  msr     ttbr1_el1, \tmp
  .endm
```

首先把 TTBR1_EL1 的值讀取到 tmp 暫存器中，TTBR1_EL1 指向核心頁表 swapper_pg_dir 的啟始位址，然後減去跳板預留頁表（reserved_ttbr0）的大小和頁表的大小（PAGE_SIZE）可以得到跳板頁表的啟始位址。接著，設定 ASID 的值，這裡相當於把核心空間使用的偶數 ASID 加上 1 變成了奇數 ASID。最後設定到 TTBR1_EL1 裡，完成對使用者態處理程序的 ASID 設定。

1　詳見《ARM Architecture Reference Manual, for ARMv8-A architecture profile, v8.4》D12.2.110 節。

綜上所述，當處理程序退出核心態時需要做的工作如圖 6.7 所示。

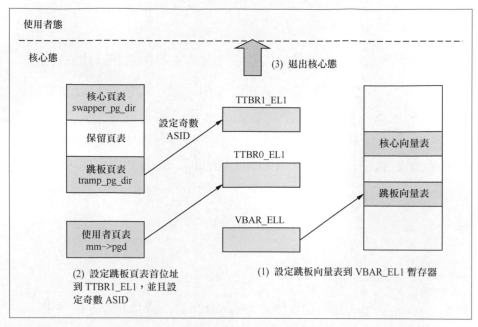

圖 6.7　處理程序退出核心態時要做的工作

當處理程序 p 因呼叫系統呼叫或發生中斷等需要陷入核心態時，CPU 會跳躍到異常向量表。由於處理程序 p 在退出核心態時已經把異常向量表設定為跳板向量表 tramp_vectors，因此這時異常向量的入口為跳板向量表。

```
<arch/arm64/kernel/entry.S>

ENTRY(tramp_vectors)
    .space  0x400
    tramp_ventry      //tramp_el0_sync，發生在EL0的同步異常（AArch64）
    tramp_ventry      //tramp_el0_irq, 在EL0發生IRQ（AArch64）
    tramp_ventry      //tramp_el0_fiq, 在EL0發生FIQ（AArch64）
    tramp_ventry      //tramp_el0_error, 在EL0發生error類型異常（AArch64）

    tramp_ventry      32
    tramp_ventry      32
    tramp_ventry      32
    tramp_ventry      32
END(tramp_vectors)
```

跳板異常向量表只關注從使用者態 EL0 跳躍到核心態 EL1 的行為，但是根據異常向量表的規範，前 8 個記錄表示在 EL1 發生的異常行為，因此這裡使用 .space 0x400 來把前 8 個記錄設定為無效的。ARM64 的異常向量表中每項佔 128 位元組。

舉例來説，處理程序 p 陷入核心態的原因是系統呼叫時會跳躍到 tramp_el0_sync 的向量表裡。

跳板異常向量表使用 tramp_ventry 巨集來實現每個記錄。

```
<arch/arm64/kernel/entry.S>

1       .macro tramp_ventry, regsize = 64
2       .align    7
3    1:
4       .if  \regsize == 64
5       msr tpidrro_el0, x30
6       .endif
7
8       bl    2f
9       b     .
10   2:
11      tramp_map_kernel     x30
12      ldr x30, =vectors
13
14      prfm    pli1strm, [x30, #(1b - tramp_vectors)]
15      msr vbar_el1, x30
16      add x30, x30, #(1b - tramp_vectors)
17      isb
18      ret
19      .endm
```

在第 4 ～ 6 行中，把 x30 的值存到 TPIDRRO_EL0[2] 中。TPIDRRO_EL0 是用來存放執行緒 ID 的。

在第 8 ～ 9 行中，防止攻擊者採用幽靈漏洞變形 2 進行攻擊。幽靈漏洞變形 2 採用分支預測注入的方式攻擊，它利用了 CPU 的分支預測的弱點，

2　詳見《ARM Architecture Reference Manual, for ARMv8-A architecture profile, v8.4》D12.2.103 節。

如全域分支預測器、全域歷史緩衝器以及返回堆疊單元等。攻擊者透過訓練可以讓分支預測單元跳躍到攻擊者指定的程式裡。這裡使用 bl 指令來把後面的指令增加到堆疊裡，這樣第 18 行的 ret 指令變成一個「自身跳躍」（branch-to-self）的指令，從而避免幽靈漏洞變形 2 的攻擊。

在第 11 行中，呼叫 tramp_map_kernel 來切換頁表。

在第 12 行中，把原本核心使用的異常向量表 vectors 載入到 x30 暫存器裡，x30 暫存器是連結暫存器。

在第 14 行中，使用 prfm 指令把核心異常向量表 vectors 提前讀取到記憶體裡。這裡 (1b− tramp_vectors) 指的是標籤 1 的位址與跳板異常向量表啟始位址的偏移量。為什麼要這樣來計算偏移量呢？因為跳板異常向量表是符合 ARM64 向量表的規範的，從這個偏移量我們可以得知使用者態處理程序是出於什麼原因陷入核心態的。比如，若使用者態處理程序透過系統呼叫陷入核心態，那麼它會跳躍到跳板向量表中的 tramp_el0_sync 處，(1b−tramp_ vectors) 計算的就是圖 6.8 中的偏移量 T。偏移量 T 等於偏移量 V。稍後，我們會用這個偏移量來計算核心向量表的跳躍入口，即核心向量表啟始位址加上偏移量 V 的地方。

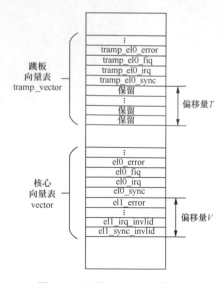

圖 6.8　向量表的偏移量計算

在第 15 行中,把核心異常向量表 vectors 重新設定回 vbar_el1 暫存器中。

在第 16 行中,把核心異常向量表 vectors 啟始位址加上剛才計算出來的偏移量保存到連結暫存器中。

在第 17 行中,使用 isb 記憶體屏障指令來保證上述指令都執行完成。

在第 18 行中,ret 指令會根據 x30 暫存器的值來跳躍,這樣就可以跳躍到正確的異常向量表裡。

tramp_map_kernel 巨集的實現如下。

```
<arch/arm64/kernel/entry.S>

   .macro tramp_map_kernel, tmp
   mrs    \tmp, ttbr1_el1
   add    \tmp, \tmp, #(PAGE_SIZE + RESERVED_TTBR0_SIZE)
   bic    \tmp, \tmp, #USER_ASID_FLAG
   msr    ttbr1_el1, \tmp
.endm
```

tramp_map_kernel 巨集比較簡單,主要重新把核心頁表設定到 TTBR1_EL1 裡,並且把偶數 ASID 也設定到 TTBR1_EL1 中。

綜上所述,當處理程序陷入核心態時需要做的工作如圖 6.9 所示。

ARM64 處理器有兩個頁表基底位址暫存器——TTBR0 和 TTBR1,當存取使用者空間位址時使用 TTBR0 指向的頁表,當存取核心空間位址時使用 TTBR1 指向的頁表,並且 TTBR0 和 TTBR1 都使用一個欄位儲存處理程序的 ASID,為什麼不設定 TTBR0 的 ASID 域呢?

TTBR0 和 TTBR1 都可以用來設定 ASID,我們可以透過 TCR_EL1 暫存器[3] 中的 A1 欄位來設定使用 TTBR0 還是 TTBR1 來儲存 ASID。在沒有啟動 KPTI 之前,通常是使用 TTBR0 來儲存 ASID 的,因為核心空間中設定了全域類型的 TLB,而使用者空間使用處理程序獨有類型的 ASID。但是

3　詳見《ARM Architecture Reference Manual, for ARMv8-A architecture profile, v8.4》D12.2.103 節。

啟動了 KPTI 之後，執行在核心空間的處理程序也有一個 ASID，執行在
使用者空間的處理程序有另一個 ASID，因此我們在處理程序進入核心態
和退出核心態分時別設定 ASID 到 TTBR1 暫存器中。

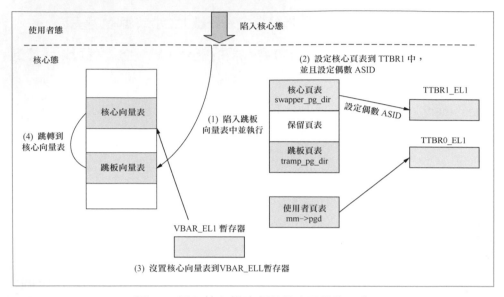

圖 6.9 陷入核心態時處理程序要做的工作

6.3 CPU「幽靈」漏洞

CPU「幽靈」漏洞和熔斷漏洞類似，都利用高性能處理器的一些副作用進
行快取記憶體側通道攻擊。CPU「幽靈」漏洞有兩個變形。

■ 變形 1：繞過邊界檢查漏洞。
■ 變形 2：分支預測注入漏洞。

本節重點介紹變形 1 的攻擊原理和 Linux 核心的解決方案。

6.3.1 分支預測

在超過標準量處理器設計中使用管線來提高性能。在取指令階段除了需要從指令快取記憶體中取出多行指令，還需要決定下一個週期取指令的位址。當遇到條件跳躍指令時，它不能確定是否需要跳躍。處理器會使用分支預測單元試圖猜測每筆跳躍指令是否會執行。當它猜測的準確率很高時，管線中充滿了指令，這樣可以獲取高性能。當它猜測錯誤時，處理器會捨棄為這次猜測所做的所有工作，然後從正確的分支位置取指令和填充管線。因此，一次錯誤的分支預測會招致嚴重的懲罰，導致程式性能下降。通常現代處理器的分支預測準確率都很高。

分支預測一般有兩種情況。

- 預測方向。一個分支敘述通常有兩個可能方向，一是發生跳躍，二是不發生跳躍。對於條件分支敘述（如 if 敘述），這就表示要預測是否需要執行分支敘述。

- 預測目標位址。如果分支指令的方向是發生跳躍，那麼需要知道它跳躍到哪裡，即跳躍的目標位址。根據目標位址的不同又分成兩種形式。

  - 直接跳躍。在指令中使用立即數的形式列出一個相當於 PC 的偏移量值。這種形式的跳躍容易預測，因為立即數一般是固定的。
  - 間接跳躍。分支指令的目標位址來自一個通用暫存器的值，並且是來自其他指令的計算結果，這樣導致需要等到管線的執行時才能確定目標位址，加大了分支預測失敗時的懲罰。大部分程式中使用的間接跳躍指令是用於呼叫副程式的 call/return 類型的指令，這類指令具有很強的規律性，容易被預測。

一般處理器會實現動態分支預測的硬體單元，如 ARM 的 Cortex-A 系列的處理器實現了全域歷史緩衝器（Global History Buffer，GHB）、分支目標緩衝器（Branch Target Buffer，BTB）和返回堆疊緩衝器（Return Stack Buffer，RSB）單元。

1. 分支方向的預測

預測分支方向的最簡單方法是直接使用上一次分支的結果，但是準確率不高。後來出現了名為分支歷史表（Branch Histroy Table，BHB），它是指一種記錄分支歷史資訊的表格，用來判斷一筆分支是否發生跳躍。它的記錄由有效位元、標記和計數器組成，其中計數器用來表示跳躍的結果，標記用來索引該表，它是指令 PC 值的一部分。比如，在 32 位元系統中，如果要記錄完整 32 位元的分支歷史，則需要 4GB 的記憶體，這超出了系統提供的硬體支援能力。所以一般就用指令的後 12 位元作為表格的索引，這樣用 4KB 的表格，就可以記錄全部的跳躍歷史了，如圖 6.10 所示。

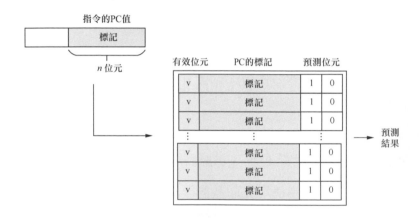

圖 6.10　用 4KB 的表記錄分支跳躍歷史

後來為了提高分支預測的準確率又實現了基於局部歷史的分支歷史緩衝器和全域歷史緩衝器。分支歷史緩衝器為每個條件跳躍指令設定了專用的分支歷史情況緩衝區，而全域歷史緩衝器並不為每個條件跳躍指令都保持專用的歷史記錄。相反，它保存了所有條件跳躍指令共用的一份歷史記錄，它的優點是能辨識出不同的跳躍指令之間的相關性。

2. 直接跳躍的預測

對於直接跳躍通常採用分支目標緩衝器來預測。分支目標緩衝器本質上也是快取記憶體，它的結構和快取記憶體類似，使用 PC 值的一部分作為索引（index），PC 值的其他部分作為分支指令來源位址（Branch Instruction Address，BIA）。分支目標緩衝器的每個記錄中存放了分支指令目標位址（Branch Target Address，BTA）。索引值相同的多個 PC 值可能會索引到同一個記錄，然後使用標記來區分。當多個索引值同時出現時會造成顛簸現象。分支目標緩衝器也採用組相連的方式來解決這種顛簸現象，如圖 6.11 所示。

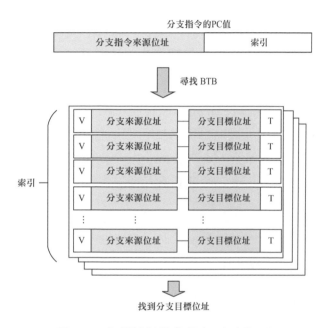

圖 6.11　組相連結構的分支目標緩衝器

3. 間接跳躍的預測

對間接跳躍類型的分支指令來說，目標位址通常來自通用暫存器，可能經常變化，因此，分支目標緩衝器很難準確地預測。但是，大部分間接跳躍分支指令是用於進行副程式呼叫的 call/return 指令，這兩行指令有規律可循，可以採用返回堆疊緩衝器進行預測。對於 call 指令可以使用分支目標緩衝器來預測，如 C 語言中常常使用 printf() 函數來輸出記錄檔，由於 printf() 函數是標準的函數庫函數，因此它的入口位址是固定的。不同的函數呼叫了 printf() 函數，雖然這些 call 指令的 PC 值不同，但是目標位址是固定的，即 printf() 函數的入口位址。因此，使用分支目標緩衝器可以比較準確地預測 call 指令的目標位址。

但是，對 return 指令來說，它一般是副程式最後一行指令，它將從副程式退出，返回主程式的 call 指令後面的一行指令。因此，不同函數呼叫了 printf 函數，return 指令返回的目標位址是不固定，這樣分支目標緩衝器就很難預測了。

根據 return 指令的特點，可以設計一個後進先出（Last In First Out）的記憶體，最後一次進入的資料將最先被使用，它的工作原理和堆疊類似，因此，它稱為返回堆疊緩衝器。

如圖 6.12（a）所示，呼叫 call 指令時會把 call 指令的下一行指令的位址放入返回堆疊緩衝器中，同時透過分支目標緩衝器來預測 call 指令的目標位址。如圖 6.12（b）所示，呼叫 return 指令時，會使用返回堆疊緩衝器中最新的位址來預測 return 指令的目標位址。

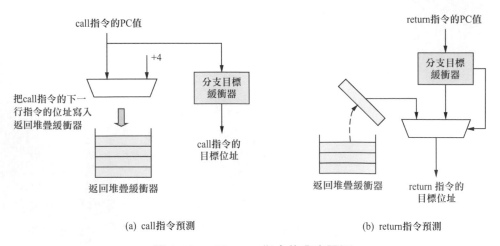

(a) call指令預測　　　　　　　　　(b) return指令預測

圖 6.12 call/return 指令的分支預測

6.3.2 攻擊原理

幽靈漏洞變形 1 利用了 CPU 的分支預測單元的漏洞進行攻擊。幽靈漏洞攻擊的虛擬程式碼如下。

```
<幽靈漏洞攻擊的虛擬程式碼>

1    struct array {
2        unsigned long length;
3        unsigned char data[256];
4    };
5
6    struct array *arr1;
7    void *share_data;
8    unsigned long x;
9
10   if (x < arr1->length) {
11       unsigned char value;
12       value =arr1->data[x];
13
14       unsigned long index2 =((value&1)*0x100);
16       unsigned char value2 = share_data[index2];
17   }
```

第 10 行是一個簡單的 if 判斷敘述。當 x 小於 arr1->length 時，程式會執行 if 敘述裡的程式；當 x 大於 arr1->length 時，程式不會執行 if 敘述裡的程式。由於 CPU 有分支預測功能，因此需要根據歷史執行情況來判斷是否提前執行第 11 ～ 17 行的程式。雖然 CPU 發現 x 超過判斷範圍，並且最終 CPU 並沒有提交第 11 ～ 17 行的執行結果，但是資料已經被預先存取到了快取記憶體中。

那麼如何讓 CPU 的分支預測機制能繞過間接檢查呢？這裡需要經過特殊的訓練。比如，攻擊者偽造一個資料集 y，又設計了許多比 array1_size 小的資料集並讓系統執行分支預測這個功能。這樣經過訓練之後，分支預測單元會認為下一個迴圈也滿足迴圈條件而去預執行這個迴圈，此時，攻擊者輸入一個包含攻擊內容的位址並且這個位址超過了判斷範圍，那麼分支預測單元預測這次滿足判斷條件而提前預先存取攻擊內容的值。

圖 6.10 展示了一個攻擊者處理程序利用這個漏洞去獲取受害者處理程序的私有資料的方式。假設攻擊者處理程序和受害者處理程序有共用資料的通道，攻擊者處理程序可以把資料和程式發送給受害者處理程序來執行。

下面是攻擊的具體操作。

（1）攻擊者設計一個資料集來訓練分支目標預測器。

（2）攻擊者沖刷快取記憶體。

（3）攻擊者把攻擊程式發送給受害者。

（4）受害者執行攻擊程式，把私有資料位址（圖 6.13 所示的偏移量 x）傳遞給攻擊程式。分支預測單元會預先存取私有資料，然後以私有資料的值作為索引，把 share_data 資料載入到快取記憶體。

（5）攻擊者對 share_data 資料進行測量，從而推測出私有資料的值。

上述攻擊過程最常見的場景是瀏覽器，如透過瀏覽器載入 JavaScript 指令稿實現對私有記憶體的攻擊。如果一個瀏覽器網頁裡嵌入了 JavaScript 惡意程式碼，就可以獲取瀏覽器中的私有資料，如個人的登入密碼等。

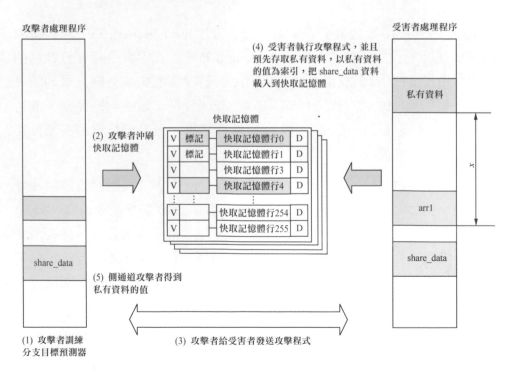

圖 6.13 攻擊者處理程序利用幽靈漏洞獲取受害者處理程序的私有資料

6.3.3 修復方案

很難從軟體的角度來完全修復幽靈漏洞，需要晶片廠商從晶片設計的角度來全盤考慮。下面介紹一些軟體層面的避開方法，這些方法只能減緩和局部修復。

1. 新增記憶體屏障指令

ARM64 架構引入了一個新的記憶體屏障指令 —— 消費預測資料屏障（Consume Speculative Data Barrier，CSDB）指令。這行指令的意思是，在 CSDB 指令之後，任何指令都不會使用預測的值來執行。大部分的情況下同時使用 CSEL 和 CSDB 指令來繞過邊界檢查的問題。下面列出一段程式。

```
if (untrusted_value < limit)
    val = array[untrusted_value];
```

上述程式反組譯後的組合語言程式碼如下。

```
    cmp untrusted_value, limit
    b.hs label
    ldrb val, [array, untrusted_value]

label:
    //使用val存取其他記憶體單元
```

下面使用 CSEL 和 CSDB 指令來最佳化上述組合語言。

```
    cmp untrusted_value, limit
    b.hs label
    csel tmp, untrusted_value, wzr, lo
     csdb
    ldrb val, [array, tmp]

label:
    //使用val存取其他記憶體單元
```

上面的組合語言程式碼增加了兩行指令。首先，使用 csel 指令用於根據判斷條件選擇範圍。當 untrusted_value 大於 limit 時，csel 指令會返回 0 給

tmp 變數。然後，使用 csdb 指令，它用來保證 csel 指令的執行沒有使用後面的預測執行的結果。

2. 核心的 array_index_nospec() 函數

Linux 核心引入了一個新的介面函數 array_index_nospec()，它可以確保即使在分支預測的情況下也不會發生邊界越界問題。

```
<include/linux/nospec.h>
static inline unsigned long array_index_mask_nospec(unsigned long index,
                         unsigned long size)
{
return ~(long)(index | (size - 1UL - index)) >> (BITS_PER_LONG - 1);
}

#define array_index_nospec(index, size)            \
({                                                  \
    typeof(index) _i = (index);             \
    typeof(size) _s = (size);             \
    unsigned long _mask = array_index_mask_nospec(_i, _s);       \
    (typeof(_i)) (_i & _mask);             \
})
```

array_index_mask_nospec() 函數用來實現一個隱藏。當 index 大於或等於 size 時，返回 0；當 index 小於 size 時，返回全是 f 的隱藏──0xFFFF FFFF FFFF FFFF FFFF。因此，在任何條件下，array_index_nospec() 巨集的返回值被限定在了 0 到 size。下面是使用 array_index_nospec() 函數的例子。

```
<例子>

int load_array(int *array, unsigned int index)
{
    if (index < MAX_ARRAY_ELEMS)
        index = array_index_nospec(index, MAX_ARRAY_ELEMS);
        return array[index];
    } else
        return 0;
}
```

另一個例子是使用 array_index_nospec() 函數來防止對系統呼叫表的預測執行和越界存取。

```
<arch/arm64/kernel/syscall.c>

static void invoke_syscall(struct pt_regs *regs, unsigned int scno,
            unsigned int sc_nr,
            const syscall_fn_t syscall_table[])
{
    long ret;

    if (scno < sc_nr) {
        syscall_fn_t syscall_fn;
        syscall_fn = syscall_table[array_index_nospec(scno, sc_nr)];
        ret = __invoke_syscall(regs, syscall_fn);
    } else {
        ret = do_ni_syscall(regs, scno);
    }
}
```

array_index_mask_nospec() 函數在 ARM64 Linux 核心中有一個組合語言的實現。

```
<arch/arm64/include/asm/barrier.h>

1    static inline unsigned long array_index_mask_nospec(
2                    unsigned long idx,unsigned long sz)
3    {
4        unsigned long mask;
5
6        asm volatile(
7        "    cmp    %1, %2\n"
8        "    sbc    %0, xzr, xzr\n"
9        : "=r" (mask)
10       : "r" (idx), "Ir" (sz)
11       : "cc");
12
13       csdb();
14       return mask;
15   }
```

在第 7 行中，使用 cmp 指令來比較 idx 參數和 sz 參數的大小，它會做 idx − sz 的減法運算，並且影響 PSTATE 暫存器的 C 標示位元。

在第 8 行中，sbc 指令是一分散連結 C 標示位元的減法指令，這相當於 0−0−1 + C。而 C 標示位元由 cmp 指令來確定。當 idx 小於 sz 時，cmp 指令沒有產生無號數溢位，C 標示位元為 0，因此 mask 為 −1，用二進位表示為 0xFFFF FFFF FFFF FFFF FFFF。當 idx 大於或等於 sz 時，cmp 指令產生了無號數溢位（cmp 指令在內部是使用 subs 指令來實現的，subs 指令會檢查是否發生無號數溢位，然後設定 C 標示位元），那麼 C 標示位元被設定為 1，最後 mask 為 0。在第 13 行中，執行了新的記憶體屏障指令 csdb 指令。

在第 14 行中，返回 mask。

3. GCC 的修復方案

和核心的 array_index_nospec() 函數類似，GCC[4] 為使用者程式提供了類似的方案。GCC 新增一個內建函數。

```
type __builtin_speculation_safe_value (type val, type failval)
```

這個內建函數可以避免不安全的預測分支執行。其中，type 表示資料類型，第一個參數 val 是存取的索引值，第二個參數 failval 可以省略，預設情況下為 0。下面是使用該內建函數的例子。

```
<例子>

int load_array(unsigned untrusted_index)
{
  if (untrusted_index < MAX_ARRAY_ELEMS)
    return array[__builtin_speculation_safe_value(untrusted_index)];

  return 0;
}
```

---

4 該內建函數在 GCC 9 的版本中才支援。

使用 DS-5 偵錯 ARM64 Linux 核心

為了幫助晶片公司和硬體廠商更進一步地偵錯 ARM 晶片，ARM 公司開發了一套模擬器以及配套的軟體，這個軟體叫作 DS-5。DS-5 整合了很多很有用的偵錯特性，充分利用硬體模擬器的優勢，深入 ARM 晶片內部進行偵錯。由於硬體模擬器和 DS-5 軟體都是需要購買授權的，而且價格不菲，因此大部分生產 ARM 晶片和硬體裝置的公司會購買授權。

對於技術同好，DS-5 有一個免費的社區版本（DS-5 Community Edition），它是 DS-5 軟體的簡化版，刪掉了很多功能，但是我們依然可以使用 DS-5 來單步偵錯 ARM64 Linux 核心。本節介紹如何使用 DS-5 社區版來單步偵錯 ARM64 Linux 核心。DS-5 有 3 個版本，如表 A.1 所示。

⬇ 表 A.1　DS-5 的版本

專案	DS-5 社區版	DS-5 專業版	DS-5 終極版
授權	免費	購買授權	購買授權
Eclipse IDE	支持	支持	支持
ARM 編譯器	不支持	部分支援	支持
GCC 編譯器	支持	支持	支持
DS-5 偵錯器	僅支持裸機偵錯	支持	支持
CoreSight 追蹤	不支持	支持	支持
Streamline 性能分析	少量支持	支持	支持
FVP 平台	少量支持，例如 Cortex-A9 等	部分支援（不支援 ARMv8）	全支持
處理器	僅支持少量 FVP	部分支援（不支援 ARMv8）	全支持

A.1 DS-5 社區版下載和安裝

讀者可以從 ARM 官網下載 DS-5 社區版的 Linux 安裝檔案,例如 ds5-ce-linux64- 29rel1.tgz,解壓後,直接執行 ./install.sh 安裝檔案,按照安裝提示進行安裝。安裝完成之後,選擇 Eclipse for DS-5 CE v5.19.1 選單,打開 DS-5 社區版,啟動介面如圖 A.1 所示。

圖 A.1 啟動介面

A.2 使用 DS-5 偵錯核心的優勢

前面章節介紹了使用 QEMU 虛擬機器 +Eclipse 實驗平台來圖形化偵錯 ARM64 Linux 核心,那麼使用 DS-5 有什麼優勢呢?

DS-5 是基於 Eclipse 開發的一套圖形化偵錯軟體,內建了 ARM 公司的偵錯器等許多功能。本節介紹使用 DS-5 偵錯核心的優勢。

A.2.1 查看系統暫存器的值

在偵錯過程中,使用 DS-5 可以很方便地查看 ARM64 晶片內部的暫存器的值,包括通用暫存器、系統暫存器以及特殊暫存器的值。

打開 Registers 視窗,暫存器分成 AArch64 和 AArch32 兩大類。每一類下面又分成 Core(核心)、SIMD(Single Instruction Multiple Data,單指令

多資料流程)、System(系統)和 GIC(Generic Interrupt Controller,通用中斷控制器)暫存器,如圖 A.2 所示。

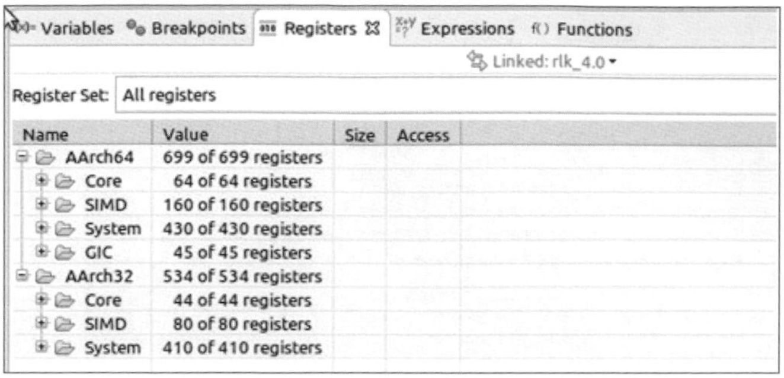

Name	Value	Size	Access
AArch64	699 of 699 registers		
Core	64 of 64 registers		
SIMD	160 of 160 registers		
System	430 of 430 registers		
GIC	45 of 45 registers		
AArch32	534 of 534 registers		
Core	44 of 44 registers		
SIMD	80 of 80 registers		
System	410 of 410 registers		

圖 A.2 Registers 暫存器視窗

Core 暫存器(見圖 A.3)主要是 ARM64 通用暫存器。

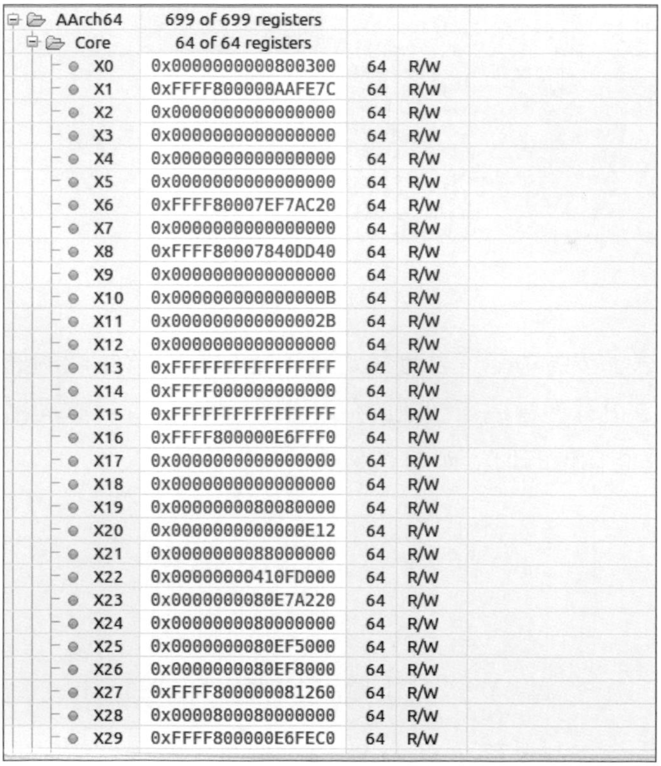

AArch64	699 of 699 registers		
Core	64 of 64 registers		
X0	0x0000000000800300	64	R/W
X1	0xFFFF800000AAFE7C	64	R/W
X2	0x0000000000000000	64	R/W
X3	0x0000000000000000	64	R/W
X4	0x0000000000000000	64	R/W
X5	0x0000000000000000	64	R/W
X6	0xFFFF80007EF7AC20	64	R/W
X7	0x0000000000000000	64	R/W
X8	0xFFFF80007840DD40	64	R/W
X9	0x0000000000000000	64	R/W
X10	0x000000000000000B	64	R/W
X11	0x000000000000002B	64	R/W
X12	0x0000000000000000	64	R/W
X13	0xFFFFFFFFFFFFFFFF	64	R/W
X14	0xFFFF000000000000	64	R/W
X15	0xFFFFFFFFFFFFFFFF	64	R/W
X16	0xFFFF800000E6FFF0	64	R/W
X17	0x0000000000000000	64	R/W
X18	0x0000000000000000	64	R/W
X19	0x0000000080080000	64	R/W
X20	0x0000000000000E12	64	R/W
X21	0x0000000088000000	64	R/W
X22	0x00000000410FD000	64	R/W
X23	0x0000000080E7A220	64	R/W
X24	0x0000000080000000	64	R/W
X25	0x0000000080EF5000	64	R/W
X26	0x0000000080EF8000	64	R/W
X27	0xFFFF800000081260	64	R/W
X28	0x0000800080000000	64	R/W
X29	0xFFFF800000E6FEC0	64	R/W

圖 A.3 Core 暫存器

展開 System 暫存器（如圖 A.4 所示），可以看到系統暫存器按照功能進行
分類。

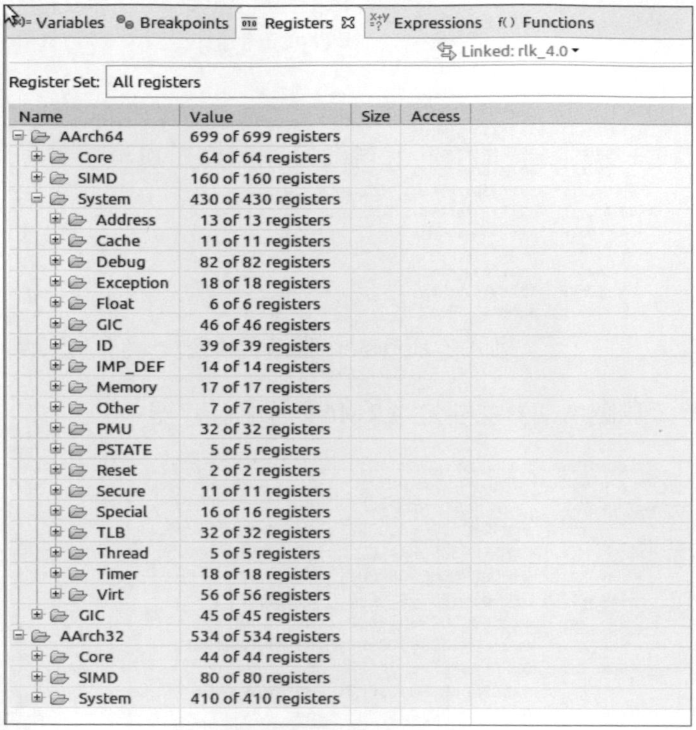

圖 A.4　System 暫存器

這些暫存器除了按照功能進行分類之外，還把暫存器相關的欄位進行了解
析，非常方便讀者查看這些欄位的值。舉例來説，查看處理器狀態暫存器
PSTATE 中每個欄位的值，如圖 A.5 所示。

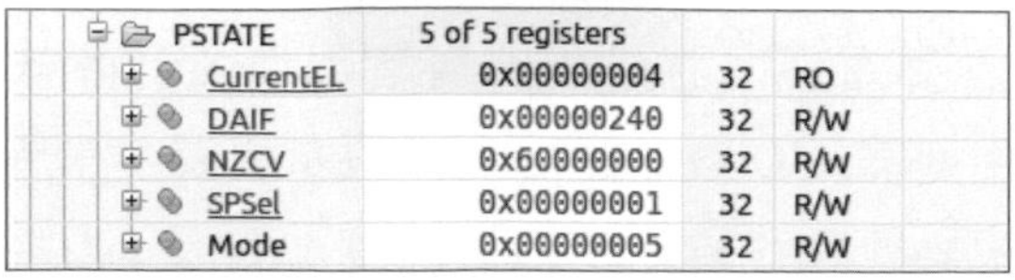

圖 A.5　PSTATE 暫存器中每個欄位的值

舉例來説，系統控制暫存器 SCTLR_EL1 把每一個欄位的説明和當前的值
都顯示出來，如圖 A.6 所示。

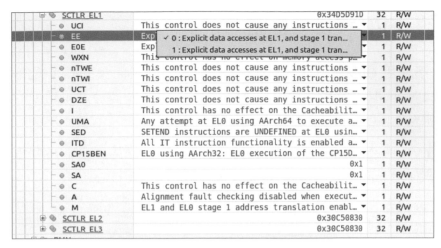

圖 A.6　SCTRL_EL1 暫存器中每一個欄位的說明和當前的值

A.2.2　內建 ARMv8 晶片手冊

DS-5 內建了 ARMv8 晶片手冊，如圖 A.7 所示，讀者可以在軟體介面上快速精準地查詢暫存器的說明，不需要尋找晶片手冊，從而提高工作效率。

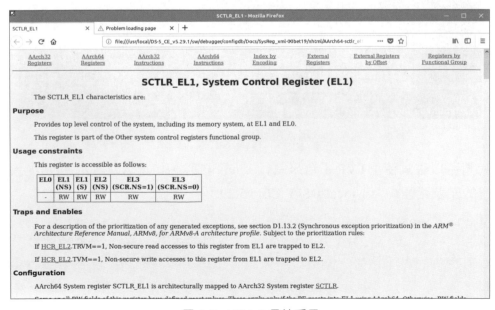

圖 A.7　ARMv8 晶片手冊

A.3 FVP 模擬器使用

DS-5 不使用 QEMU 模擬器，而是使用 ARM 公司開發的固定虛擬平台
（Fixed Virtual Platform，FVP）。FVP 可以支援各大晶片公司開發的處理
器和平台。

要在 FVP 平台上執行 Linux 核心需要對核心映射檔案做一個啟動程式。
接下來使用 build_ds5_arm64.sh 指令稿來編譯 Linux 核心。

```
# cd runninglinuxkernel_5.0
# ./build_ds5_arm64.sh
```

編譯好的核心檔案存放在 boot-wrapper-aarch64 目錄下面的 linux-system.
axf 檔案中，如圖 A.8 所示，該檔案在原始的核心映射檔案中加了一層啟
動程式。

```
rlk@ubuntu:boot-wrapper-aarch64$ ls
aclocal.m4        cache.o           fvp-base-gicv3-psci.dtb   Makefile.am
addpsci.pl        compile           gic.c                     Makefile.in
arch              config.log        gic-v3.c                  missing
autom4te.cache    config.status     gic-v3.o                  model.lds
bakery_lock.c     configure         include                   model.lds.S
bakery_lock.o     configure.ac      install-sh                platform.c
boot_common.c     fdt.dtb           lib.c                     platform.o
boot_common.o     FDT.pm            lib.o                     psci.c
build_boot_5.sh   findbase.pl       LICENSE.txt               psci.o
build_boot.sh     findcpuids.pl     linux-system.axf          README
cache.c           findmem.pl        Makefile                  tags
rlk@ubuntu:boot-wrapper-aarch64$
```

圖 A.8 編譯好的核心

我們可以嘗試使用 FVP 平台來執行 Linux 核心，如圖 A.9 所示。DS-5 預
設的安裝路徑為 /usr/local/DS-5_CE_v5.29.1。

```
#cd boot-wrapper-aarch64
#/usr/local/DS-5_CE_v5.29.1/sw/models/bin/Foundation_Platform --image linux-
system.axf  #DS-5安裝路徑
```

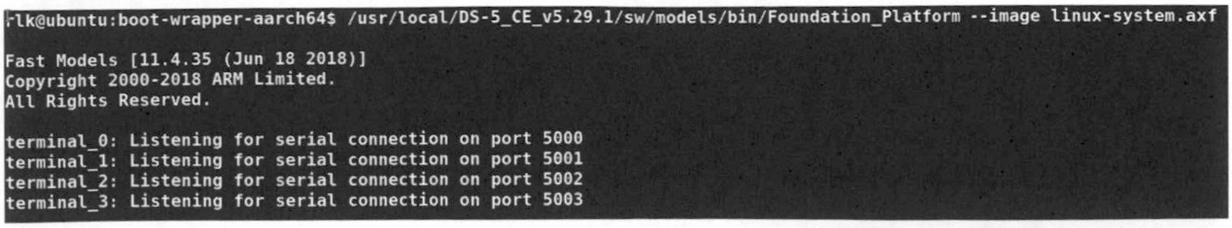

```
rlk@ubuntu:boot-wrapper-aarch64$ /usr/local/DS-5_CE_v5.29.1/sw/models/bin/Foundation_Platform --image linux-system.axf

Fast Models [11.4.35 (Jun 18 2018)]
Copyright 2000-2018 ARM Limited.
All Rights Reserved.

terminal_0: Listening for serial connection on port 5000
terminal_1: Listening for serial connection on port 5001
terminal_2: Listening for serial connection on port 5002
terminal_3: Listening for serial connection on port 5003
```

圖 A.9　使用 FVP 平台來執行 Linux 核心

FVP 平台會新建兩個視窗。一個是 Fast Models-CLCD Foundation Platform
視窗，如圖 A.10 所示，另一個是 FVP terminal_0 視窗，如圖 A.11 所示。

圖 A.10　Fast Models-CLCD Foundation Platform 視窗

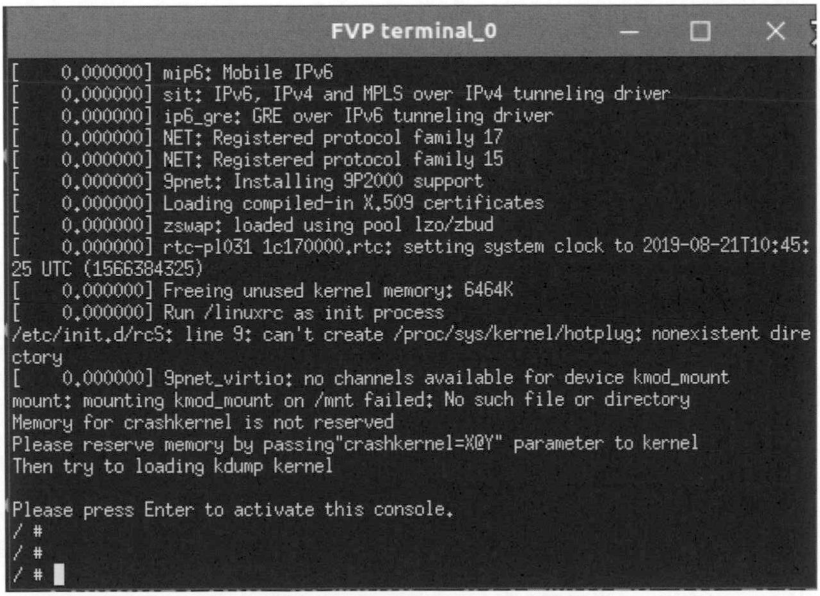

圖 A.11　FVP terminal_0 視窗

在 FVP terminal_0 視窗中，可以看到 Linux 核心已經執行了。

關閉 Fast Models-CLCD Foundation Platform 視窗可以關閉 FVP 平台。我們先暫時關閉 FVP 平台。

A.4 單步偵錯核心

A.4.1 偵錯設定

DS-5 是基於 Eclipse 進行延伸開發的，因此整個介面和 Eclipse 保持一致。選擇 DS-5 功能表列中的 Run → Debug Configurations，在選單左邊可以看到有一個 DS-5 Debugger 選項，如圖 A.12 所示。

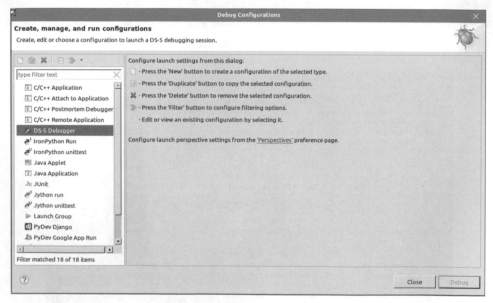

圖 A.12　DS-5 Debugger 選項

雙擊 DS-5 Debugger，創建一個新的連接。我們可以在 Name 文字標籤中輸入新的連接名稱——Linux_ds5。

點擊 Connection 標籤。在 Select target 選項區域中選擇 ARM Model 最下面的 Debug ARM v8-A，如圖 A.13 所示。

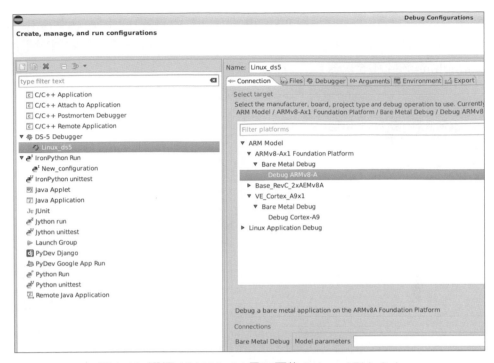

圖 A.13 選擇 ARM Model 最下面的 Debug ARM v8-A

點擊 Files 標籤,在 Target Configuration 選項區域裡選擇剛才編譯好的 linux-system.axf 檔案,如圖 A.14 所示。

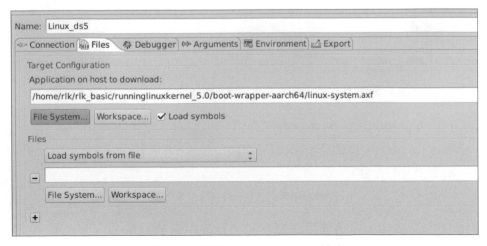

圖 A.14 選擇 linux-system.axf 檔案

點擊 Debugger 標 籤，在 Run Control 選 項 區 域 中 點 擊 Debug from
entry point 選 項 按 鈕，如 圖 A.15 所 示。在 Paths 選 項 區 域 中 選 擇
runninglinuxkernel_5.0 專案的絕對路徑。

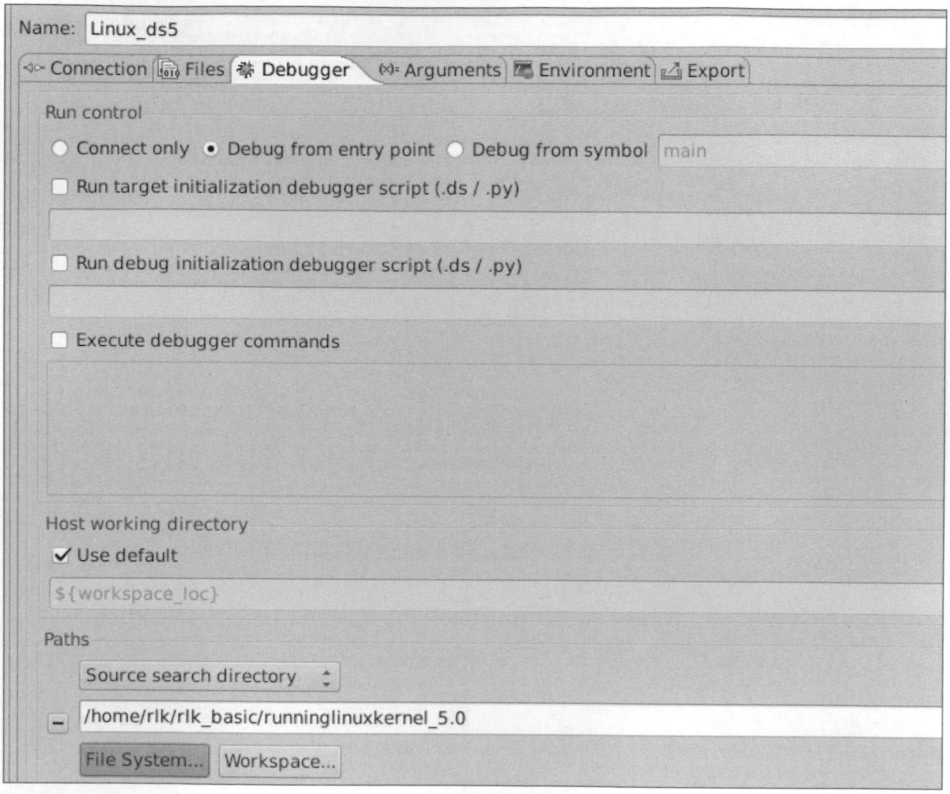

圖 A.15　在 Run Control 選項群組中點擊 Debug from entry point 選項按鈕

選擇完成之後，點擊 Apply 按鈕，並點擊 Debug 按鈕進入偵錯模式。

在 Target Console 視窗裡可以看到 FVP 平台啟動的資訊。另外，會彈出
一個 Fast Models-CLCD Foundation Platform 視窗，説明 FVP 平台已經啟
動，如圖 A.16 所示。

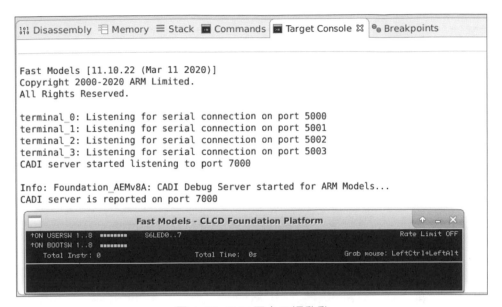

圖 A.16 FVP 平台已經啟動

在 Debug Control 視窗（見圖 A.17）裡可以看到我們剛才創建的連接——Linux_ds5，現在連接的狀態是 connected。處理器的型號為 ARMv8-A。現在處理器執行的狀態是 stopped（EL3h）。這說明現在處理器停在中斷點上，並且處理器執行在 EL3。

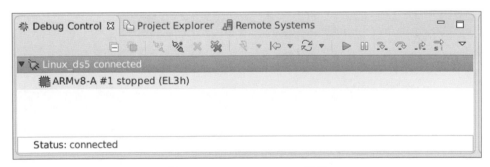

圖 A.17 Debug Control 視窗

在 Command 視窗中，我們可以看到現在處理器正停在程式的入口處，即 EL3 的 0x0 位址處，如圖 A.18 所示。

```
Connected to stopped target ARM Model - ARMv8-Ax1 Foundation Platform
cd "/home/rlk/DS-5-Workspace"
Working directory "/home/rlk/DS-5-Workspace"
Execution stopped in EL3h mode at EL3:0x0000000000000000
EL3:0x0000000000000000    DCI       0xe7ff0010 ; ? Undefined
loadfile "/home/rlk/rlk_basic/runninglinuxkernel_5.0/boot-wrapper-aarch64/linux-system.axf"
Loaded section .boot: EL3:0x0000000080000000 ~ EL3:0x0000000080001F8F (size 0x1F90)
Loaded section .mbox: EL3:0x000000008000FFF8 ~ EL3:0x000000008000FFFF (size 0x8)
Loaded section .got: EL3:0x0000000080010000 ~ EL3:0x000000008001001F (size 0x20)
Loaded section .got.plt: EL3:0x0000000080010020 ~ EL3:0x0000000080010037 (size 0x18)
Loaded section .kernel: EL3:0x0000000080080000 ~ EL3:0x0000000820C59FF (size 0x2045A00)
Loaded section .dtb: EL3:0x0000000088000000 ~ EL3:0x0000000088002576 (size 0x2577)
Entry point EL3:0x0000000080000000
directory "/home/rlk/rlk_basic/runninglinuxkernel_5.0"
Source directories searched: /home/rlk/rlk_basic/runninglinuxkernel_5.0:$cdir:$cwd:$idir
set debug-from *$ENTRYPOINT
start
Starting target with image /home/rlk/rlk_basic/runninglinuxkernel_5.0/boot-wrapper-aarch64/linux-system.axf
Running from entry point
wait
Execution stopped in EL3h mode at EL3:0x0000000080000000
In boot.S
EL3:0x0000000080000000   18,0   cpuid   x0, x1
```

圖 A.18　處理器正停在程式的入口處

另外，在程式視窗裡可以看到游標停留在 _start 函數中（見圖 A.19）。注
意，這個檔案是 boot-wrapper-aarch64 中的 boot.S 組合語言檔案，檔案目
錄為 boot-wrapper-aarch64/arch/aarch64/boot.S。

```
S boot.S ⊠
 1 /*
 2  * arch/aarch64/boot.S - simple register setup code for stand-alone Linux booting
 3  *
 4  * Copyright (C) 2012 ARM Limited. All rights reserved.
 5  *
 6  * Use of this source code is governed by a BSD-style license that can be
 7  * found in the LICENSE.txt file.
 8  */
 9
10 #include "common.S"
11
12     .section .init
13
14     .globl  _start
15     .globl jump_kernel
16
17 _start:
18     cpuid   x0, x1
19     bl   find_logical_id
20     cmp x0, #MPIDR_INVALID
21     beq err_invalid_id
22     bl   setup_stack
```

圖 A.19　停留在 _start 函數中

A.4.2 偵錯 EL2 的組合語言程式碼

處理器重置通電時執行在 EL3，執行的程式為 boot-wrapper-aarch64 的啟動程式。在跳躍到 Linux 核心組合語言程式碼時，處理器的異常等級會從 EL3 切換到 EL2。接下來在 Linux 核心組合語言入口程式處設定一個中斷點。FVP 平台上實體記憶體的起始位址是 0x8000 0000，再加上 0x80000（TEXT_OFFSET 偏移量）就是 Linux 核心入口位址，即 0x8008 0000。

進入 Commands 視窗，在 Command 文字標籤中輸入 "b el2:0x80080000" 來設定一個中斷點（見圖 A.20），這個中斷點是 EL2 下的 0x8008 0000。

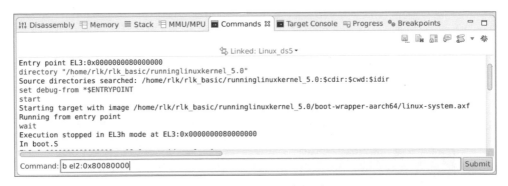

圖 A.20　設定一個中斷點

接下來，在 Debug Control 視窗中點擊 Continue 按鈕或按快速鍵 F8，讓 FVP 平台繼續執行，如圖 A.21 所示。

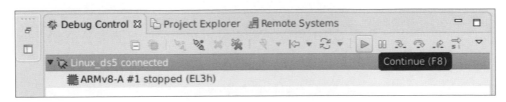

圖 A.21　讓 FVP 平台繼續執行

此時可以看到系統停留在 "EL2:0x80080000" 中斷點處，如圖 A.22 所示。

```
b el2:0x80080000
Breakpoint 2 at EL2N:0x0000000080080000
wait
continue
Execution stopped in EL2h mode at breakpoint 2: EL2N:0x0000000080080000
EL2N:0x0000000080080000    ADD       x13,x18,#0x16
```

圖 A.22 系統停留在 "EL2:0x80080000" 中斷點處

在程式視窗裡沒有顯示對應的程式，因為還沒有載入 vmlinux 符號表。由
於 vmlinux 是按照連結位址進行編譯連結的，即它的位址都是虛擬位址，
讀者可以透過 aarch64-linux-gnu-readelf -S vmlinux 命令來查看。

從圖 A.23 可知，".head.text" 段的連結位址為 0xffff000010080000。而此
時，處理器的 MMU 還沒有打開，處理器是執行在物理位址上的，對應的
物理位址為 0x80080000。

```
rlk@master:runninglinuxkernel_5.0$ aarch64-linux-gnu-readelf -S vmlinux
There are 40 section headers, starting at offset 0x9b2f850:

Section Headers:
  [Nr] Name              Type            Address          Offset
       Size              EntSize         Flags Link Info  Align
  [ 0]                   NULL            0000000000000000 00000000
       0000000000000000  0000000000000000       0    0    0
  [ 1] .head.text        PROGBITS        ffff000010080000 00010000
       0000000000001000  0000000000000000  AX   0    0    4096
  [ 2] .text             PROGBITS        ffff000010081000 00011000
       00000000015c5138  0000000000000008  AX   0    0    2048
  [ 3] .rodata           PROGBITS        ffff000011650000 015e0000
       0000000002d3281   0000000000000000  WA   0    0    4096
```

圖 A.23 查看 vmlinux 的連結位址

在 DS-5 中使用一個與 GDB 類似的 add-symbol-file 命令來載入符號表，
但是這個命令會載入檔案的連結位址，而非物理位址。

```
# add-symbol-file命令預設載入了vmlinux的連結位址
add-symbol-file  /home/rlk/rlk_basic/runninglinuxkernel_5.0/vmlinux
info files

Symbols from "/home/rlk/rlk_basic/runninglinuxkernel_5.0/vmlinux".
Local exec file:
    "/home/rlk/rlk_basic/runninglinuxkernel_5.0/vmlinux", file type ELF64.
    Entry point: EL2N:0xFFFF000010080000.
```

```
EL2N:0xFFFF000010080000 - EL2N:0xFFFF000010080FFF is .head.text
EL2N:0xFFFF000010081000 - EL2N:0xFFFF000011646137 is .text
EL2N:0xFFFF000011650000 - EL2N:0xFFFF000011923280 is .rodata
...
```

在 DS-5 終極版（Ultimate）中可以使用 set os physical-address 0x80080000 命令來設定物理位址，但是在 DS-5 社區版中這個功能被刪除了。為此，我們需要使用小技巧來解決這個問題。

DS-5 中 add-symbol-file 命令的格式如下。

```
<DS-5>

add-symbol-file filename [offset] [-s section address]...
```

其中 offset 用來指定基於檔案映像檔的連結位址的偏移量 [1]，而 GDB 中的 add-symbol-file 命令以下 [2]。

```
<GDB>

add-symbol-file filename [ textaddress ] [-s section address ... ]
```

其中 textaddress 指的是檔案映像檔將要載入的位址。因此，DS-5 和 GDB 中的參數有區別。

我們需要計算一個偏移量讓 add-symbol-file 命令把 vmlinux 的各個段的符號表載入到物理位址中。

計算偏移量的方式如下。

$$0x80080000 - 0xffff000010080000 = -0xfffeffff90000000$$

使用以下命令來重新載入 vmlinux 符號表。在 Commands 視窗中，在 Command 文字標籤中輸入以下命令。

```
add-symbol-file  /home/rlk/rlk_basic/runninglinuxkernel_5.0/vmlinux
-0xfffeffff90000000
```

---

1 參考《ARM DS-5 Debugger Command Reference，Version 5.29》1.3.1 節。
2 參考《Debugging with GDB, Tenth Edition, for GDB Version 8.3.50》18.1 節。

然後使用 info files 命令來查看 vmlinux 檔案的符號表資訊。從輸出資訊可以看到，.head.text 等段的符號表資訊已經載入到物理位址上了。

```
info files

Symbols from "/home/rlk/rlk_basic/runninglinuxkernel_5.0/vmlinux".
Local exec file:
    "/home/rlk/rlk_basic/runninglinuxkernel_5.0/vmlinux", file type ELF64.
    Entry point: EL2N:0x0000000080080000.
    EL2N:0x0000000080080000 - EL2N:0x0000000080080FFF is .head.text
    EL2N:0x0000000080081000 - EL2N:0x0000000081646137 is .text
    EL2N:0x0000000081650000 - EL2N:0x0000000081923280 is .rodata
    EL2N:0x0000000081923290 - EL2N:0x000000008192522F is .pci_fixup
```

此時，在程式視窗顯示了 Linux 核心組合語言程式碼，如圖 A.24 所示。

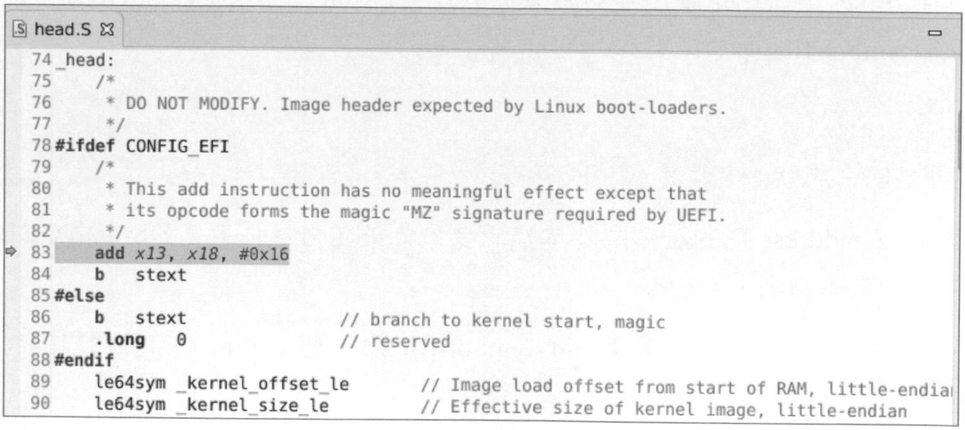

圖 A.24　程式視窗

A.4.3　切換到 EL1

Linux 核心透過 el2_setup 組合語言函數把處理器模式從 EL2 切換到 EL1，因此我們可以在 el2_setup 組合語言函數返回之前設定一個中斷點。可以在程式視窗中打開 arch/arm64/kernel/head.S 檔案，在第 646 行的左側雙擊，設定中斷點，如圖 A.25 所示。

```
 head.S ⊠
636
637     /* Hypervisor stub */
638 7:  adr_l   x0, __hyp_stub_vectors
639     msr vbar_el2, x0
640
641     /* spsr */
642     mov x0, #(PSR_F_BIT | PSR_I_BIT | PSR_A_BIT | PSR_D_BIT |\
643             PSR_MODE_EL1h)
644     msr spsr_el2, x0
645     msr elr_el2, lr
●646    mov w0, #BOOT_CPU_MODE_EL2     // This CPU booted in EL2
647     eret
648 ENDPROC(el2_setup)
649
```

圖 A.25 設定中斷點

在 Commands 視窗中可以看到設定中斷點的資訊。

```
break -p
"/home/rlk/rlk_basic/runninglinuxkernel_5.0/arch/arm64/kernel/head.S":646
Breakpoint 3.1 at EL2N:0x0000000081641178
on file head.S, line 646
```

點擊 Debug Control 視窗中的 Continue 按鈕，可以看到 DS-5 的游標停在 head.S 檔案第 646 行的中斷點處，如圖 A.26 所示，此時處理器還執行在 EL2。

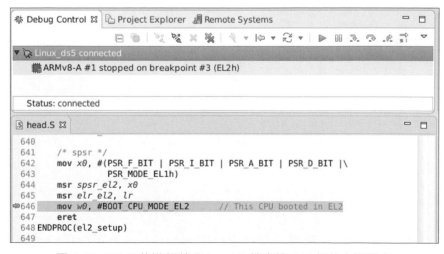

圖 A.26 DS-5 的游標停在 head.S 檔案第 646 行的中斷點處

使用 Debug Control 視窗中的 Step Source Line 按鈕來單步執行程式。當執行完 eret 指令之後，處理器的異常等級變成了 EL1。由於剛才載入的符號表基於 EL2，因此程式視窗無法正確顯示程式。解決辦法是在 EL1 下重新載入 vmlinux 的符號表。在 Commands 視窗中，在 Command 文字標籤中輸入以下命令。

```
add-symbol-file  /home/rlk/rlk_basic/runninglinuxkernel_5.0/vmlinux
-0xfffeffff90000000
```

注意，由於接下來的組合語言程式碼會打開 MMU 並且重定位到核心空間的虛擬位址上，因此我們需要再一次載入 vmlinux 符號表，這次載入的位址為 vmlinux 的連結位址，即核心空間的虛擬位址。在 Command 文字標籤中輸入以下命令。

```
add-symbol-file  /home/rlk/rlk_basic/runninglinuxkernel_5.0/vmlinux
```

讀者可以透過 info files 命令來查看符號表載入情況。

A.4.4 打開 MMU 以及重定位

可以在 __primary_switch 組合語言函數中設定中斷點，如圖 A.27 所示。

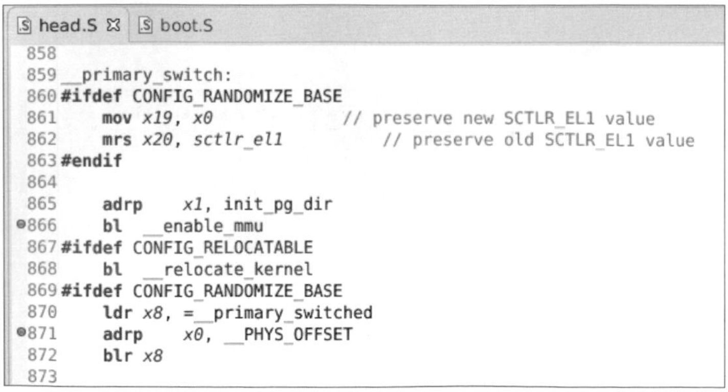

```
S head.S ⊠  S boot.S
 858
 859 __primary_switch:
 860 #ifdef CONFIG_RANDOMIZE_BASE
 861     mov x19, x0            // preserve new SCTLR_EL1 value
 862     mrs x20, sctlr_el1        // preserve old SCTLR_EL1 value
 863 #endif
 864
 865     adrp    x1, init_pg_dir
●866     bl    __enable_mmu
 867 #ifdef CONFIG_RELOCATABLE
 868     bl    __relocate_kernel
 869 #ifdef CONFIG_RANDOMIZE_BASE
 870     ldr x8, =__primary_switched
●871     adrp    x0, __PHYS_OFFSET
 872     blr x8
 873
```

圖 A.27　在 __primary_switch 函數裡設定中斷點

在 __enable_mmu 組合語言函數裡會打開 MMU。讀者可以單步進入該函數並追蹤 SCTLR_EL1 中 M 欄位的變化情況。打開 Registers 視窗，查看

SCTLR_EL1 中 M 欄位的值，如圖 A.28 所示。

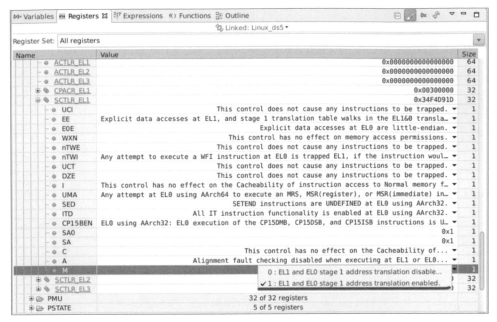

圖 A.28　查看 SCTLR_EL1 中 M 欄位的值

當程式執行到第 871 行的中斷點時，透過查看 Disassembly 視窗可知當前
執行在物理位址上，當執行完第 872 行的 blr 指令之後，程式實現了重定
位功能，即程式跳躍到連結位址上了。

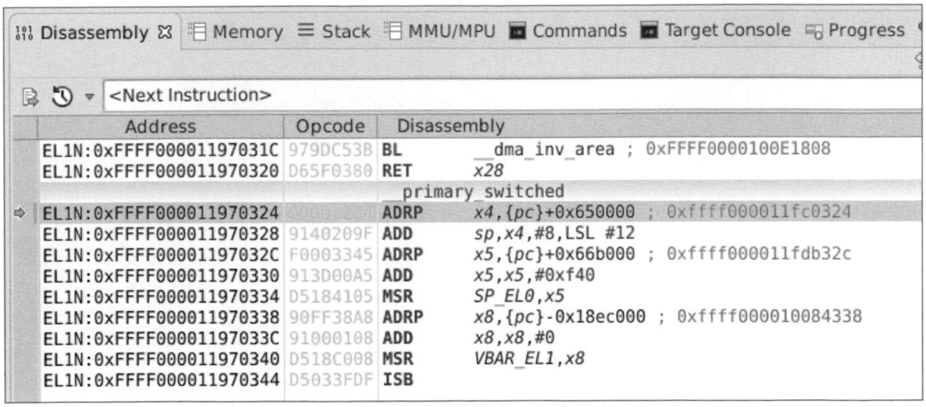

![Disassembly 視窗截圖]

圖 A.29　_primary_switch 函數已經執行在核心空間的虛擬位址上

在 Disassembly 視窗中可以看到 __primary_switch 函數已經執行在核心空間的虛擬位址上，如圖 A.29 所示。

A.4.5　偵錯 C 語言程式

在 Linux 核 心 的 C 語 言 入 口 函 數 start_kernel() 中 設 定 中 斷 點。 在 Command 文字標籤中輸入以下命令。

```
b start_kernel
```

繼 續 點 擊 Debug Control 視 窗 中 的 Continue 按 鈕，可 以 看 到 游 標 停 在 start_kernel() 函數裡，如圖 A.30 所示。

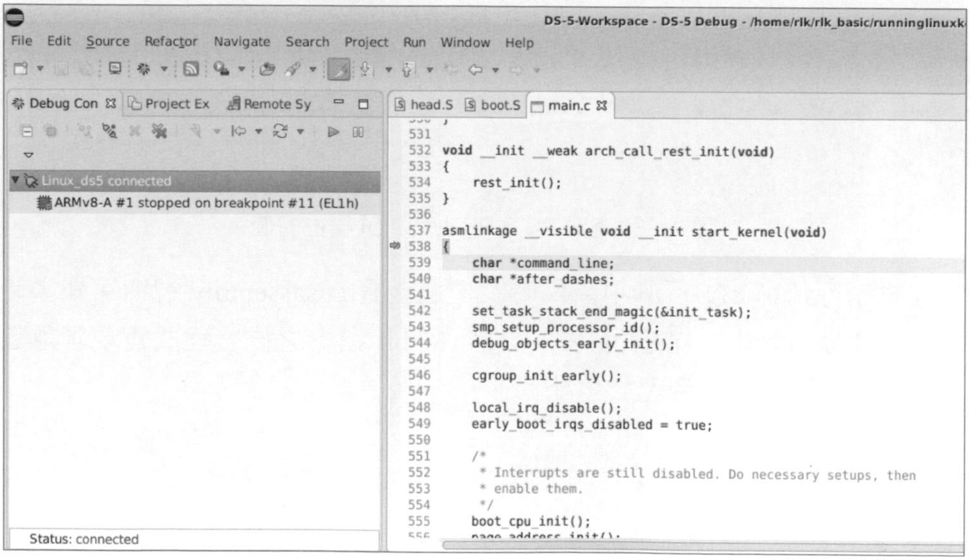

圖 A.30　游標停在 start_kernel() 函數

可以在其他核心函數（如 _do_fork() 函數等）中設定中斷點。

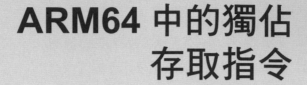

ARM64 中的獨佔
存取指令

在 ARMv8 架構裡提供了一對獨佔（exclusive）記憶體載入和儲存的指令，主要用於原子操作。

- ldxr 指令：記憶體獨佔載入指令。從記憶體中以獨佔的方式載入記憶體位址的值到通用暫存器裡。
- stxr 指令：記憶體獨佔儲存指令。以獨佔的方式把新的資料儲存到記憶體中。

ldxr 是記憶體載入指令的一種，不過它會透過獨佔監控器（exclusive monitor）來監控器這個記憶體的存取，獨佔監控器會把這個記憶體位址標記為獨佔存取模式，保證以獨佔的方式來存取這個記憶體位址，不受其他因素的影響。而 stxr 是有條件的儲存指令，它會把新資料寫入 ldxr 指令標記獨佔存取的記憶體位址裡。範例如下。

```
<獨佔存取的範例>

1    my_atomic_set:
2    1:
3        ldxr x2, [x1]
4        orr x2, x2, x0
5        stxr w3, x2, [x1]
6        cbnz w3, 1b
```

在第 3 行程式中，讀取 x1 暫存器的值，然後以 x1 暫存器的值為位址，以獨佔的方式載入該位址的內容到 x2 暫存器。

在第 4 行程式中，透過 orr 指令來設定 x2 暫存器的值。

在第 5 行程式中，以獨佔的方式把 x2 暫存器的值寫入 x1 暫存器的位址裡。若 w3 為 0，則成功；若 w3 為 1，表示不成功。

在第 6 行程式中，判斷 w3 的值。如果 w3 的值不為 0，說明 ldxr 和 stxr 指令執行失敗，需要跳躍到第 2 行的標籤 1 處，重新使用 ldxr 指令進行獨佔載入。

注意，ldxr 和 stxr 指令是需要配對使用的，而且它們之間是原子的，即使我們使用模擬器硬體也沒有辦法單步偵錯和執行 ldxr 和 stxr 指令，即我們無法使用模擬器來單步偵錯第 3~5 行的程式，它們是原子的，一個不可分割的整體。

ldxr 指令本質上也是一行 ldr 指令，只不過在 ARM64 處理器內部透過一個獨佔監控器來監控它的狀態。獨佔監控器一共有兩個狀態——開放存取狀態（open access state）和獨佔存取狀態（exclusive access state）。

當 CPU 透過 ldxr 指令從記憶體載入資料時，CPU 會把這個記憶體位址標記為獨佔存取，然後 CPU 內部的獨佔監控器的狀態變成了獨佔存取狀態。當 CPU 執行 stxr 指令的時候，需要根據獨佔監控器的狀態來做決定，如圖 B.1 所示。

- 如果獨佔監控器的狀態為獨佔存取狀態，並且 stxr 指令要儲存的位址正好是剛才使用 ldxr 指令標記過的，那麼 stxr 指令儲存成功，stxr 指令返回 0，獨佔監控器的狀態變成了開放存取狀態。

- 如果獨佔監控器的狀態為開發存取狀態，那麼 stxr 指令儲存失敗，stxr 指令返回 1，獨佔監控器的狀態不變，依然保持開發存取狀態。

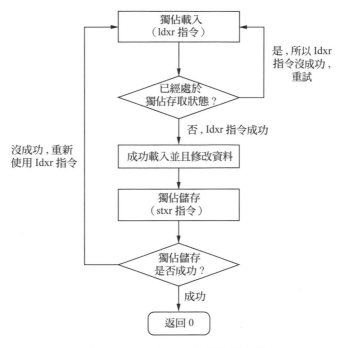

圖 B.1 ldxr 和 stxr 指令的流程圖

對於獨佔監控器，ARMv8 架構根據快取一致性的層級關係可以分成多個監控器，以 Cortex-A72 處理器為例，獨佔監控器可以分成 3 種[1]，如圖 B.2 所示。

- 本地獨佔監控器（local monitor）：本地的獨佔監控器處於處理器的 L1 記憶體子系統（L1 memory system）中。L1 記憶體子系統支援獨佔載入、獨佔儲存、獨佔清除等這些同步基本操作。對於非共用（Non-shareable）的記憶體，本地獨佔監控器可以支援和監控它們。

- 內部快取一致性的全域獨佔監控器（internal coherent global monitor）：這類的全域監控器會利用快取一致性相關資訊來協助監控多核心之間本地獨佔監控器。這類全域監控器適合監控普通類型的記憶體，並且是共用屬性以及回寫策略的快取記憶體（shareable write-back normal

---

1 詳見《ARM Cortex-A72 MPCore Processor Technical Reference Manual》第 6.4.5 節。

memory），這種情況下需要軟體打開 MMU 並且啟動快取記憶體才能生效。這類全域監控器可以駐留在處理器的 L1 記憶體子系統，也可以駐留在 L2 記憶體子系統中，通常需要和本地獨立監控器協作工作。

■ 外部的全域獨佔監控器（external global monitor）：這種外部全域獨佔監控器通常位於晶片的內部匯流排（interconnect bus），例如 AXI 匯流排支持獨佔讀取操作（read-exclusive）和獨佔寫入操作（write-exclusive）。當存取裝置類型的記憶體位址或存取內部共用但是沒有啟動快取記憶體的記憶體位址時，我們就需要這種外部全域獨佔監控器了。通常快取一致性控制器支持這種獨佔監控器。

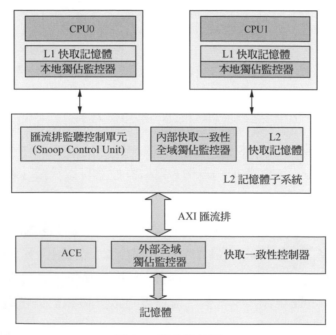

圖 B.2　獨佔監控器

以樹莓派 4B 開發板為例，內部使用 BCM2711 晶片。這塊晶片沒有實現外部全域獨佔監控器。因此，在 MMU 沒有啟動的情況下，我們存取實體記憶體變成了存取裝置類型的記憶體。此時，使用 ldxr 和 stxr 指令會產生不可預測的錯誤。

ldxr 和 stxr 指令在多核心之間利用快取記憶體一致性協定以及獨佔監控器來保證執行的序列化和資料一致性。以 Cortex-A72 為例，L1 資料快取記憶體之間的快取一致性是透過 MESI 協定來實現的。

下面舉個例子來說明，ldxr 和 stxr 指令在多核心之間獲取鎖的場景。假設 CPU0 和 CPU1 同時存取一個鎖（lock），這個鎖的位址為 x0 暫存器的值，下面是獲取鎖的虛擬程式碼。

```
<獲取鎖的虛擬程式碼>

1    /*
2       get_lock(lock)
3    */
4    .global get_lock
5    get_lock:
6
7    retry:
8        ldxr w1, [x0]      //獨佔地存取lock
9        cmp  w1, #1
10       b.eq try      //如果lock為1，說明鎖已經被處理程序持有，只能不斷地嘗試
11
12       /*鎖已經釋放，嘗試去獲取lock */
13       mov w1, #1
14       stxr w2, w1, [x0]  //向lock寫入1以獲取鎖
15       cbnz w2, try //若w2不為0，說明獨佔地存取失敗，只能跳躍到try處重新來
16
17       ret
```

CPU0 和 CPU1 的存取時序如圖 B.3 所示。

在 T0 時刻，初始化狀態，在 CPU0 和 CPU1 的快取記憶體行的狀態為 I。CPU0 和 CPU1 的本地獨佔監控器的狀態都是開放存取狀態，而且 CPU0 和 CPU1 都沒有持有這個鎖。

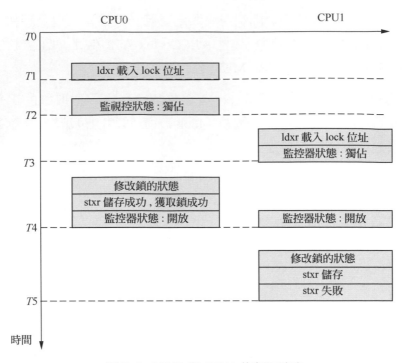

圖 B.3 CPU0 和 CPU1 的存取時序

在 *T*1 時刻，CPU0 執行第 8 行的 ldxr 指令載入鎖的值。

在 *T*2 時刻，ldxr 指令存取完成。根據 MESI 協定，CPU0 上的快取記憶體行的狀態變成 E（獨佔），CPU0 上本地獨佔監控器的狀態變成了獨佔存取狀態。

在 T3 時刻，CPU1 也執行到了第 8 行程式，透過 ldxr 指令載入鎖的值。根據 MESI 協定，CPU0 上對應的快取記憶體行則從 E 變成了 S（共用），並且把快取記憶體行的內容發送到匯流排上。CPU1 從匯流排上得到鎖的內容，對應的快取記憶體行從 I（無效）變成了 S。CPU1 上本地獨佔監控器的狀態從開放存取狀態變成了獨佔存取狀態。

在 *T*4 時刻，CPU0 執行第 14 行程式，修改鎖的狀態，然後透過 stxr 指令來寫入鎖的位址中。在這個場景下，stxr 指令執行成功，CPU0 則成功獲取了鎖。另外，CPU0 的本地獨佔監控器會把狀態修改為開放存取狀態。根據快取一致性原則，內部快取一致的全域獨佔監控器能監控到 CPU0 的狀態已經變成了開放存取狀態，因此也會把 CPU1 的本地獨佔監控器的狀態同步設定為開放存取狀態。另一方面，根據 MESI 協定，CPU0 對應的快取記憶體行狀態會從 S 變成 M，並且發送 BusUpgr 訊號到匯流排，CPU1 收到該訊號之後會把其本地對應的快取記憶體行設定為 I。

在 *T5* 時刻，CPU1 也執行到第 14 行程式，修改鎖的值。如果 CPU1 的快取記憶體行的狀態為 I，那麼會發出一個 BusRdx 訊號到匯流排上。CPU0 上的快取記憶體行狀態為 M，CPU0 收到這個 BusRdx 訊號之後，會把本地的快取記憶體行的內容寫回到記憶體中，然後狀態變成 I。CPU1 直接從記憶體中讀取這個鎖的值，修改鎖的狀態，最後透過 stxr 指令寫回到鎖的位址裡。但是此時，由於 CPU1 的本地監控器狀態已經在 *T4* 時刻變成了開放存取狀態，因此 stxr 指令就寫入不成功了。CPU1 獲取鎖失敗，只能跳躍到第 7 行的 retry 標籤處繼續嘗試。

綜上所述，要瞭解 ldxr 和 stxr 指令的執行過程，需要從獨佔監控器的狀態以及 MESI 狀態的變化來綜合分析。

> ARM64 中的獨佔存取指令

C 圖解 MESI 狀態轉換

不少讀者依然覺得 MESI 協定的狀態轉難以瞭解，本附錄透過圖解的方式來詳細介紹 MESI 協定的狀態轉換。

C.1 初始化狀態為 I

我們先來看初始化狀態為 I 的快取記憶體行的相關操作。

1. 當本地 CPU 的快取行狀態為 I 時，發起本地讀取操作

我們假設 CPU0 發起了本地讀取請求，發出讀取 PrRd 請求。因為本地快取記憶體行是無效狀態，所以在匯流排上產生一個 BusRd 訊號，然後廣播到其他 CPU。其他 CPU 會監聽到該請求並且檢查它們的本地快取記憶體是否擁有了該資料的備份。下面分 4 種情況來考慮。

- 假設 CPU1 發現本機複本，並且這個快取記憶體行的狀態為 S，在匯流排上回覆一個 FlushOpt 訊號，即把當前的快取記憶體行的內容發送到匯流排上，那麼剛才發出 PrRd 請求的 CPU0 就能得到這個快取記憶體行的資料，然後 CPU0 的快取記憶體行的狀態變成 S。這時，CPU0 的快取記憶體行的狀態從 I 變成 S，CPU1 的快取記憶體行的狀態保存 S 不變，如圖 C.1 所示。

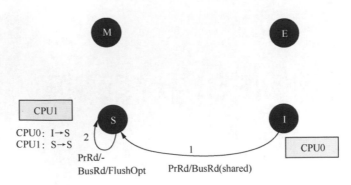

圖 C.1 向 S 狀態的快取行發起匯流排讀取操作

■ 假設 CPU2 發現本機複本並且快取記憶體行的狀態為 E，則在匯流排上
回應 FlushOpt 訊號，即把當前快取記憶體行的內容發送到匯流排上，
CPU2 的快取記憶體行的狀態變成 S。此時，CPU0 的快取記憶體行狀
態從 I 變成 S，而 CPU2 的快取記憶體行狀態從 E 變成 S，如圖 C.2 所
示。

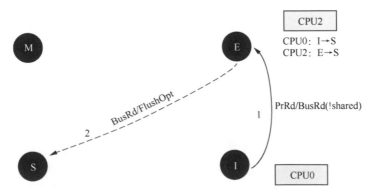

圖 C.2 向 E 狀態的快取行發起匯流排讀取操作

■ 假設 CPU3 發現本機複本並且快取記憶體行的狀態為 M，CPU3 會更新
記憶體中的資料，這時 CPU0 和 CPU3 的快取記憶體行的狀態都為 S。
最後，CPU0 的快取記憶體行的狀態從 I 變成了 S，CPU3 的快取記憶
體行的狀態從 M 變成了 S，如圖 C.3 所示。

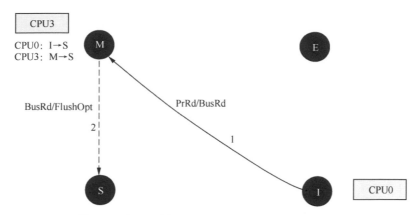

圖 C.3　向 M 狀態的快取行發起匯流排讀取操作

- 假設 CPU1、CPU2、CPU3 都沒有快取資料，狀態都為 I，那麼 CPU0 會從記憶體中讀取資料到快取記憶體，把快取記憶體行的狀態設定為 E。

2. 當本地 CPU 的快取行狀態為 I 時，收到一個匯流排讀寫的訊號

如果處於 I 狀態的快取記憶體行收到一個匯流排讀取或寫入操作，它的狀態不變，給匯流排回應一個廣播訊號，説明它這沒有資料備份。

3. 當初始化狀態為 I 時，發起本地寫入操作

如果初始化狀態為 I 的快取記憶體行發起一個本地寫入操作，那麼快取記憶體行會有什麼變化？

我們假設 CPU0 發起了本地寫入請求，即 CPU0 發出 PrWr 訊號。

由於本地快取記憶體行是無效的，因此 CPU0 發送 BusRdX 訊號到匯流排上。這種情況下，本地寫入操作變成了匯流排寫入。

其他 CPU 收到 BusRdX 訊號，先檢查自己的快取記憶體中是否有快取備份，廣播回應訊號。

假設 CPU1 上有這些資料的備份且狀態為 S，CPU1 收到一個 BusRdX 訊號之後會回覆一個 FlushOpt 訊號，並把資料發送到匯流排上，然後把自

己的快取記憶體行的狀態設定為無效，狀態變成 I，最後廣播回應訊號，如圖 C.4 所示。

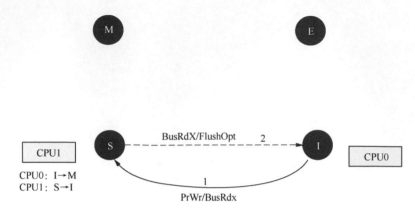

圖 C.4 狀態為 S 的快取行收到一個匯流排寫入訊號

假設 CPU2 上有這些資料的備份且狀態為 E，CPU2 收到這個 BusRdX 訊號之後，回覆一個 FlushOpt 訊號，並且把資料發送到匯流排上，把快取記憶體行的狀態設定為無效，最後廣播回應訊號，如圖 C.5 所示。

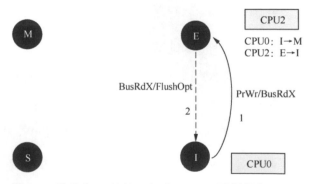

圖 C.5 狀態為 E 的快取行收到一個匯流排寫入訊號

假設 CPU3 上有這些資料的備份狀態為 M，CPU3 收到這個 BusRdX 訊號之後，把資料更新到記憶體中，快取記憶體行的狀態變成 I，最後廣播回應訊號，如圖 C.6 所示。

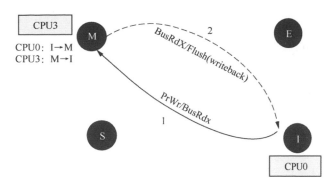

圖 C.6 狀態為 M 的快取行收到一個匯流排寫入訊號

若其他 CPU 上沒有這些資料的備份,則也要廣播一個回應訊號。

CPU0 會接收所有 CPU 廣播的回應訊號,確認其他 CPU 上沒有這個資料的快取備份後,CPU0 會從匯流排上或從記憶體中讀取這個資料。

- 如果其他 CPU 的狀態是 S 或 E,會把最新的資料透過 FlushOpt 訊號發送到匯流排上,所以直接從匯流排上獲取最新資料。
- 如果匯流排上沒有資料,那麼直接從記憶體中讀取資料。

最後才修改資料,並且本地快取記憶體行的狀態變成 M。

C.2 初始化狀態為 M

當 CPU 的快取記憶體行的狀態為 M 時,最簡單的就是本地讀寫了。因為系統中只有自己有最新的資料,而且是髒的資料,所以本地讀寫的狀態不變,如圖 C.7 所示。

本機讀寫操作,狀態不變

圖 C.7 狀態為 M 的快取行執行本地讀取寫入操作

1. 收到一個匯流排讀取訊號

假設 CPU（例如 CPU0）的快取記憶體行狀態為 M，而在其他 CPU 上沒有快取這些資料的備份。當其他 CPU（如 CPU1）想讀取這些資料時，會發起一次匯流排讀取操作，接下來的流程如下。

若 CPU0 上有這些資料的備份，那麼 CPU0 收到訊號後會把快取記憶體行的內容發送到匯流排上，之後 CPU1 就獲取這個快取行的內容。另外，CPU0 同時會把快取記憶體的內容發送到主記憶體控制器，並寫入主記憶體中。這時，CPU0 的快取記憶體行的狀態從 M 變成 S，如圖 C.8 所示。

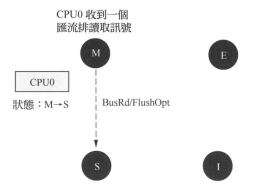

圖 C.8　狀態為 M 的快取行收到一個匯流排讀取訊號

CPU1 從匯流排上獲取了資料，並且更改快取記憶體行的狀態為 S。

2. 收到一個匯流排寫入訊號

假設本地 CPU（例如 CPU0）上的快取記憶體行狀態為 M，而其他 CPU 上沒有這些資料的備份。如果另外一個 CPU（例如 CPU1）想更新（寫入）這些資料，那麼 CPU1 需要發起一個匯流排寫入操作。

若 CPU0 上有這些資料的備份，CPU0 收到匯流排寫入訊號後，把快取記憶體行的內容發送到記憶體控制器，並且寫入主記憶體中。CPU0 的快取記憶體行的狀態變成 I，如圖 C.9 所示。

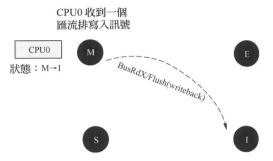

圖 C.9 狀態為 M 的快取行收到一個匯流排寫入訊號

CPU1 從匯流排或記憶體中取回資料，更新到快取記憶體裡，最後修改快取記憶體行的內容。

CPU1 的快取記憶體行的狀態變成 M。

C.3 初始化狀態為 S

當本地 CPU 的快取記憶體行狀態為 S 時，我們觀察發生本地讀寫以及收到匯流排讀寫信的操作情況。

- 如果 CPU 發出本地讀取操作，快取記憶體行的狀態不變。
- 如果 CPU 收到匯流排讀取（BusRd）訊號，狀態不變，並且回應一個 FlushOpt 訊號，把快取記憶體行的資料內容發到匯流排上，如圖 C.10 所示。

圖 C.10 狀態為 S 的快取行進行讀取操作

如果 CPU 發出本地寫入操作（PrWr 訊號），執行以下操作。

（1）發送 BusRdX 訊號到匯流排上。

（2）修改本地快取記憶體行的內容，其狀態變成 M。

（3）發送 BusUpgr 或 BusRdX 訊號到匯流排上。

（4）其他 CPU 收到 BusUpgr 訊號後，檢查自己的快取記憶體中是否有快取備份。若有，將其狀態改成 I，如圖 C.11 所示。

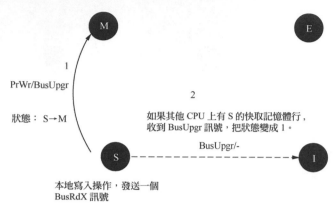

圖 C.11 狀態為 S 的快取行發生本地寫入操作

C.4 初始化狀態為 E

當本地 CPU 的快取行狀態為 E 時，查看讀寫情況。

- 本地讀取，快取記憶體行狀態不變
- 本地寫入，CPU 直接修改該快取記憶體行的資料，狀態變成 M，如圖 C.12 所示。

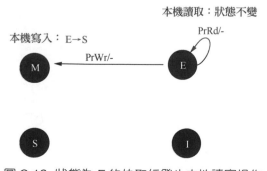

圖 C.12 狀態為 E 的快取行發生本地讀寫操作

如果收到一個匯流排讀取訊號，執行以下操作。

（1）快取記憶體行狀態變成 S。

（2）發送 FlushOpt 訊號，把快取記憶體行的內容發送到匯流排上。

（3）發出匯流排讀取訊號的 CPU，從匯流排上獲取了資料，快取記憶體行的狀態變成 S。

如果收到一個匯流排寫入訊號，資料被修改，該快取記憶體行不能再使用，狀態變成 I。

（1）快取記憶體行的狀態變成 I。

（2）發送 FlushOpt 訊號，把快取記憶體行的內容發送到匯流排上。

（3）發出匯流排寫入訊號的 CPU，從匯流排上獲取資料，修改資料，快取記憶體行的狀態變成 M，如圖 C.13 所示。

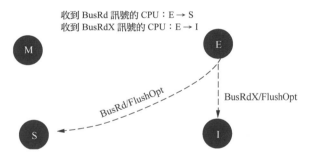

圖 C.13　狀態為 E 的快取行收到匯流排讀寫訊號

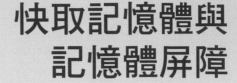

D 快取記憶體與記憶體屏障

Appendix

不少讀者依然對讀取記憶體屏障和寫入記憶體屏障感到迷惑。ARMv8 手冊並沒有詳細介紹這兩種記憶體屏障產生的原因。本附錄基於電腦架構，介紹記憶體屏障與快取一致性協定（MESI 協定）有密切的關係。

D.1 儲存緩衝區與寫入記憶體屏障

MESI 協定是一種基於匯流排監聽和傳輸的協定，其匯流排傳輸頻寬與 CPU 之間的負載以及 CPU 核心數量有關係。另外，快取記憶體行狀態的變化嚴重依賴其他快取記憶體行的回應訊號，即必須收到其他所有 CPU 的快取記憶體行的回應訊號才能進行下一步的狀態的轉換。在一個匯流排繁忙或匯流排頻寬緊張的場景下，CPU 可能需要比較長的時間來等待其他 CPU 的回應訊號，這會大大影響系統性能，這個現象稱為 CPU 停滯（CPU stall）。

舉例來説，在一個 4 核心 CPU 系統中，資料 A 在 CPU1、CPU2 以及 CPU3 上共用，它們對應的快取記憶體行的狀態為 S（共用），A 的初值為 0。而資料 A 在 CPU0 的快取記憶體中沒有快取，其狀態為 I（無效），如圖 D.1 所示。此時，CPU0 往資料 A 中寫入新值（舉例來説，寫入 1），那麼這些快取記憶體行的狀態會如何發生變化呢？

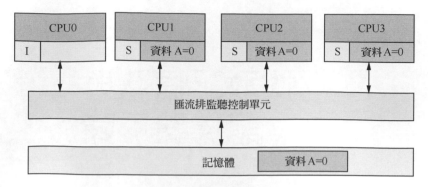

圖 D.1　初始化狀態

CPU0 往資料 A 中寫入新值的過程如下。

$T1$ 時刻，CPU0 往資料 A 寫入新值，這是一次本地寫入操作，由於資料 A 在 CPU0 的本地快取記憶體行裡沒有命中，因此快取記憶體行的狀態為 I。CPU0 發送匯流排寫入（BusRdX）訊號到匯流排上。這種情況下，本地寫入操作變成了匯流排寫入操作了。

$T2$ 時刻，其他 3 個 CPU 收到匯流排發來的 BusRdX 訊號。

$T3$ 時刻，以 CPU1 為例，它會檢查自己本地快取記憶體中是否有快取資料 A 的備份。CPU1 發現本地有這份資料的備份，且狀態為 S。CPU1 回覆一個 FlushOpt 訊號並且把資料發送到匯流排上，然後把自己的快取記憶體行狀態設定為無效，狀態變成 I，最後廣播回應訊號。

$T4$ 時刻，CPU2 以及 CPU3 也收到匯流排發來的 BusRdX 訊號，同樣需要檢查本地是否有資料的備份。如果有，那麼需要把本地的快取記憶體狀態設定為無效，然後廣播回應訊號。

$T5$ 時刻，CPU0 需要接收其他所有 CPU 的回應訊號，確認其他 CPU 上沒有這個資料的快取備份或快取備份已經故障之後，才能修改資料 A。

最後，CPU0 的快取記憶體行的狀態變成 M。

在上述過程中，在 $T5$ 時刻，CPU0 有一個等待的過程，它需要等待其他所有 CPU 的回應訊號，並且確保其他 CPU 的快取記憶體行的內容都已經故障之後才能繼續做寫入的操作。在收到所有回應訊號之前，CPU0 不能做任何關於資料 A 的操作，只能持續等待其他 CPU 的回應訊號。這個等待過程嚴重依賴系統匯流排的負載和頻寬，有一個不確定的延遲時間。

為了解決等待導致的系統性能下降問題，在快取記憶體中引入了儲存緩衝區（store buffer），它位於 CPU 和 L1 快取記憶體中間，如圖 D.2 所示。在上述場景中，CPU0 在 $T5$ 時刻不需要等待其他 CPU 的回應訊號，可以先把資料寫入儲存緩衝區中，繼續執行下一行指令。當 CPU0 收到了其他 CPU 回覆的回應訊號之後，CPU0 才從儲存緩衝區中把資料 A 的最新值寫入本地快取記憶體行，並且修改快取記憶體行的狀態為 M，這樣就解決了 CPU 停滯的問題。

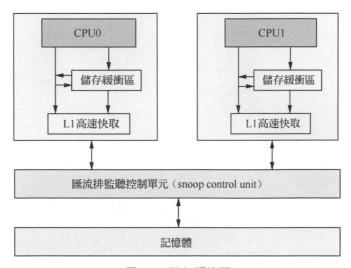

圖 D.2 儲存緩衝區

每個 CPU 核心都會有一個本機存放區緩衝區，它能增加 CPU 連續寫入的性能。當 CPU 進行載入（load）操作時，如果儲存緩衝區中有該資料的備份，那麼它會從儲存緩衝區中讀取資料，這個功能稱為儲存轉發（store forwarding）。

儲存緩衝區除了帶來性能的提升之後，在多核心環境下會帶來一些副作用。下面舉一個案例，假設資料 a 和 b 的初值為 0，CPU0 執行 func0() 函數，CPU1 執行 func1() 函數。資料 a 在 CPU1 的快取記憶體裡有快取備份，且狀態為 E。資料 b 在 CPU0 的快取記憶體裡有快取備份，且狀態為 E，如圖 D.3 所示。下面是關於儲存緩衝區的範例程式。

```
<案例1：關於儲存緩衝區的範例程式>

CPU0                              CPU1
------------------------------------------------------------------
void func0()                      void func1()
{                                 {
    a = 1;                            while (b == 0) continue;
    b = 1;                            assert (a == 1)
}                                 }
```

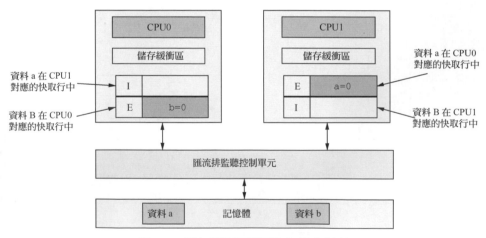

圖 D.3 儲存緩衝區範例的初始化狀態

CPU0 和 CPU1 執行上述範例程式的時序如圖 D.4 所示。

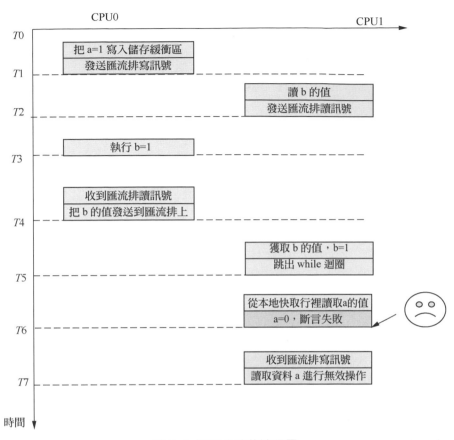

圖 D.4 斷言失敗的流程圖

在 *T*1 時刻，CPU0 執行 a=1 敘述，這是一個本地寫入的操作。由於資料 a 在 CPU0 的本地快取行中的狀態為 I，而在 CPU1 的本地快取行裡有該資料的備份，狀態為 E，因此 CPU0 把資料 a 的最新值寫入本機存放區緩衝區中，然後發送 BusRdX 訊號到匯流排上，要求其他 CPU 檢查並做無效快取記憶體行的操作，因此，資料 a 被阻塞在儲存快取區裡。

在 *T*2 時刻，CPU1 執行 while (b == 0) 敘述，這是一個本地讀取操作。由於資料 b 不在 CPU1 的本地快取行裡，而在 CPU0 的本地快取行裡有該資料的備份，狀態為 E，因此 CPU1 發送 BusRd 訊號到匯流排上，向 CPU0 索取資料 b 的內容。

在 $T3$ 時刻，CPU0 執行 b = 1 敘述，CPU0 也會把資料 b 的最新內容寫入本機存放區緩衝區中。現在資料 a 和資料 b 都在本機存放區緩衝區裡，而且它們之間沒有資料依賴，所以在儲存緩衝區中的資料 b 不必等到前面的敘述執行完成，而是提前執行敘述 b=1。由於資料 b 在 CPU0 的本地快取記憶體中有備份，並且狀態為 E，因此可以直接修改該快取行的資料，把資料 b 寫入快取記憶體中，最後快取記憶體行狀態變成了 M。

在 $T4$ 時刻，CPU0 收到了一個匯流排讀取訊號，然後把最新的資料 b 發送到匯流排上，並且資料 b 對應的快取記憶體行的狀態變成了 S。

在 $T5$ 時刻，CPU1 從匯流排上獲得了最新的資料 b，b 的內容為 1。這時，CPU1 跳出了 while 迴圈。

在 $T6$ 時刻，CPU1 繼續執行 assert (a == 1) 敘述。CPU1 直接從本地快取行中讀取資料 a 的舊值，即 a = 0，此時斷言失敗。

在 $T7$ 時刻，CPU1 才收到 CPU0 發來的對資料 a 的匯流排寫入訊號，要求 CPU1 使該資料的本地快取行故障，但是這時已經晚了，在 $T6$ 時刻斷言已經失敗。

綜上所述，上述斷言失敗的主要原因是 CPU0 在對資料 a 執行寫入操作時，直接把最新資料寫入了本機存放區緩衝區，在等待其他 CPU 的完成故障操作的回應訊號之前，繼續執行了 b=1 的操作。

儲存緩衝區是 CPU 設計人員為了減少在多核心處理器之間長時間等待回應訊號導致的性能下降而進行的最佳化設計，但是 CPU 無法感知多核心之間的資料依賴關係，本例子中資料 a 和資料 b 在 CPU1 裡存在依賴關係。為此，CPU 設計人員提供另外一種方法來避開上述問題，這就是記憶體屏障指令。在上述例子中，我們可以在 func0() 函數中插入一個寫入記憶體屏障敘述（例如 smp_wmb()），它會為當前儲存緩衝區中所有的資料都做一個標記，然後沖刷儲存緩衝區，保證之前寫入儲存緩衝區的資料更新到快取記憶體行，然後才能執行後面的寫入操作。

假設有這麼一個寫入操作序列，先執行 {A, B, C, D} 資料項目的寫入操作，接著執行一行寫入記憶體屏障指令，寫入 {E, F} 資料項目，並且這些資料項目都還在儲存緩衝區裡，如圖 D.5 所示，那麼在執行寫入記憶體屏障指令時會為資料項目 {A, B, C, D} 都設定一個標記，確保這些資料都寫入 L1 快取記憶體之後，才能執行寫入記憶體屏障指令後面的資料項目 {E, F}。

寫入{A, B, C, D}

寫入記憶體屏障指令

寫入{E, F}

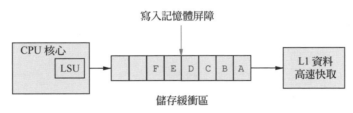

圖 D.5 寫入記憶體屏障指令與儲存緩衝區

加入寫入屏障敘述的範例程式如下。

```
CPU0                            CPU1
-----------------------------------------------------------
void func0()                    void func1()
{                               {
    a = 1;                          while(b == 0) continue;
    smp_wmb();
    b = 1;                          assert(a == 1)
}                               }
```

加入了寫入屏障敘述之後的即時執行序如圖 D.6 所示。

圖 D.6 加入寫入屏障的流程圖

在 *T*1 時刻，CPU0 執行 a=1 敘述，CPU0 把資料 a 的最新資料寫入本機存放區緩衝區中，然後發送 BusRdX 訊號到匯流排上。

在 *T*2 時刻，CPU1 執行 while(b == 0) 敘述，這是一個本地讀取操作。CPU1 發送 BusRd 訊號到匯流排上。

在 *T*3 時刻，CPU0 執行 smp_wmb() 敘述，為儲存緩衝區中的所有資料項目做標記。

在 T4 時刻，CPU0 繼續執行 b = 1 敘述，雖然資料 b 在 CPU0 的快取記憶體行是命中的，並且狀態是 E，但是由於儲存緩衝區中還有標記的資料項目，這表明這些資料項目存在某種依賴關係，因此不能直接把 b 的最新資料更新到快取行裡，只能把 b 的新值加入儲存緩衝區裡，這個資料項目沒有設定標記（unmarked）。

在 T5 時刻，CPU0 收到匯流排發來的匯流排讀取訊號，獲取資料 b。CPU0 把 b=0 發送到匯流排上，並且其狀態變成了 S。

在 T6 時刻，CPU1 從匯流排讀取 b，本地快取行的狀態也變成 S。CPU1 繼續在 while 迴圈裡打轉。

在 T7 時刻，CPU1 收到 CPU0 在 T1 時刻發送的 BusRdX 訊號，使資料 a 對應的本地快取記憶體行故障，然後回覆一個回應訊號。

在 T8 時刻，CPU0 收到回應訊號，並且在儲存緩衝區中 a 的最新值寫入快取記憶體行裡，快取行的狀態設定為 M。

在 T9 時刻，在 CPU0 的儲存緩衝區中等待的資料 b。此時，也可以把資料寫入對應的快取記憶體行裡。從儲存緩衝區寫入快取記憶體行相當於一個本地寫入操作。由於現在 CPU0 上資料 b 對應的快取記憶體行的狀態為 S，因此需要發送 BusUgr 訊號到匯流排上。如果 CPU1 收到這個 BusUgr 訊號之後，發現自己也快取了資料 b，那麼將無效本地的快取行。CPU0 把本地的資料 b 對應的快取行修改為 M，並且寫入新資料，b=1。

在 T10 時刻，CPU1 繼續執行 while (b == 0) 敘述，這是一次本地讀取操作。CPU1 發送 BusRd 訊號到匯流排上。CPU1 可以從匯流排上獲取 b 的最新資料，而且 CPU0 和 CPU1 上資料 b 對應的快取記憶體行的狀態都變成 S。

在 T11 時刻，CPU1 跳出 while 迴圈，繼續執行 assert (a == 1) 敘述。這是本地讀取操作，而 CPU1 上資料 a 對應的快取記憶體行的狀態為 I，而在 CPU0 上有該資料的備份，狀態為 M。CPU1 發送匯流排讀取訊號，向 CPU0 獲取資料 a 的值。

在 *T*12 時刻，CPU1 從匯流排上獲取了資料 a 的新值，a=1，斷言成功。

綜上所述，加入寫入屏障 smp_wmb() 敘述之後，CPU0 必須等到該屏障敘述前面的寫入操作完成之後才能執行後面的寫入操作，即在 *T*8 時刻之前，資料 b 也只能暫時待在儲存緩衝區裡，並沒有真正寫入快取記憶體行裡。只有在前面的資料項目（例如資料 a）寫入快取行之後，才能執行資料 b 的寫入操作。

D.2　無效佇列與讀取記憶體屏障

為了解決 CPU 等待其他 CPU 的回應訊號引發的 CPU 停滯問題，在 CPU 和 L1 快取記憶體之間新建了一個儲存快取區的硬體單元，但是這個緩衝區也不可能無限大，它的記錄數量不會太多。當 CPU 頻繁寫入操作時，該緩衝區可能會很快被填滿。此時，CPU 又進入了等待和停滯狀態，之前的問題還是沒有得到徹底解決。CPU 設計人員為了解決這個問題，引入了一個叫作無效佇列（invalidate queue）的硬體單元。

當 CPU 收到大量的匯流排讀取或匯流排寫入訊號時，如果這些訊號都需要讓本地快取記憶體執行故障操作，那麼只有當無效操作完成之後才能回覆一個回應訊號（表明無效操作已經完成）。然而，讓本地快取記憶體行做無效操作，需要一些時間，特別是在 CPU 執行密集載入和儲存操作的場景下，系統匯流排資料傳輸量變得非常大，導致該無效操作會比較慢。這樣導致其他 CPU 長時間在等待這個回應訊號。其實，CPU 不需要完成無效操作就能回覆一個回應訊號，因為等待這個無效操作的回應訊號的 CPU 本身也不需要這個資料。因此，CPU 可以把這些無效操作快取起來，先給請求者回覆一個回應訊號，然後再慢慢做無效操作，這樣其他 CPU 就不必長時間等待了。這就是無效佇列的核心想法。

無效佇列的結構如圖 D.7 所示。當 CPU 收到匯流排請求之後，如果需要執行無效本地快取記憶體行操作，那麼會把這個請求加入無效佇列裡，然後馬上給對方回覆一個回應訊號,而無須使該快取記憶體行無效之後再回應,這是一個最佳化。如果 CPU 將某個請求加入無效佇列,那麼在該請求對應的無效操作完成之前,CPU 不能向匯流排發送任何與該請求對應的快取記憶體行相關的匯流排訊息。

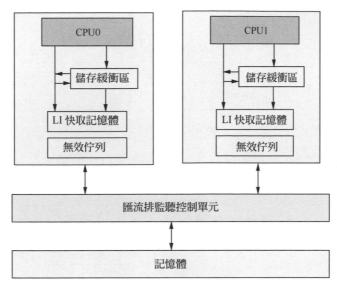

圖 D.7 無效佇列

不過,無效佇列在某些情況下依然會有副作用。下面舉例說明。假設資料 a 和資料 b 的初值為 0,資料 a 在 CPU0 和 CPU1 都有備份,狀態為 S,資料 b 在 CPU0 上有快取備份,狀態為 E,初始狀態如圖 D.8 所示。CPU0 執行 func0() 函數,CPU1 執行 func1() 函數,範例程式如下。

```
<案例2:無效佇列範例程式>

CPU0                            CPU1
-------------------------------------------------------------
void func0()                    void func1()
{                               {
    a = 1;                          while (b == 0) continue;
    smp_wmb();
    b = 1;                          assert (a == 1)
}
```

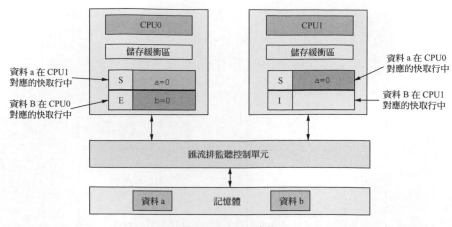

圖 D.8　初始狀態

CPU0 和 CPU1 執行上述範例程式的時序如圖 D.9 所示。

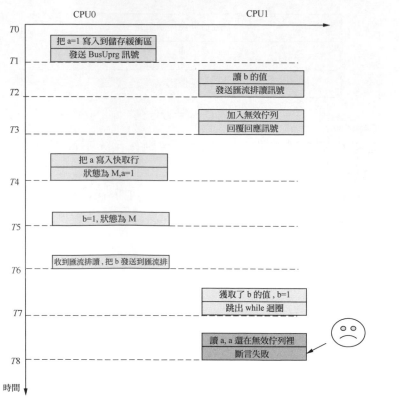

圖 D.9　時序

在 *T*1 時刻，CPU0 執行 a=1，這是一個本地寫入操作，由於資料 a 在 CPU0 和 CPU1 上都有快取備份，而且狀態都為 S，因此 CPU0 把 a=1 加入儲存緩衝區，然後發送 BusUprg 訊號到匯流排上。

在 *T*2 時刻，CPU1 執行 b == 0，這是一個本地讀取操作。由於 CPU1 沒有快取資料 b，因此發送一個匯流排讀取訊號。

在 *T*3 時刻，CPU1 收到 BusUprg 訊號，發現自己的快取記憶體裡有資料 a 的備份，需要執行無效操作。把該無效操作加入無效佇列，馬上回覆一個回應訊號。

在 *T*4 時刻，CPU0 收到 CPU1 回覆的回應訊號之後，把儲存緩衝區的資料 a 寫入快取記憶體行裡，狀態變成了 M。此時，a=1。

在 *T*5 時刻，CPU0 執行 b = 1。此時，儲存緩衝區已空，所以直接把資料 b 寫入快取記憶體行裡，狀態變成 M，b=1。

在 *T*6 時刻，CPU0 收到 *T*2 時刻發來的匯流排讀取訊號，把最新的 b 值發送到匯流排上，CPU0 上資料 b 的快取記憶體行的狀態變成 S。

在 *T*7 時刻，CPU1 獲取資料 b 的新值，然後跳出 while 迴圈。

在 *T*8 時刻，CPU1 執行 assert (a == 1) 敘述。此時，CPU1 還在執行無效佇列中的無效請求，CPU1 無法讀到正確的資料，斷言失敗。

綜上所述，無效佇列的出現導致了問題。我們可以使用讀取記憶體屏障指令來解決該問題。讀取記憶體屏障指令可以讓無效佇列裡所有的無效操作都執行完成才執行該讀取屏障指令後面的讀取操作。讀取記憶體屏障指令會為當前無效佇列中所有的無效操作（每個無效操作由一個記錄來記錄）都做一個標記。只有這些標記過的操作執行完，才會執行後面的讀取操作。

下面是使用讀取記憶體屏障指令的解決方案。

<關於無效佇列的範例程式：新增讀取記憶體屏障指令>

```
CPU0                              CPU1
------------------------------------------------------------
void func0()                      void func1()
{                                 {
    a = 1;                            while (b == 0) continue;
    smp_wmb();                        smp_rmb();
    b = 1;                            assert (a == 1)
}
```

我們接著上述的時序圖來繼續分析，假設在 T8 時刻，CPU1 執行了讀取記憶體屏障敘述。在 T9 時刻，執行 assert(a == 1)。此時，CPU 已經把無效佇列中所有的無效操作執行完。在 T9 時刻，讀取資料 a，資料 a 在 CPU1 的快取記憶體行中的狀態已經變成 I，因為剛剛執行完無效操作。而資料 a 在 CPU0 的快取記憶體裡有快取備份，並且狀態為 M，因此 CPU1 會發送一個匯流排讀取訊號，從 CPU0 獲取資料 a 的內容，CPU0 把資料 a 的內容發送到匯流排上，最後 CPU0 和 CPU1 都快取了資料 a，狀態都變成 S，因此 CPU1 獲得了資料 a 最新的內容，即 a 為 1，斷言成功。

D.3　記憶體屏障指令複習

綜上所述，從電腦架構角度來看，讀取記憶體屏障指令會作用於無效佇列，讓無效佇列中積壓的無效操作儘快執行，才能執行後面的讀取操作。寫入記憶體屏障指令合作用於儲存緩衝區，讓儲存緩衝區中資料寫入快取記憶體之後，才執行後面的寫入操作。讀寫記憶體屏障指令同時作用於無效佇列和儲存緩衝區。從軟體角度來觀察，讀取記憶體屏障指令保證所有在讀取記憶體屏障指令之前的載入操作（load）完成之後，才會處理該指令之後的載入操作。寫入記憶體屏障指令可以保證所有寫入記憶體屏障指令之前的儲存操作（store）完成之後，才處理該指令之後的儲存操作。

每種處理器架構都有不同的記憶體屏障指令設計。例如 ARM64 架構中，提供了 3 記憶體屏障指令，透過 DMB 和 DSB 指令還能指定作用域。

DMB 和 DSB 指令支援 4 種中共用（全系統共用、外部共用、內部共用和不共用）域。

另外，DMB 和 DSB 指令還能約束指定類型的記憶體操作順序。

- 載入 – 載入：表示記憶體屏障指令之前的記憶體存取類型為載入，記憶體屏障指令之後的記憶體存取類型也是載入。
- 儲存 – 儲存：表示記憶體屏障指令之前的記憶體存取類型為儲存，記憶體屏障指令之後的記憶體存取類型也是儲存。
- 載入 / 儲存 – 載入 / 儲存：表示記憶體屏障指令之前的記憶體存取類型為載入或儲存，記憶體屏障指令之後的記憶體存取類型也是載入或儲存。

對上述共用域的範圍和記憶體操作順序的支援是透過傳遞不同的參數給 DMB 和 DSB 指令來實現的。

Linux 核心抽象出一種最小的共同性（集合），在這個集合裡，每種處理器架構夠能支援。表 D.1 列出了 Linux 核心提供的與處理器架構無關的記憶體屏障 API 函數。

⬇ 表 D.1　與處理器架構無關記憶體屏障 API 函數

API 函數	說明	ARM64 中的實現
rmb()	單一處理器系統版本的讀取記憶體屏障指令	#define rmb() asm volatile("dsb ld：：：memory")
wmb()	單一處理器系統版本的寫入記憶體屏障指令	#define wmb() asm volatile("dsb st：：：memory")
mb()	單一處理器系統版本的讀寫記憶體屏障指令	#define mb() asm volatile("dsb sy：：：memory")
smp_rmb()	用於 SMP 環境下的讀取記憶體屏障指令	#define smp_rmb() dmb(ishld)
smp_wmb()	用於 SMP 環境下的寫入記憶體屏障指令	#define smp_wmb() dmb(ishst)
smp_mb()	用於 SMP 環境下的讀寫記憶體屏障指令	#define smp_mb() dmb(ish)

D.4 ARM64 的記憶體屏障指令的區別

有不少讀者依然對 ARM64 提供 3 行記憶體屏障指令（DMB 指令、DSB 指令以及 ISB 指令）感到疑惑，不能正確瞭解它們之間的區別。我們可以從處理器架構的角度來看這 3 行記憶體屏障指令的區別。

如圖 D.10 所示，DMB 指令作用於處理器的儲存系統，包括 LSU（Load Store Unit，載入儲存單元）、儲存緩衝區以及無效佇列。DMB 指令保證的是 DMB 指令之前的所有記憶體存取指令和 DMB 指令之後的所有記憶體存取指令的順序。在一個多核心處理器系統中，每個 CPU 都是一個觀察者，這些觀察者依照快取一致性協定（例如 MESI 協定）來觀察資料在系統中的狀態變化。從本地 CPU 的角度來觀察，如果在儲存緩衝區裡的兩個資料沒有資料依賴性，但是不能保證從其他觀察者的角度來看，它們的執行順序對程式的執行產生資料依賴。在 D.2 節的案例 1 中，資料 a 和資料 b 在 CPU0 的儲存緩衝區中的執行順序，對 CPU1 讀取資料 a 產生了影響，這需要結合 MESI 協定來分析。

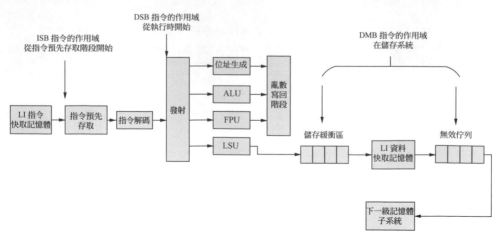

圖 D.10 3 行記憶體屏障指令的區別

因此，在多核心系統中有一個有趣的現象。

我們假設本地 CPU（例如 CPU0）執行一段沒有資料依賴性的存取記憶體序列，那麼系統中其他的觀察者（CPU）觀察這個 CPU0 的存取記憶體序列的時候，我們不能假設 CPU0（一定按照這個序列的順序進行存取記憶體。因為這些存取序列對本地 CPU 來說是沒有資料依賴性的，所以 CPU 的相關硬體單元會亂數執行和亂數存取記憶體。

D.1 節的案例中，CPU0 中有兩個存取記憶體的序列（見圖 D.11），在兩個序列中設定資料 a 和資料 b 的值均為 1，站在 CPU0 的角度看，先設定資料 a 為 1 還是先設定資料 b 為 1 並不影響程式的最終結果。但是，系統中的另一個觀察者 CPU1 不能假設 CPU0 先設定資料 a 後設定資料 b。因為資料 a 和資料 b 在 CPU0 裡是沒有資料依賴性，資料 b 可以先於資料 a 寫入快取記憶體裡，所以 CPU1 會遇到 D.1 節描述的問題。

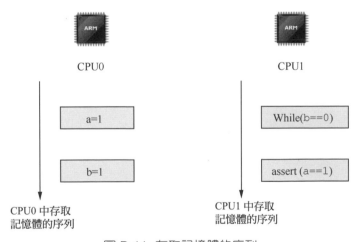

圖 D.11 存取記憶體的序列

為此，CPU 設計人員給程式設計人員提供的利器就是記憶體屏障指令。當程式設計人員認為一個 CPU 上的記憶體序列存取順序對系統中其他的觀察者（其他的 CPU）產生影響時，需要手動增加記憶體屏障指令來保證其他觀察者能觀察到正確的存取序列。

DSB 指令作用於處理器的執行系統，包括指令發射、位址生成、算數邏輯單位（Arithmetic-Logic Unit，ALU）、位址生成單元（Address Generation

Unit，AGU）、乘法單元（MUL）以及浮點單元（FPU）等。DSB 指令保
證當所有在它前面的存取指令都執行完畢後，才會執行在它後面的指令，
即任何指令都要等待 DSB 指令前面的存取指令完成。位於此指令前的所
有操作（如分支預測和 TLB 維護操作）需要完成。

ISB 指令從處理器的指令預先存取單元開始，它會刷新管線（flush
pipeline）和預先存取緩衝區，然後才會從快取記憶體或記憶體中預先存
取 ISB 指令之後的指令。因此，ISB 指令的作用域更大，包括指令預先存
取、指令解碼以及指令執行等硬體單元。